Sonntag

Für meine Eltern
und meine Brüder

Katja M.-L. Eser

Checkliste
Osteopathie Pferd

2., aktualisierte Auflage
145 Abbildungen

Sonntag Verlag · Stuttgart

Bibliografische Information der Deutschen Nationalbibliothek
Die Deutsche Nationalbibliothek verzeichnet diese Publikation in der Deutschen Nationalbibliografie; detaillierte bibliografische Daten sind im Internet über http://dnb.d-nb.de abrufbar.

Ihre Meinung ist uns wichtig!
Bitte schreiben Sie uns unter:
www.thieme.de/service/feedback.html

Anschrift

Katja M.-L. **Eser**
Hagauer Str. 111
85051 Ingolstadt
Deutschland
katja.eser@horsehealing.de
www.horsehealing.de

1. Auflage 2011 Sonntag in
MVS Medizinverlage Stuttgart

Rüdigerstr. 14
70469 Stuttgart
Deutschland

www.sonntag-verlag.de

Printed in Italy

Zeichnungen: Medical Graphics LTD,
Karin Baum
Umschlaggestaltung: Thieme Verlagsgruppe
Umschlagfoto: Thieme Verlagsgruppe
Satz: L42 AG, Berlin
Druck: LEGO S.p.A, Vicenza

DOI 10.1055/b-005-143 302

ISBN 978-3-13-240169-3 1 2 3 4 5 6

Auch erhältlich als E-Book:
eISBN (PDF) 978-3-83-049316-7
eISBN (epub) 978-3-83-049380-8

Wichtiger Hinweis: Wie jede Wissenschaft ist die Veterinärmedizin ständigen Entwicklungen unterworfen. Forschung und klinische Erfahrung erweitern unsere Erkenntnisse, insbesondere was Behandlung und medikamentöse Therapie anbelangt. Soweit in diesem Werk eine Dosierung oder eine Applikation erwähnt wird, darf der Leser zwar darauf vertrauen, dass Autoren, Herausgeber und Verlag große Sorgfalt darauf verwandt haben, dass diese Angabe **dem Wissensstand bei Fertigstellung des Werkes** entspricht.
Für Angaben über Dosierungsanweisungen und Applikationsformen kann vom Verlag jedoch keine Gewähr übernommen werden. **Jeder Benutzer ist angehalten**, durch sorgfältige Prüfung der Beipackzettel der verwendeten Präparate und gegebenenfalls nach Konsultation eines Spezialisten festzustellen, ob die dort gegebene Empfehlung für Dosierungen oder die Beachtung von Kontraindikationen gegenüber der Angabe in diesem Buch abweicht. Eine solche Prüfung ist besonders wichtig bei selten verwendeten Präparaten oder solchen, die neu auf den Markt gebracht worden sind. **Jede Dosierung oder Applikation erfolgt auf eigene Gefahr des Benutzers.** Autoren und Verlag appellieren an jeden Benutzer, ihm etwa auffallende Ungenauigkeiten dem Verlag mitzuteilen.
Vor der Anwendung bei Tieren, die der Lebensmittelgewinnung dienen, ist auf die in den einzelnen deutschsprachigen Ländern unterschiedlichen Zulassungen und Anwendungsbeschränkungen zu achten.

Die abgebildeten Personen haben in keiner Weise etwas mit der Krankheit zu tun.

Abkürzungsverzeichnis

A.	Arteria
abd.	abdominis
ABD	Abduktion
ADD	Adduktion
A/O	Atlas/Okziput
Art.	Articulatio
AROT	Außenrotation
ASTE	Ausgangsstellung
AWB	Ausweichbewegung
Bal.	Balance
bds.	beidseitig
BewA	Bewegungsausmaß
BewAusf	Bewegungsausführung
BewQual	Bewegungsqualität
BWS	Brustwirbelsäule
Cg	Schwanzwirbel (Kokzygis)
com.	communis
CTÜ	zervikothorakaler Übergang
dig.	digitorum
dist.	distal/distalis
EndG	Endgefühl
ext.	extensor
EXT	Extension
FL	Funktionale Linie
FLEX	Flexion
FLPL	Front-Limb-Protraktionslinie
FLRL	Front-Limb-Retraktionslinie
ICR	Interkostalraum
IROT	Innenrotation
ISG	Iliosakralgelenk
HWS	Halswirbelsäule
KDG	Kreuzbein-Darmbein-Gelenk
KSR	kraniosakraler Rhythmus
KSS	kraniosakrales System
L	Lendenwirbel
lat.	lateral/lateralis
LATFLEX	Lateralflexion (Seitbiegung)
Lig.	Ligamentum
Ligg.	Ligamenta
LL	Laterale Linie
Ln.	Lymphonodus
LSÜ	Lumbosakraler Übergang
LWS	Lendenwirbelsäule
M.	Musculus
med.	medial/medialis mittig/innen
Mm.	Musculi
N.	Nervus
nC	Nerv aus der Halswirbelsäule
nL	Nerv aus der Lendenwirbelsäule
Nn.	Nervi
nS	Nerv aus dem Sakrum
NS	Nervensystem
nTh	Nerv aus der Brustwirbelsäule
OK	Oberkiefer
P.f.	Punctum fixum
P.m.	Punctum mobile
PoB	„Point of Balance“
PRM	Primärer respiratorischer Mechanismus
Proc.	Processus
prof.	profundus
prox.	proximal
ROT	Rotation (Drehung)
R.	Ramus
SCÜ	sakrokokzygealer Übergang
SDL	Superfiziale dorsale Linie
SeitV	Seitvergleich
SL	Spirallinie
SSB	Synchondrosis sphenobasilaris
SP	Stresspunkt
supf.	superficialis
SVL	Superfiziale ventrale Linie
Th.	Therapeut
TLÜ	thorakolumbaler Übergang
TMG	Temporomandibulargelenk
UK	Unterkiefer
VNS	vegetatives Nervensystem
WS	Wirbelsäule

Vorwort zur 2. Auflage

Seit dem Erscheinen der 1. Auflage der Checkliste durfte ich weiter viele neue Erfahrungen machen mit meinen Pferdepatienten, mit deren Besitzern, mit meinen Schülern der Pferdeosteopathie und der Gymnastizierung, bei denen ich mich auch gleich herzlich bedanken möchte für ihr mir entgegengebrachtes Vertrauen. Auch haben mir meine eigenen Pferde Vihana, Bahea und Estoria aufgrund ihrer individuellen körperlichen bzw. seelischen Befindlichkeiten sehr dabei geholfen, so manche Bewegungsabläufe aus einem anderen Blickwinkel neu zu betrachten und die entsprechenden Behandlungen und Körperübungen grundlegend zu hinterfragen. Hierbei sind neue Kenntnisse und Verknüpfungen entstanden, die in der 2. Auflage ihren Niederschlag finden. Auch die Funktionsweise der Wirbelsäule durfte ich vor dem Hintergrund meiner weiteren Erfahrungen in der Gymnastizierung und den inspirierenden Impulsen aus der Biotensegrität nochmals auf andere Art beleuchten. So entstand für mich ein neues Gefühl für die Bewegungsintelligenz des Pferdes, seinen Körper wahrzunehmen und diesen seinen Motiven und der Situation entsprechend eigenverantwortlich, effizient und fließend zu bewegen.

Das Kapitel über die Faszien ist deutlich erweitert, deren Wichtigkeit im harmonischen Zusammenspiel aller körperlichen Strukturen durch die Wissenschaft immer tiefgehender erforscht wird.

Im „grünen" Kapitel sind bzgl. der einzelnen Wirbelsäulenabschnitte, Gelenke und spezifischen Strukturen jeweils sowohl dynamische als auch statische Prüf- und Behandlungsgriffe dargestellt und beschrieben. Bei den dynamischen Testungen und Behandlungen werden die jeweiligen Gelenkpartner aktiv bewegt, bei den statischen Prüfungen und Lösungen spürt sich der Therapeut in das Gewebe hinein und lässt sich vom Pferd in die Korrekturrichtung führen. Beide Anwendungsweisen haben je nach den Gegebenheiten jeweils ihre Vorzüge. Meiner Erfahrung nach sind die Lösungen bei Anwendung der statischen Techniken v. a. bei chronischen oder

„alten“ Läsionen nachhaltiger in ihrer Wirkung. Sie geben dem Pferd verstärkt die Möglichkeit, auf seinen „inneren Arzt“ (Upledger, 2000) zu hören und an seiner Genesung aktiv mitzuarbeiten. Dies wird häufig nach der Behandlung direkt sichtbar in einem selbstreflektiveren Bewegungsablauf bzw. „Bewegungsausprobieren“. Behandlung und Bewegung gehen Hand in Hand, häufig reicht das Eine nicht ohne das Andere. Helfen wir den Pferden, ihre Bewegungskompetenz wieder in die eigenen Hufe zu nehmen und die Bewegungsfreude zu leben, die ihnen die Natur geschenkt hat.

Bedanken möchte ich mich wieder herzlichst bei meiner ganzen, mittlerweile angewachsenen Familie für ihre „moralische“ Unterstützung, die mir immer wieder Kraft gegeben hat weiterzumachen. Außerdem bei meinen drei Pferden, die stets meine neuen Erkenntnisse als Erste in der Gymnastizierung veri- oder falsifizieren durften und die des Öfteren mit der Sprechblase vor mir standen: „Obacht, Katja hat wieder eine neue Erkenntnis ...“

In diesem Sinne möchte ich gerne alle Therapeuten einladen, sich von der Schönheit, Kraft und Geschmeidigkeit der Pferde anstecken und inspirieren zu lassen in ihrer behandlerischen Tätigkeit.

Ingolstadt, im April 2017
Katja M.-L. Eser

Vorwort zur 1. Auflage

Als ich vor 2 Jahren neben meinem Pferd Caroline auf der Koppel saß, machte ich mir Gedanken darüber, ob es überhaupt Sinn macht und möglich ist, eine Checkliste für Pferde-Osteopathie zu schreiben. In einem Moment, in dem ich die Sonne wärmend auf meiner Haut spürte, die Vögel in den Bäumen zwitschern hörte, meinem Pferd beim Grasen zuschaute und die Stallkatze auf meinem Schoß kraulte – kurz: in einem Moment, in dem ich der Ganzheit der Schöpfung und des Lebens in all seiner Vielfalt und Schönheit gewahr wurde, kam mir der Gedanke völlig absurd vor, diese Einheit strukturieren, analysieren, formulieren zu wollen. Die Osteopathie, wie ich sie verstehe und anwende, ist eben gerade nicht standardisiert, schematisiert und strukturiert.

Wenn ich mit einem Pferd zusammen bin, ist es stets mein Bemühen, es in seiner ganzen Einzigartigkeit zu erspüren, seine individuellen physischen Gegebenheiten zu erkennen und sein seelisches und mentales Dasein wahrzunehmen. Dies kann sich als Spannungen oder Energieveränderungen unter meinen Händen beim Kontakt mit dem Körper des Pferdes darstellen, aber auch als Gefühle oder Bilder, die während der Behandlung in mir aufsteigen und die häufig im diesbezüglichen Gespräch mit den Pferdebesitzern Sinn und Zweck der momentanen Verfassung des Pferdes erhellen. Jedes einzelne Pferd erzählt hierbei seine einzigartige Geschichte, die sich in seinem Körper ausdrückt.

Heute weiß ich, dass es doch möglich und sinnvoll ist, eine Checkliste für Pferde-Osteopathie zu schreiben. Denn trotz der Individualität eines jeden Pferdes und eines jeden Befunds stellen sich häufig bestimmte Läsionen in bestimmten Konstellationen dar, die strukturell, funktionell oder energetisch miteinander in Verbindung stehen. Diese vielfältigen Verbindungen herauszuarbeiten und unter verschiedenen Aspekten miteinander zu vernetzen, ist der Sinn dieses Buches.

Eine meiner Human-Kraniosakral-Lehrerinnen hatte einmal zu mir gesagt: „Gott hat uns Kranio-Henkel an die Knochen gebaut, damit wir über diese Einfluss auf den Kern des Körper-Geist-Wesens nehmen können." Diese „Kranio-Henkel" (=Mobilisierungspunkte) finden sich auch beim Pferd (wie bei allen Wirbeltieren), sodass wir auch ihm diese ganzheitliche und integrierende Behandlung zukommen lassen können.

Da Pferde Lebewesen sind, die ganz im Moment leben, sind sie in der Lage, die Wirkung unserer Behandlung sofort zu spüren und häufig auch sehr prompt die Veränderungen in einem neuen, physiologisch(er)en Bewegungsablauf umzusetzen. Es ist immer wieder ein Genuss zu spüren und zu sehen, wie sich ein Pferd verändert, wenn der Schmerz geht und die Lebens- und Bewegungsfreude zurückkehrt.

Besonders bedanken möchte ich mich bei den vielen Pferdebesitzern und vor allem deren Pferden, die sich mir anvertraut haben und mir durch ihre einzigartigen Fragen geholfen haben, individuelle Antworten zu finden; bei Bent Branderup, der mir neue biomechanische Sichtweisen eröffnet und spürbar gemacht hat; ganz besonders bei Walter und Brigitte Salomon, die mich in die Pferde-Osteopathie und das Wesen der Energielehre eingeführt haben.

Einen großen Dank möchte ich meinen Eltern und meinen Brüdern aussprechen, die mich auf meinem Lebensweg immer wieder bestärkt und unterstützt haben, wenn ich gezweifelt und das Gefühl hatte, meinen Weg verloren zu haben. Bei Familie Kopp für die Geduld mit mir, insbesondere bei den Fotoaufnahmen. Bedanken möchte ich mich auch bei meinen beiden Katern, die während des Schreibens dieses Buches stets darauf geachtet haben, dass ich rechtzeitig Pausen einlege, indem sie regelmäßig und unmissverständlich ihre Streicheleinheiten eingefordert haben.

Auf meinem Lebensweg wurde ich außerdem bis zu ihrer schweren Krankheit, von der sie bereits zum Zeitpunkt der Fotoaufnahmen gezeichnet war, begleitet von meiner Stute Caroline, die mich immer wieder herausgefordert hat, neu zu fragen, neu zu spüren, neu zu integrieren und stets geistig wach zu bleiben. Sie hat mir so viel geschenkt, dass diese Begleitung auch über ihren körperlichen Tod hinaus weiter besteht, dafür bin ich ihr unendlich dankbar.

Ich wünsche jedem Therapeuten viel Freude beim Begleiten seiner Pferde zu einem wachen Geist in einem freien, beweglichen Körper.

Ingolstadt, im Mai 2011
Katja M.-L. Eser

Einführung

Worum geht es in diesem Buch?

Wie ist diese Checkliste am sinnvollsten zu nutzen?

In dieser Checkliste werden folgende Aspekte besonders herausgehoben:

- allgemeine Grundlagen der Osteopathie und Biomechanik (Teil I, Kap. 1)
- Anatomie und Biomechanik der einzelnen Gelenke mit besonderer Betrachtung der Wirbelsäule in Abhängigkeit von Aktion und Reaktion/Fortbewegung und Stand (Teil I, Kap. 2.1.1)
- funktionelle Anatomie von Vorhand, Mittelhand und Hinterhand (Teil I, Kapitel 3)
- bevorzugte osteopathische Untersuchungs- und Behandlungstechniken bzgl. der einzelnen Läsionen (Teil II, Kapitel 4, 5 und 6)
- Befundkonzepte und häufig miteinander assoziierte Läsionen und Organbefunde (Teil III, Kapitel 7)
- Verknüpfung der tastbaren Befunde mit der sichtbaren, vom Pferdebesitzer beschreibbaren Leitsymptomatik (Teil IV, Kapitel 8)
- Indikationen und Kontraindikationen der Pferde-Osteopathie (Teil V, Kapitel 9 und 10)

Diese Checkliste ermöglicht den Zugang über verschiedene Fragestellungen:

- der Weg vom systematischen Untersuchungsgang zum systematischen Befund
- der Weg von der vermuteten Läsion zum entsprechenden Prüfgriff
- der Weg von der Läsion zur spezifischen Behandlungstechnik
- der Weg von der Läsion zum ganzheitlichen Behandlungskonzept
- der Weg von der Läsion zur assoziierten Läsion/zum Organbefund
- der Weg vom Organbefund zur Läsion
- der Weg vom Leitsymptom zur Läsion

Die Darstellung der oben genannten Zusammenhänge und Behandlungsmöglichkeiten sind erwachsen aus meiner Erfahrung in der osteopathischen Arbeit und der Beobachtung des Pferdes in seiner natürlichen Bewegung. Insofern gibt dieses Buch einen Einblick in die Art und Weise, wie ich persönlich diagnostisch und therapeutisch mit dem Pferd arbeite. Immer wieder ergeben sich hierbei weitere und neue Zusammenhänge. Ich möchte jeden Therapeuten dazu ermuntern, an der Entdeckung neuer Verknüpfungen mitzuarbeiten – für eine effektive und nachhaltige Behandlung zum Wohle des Pferdes.

Inhalt

Teil 1
Grundlagen

1 Grundlagen und Begriffe der Osteopathie

1.1 Einführende Gedanken

Eine **Bewegung** kommt dadurch zustande, dass die Muskeln über die Sehnen die Knochen bewegen und dadurch die Stellung der Knochen zueinander in deren gemeinsamem Gelenk verändern. Für eine physiologische Bewegung sind unter vielen anderen wichtigen Punkten erforderlich:

- Physiologischer Spannungszustand der **Muskulatur**, d. h. ein Muskel muss jederzeit in der Lage sein,
  - sich anzuspannen,
  - sich zu entspannen und
  - sich dehnen zu lassen.
- Physiologischer Zustand der **Gelenke** inklusive Kapseln und Bänder, d. h.
  - die Gelenksflächen müssen eine reibungslose und
  - die Kapseln und Bänder eine endgradige Winkelveränderung der beteiligten Gelenkpartner ermöglichen.
- Physiologisches Zusammenspiel von **Muskel- und Nervensystem** (NS), d. h.
  - efferente und afferente Impulse müssen störungsfrei zwischen NS und Muskelfasern bzw. Erfolgsorgan fließen können.
- Physiologische Balance im **vegetativen Nervensystem** (VNS):
  - Erregung durch den Sympathikus und Erholung durch den Parasympathikus müssen sich gegenseitig kontrollieren.

Die Harmonie im VNS stellt die Basis dar, insbesondere auch für die Behandlung eines Pferdes, das vordergründig „lediglich“ ein körperliches Problem zu haben scheint, z. B. in Form von Lahmheit, Rückensteifigkeit u. Ä. Eine Dysbalance im VNS verhindert zuweilen, dass eine handwerklich korrekt durchgeführte osteopathische Behandlung nicht den gewünschten Erfolg bringt oder die Linderung nur kurzzeitig anhält.

Im Hinblick auf das VNS darf bei der Behandlung einer gesundheitlichen Störung die Natur des Pferdes nicht außer Acht gelassen werden: sein Wesen als Flucht- und Herdentier.

Das Vegetativum des Pferdes kann sich in 2 Richtungen auswirken:

1. Lebt ein Pferd unter nicht artgerechten Umständen, fühlt es sich in seiner Sicherheit bedroht, hat es keine klare Führung durch seinen Menschen/seine Herde oder leidet es unter Schmerzen, so führt dies zu einem Sympathikotonus mit Anstieg des muskulären Grundtonus, was längerfristig zu **Verspannungen**, **Gelenksblockierungen** und **Bewegungseinschränkungen** führen kann.
2. Umgekehrt können diese Blockierungen wiederum zu erhöhter **emotionaler Unsicherheit** oder **Alarmbereitschaft** führen, da das Pferd sich in seinen Bewegungen und somit in seinen Fluchtmöglichkeiten eingeschränkt fühlt oder auch, weil Wirbelblockierungen spinale Faseranteile des VNS komprimieren und zu vegetativen Dysfunktionen führen können.

   Wenn sich ein Pferd mit seinem Menschen/seiner Herde und in seiner Umgebung sicher fühlt, kann es seine eigenen Sicherungsaktivitäten reduzieren und seinen Muskeltonus senken. Emotion und Muskeltonus sind gerade beim Fluchttier Pferd untrennbar miteinander verknüpft. Insofern ist die Atmosphäre, in der ein Pferd lebt, und die Art und Weise, in der täglich mit ihm umgegangen und es von seinem Menschen geführt wird, für den Erfolg und die Nachhaltigkeit einer osteopathischen Behandlung von nicht zu unterschätzender Bedeutung.

Weitere wichtige Aspekte der physischen und psychischen Gesundheit des Pferdes seien hier der Vollständigkeit halber kurz angesprochen:

- Haltungsbedingungen:
  - Ernährungszustand, Erkrankungsresistenz, selbst gewähltes Bewegungspotenzial an frischer Luft und bei natürlichem Licht, Pferdefreundschaften/soziale Kontakte
- Hufschmied:
  - biomechanisch individuelles, tragfähiges Fundament für den gesamten Bewegungsapparat
- Sattler:
  - schmerzfreie und kommunikationssfördernde Verbindung zwischen Pferd und Reiter
- Tierarzt:
  - gesundes Organ- und Bewegungssystem

- Pferdezahnarzt:
  - Zahngesundheit, Biomechanik des Kiefergelenks
- ausbalancierter Reiter:
  - im gemeinsamen Schwerpunkt befindliche handunabhängige und sensible Kommunkation mit dem Pferd

Ein Pferd hat wie jedes Lebewesen ein Selbstbewusstsein in dem Sinne, dass es sich selbst als Körper wahrnimmt. Diese **Körperwahrnehmung** begründet sich vornehmlich auf:

- dem Sehsinn: das Pferd kann je nach Stellung des Kopfes seine Vorderbeine, Hinterbeine und Teile seines Rumpfes betrachten,
- dem Tastsinn: das Pferd beknabbert sich selbst oder wird von seinem bevorzugten Sozialpartner an bestimmten Körperstellen beknabbert oder es reibt sich an bestimmten Gegenständen,
- der Tiefensensibilität, deren Rezeptoren in Gelenkskapseln, Bändern, Sehnen und Muskeln dem Pferd jederzeit zum Gehirn melden, in welcher Stellung oder Lage sich seine Körperteile und Gelenke befinden.

Diese Informationen werden sowohl im somatischen wie auch dem vegetativen Nervensystem verarbeitet und beantwortet. Die Beantwortung findet unter anderem statt durch:

- Skelettmuskeln, die die Bewegungen des Körpers durchführen (> grob- und feinmotorische Aktivität) und
- propriozeptive Muskeln, die kleinste und feinste Stellungsänderungen in den Gelenken und Wirbelsäulensegmenten vornehmen (> Stellungs- und Halteaktivität).

Verletzungen, Blockierungen, psychischer Druck oder Schmerzen verändern dieses Körperbild, das Pferd entwickelt kompensatorische Bewegungen und speichert dieses unphysiologische Körperbild (im schlimmsten Fall irreversibel) in seinem Gehirn ab. Die Förderung von Aktivitäten beider Muskelsysteme führt zu einer physiologischen, harmonischen und gesund erhaltenden Bewegung, die das Pferd dann als gewünschtes Körperbild in seinem Gehirn abspeichern kann.

BEACHTE

Nach erfolgter therapeutischer Behandlung muss dem Pferd ausreichend Zeit zugestanden werden, sich an sein physiologisches Körperbild zu erinnern und die bisher schmerzhaften Bewegungen wieder natürlich und harmonisch auszuführen.

1.2 Ursprung der Osteopathie

Andrew Taylor Still (1828 – 1917) war der Begründer der Human-Osteopathie. Er hatte eine tiefgläubige Überzeugung von der Gott gegebenen, vollkommenen Anatomie des Menschen, die für die gesunde Funktion des Organismus maßgeblich ist. Als Arzt und Farmer hatte er ein sehr pragmatisches Verständnis der Anatomie: Wie der Mechaniker die Maschine bezüglich einer Fehlfunktion muss ein Osteopath den Menschen in seiner anatomischen und physiologischen Detailliertheit einerseits und seiner Ganzheit andererseits überprüfen können, um eine Erkrankung ursächlich erfassen und behandeln zu können. Seine Forderung der präzisen Kenntnis der Anatomie und Physiologie des Organismus schlägt sich nieder in den von ihm aufgestellten Prinzipien der Osteopathie (S. 28). Aufgrund von Studien und Erfahrungen seiner Behandlungen während einer Ruhrepidemie 1874 erkannte Still, dass viele Erkrankungen durch Bewegungsverluste bzw. Blockierungen in Gelenken, Muskeln, Organen oder Geweben verursacht werden. Nach Still soll der Begriff „Osteopathie" als eine Technik verstanden werden, bei der der Weg zur Heilung über das Skelett beschritten wird.

Im Rahmen der Osteopathie wird spür- und sichtbar, wie die Knochen sowohl Ursache einer Krankheit als auch therapeutische Hebel für die Genesung sind.

1.3 Behandlungssysteme

Im Laufe der Zeit haben sich innerhalb der Osteopathie unterschiedliche Behandlungssysteme entwickelt, die ihre Behandlungsansätze auf unterschiedlichen anatomischen Bestandteilen des Körpers begründen. Fließende Übergänge im Rahmen der Behandlung sind angesichts der Ganzheitlichkeit des osteopathischen Grundgedankens unvermeidlich und begrüßenswert.

1.3.1 Strukturelle Osteopathie

Die strukturelle Osteopathie bezieht sich hauptsächlich auf die Erkenntnisse von **A.T. Still** und ist streng mechanisch ausgerichtet. Dabei liegt ihr Untersuchungs- und Behandlungsschwerpunkt auf den osteo- und arthrokinematischen Bewegungen in der WS und allen Gelenken des Körpers sowie der zugehörigen Muskeln, Sehnen, Ligamente und Faszien. Durch verschiedene manuelle und Reflex-Techniken werden Blockierungen in Gelenken gelöst, um deren freie Beweglichkeit wieder zu gewährleisten. Die Befreiung der Struktur zieht die Befreiung der Funktion nach sich, sowohl der Gelenke als auch der Körperflüssigkeiten und des NS:

- ungehinderte arterielle Ver- und venöse/lymphatische Entsorgung der Zellen
- ungehinderte Übertragung von afferenten und efferenten Nervenimpulsen

1.3.2 Kraniosakrale Osteopathie

William Garner Sutherland (1873 – 1954) hatte aufgrund von Selbstversuchen entdeckt, dass die einzelnen Schädelknochen mit den Suturen als Scharniere beweglich sind und nicht – wie bis dahin angenommen – spätestens im Erwachsenenalter fest miteinander verwachsen sind. Er ging davon aus, dass sich diese Bewegungen auf der Fluktuation des Liquors innerhalb des Schädels begründen, die entlang des Rückenmarks bis zum Sakrum weitergeleitet wird. Bei seinen Forschungen fiel ihm auf, dass sich der Schädel rhythmisch verformte, was sich wie ein Dehnen und Entspannen des Schädels anfühlte, ähnlich des Dehnens und Entspannens des Brustkorbs bei der Lungenatmung. Er gab dieser Schädel- und fortgeleiteten Sakrum-Bewegung daher den Namen „kraniosakrale Atmung".

Grundlegend weiterentwickelt wurde in den 1970er-Jahren die kraniosakrale Osteopathie durch **John Upledger**, dem als Arzt bei der Assistenz von neurochirurgischen Operationen am Gehirn und an der WS eine Bewegung der Hirnhäute auffiel, die als rhythmische Bewegung des Liquors identifiziert werden konnte, und somit die Existenz des kraniosakralen Rhythmus untermauerte. Darüber hinaus hat Upledger erkannt, dass neben dem Gehirn jede einzelne Körperzelle in der Lage ist, Erfahrungen in Form von Energie zu speichern (Zellgedächtnis). Während der BeHANDlung betreffender Körperstellen kann es zu einer „Gewebeerinnerung" kommen, die zur Lösung dieser gebundenen Energie und damit zur Befreiung der betreffenden körperlichen Struktur führt.

Die Selbstheilungskräfte wollen den Körper immer wieder zu seiner gesunden Form zurückführen und die kraniosakrale Arbeit des Therapeuten unterstützt grundlegend diese Selbstheilung durch das Hinhören auf den „inneren Arzt“ des Patienten. Der „äußere Arzt“, also der Therapeut, wird dabei zum „wohlwollenden“ Wegbegleiter; der Patient ist der „wohl wissende/wohl erinnernde“ Heiler in eigener Verantwortung.

1.3.3 Fasziale Osteopathie

Die fasziale Osteopathie bezieht sich auf die zum Teil hauchdünne Bindegewebsschicht, die sämtliche Strukturen innerhalb des Körpers umhüllt, um die Integrität der jeweiligen Struktur einerseits und die möglichst reibungslose Verschieblichkeit aller Strukturen untereinander andererseits zu gewährleisten. Die Faszien sind im Rahmen der osteopathischen Behandlung von herausragender Bedeutung: Sie integrieren, kontrollieren und koordinieren alle Strukturen und Bewegungen untereinander und miteinander. Störungen im faszialen System ziehen früher oder später zwangsläufig Störungen nach sich, die zum Teil sowohl topografisch, strukturell oder auch funktionell erheblich entfernt sind vom ursächlichen Störungsherd.

1.3.4 Viszerale Osteopathie

Bei der viszeralen Osteopathie, wie sie vor allem von **Jean Pierre Barral** weiterentwickelt wurde, liegt der Schwerpunkt der therapeutischen Arbeit auf der Lösung der inneren Organe und deren bindegewebigen Aufhängungen, Gefäßen und Nerven. Diese Technik ist sehr effektiv, z. B. bei funktionellen Organerkrankungen oder nach Operationen/Entzündungen im Bauchraum, die häufig Verwachsungen oder Vernarbungen nach sich ziehen.

Beim Pferd ist die viszerale Osteopathie aufgrund der sehr straffen Bauchdecke nicht in der klassischen Form anwendbar. Hier findet die Behandlung und Lösung von viszeralen Läsionen hauptsächlich über fluide, fasziale und energetische Techniken statt, aber auch über spezielle Dehnübungen, bei denen über die Einnahme bestimmter Körperhaltungen die viszeralen Strukturen innerhalb des Körpers gegeneinander bewegt und gelöst werden. Außerdem kann die Motilität, die individuelle Eigenbewegung jedes einzelnen Organs, über subtiles Lauschen wahrgenommen und gelöst werden.

1.3.5 Pferde-Osteopathie

Die Anwendung der osteopathischen Techniken als Pferde-Osteopathie verdanken wir u. a. **Pascal Evrard** (Prof. für Pferdeosteopathie) und **Dominique Giniaux**, einem Tierarzt, Akupunkteur und Human-Osteopathen, der im Laufe der 1980er-Jahre die Methode erstmals auf Pferde angewandt hatte. Nach seinem Verständnis ist Osteopathie keine neuartige Behandlungsmethode, sondern eine bestimmte Art, den lebendigen Organismus in seiner Ganzheit zu betrachten: Es gehe nicht darum, dem Pferd etwas zu flüstern, sondern im Gegenteil dem Pferd zuzuhören und sich von ihm in der Behandlung führen zu lassen. Dieses Verständnis der Osteopathie erinnert stark an **Upledger** und bestätigt die speziesübergreifende Gültigkeit der Osteopathie.

1.4 Prinzipien der Osteopathie

Die Struktur bestimmt die Funktion; die Funktion bestimmt die Struktur

Die Funktion eines Organs oder eines Gelenks ist nur dann gewährleistet, wenn die Struktur morphologisch intakt ist. Umgekehrt ist die Integrität der Struktur nur dann gegeben, wenn die Funktion physiologisch abläuft.

Die arterielle Regel

Alle Zellen und Gewebe des Körpers sind für ihre physiologische Funktion darauf angewiesen, durch ausreichende Mengen arteriellen Blutes mit allen nötigen Nährstoffen und Sauerstoff versorgt und durch den venösen Blutabfluss und den Lymphabtransport von Abfallstoffen entsorgt zu werden. Eine diesbezügliche Störung führt früher oder später zum Zelltod. Dieser lokale Zelltod führt zu einer funktionellen Einschränkung des übergeordneten Gewebes, was wiederum eine morphologische Veränderung desselben nach sich zieht.

Der Körper ist eine Einheit

Die physiologische Funktion des Gesamtkörpers beruht auf der Vollkommenheit der Zusammensetzung, des Zusammenspiels aller Zellen miteinander und aller Organe untereinander. Jede Störung im Kleinen zieht entsprechend der Anatomie, Biomechanik und Physiologie eine Störung im Großen nach sich.

Der Körper hat die Fähigkeit zur Selbstregulation und Selbstheilung
Ein Körper ist in seinem individuellen Rahmen in der Lage, sich selbst zu schützen und zu heilen. Der Arzt/Therapeut kann von außen nur unterstützend einwirken. Ist der Körper selbst nicht (mehr) in der Lage, die erforderlichen regulierenden und reparierenden Maßnahmen zu ergreifen, führt auch alle Hilfe von außen nicht zur Genesung.

1.5 Physiologische und pathologische Biomechanik

1.5.1 Bewegungsausmaße

Um beurteilen zu können, ob eine physiologisch freie oder pathologisch eingeschränkte Beweglichkeit vorliegt, sind die verschiedenen Bewegungsbereiche eines Gelenks zu beachten:

- **aktives Bewegungsausmaß**:
  - resultiert aus der Kontraktionskraft des Agonisten und der Dehnfähigkeit des Antagonisten
  - ist kleiner als das passive Bewegungsausmaß
- **passives Bewegungsausmaß**:
  - resultiert aus den Strukturen, die das Gelenk stabilisieren (Bänder, Gelenkskapsel)
  - ist kleiner als das anatomische Bewegungsausmaß
- **anatomisches Bewegungsausmaß**:
  - resultiert aus der knöchernen/knorpeligen Formung der Gelenkpartner

1.5.2 Endgefühl

Bei der Bewegungstestung treten in der maximalen Endstellung des Gelenks folgende Endgefühle auf:

- **weich-elastisch** = muskuläre Begrenzung der Gelenkbeweglichkeit, s. o. aktives Bewegungsausmaß
- **fest-elastisch** = kapsuläre/ligamentäre Begrenzung der Gelenkbeweglichkeit, s. o. passives Bewegungsausmaß
- **hart-elastisch** = knöcherne Begrenzung der Gelenkbeweglichkeit, s. o. anatomisches Bewegungsausmaß

Die Ermittlung des Endgefühls (EndG) im Rahmen der dynamischen Testung der Gelenke und die damit verbundenen Rückschlüsse ermöglichen die Wahl der korrekten und sinnvollen Behandlungstechnik zur Befreiung der Strukturen.

1.5.3 Arthrokinematik

Um beurteilen zu können, ob eine Gelenksbewegung physiologisch oder pathologisch abläuft, sind die arthrokinematischen Abläufe zu beachten:

- **Osteokinematik** beschreibt die Bewegungen der Gelenkpartner im Raum.
- **Arthrokinematik** beschreibt die Bewegungen der Gelenkpartner im Gelenk; sie ist abhängig von deren Form (konkav/konvex).

1.5.3.1 Gleiten und Rollen

Eine physiologische rotatorische Bewegung setzt sich stets aus einer rollenden und gleichzeitig gleitenden Bewegungskomponente zusammen (**Abb. 1.1**).

- **Gleiten**
  - translatorische Bewegungskomponente
  - ein Punkt des Punctum fixum berührt immer neue Punkte des Punctum mobile
  - das Gleiten erfordert absolut kongruente Gelenksflächen
  - die arthrokinematische Richtung des Gleitens ist jeweils abhängig von der Form des sich bewegenden Gelenkspartners
- **Rollen**
  - rotatorische Bewegungskomponente (im engeren Sinne)
  - immer neue Punkte des Punctum fixum berühren immer neue Punkte des Punctum mobile
  - das Rollen ist möglich auch bei inkongruenten Gelenksflächen
  - die arthrokinematische Richtung des Rollens entspricht jeweils der osteokinematischen Bewegungsrichtung des Knochens im Raum
- bei **insuffizientem Rollen** und **Gleiten**:
  - punktuelle Kompression bestimmter Gelenksanteile
  - Gefahr von Blockierung bis hin zur Subluxation/Luxation des Gelenks

Bei Festellen einer Blockierung ist zunächst die Befreiung des Gleitens erforderlich, um dann anschließend das Rollen zu mobilisieren.

1.5.3.2 Konvex-Konkav-Regel

Welcher Gelenkpartner bei der Mobilisierung in welche Richtung gelöst werden muss, ergibt sich aus der Konvex-Konkav-Regel (**Abb. 1.1**):

- **Konkav-Regel:** Konkaver Gelenkpartner bewegt (= punktum mobile), konvexer Gelenkpartner steht (= punktum fixum):
  - Gleiten und Rollen gehen in die gleiche Richtung.

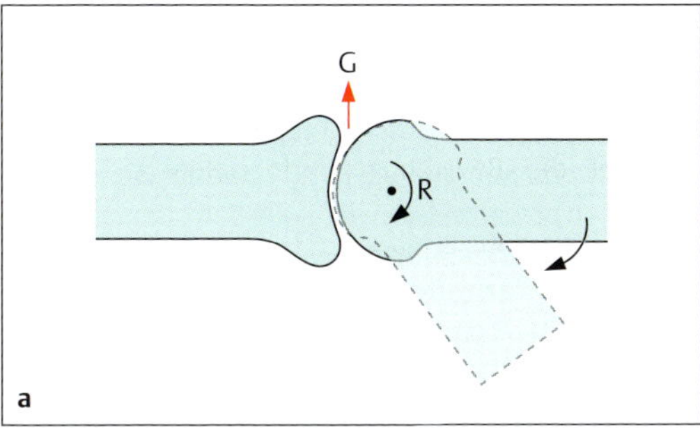

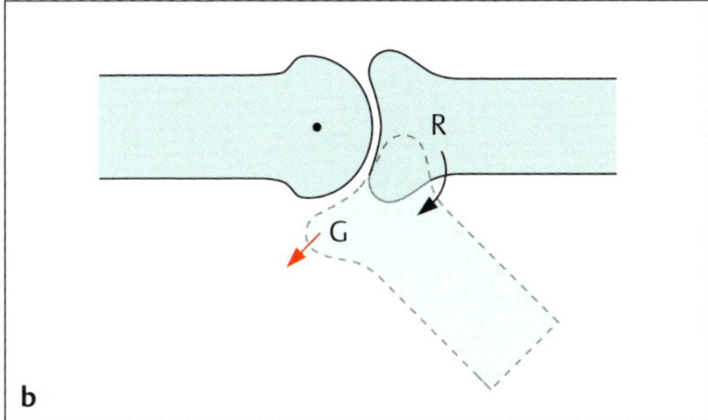

Abb. 1.1 Rollen (R) und Gleiten (G) nach der Konvex-konkav-Regel.

a Ist die sich bewegende Gelenkfläche konvex, geht die Gleitbewegung in die entgegengesetzte Richtung als die Rollbewegung. Die Rollbewegung im Gelenk ist immer gleichsinnig zur Knochenbewegung.

(Hohmann M, Hrsg. Physiotherapie in der Kleintierpraxis. 3. Aufl. Stuttgart: Sonntag Verlag in Georg Thieme Verlag; 2017)

b Ist die sich bewegende Gelenkfläche konkav, geht die Gleitbewegung in die gleiche Richtung wie die Rollbewegung.

(Hohmann M, Hrsg. Physiotherapie in der Kleintierpraxis. 3. Aufl. Stuttgart: Sonntag Verlag in Georg Thieme Verlag; 2017)

- **Konvex-Regel:** Konvexer Gelenkpartner bewegt (= punktum mobile), konkaver Gelenkpartner steht (= punktum fixum):
  - Gleiten geht in die entgegengesetzte Richtung des Rollens.
- Für eine strukturschonende Befreiung von Gelenken ist es wichtig, vor der Mobilisierung zu beurteilen:
  - Welcher Gelenkpartner ist konvex, welcher Gelenkpartner ist konkav?
  - Welcher Gelenkpartner wird bewegt?

1.5.4 Point of Balance

1.5.4.1 Physiologischer Point of Balance

Je nach Art und Topografie einer Struktur sind Qualität und Quantität ihrer Mobilität sehr unterschiedlich, müssen aber struktur- und topografiespezifisch immer gleich sein, um zu gewährleisten, dass die betreffende Struktur ihren physiologischen Anforderungen im Dienste des Gesamtorganismus entsprechen kann.

Der Point of Balance (PoB) ist ein Punkt, um den herum sich jegliche physiologischen Körperfunktionen abspielen. Eine Struktur im physiologischen Gleichgewicht der Bewegung bedeutet, dass sie sich in alle Richtungen gleich weit (Quantität) und gleich geschmeidig (Qualität) bewegen lässt. In diesem Zustand befindet sich die Struktur im physiologischen „Point of Balance“ (**Abb. 1.2**).

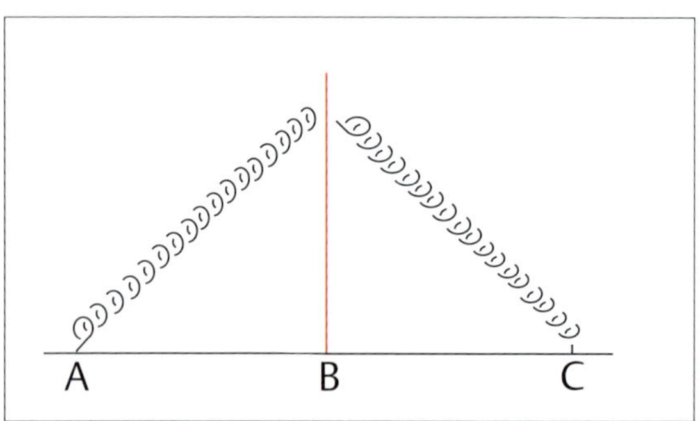

Abb. 1.2 Physiologischer Point of Balance. B ist im Gleichgewicht: A und C stehen unter gleichmäßiger Spannung bzw. Entspannung. B kann sich gleichermaßen in Richtung A und C verschieben/bewegen.
(Salomon B, Salomon W. Pferde-Osteopathie. 3. Aufl. Stuttgart: Sonntag Verlag in MVS Medizinverlage Stuttgart; 2014)

1.5.4.2 Pathologischer Point of Balance und Läsion

Ein pathologischer Point of Balance (**Abb. 1.3**) führt zu einer Läsion.

Läsion bedeutet eine quantitative und/oder qualitative Bewegungsveränderung einer Struktur. Sie wird immer danach benannt, wohin die Bewegungsrichtung einfacher geht bzw. wo ein pathologisch größeres Bewegungsausmaß vorliegt.

Eine osteopathische Läsion ist röntgenologisch kaum nachweisbar, da sie sich grundsätzlich über die quantitative und/oder qualitative Veränderung der Mobilität und/oder Motilität der Struktur definiert, die mittels der Hände spürbar ist. Eine sichtbare Fehlstellung eines Wirbels oder eine sichtbare Einschränkung einer Gelenksbewegung in der Ganganalyse kann, muss aber nicht vorliegen. Dies ist hauptsächlich abhängig von den kompensatorischen Ressourcen des Pferdes.

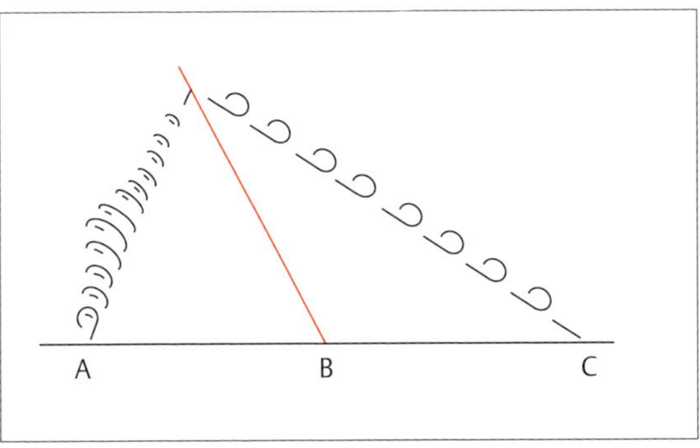

Abb. 1.3 Pathologischer Point of Balance. Im Vergleich zu **Abb. 1.2** hat sich der PoB verschoben. B ist nun im Ungleichgewicht: B lässt sich leichter nach A als nach C verschieben, die Beweglichkeit Richtung A hat sich vergrößert (Verlust der Spannung), die Beweglichkeit Richtung C hat sich verringert (Zunahme der Spannung) = Blockierung Richtung A = Läsion Richtung A.
(Salomon B, Salomon W. Pferde-Osteopathie. 3. Aufl. Stuttgart: Sonntag Verlag in MVS Medizinverlage Stuttgart; 2014)

2 Anatomische und biomechanische Grundlagen

Alle Knochen, Gelenke und Muskeln, Herz-Kreislauf, Atmung, die gesamte Physiologie des Pferdes sind so aufgebaut und angelegt, dass es seiner Natur als Herden- und Fluchttier entsprechend mit möglichst wenig Energieverbrauch lange stehen, langsam und ausdauernd wandern und dabei fressen kann und bei Bedarf eine explosionsartige Flucht in jegliche Richtung antreten kann.

2.1 Wirbelsäule

2.1.1 Vorbemerkung zur Biomechanik der Wirbelsäule

Aufgrund der knöchernen Gestalt des Wirbels, der Stellung der Gelenkfortsätze, dem Vorhandensein der Bandscheiben und der Zugwirkungen der umliegenden Bandstrukturen ist eine **Seitbiegung** (**LATFLEX**) stets mit einer **Rotation** (**ROT**) des jeweiligen Wirbelkörpers gekoppelt.

Im Bereich der Pferde-Osteopathie ist bisher beschrieben worden, dass:

- in Neutralposition und **Streckung** (**EXT**) die ROT kontralateral/gegensinnig der LATFLEX sei.
- in **Beugung** (**FLEX**) die ROT ipsilateral/gleichsinnig der LATFLEX sei.

Die Richtung der Rotation im Verhältnis zur LATFLEX lässt sich nicht anhand der reinen Knochenstrukturen beantworten: Am knöchernen Skelett stellt sich die Biomechanik häufig nur unvollständig und dadurch anders dar als am lebendigen, bemuskelten, sich bewegenden Lebewesen.

Aufgrund eigener Erfahrungen bei der osteopathischen Behandlung, der gymnastizierenden Bodenarbeit, dem therapeutischen Beritt und Beobachtungen des auf der Koppel freilaufenden Pferdes habe ich folgende Erkenntnis gewonnen: Die Frage, ob die LATFLEX mit einer ipsilateralen oder kontralateralen ROT gekoppelt ist, ist davon abhängig, ob die Wirbelsäulenbiegung von der mobilen Vor- oder Hinterhand aus initiiert wird oder ob die Beine am Boden stehen und die Bewegung vom Rumpf aus initiiert wird. Es stellt sich also die Frage: Ist die WS an (mindestens) einem Ende frei beweglich (**Punctum mobile**) oder ist sie an beiden Enden fixiert (**Punctum fixum**)? Darüber hinaus hängt sie davon ab, ob das Pferd die LATFLEX selbst aktiv durchführt oder passiv in die Biegung geführt wird.

2.1.1.1 Biomechanik von Rumpf und Becken

In der Fortbewegung: LATFLEX/ROT kontralateral

Die Wirbelsäule (WS) ist je nach Gangphase immer mindestens an einem Ende frei beweglich (ein Punctum fixum, ein Punctum mobile).

Bsp.: linkes Hinterbein tritt vor (**Abb. 2.1**) = LATFLEX links

- Tuber coxae des Spielbeins (links) fällt nach ventral und zieht nach kranial
  - Becken in LATFLEX links mit ROT rechts
- über die Iliosakralgelenke (ISG) wird die Beckenbewegung auf das Sakrum weiter gegeben
  - Sakrum in LATFLEX links mit ROT rechts
- die Sakrumbewegung setzt sich durch die gesamte WS nach kranial fort
  - WS in LATFLEX links mit ROT rechts
- M. erector spinae links und der M. obliquus internus abdominis links sind entspannt und gedehnt, die Mm. obliquus externus und rectus abdominis links kontrahieren
  - das linke Hinterbein kann vorgeführt werden (Spielbein links)
  - die Procc. spinosi „fallen“ nach links = Wirbel in ROT rechts
- M. erector spinae rechts und der M. obliquus internus abdominis rechts kontrahieren, die Mm. obliquus externus und rectus abdominis rechts sind entspannt und gedehnt
  - das rechte Hinterbein kann tragen bzw. schieben (Standbein rechts)
  - die Procc. spinosi „weichen“ nach links = Wirbel in ROT rechts
- der an der Brustwirbelsäule (BWS) aufgehängte Brustkorb nimmt die Wirbelsäulenbewegung auf
  - linke Brustkorbseite fällt nach ventral und schwingt nach rechts
  - rechte Brustkorbseite steigt nach dorsal und schwingt nach rechts
  - der Brustkorb schwingt aus dem Weg des nach vorne greifenden linken Hinterbeins
  - der Vorgriff des linken Hinterbeins wird größer, je mehr der Brustkorb nach rechts schwingt

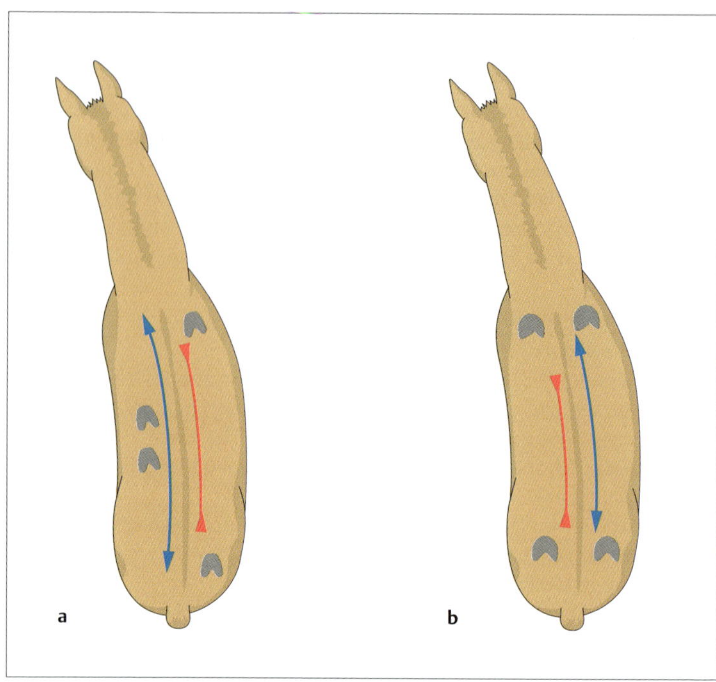

Abb. 2.1 Wirbelsäule von dorsal (blau = aktiv in Verlängerung; rot = aktiv in Verkürzung), in der Fortbewegung (a) und im Stand (b).

Je kürzer der Vortritt des Spielbeins ist (z. B. in der Versammlung), desto geringer fällt die Amplitude der Wirbelsäulenrotation und somit auch der Brustkorbrotation aus, sie schwingt aber weiterhin kontralateral der LATFLEX. Diese koordinierte Verknüpfung von LATFLEX/ROT kontralateral ermöglicht u. a. den 4-Takt im Schritt und verhindert die Lateralisierung zum Passgang.

Im Stand: LATFLEX/ROT ipsilateral

Die WS ist an beiden Enden fixiert (2 Puncta fixa).

Bsp.: LATFLEX links im Stand (**Abb. 2.1**, vgl. auch Wirbelsäulenbiegung (S. 169))

- Tuber coxae links steigt nach dorsal und zieht nach kranial
  - Becken in LATFLEX links mit ROT links

- über die ISG wird die Beckenbewegung auf das Sakrum weitergegeben
  - Sakrum in LATFLEX links mit ROT links
- die Sakrumbewegung setzt sich durch die gesamte WS nach kranial fort
  - WS in LATFLEX links mit ROT links
- M. erector spinae links, M. obliquus externus abdominis links und M. obliquus internus abdominis rechts kontrahieren
  - die Procc. spinosi „weichen" nach rechts = Wirbel in ROT links
- M. erector spinae rechts, M. obliquus externus abdominis rechts und M. obliquus internus abdominis links sind entspannt und gedehnt
  - die Procc. spinosi „fallen" nach rechts = Wirbel in ROT links
- der an der BWS aufgehängte Brustkorb nimmt die Rückenbewegung auf
  - linke Brustkorbseite steigt nach dorsal und schwingt nach links
  - rechte Brustkorbseite fällt nach ventral und schwingt nach links

Im Stand ist ein „Aus-dem-Weg-Schwingen" des Brustkorbs nicht erforderlich, da kein Vortritt durch das ipsilaterale Hinterbein erfolgt.

2.1.1.2 Biomechanik der Halswirbelsäule

LATFLEX links initiiert von kaudal (in der Fortbewegung): LATFLEX/ROT kontralateral

= Kopf und HWS sind nur an der Halsbasis fixiert und an einem Ende frei beweglich (ein Punctum fixum, ein Punctum mobile).

Die Bewegung der HWS entspricht der Bewegung der gesamten WS von kaudal her in der Fortbewegung: Die kontralaterale ROT setzt sich durch die gesamte WS von kranial nach kaudal zum Sakrum bzw. von kaudal nach kranial zum Okziput fort → der Mähnenkamm fällt in die LATFLEX

LATFLEX links initiiert von kranial

Der Schädel des Pferdes wird passiv in die Stellung geführt (z. B. durch den Therapeuten oder die Zügelhand des Reiters): LATFLEX/ROT ipsilateral

= Kopf und HWS sind an beiden Enden fixiert (Halsbasis und Schädel als Puncta fixa).

Die Bewegung der HWS entspricht der Bewegung der gesamten WS im Stand: Es findet eine LATFLEX mit ipsilateraler ROT bis zum Okziput statt → der Mähnenkamm stellt sich auf bzw. fällt aus der LATFLEX.

Das Pferd selbst führt den Schädel aktiv in die Stellung: LATFLEX/ROT kontralateral

= Kopf und HWS sind nur an der Halsbasis fixiert und an einem Ende frei beweglich (ein Punctum fixum, ein Punctum mobile).

Die Bewegung der HWS entspricht der Bewegung der gesamten WS von kaudal her in der Fortbewegung: Die kontralaterale ROT setzt sich durch die gesamte WS von kranial nach kaudal zum Sakrum bzw. von kaudal nach kranial zum Okziput fort → der Mähnenkamm fällt in die LATFLEX.

BEACHTE

Die physiologische Funktion der HWS (S. 129) ist nur dann gewährleistet, wenn die ROT im Verhältnis zur LATFLEX entsprechend der Puncta fixa stattfinden kann.

Eine Immobilisierung des Kopfes während der Fortbewegung führt an der Halsbasis und/oder dem atlantookzipitalen Übergang zu einer Rotationsumkehr, die (mindestens!) zu Läsionen der dort beteiligten Strukturen Atlas/Okziput/C 7 / Th 1 und der Dura mater führen kann. Das Pferd muss stets die Möglichkeit haben, die geforderte Stellung aktiv selbstständig durchzuführen, wobei diese der Rotation der gesamten Wirbelsäule entspricht.

2.1.2 Obere Halswirbelsäule (Okziput – C 2)

2.1.2.1 Gelenkpartner

- Atlantookzipitalgelenk (Art. atlantooccipitalis): Condyli occipitales (= konvex) mit Foveae articulares craniales (= konkav)
- Atlantoaxialgelenk (Art. atlantoaxialis): Fovea dentis atlantis und Fovea articularis caudalis (= konkav) mit Dens axis und Proc. articularis cranialis axis (= konvex)

2.1.2.2 Anatomie

Os occipitale/Okziput (Hinterhauptsbein)

- Crista nuchae: hier inseriert der Nackenstrang (Funiculus nuchae) des Nackenbands (Lig. nuchae)
- Procc. paracondylares: profund in der Ganasche tastbar
- Condyli occipitales: bilden mit den Foveae articulares craniales des Atlas jeweils ein separates Ellipsoidgelenk, die gemeinsam ein Eigelenk ergeben

Atlas/C 1 (1. Halswirbel)

- Knochenring mit 2 seitlichen Flügeln (Alae atlantis)
- kleines Tuberculum dorsale statt eines Proc. spinosus
- kranial bzw. kaudal finden sich die Foveae articulares craniales bzw. caudales des Atlas

Axis/C 2 (2. Halswirbel)

- länglicher Wirbel mit hohem Proc. spinosus
- Dens axis bildet mit Fovea dentis atlantis in der Fovea articularis caudalis atlantis ein Zapfengelenk

Anatomische Besonderheiten

- Atlas und Axis besitzen jeweils ein Foramen vertebrale laterale für den Durchtritt des 1. und 2. Halsnerven (nC 1 und nC 2)
- vom Os occipitale bis zum 2. Halswirbel gibt es keine Bandscheiben
- zwischen Nackenband und Atlas: kranialer Genickschleimbeutel (Bursa subligamentosa nuchalis cranialis)
- zwischen Nackenband und Axis: kaudaler Genickschleimbeutel (Bursa subligamentosa nuchalis caudalis)

Bänder

- Innerhalb des Wirbelkanals (Canalis vertebralis) stabilisieren und koordinieren Bänder die Bewegungen der oberen Kopfgelenke:
  - Atlantookzipitalgelenk:
    - Membrana atlantooccipitalis dorsalis und ventralis zur Verstärkung der Gelenkskapsel
    - Ligg. laterales zwischen Ala atlantis und Os occipitale
  - Atlantoaxialgelenk:
    - Lig. atlantoaxiale dorsale
    - Lig. atlantoaxiale ventrale
    - Lig. longitudinale dentis: Fixierung des Dens axis

Wichtige Muskeln von Genick und HWS

Siehe Kapitel Muskeln, Funktionen, Innervation (S. 536); **Tab. 11.1.**

2.1.2.3 Biomechanik

- Atlantookzipitalgelenk: FLEX, EXT, etwas LATFLEX/ROT
- Atlantoaxialgelenk: LATFLEX/ROT, etwas FLEX, EXT

BEACHTE

Aufgrund der Struktur und der Stellung der Gelenkpartner zueinander ist in der gesamten WS die LATFLEX stets mit einer ROT gekoppelt. Die Richtung von LATFLEX zu ROT (S. 37) hängt davon ab, welcher der beiden Gelenkpartner sich bewegt.

Zwischen Okziput und Axis fungiert der Atlas wie eine Art Kupplung; hierfür macht der Atlas seine ROT und LATFLEX ipsilateral (**Abb. 2.2**).

Tab. 2.1 Biomechanik der oberen Halswirbelsäule in FLEX und EXT.

Struktur	FLEX[1]	EXT[2]
Crista occipitalis und kraniodorsaler Bogen des Atlas	Divergenz	Konvergenz
Procc. paracondylares und kranialer Rand der Alae atlantis	Konvergenz	Divergenz
Condyli occipitales innerhalb der Foveae articulares craniales atlantis	Dorsalgleiten und Ventralrollen	Ventralgleiten und Dorsalrollen
Foveae articulares craniales atlantis auf den Condyli occipitales	Ventralgleiten und Ventralrollen	Dorsalgleiten und Dorsalrollen
Limitierung der Bewegung durch: [1] Lig. nuchae und Lig. longitudinale dentis, [2] Kontakt des Dens axis an der Fovea dentis atlantis		

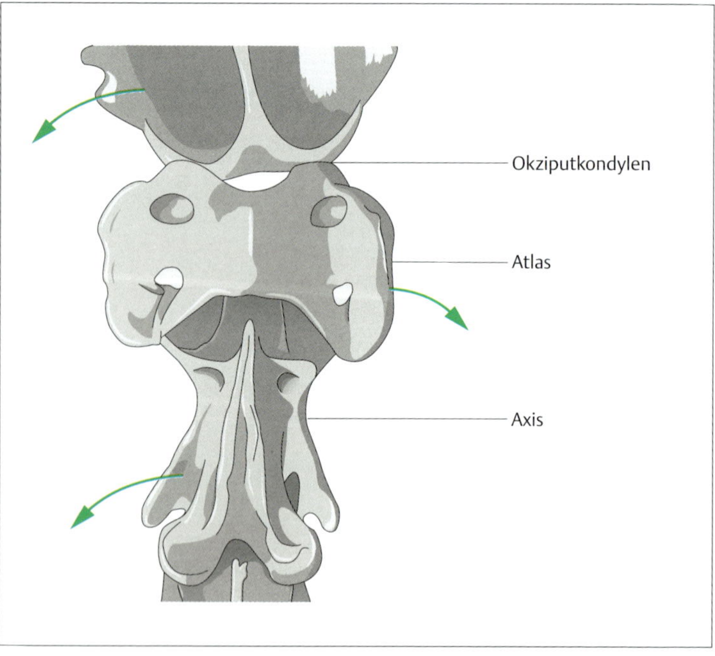

Abb. 2.2 Biomechanik Okziput–Atlas–Axis. Stellung links im Genick: Okziput LATFLEX links mit ROT rechts; Atlas LATFLEX links mit ROT links; Axis LATFLEX links mit ROT rechts.

Tab. 2.2 Biomechanik der oberen Halswirbelsäule LATFLEX/ROT*.

Struktur	links	rechts
Condylus occipitalis	Ventralgleiten und Dorsalrollen = EXT links	Dorsalgleiten und Ventralrollen = FLEX rechts
Alae atlantis	Dorsalgleiten und Dorsalrollen = EXT links	Ventralgleiten und Ventralrollen = FLEX rechts
Proc. paracondylaris u. kranialer Rand der Alae atlantis	Divergenz	Konvergenz
Mandibula	Lateralisierung nach kontralateral = nach rechts	
* Bsp.: Stellung links = LATFLEX links/ROT rechts des Okziputs im Atlas = LATFLEX links/ROT links des Atlas unter dem Okziput.		

BEACHTE

- Auf der konkaven Seite der LATFLEX kommen beide Gelenkpartner in EXT:
  - → eine physiologische Stellung im Genick führt zu einer Vergrößerung der Ganaschenfreiheit.
- Verwerfen im Genick = auf der konkaven Seite der LATFLEX kommen beide Gelenkpartner in FLEX mit Verkleinerung der Ganaschenfreiheit
  - → Gefahr des Einhakens des ipsilateralen Proc. paracondylaris in der ipsilateralen Fovea articularis cranialis atlantis und/oder Einengung der Parotis.

2.1.3 Untere Hals-, Brust- und Lendenwirbelsäule (C 2 – L 6)

2.1.3.1 Anatomie

Allgemeines

- Alle Wirbel bestehen aus:
  - 1 Wirbelkörper (Corpus vertebrae),
  - 1 Wirbelbogen (Arcus vertebrae) und
  - mehreren Wirbelfortsätzen: je 1 Dornfortsatz (Proc. spinosus), je 2 Querfortsätze (Procc. transversi), je 2 Gelenksfortsätze (Procc. articulares).
- Die **Epiphysenfugen** der Wirbelkörper schließen sich mit 2 – 6 Jahren.

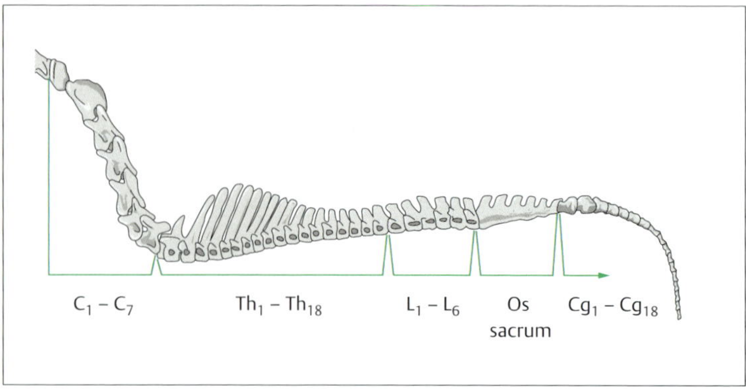

Abb. 2.3 Schwingung der Wirbelsäule.

- **Schwingungen** der WS (**Abb. 2.3**):
  - Kyphose: C 1 – C 3; Scheitelpunkt: C 2
  - Lordose: C 4 – (ca.) Th 11; Scheitelpunkt: C 7
  - Kyphose: (ca.) Th 12 – Cg18; Scheitelpunkt: L 3
- Die **Bandscheiben** (Disci intervertebrales) zwischen den Wirbelkörpern dienen dem Schutz der Wirbelkörper und des Rückenmarks und der Flexibilität der WS. Anders als beim Mensch bestehen die Bandscheiben beim Pferd fast komplett aus zähem, faserigem Gewebe, sodass es beim Pferd keine Bandscheibenvorfälle gibt.
- Die **Stellung der Procc. articulares** (Gelenkfortsätze, Facettengelenke) zueinander sind neben den Bandscheiben grundlegend für die Richtung und das Ausmaß der Beweglichkeit des jeweiligen Wirbelsegments verantwortlich. Die Ausrichtung der Gelenkflächen geht von vertikal (HWS) nach horizontal (BWS) nach vertikal (LWS). Größe und Passgenauigkeit der jeweils benachbarten Facettengelenke sind wichtig für die Stabilität und Geradheit der Wirbelsäule. Zu kleine oder inkongruente Facettengelenke bilden sich als Senkrücken oder Skoliose ab.
- Durch die **Foramina intervertebralia** der gesamten WS treten die Spinalnerven durch, die sich entweder zunächst in den Plexus cervicalis, brachialis, lumbalis und sacralis treffen oder direkt als Spinalnerven zu den entsprechenden Myotomen, Dermatomen und Viszerotomen ziehen, s. Somatisches Nervensystem (S. 111).

Untere Halswirbelsäule (C 2 – C 7)

- Die **Procc. spinosi** der Halswirbelsäule sind nur rudimentär vorhanden (Ausnahme: C 2 und C 7).
- Sie werden überspannt vom **Nackenstrang** (Funiculus nuchae) und der **Nackenplatte** (Lamina nuchae), die zusammen das Lig. nuchae bilden.
- Durch spezielle Aussparungen in den **Foramina transversaria** C 1 – C 7 ziehen beidseits jeweils eine Arteria vertebralis, die maßgeblich an der Durchblutung des Gehirns beteiligt ist.

Brustwirbelsäule (Th 1 – Th 18)

- Richtung der **Procc. spinosi**: Th 1 – Th 15 nach kaudal, Th 15 oder Th 16 nach dorsal, Th 16 – Th 18 nach kranial.
- Die Procc. spinosi Th 2 – Th 9 sind mit Knorpelkappen bedeckt, die nach Verknöcherung erst im 7. – 15. Lebensjahr mit den proximalen Anteilen der entsprechenden Procc. spinosi verwachsen.
- Zwischen dem Lig. supraspinale und den Procc. spinosi Th 2 – Th 4 liegt der **Widerristschleimbeutel** (Bursa subligamentosa supraspinalis).
- Die Procc. transversi korrespondieren gelenkig über die **Rippen-Wirbel-Gelenke** (Art. costovertebralis (S. 56)) mit den
  - Rippenköpfchen: Rippenkopfgelenk (Art. capitis costae) und den
  - Rippenhälsen: Rippenhöckergelenk (Art. costotransversaria), s. Thorax (S. 54).

Lendenwirbelsäule (L 1 – L 6)

- Die **Procc. transversi** der LWS sind relativ breit zum Schutz der Nieren, zur Stabilisierung des Übergangs zur Hinterhand und als große Ansatzfläche für die Hinterhandmuskulatur.
- Die **Procc spinosi** der LWS zeigen nach kraniodorsal.

Bänder

- Innerhalb des Canalis vertebralis stabilisieren und koordinieren Bänder die Bewegungen der Wirbelsegmente:
  - Lig. longitudinale dorsale
  - Lig. longitudinale ventrale (nicht: C 1 – Th 5)
  - Lig. longitudinale laterale
- Die Procc. spinosi der gesamten WS bis zum Sakrum werden überspannt vom **Lig. nuchae** und dem **Lig. supraspinale**. Sie sind essenzieller Bestandteil des sich selbst tragenden Mechanismus des Pferdeskeletts (S. 129).

Wichtige Muskeln der Hals-, Brust- und Lendenwirbelsäule

Siehe Kapitel Muskeln, Funktionen, Innervation (S. 536); **Tab. 11.2.**

2.1.3.2 Biomechanik

Siehe **Tab. 2.3**, **Tab. 2.4** und **Abb. 2.4**.

Tab. 2.3 Biomechanik der unteren Hals, Brust- und Lendenwirbelsäule in FLEX und EXT.

Struktur	FLEX	EXT
kranialer Wirbel im Verhältnis zum kaudalen		
Corpus vertebrae	Ventralgleiten	Dorsalgleiten
Proc. spinosus	kranioventrales Absinken	dorsokaudales Anheben
kaudale Procc. articulares	kraniodorsales Gleiten, Divergenz der Facettengelenke	kaudoventrales Gleiten, Konvergenz der Facettengelenke
alle Wirbel im Verhältnis zueinander		
Arcus vertebrae	Konvergenz[1]	Divergenz[2]
Procc. spinosi	Divergenz	Konvergenz
Foramina intervertebralia	Vergrößerung[3]	Verkleinerung[4]

[1] ventraler Druck auf Bandscheiben (CAVE: Bandscheibenvorfall); [2] dorsaler Druck auf Bandscheiben, [3] Entlastung der Nervenwurzeln der Spinalnerven; [4] Einengung der Nervenwurzeln der Spinalnerven (Cave: Nervenwurzelkompression)

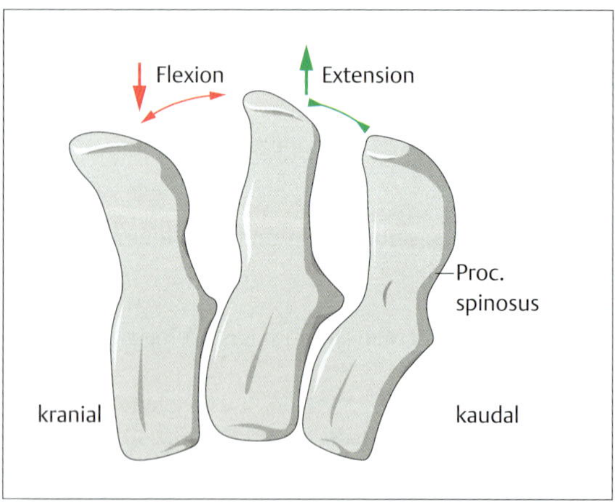

Abb. 2.4 Biomechanik der Wirbelsäule bei FLEX bzw. EXT.

- FLEX: Proc. spinosus des kranialen Wirbels senkt sich nach ventral.
- EXT: Proc. spinosus des kranialen Wirbels hebt sich nach dorsal.

Tab. 2.4 Biomechanik der unteren Hals-, Brust- und Lendenwirbelsäule in LATFLEX/ROT kontralateral und ipsilateral.

Struktur	**LATFLEX/ROT kontralateral[1] (Abb. 2.1)**	**LATFLEX/ROT ipsilateral[2] (Abb. 2.1)**
Proc. spinosus kranialer Wirbel	Gleiten nach links (zeigt in LATFLEX hinein)	Gleiten nach rechts (zeigt aus LATFLEX heraus)
Proc. transversus	• links: Ventralgleiten • rechts: Dorsalgleiten	• links: Dorsalgleiten • rechts: Ventralgleiten
kaudales Facettengelenk	• links: Konvergenz = EXT • rechts: Divergenz = FLEX	• links: Divergenz = FLEX • rechts: Konvergenz = EXT

[1] Beispiel: LATFLEX links/ROT rechts; [2] Beispiel: LATFLEX links/ROT links

Biomechanische Besonderheiten einzelner Wirbelsegmente

Untere Halswirbelsäule (C 3 – C 7)

- In physiologischer Aufrichtung führt die leichte FLEX zu einem Gleiten der kaudalen Procc. articulares des kranialen Wirbels nach kraniodorsal in die Divergenz der Facettengelenke.
  - Folge: der Hals wird „länger“ → größerer Bewegungsspielraum in der LATFLEX
- In der EXT („Herausdrücken des Unterhalses“) schieben sich die Procc. articulares nach kaudoventral in die Konvergenz.
  - Folge: der Hals wird „kürzer“ → geringerer Bewegungsspielraum in der LATFLEX.

C 3/C 4

In diesem Segment ändert die HWS ihre Schwingungsrichtung:

- kranial von C 3/C 4: HWS-Kyphose
- kaudal von C 3/C 4: HWS-Lordose

Folge: LATFLEX/ROT ist in diesem Segment physiologisch eingeschränkt

Zervikothorakaler Übergang (= CTÜ: C 7 / Th 1)

C 7 ist der ventrokraniale Scheitelpunkt der HWS-/BWS-Lordose. Hier laufen physiologische Bewegungs-, aber auch unphysiologische Belastungsspitzen sowohl aus der HWS als auch aus der Hinterhand zusammen. Dies führt sehr häufig zu einem Abrutschen des C 7 nach ventral.

Thorakolumbaler Übergang (= TLÜ: Th 18/L 1)

- **BWS**:
  - relativ gutes Rotationspotenzial
  - eingeschränktes FLEX- und EXT-Potenzial (aufgrund des Brustkorbs)
- **LWS**:
  - relativ gutes FLEX- und EXT-Potenzial
  - eingeschränktes LATFLEX-Potenzial (aufgrund der breiten Procc. transversi)

BEACHTE

Im Segment Th 18/L 1 finden sich gehäuft Rotationsläsionen, da hier die unterschiedlich ausgeprägten Bewegungskomponenten von BWS und LWS aufeinander treffen.

Lumbosakraler Übergang (= LSÜ: L 5/L 6/Sakrum) und lumbosakrales Gelenk (= LSG: L 6/S 1)

- L 5: letzter gut zu palpierender Lendenwirbel
- L 6: steht physiologisch etwas ventral gegenüber der Sakrumbasis. Dies kann zu Läsionen eines nach ventral des Sakrums abgerutschten L 6 führen.
- Das LSG hat aufgrund der Wirkung der Mm. psoas major und minor (LWS-EXT im Stand, Hüftgelenks-FLEX in der Fortbewegung) eine Sonderstellung im Rahmen der WS-Biomechanik und der Kraftübertragung zwischen Hinterhand und Rumpf:
  - Das geöffnete LSG (= in FLEX) zieht eine LWS-EXT nach sich (> Senkrücken) mit kompensatorischer BeckenFLEX, EXT von Hüfte, Knie und Sprunggelenk mit reduzierter Kraftübertragung.
  - Das geschlossene LSG (= in Neutralstellung) zieht eine LWS-FLEX nach sich (> Rückenaufwölbung) mit neutraler Beckenstellung, FLEX von Hüfte, Knie und Sprunggelenk mit erhöhter Kraftübertragung.

2.2 Kreuzbein, Becken, Kreuzbein-Darmbein-Gelenk und Schweif

BEACHTE

Diese 4 Strukturen werden gemeinsam betrachtet, da sie funktionell untrennbar miteinander verbunden sind.

Der Beckenring setzt sich aus dem **Kreuzbein** und dem **Becken** (Pelvis) zusammen (**Abb. 2.5**).

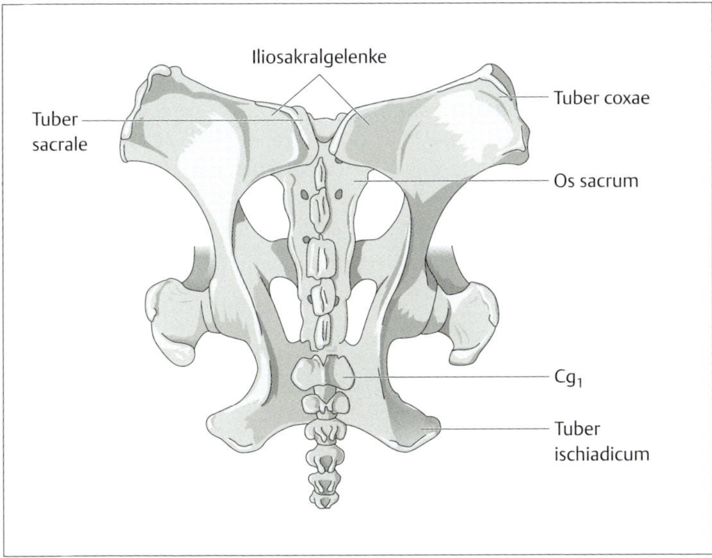

Abb. 2.5 Becken des Pferdes von dorsal.

2.2.1 Os sacrum (Kreuzbein)

2.2.1.1 Anatomie

- Das Sakrum ist ein dreieckiger Knochen, der bei der Geburt des Pferdes aus 5 einzelnen Sakralwirbeln besteht, die erst mit ca. 5 Jahren unter Beibehaltung der Procc. spinosi komplett miteinander verknöchern.
- Kranial des Sakrums steht der physiologisch etwas abgesenkte L6.

- Kaudal hat der 1. Schwanzwirbel (Cg1) einen bündigen Anschluss (hier häufig Synostose = Verknöcherung).
- Die lateralen Flächen des Sakrums weisen jeweils eine L-förmige, flache Gelenksfläche auf, die der gelenkigen Verbindung mit dem Becken über die Iliosakralgelenke dient.
- Etwa ab S 2 verjüngt sich das Rückenmark zu einem dünnen Nervenstrang, der ab ca. S 2 als reine bindegewebige Struktur der Dura mater bis über die Schwanzwirbel zieht = Filum terminale.

2.2.1.2 Biomechanik

Durch das Sakrum laufen verschiedene Achsen. Um diese herum führt es bestimmte Bewegungsrichtungen aus. Diese Achsen sind (**Abb. 2.6**):

1. dorsale Transversalachse (Sutherland-Achse) zwischen Procc. spinosi S 2/S 3
   - FLEX/EXT um diese Achse entspricht FLEX/EXT der SSB
2. ventrale Transversalachse (Nutation/Gegennutation) durch den Drehpunkt der beiden „L“-förmigen Gelenksflächen des ISG
3. schräge Transversalachse links (→ Wobbel rechts)
4. schräge Transversalachse rechts (→ Wobbel links)

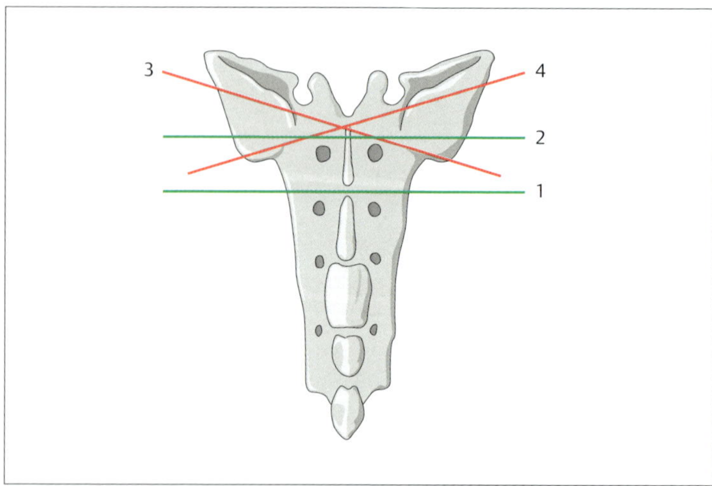

Abb. 2.6 Achsen des Sakrums.

- 1. dorsale Transversalachse (Sutherland-Achse)
- 2. ventrale Transversalachse (Nutation/Gegennutation)
- 3. schräge Transversalachse links (→ Wobbel rechts)
- 4. schräge Transversalachse rechts (→ Wobbel links)

Tab. 2.5 Biomechanik des Sakrums in FLEX und EXT.

Struktur	FLEX (= Gegennutation)	EXT (= Nutation)
Sakrumbasis	Dorsalgleiten	Ventralgleiten
Sakrumspitze	Ventralgleiten	Dorsalgleiten
Gegennutation: Vergrößerung des ventralen Winkels zwischen dem Becken und dem Sakrum; Nutation: Verkleinerung des ventralen Winkels zwischen dem Becken und dem Sakrum		

Tab. 2.6 Biomechanik des Sakrums in LATFLEX/ROT und Wobbel.

Struktur	LATFLEX/ROT kontralateral[1]	LATFLEX/ROT ipsilateral[2]	Wobbel links: ROT links mit FLEX	Wobbel rechts: ROT rechts mit FLEX
Sakrum-basis	links: ventro-kraniales Gleiten rechts: dorso-kaudales Gleiten	links: dorsokra-niales Gleiten rechts: ventro-kaudales Gleiten	links: Dorsal-gleiten rechts: Ventral-gleiten	links: Ventral-gleiten rechts: Dorsal-gleiten
Sakrum-spitze	Gleiten nach lateral links	Gleiten nach lateral links	Ventralgleiten	Ventralgleiten
[1] in der Fortbewegung; Bsp. LATFLEX links/ROT rechts; [2] im Stand; Bsp. LATFLEX links/ROT links				

2.2.2 Ossa coxae (Becken)

2.2.2.1 Anatomie

- Das Becken besteht aus:
  - Darmbein (Os ilium),
  - Sitzbein (Os ischii) und
  - Schambein (Os pubis), die bis ca. zum Ende des 1. Lebensjahrs des Pferdes zu einem festen Knochenring zusammenwachsen.
- Wichtige **Palpationspunkte** des Beckens:
  - Hüfthöcker (Tuber coxae) des Os ilii
  - Kreuzhöcker (Tuber sacrale) des Os ilii
  - Sitzbeinhöcker (Tuber ischiadicum) des Os ischii
- Als fester Beckenring besteht freie Beweglichkeit zum Sakrum über die ISG und zur Hintergliedmaße über das Acetabulum.
- Physiologisch stehen die Tubera sacralia, Tubera coxae und Tubera ischiadica mit ihren jeweiligen Pendants auf einer Höhe und in einer Linie.
- **Winkelung**:
  - zwischen Tuber coxae und Tuber ischiadicum: ca. 30° zur Horizontalen
  - zwischen Tuber coxae und Art. coxae: ca. 45° zur Horizontalen

2.2.2.2 Biomechanik

Siehe Tab. 2.7.

Tab. 2.7 Biomechanik der Ossa coxarum in FLEX, EXT, LATFLEX/ROT kontralateral und LATFLEX/ROT ipsilateral.

Struktur	FLEX (= Nutation)	EXT (= Gegennutation)	LATFLEX/ROT kontralateral[1]	LATFLEX/ROT ipsilateral[2]
Tuber sacrale	beids.: dorsokaudales Anheben	beids.: ventrokraniales Absinken	• links: Gleiten nach lateral der Medianlinie • rechts: Gleiten dicht an die Medianlinie heran	• links: Gleiten dicht an die Medianlinie heran • rechts: Gleiten nach lateral der Medianlinie
Tuber ischiadicum	beids.: ventrokraniales Absinken	beids.: dorsokaudales Anheben	• links (Hangbeinseite): ventrokraniales Gleiten • rechts (Stützbeinseite): dorsokaudales Gleiten	• links: dorsokraniales Gleiten • rechts: ventrokaudales Gleiten
Tuber coxae	beids.: ROT nach kaudal	beids.: ROT nach kranial	• links (Hangbeinseite): ventrokraniales Gleiten • rechts (Stützbeinseite): dorsokaudales Gleiten	• links: dorsokraniales Gleiten • rechts: ventrokaudales Gleiten

[1] in der Fortbewegung; Bsp.: LATFLEX links/ROT rechts; [2] im Stand; Bsp.: LATFLEX links/ROT links; Gegennutation: Vergrößerung des ventralen Winkels zwischen dem Becken und dem Sakrum; Nutation: Verkleinerung des ventralen Winkels zwischen dem Becken und dem Sakrum

2.2.3 Art. sacroiliaca (Iliosakralgelenk, Kreuzbein-Darmbein-Gelenk)

2.2.3.1 Gelenkpartner

- Os ilium: (dezent) konkav
- Sakrum: (dezent) konvex

2.2.3.2 Anatomie

- Zwischen den Tubera sacralia der Ossa ilii ist von ventral das Sakrum eingebettet.
- Das Sakrum geht mit dem Becken eine L-förmige, gelenkige Verbindung über die Iliosakralgelenke (ISG) ein.

Bänder

- Zur Stabilisierung und Koordinierung der ISG werden diese überspannt von:
  - Lig. sacroiliacum dorsale
  - Lig. sacroiliacum ventrale
  - Ligg. sacroiliaca interossea
  - Lig. sacrotuberale latum
- ventrale Verspannung: verhindert das Absinken des Sakrums nach ventral in die Beckenhöhle
- dorsale Verspannung: verhindert das Aufklappen der Tubera sacralia nach lateral
- Das ISG ist ein sehr flaches Gelenk und trotz der soliden ligamentären Sicherung sehr anfällig für Läsionen, da es den Gegendruck des Bodens in das Hinterbein aufnimmt und auf das Sakrum weiterleitet.

Wichtige Muskeln und Faszien zwischen LWS, Sakrum und Becken

Siehe Kapitel Muskeln, Funktionen, Innervation (S. 536); **Tab. 11.2**.

Es gibt keine speziellen Muskeln, die diese Region bewegen. Die Bewegungen zwischen Sakrum und Becken finden hauptsächlich passiv weiterlaufend statt infolge der Bewegungen der Gesamtwirbelsäule (S. 44), des Rumpfes (S. 53) und des Hüftgelenks (S. 68). Wichtige Faszienketten (S. 101) bzgl. des ISG sind SDL, SVL, LL und SL. Ebenso die Fasciae thoracolumbalis und glutea.

2.2.3.3 Biomechanik

- Die Biomechanik der ISG ergibt sich aus der Synchronisation der Bewegungen von Sakrum und Becken im Verhältnis zueinander:
  - Nutation → ISG frei
  - Gegennutation → ISG frei
  - LATFLEX mit physiologischer ROT von Sakrum und Becken → ISG frei
- Greifen diese Bewegungen von Sakrum und Becken nicht physiologisch ineinander, kommt es zur Läsion eines/beider ISG.
- In Schritt und Trab: vermehrte Scherkräfte auf die knöchernen Strukturen der ISG, da sich in diesen Grundgangarten jeweils die eine Beckenseite in FLEX, die Gegenseite in EXT befindet.
- Im Galopp: vermehrte Zugkräfte auf die Bandstrukturen der ventralen und dorsalen Verspannung der ISG, da in dieser Grundgangart beide Hinterbeine annähernd gleichzeitig in FLEX nach kranial und in EXT nach kaudal geführt werden.

2.2.4 Vertebrae caudales (Schwanzwirbel) und sakrokokzygealer Übergang (SCÜ)

2.2.4.1 Anatomie

- Die durchschnittlich 18 Schwanzwirbel (Cg) verjüngen nach kaudal von einem normal gestalteten Cg1 zu knöchernen, dorsal geöffneten Röhrchen, zwischen denen jeweils Bandscheiben eingelagert sind.
- Das Filum terminale setzt etwa am Cg6 am Wirbelkörper an.
- Häufig besteht zwischen der Sakrumspitze und Cg1 eine Synostose.

2.2.4.2 Biomechanik

- Der SCÜ liegt etwa in der Mitte der Kruppe auf der Medianlinie.
- Die Stellung des 1. Schwanzwirbels wird physiologisch bestimmt von der Stellung des Sakrums: Wenn der SCÜ als solcher keinen Befund aufweist, zeigt die Stellung des Schweifes die Stellung des Sakrums an.
- Ansonsten entspricht die Biomechanik der Schwanzwirbel der Biomechanik der anderen Wirbel (S. 44).

2.3 Thorax (Brustkorb)

2.3.1 Anatomie

- Der Thorax (Brustkorb, **Abb. 2.7**) setzt sich zusammen aus:
  - Sternum (Brustbein)
  - 18 Costae (Rippenpaare) und
  - den zugehörigen 18 Vertebrae thoracicae (Brustwirbel (S. 44))
- Kranial findet sich der Eingang des Brustkorbs = **Thoraxapertur.**
- Kaudal findet sich das **Diaphragma** (Zwerchfell).

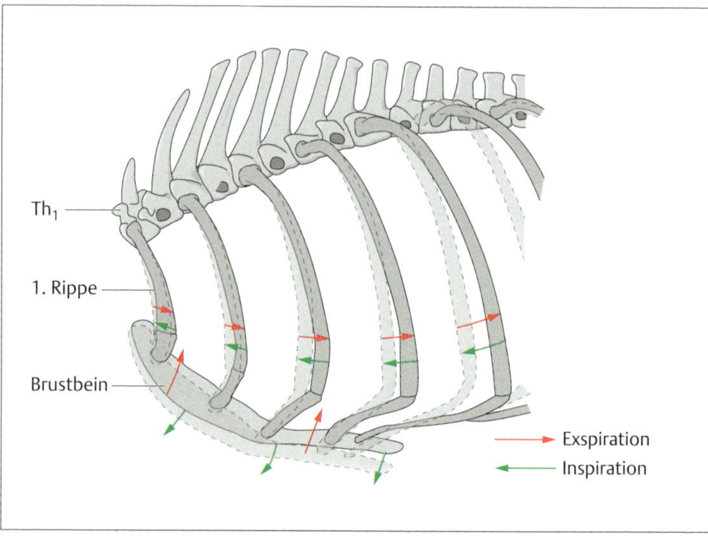

Abb. 2.7 Anatomie und Biomechanik des Brustkorbs.

2.3.1.1 Sternum (Brustbein)

- Setzt sich zusammen aus:
  - Manubrium sterni (Handgriff)
  - Corpus sterni (Brustbeinkörper)
  - Proc. xiphoideus (Schwertfortsatz)
- Es bildet die Basis des gesamten Thorax: Hier finden sich die gelenkigen Verbindungen mit den Costae (siehe unten) und der Ansatz des knorpeligen Rippenbogens (Arcus costalis).

- Die Rippenknorpel der sternalen Rippen verbinden sich gelenkig mit dem Brustbein. Das 1. Rippenpaar artikuliert mit dem Manubrium sterni, die folgenden mit dem Corpus sterni. Die Knorpel der asternalen Rippen legen sich mit ihren spitz auslaufenden Enden jeweils kaudoventral an den vorangehenden Rippenknorpel. Auf diese Weise entsteht der Rippenbogen (Arcus costalis).
- Es beeinflusst maßgeblich die Funktionsfähigkeit des Diaphragmas (und umgekehrt): Der Proc. xiphoideus stellt gegenüber der LWS den relativ mobilen Teil der Diaphragma-Aufhängung dar.

2.3.1.2 Costae (Rippen)

- Die insgesamt 18 Rippenpaare setzen sich zusammen aus:
  - 9 Costae sternales/verae (Tragerippenpaare, wahre Rippen)
  - 9 Costae asternales/spuriae (Atmungsrippenpaare, falsche Rippen)
- Gelenkige Verbindungen
  - der Rippen mit den Brustwirbelkörpern (Artt. costovertebrale) über:
    - Art. capitis costae (Rippenkopfgelenk): Facies art. capitis costae (konvex) und Fovea costalis caudalis des kranialen Wirbels und Fovea costalis cranialis des kaudalen Wirbles (konkav)
    - Art. costotransversaria (Rippenhöckergelenk): Facies art. tuberculi costae (konvex) und Fovea costalis (konkav)
  - der Rippen mit dem Brustbein über:
    - Artt. costochondralis (Atmungsrippen)
    - Artt. sternocostale (Tragerippen)

2.3.1.3 Thoraxapertur

- Setzt sich zusammen aus:
  - 1. Rippenpaar mit Th 1
  - M. serratus ventralis cervicis, M. subclavius
  - Mm. pectorales
  - Manubrium sterni
- Wichtig für den ungehinderten Lymphabfluss aus dem Kopf- und Halsbereich und einen physiologischen CTÜ, der wiederum maßgeblich an der Koordinations- und Balancefähigkeit des Pferdes beteiligt ist.

Wichtige Muskeln des Rumpfes

Siehe Kapitel Muskeln, Funktionen, Innervation (S. 536); **Tab. 11.3.**

2.3.2 Biomechanik

- Die Atembewegung der 1. Rippe entspricht einer Pumpenschwengel-Mechanik.
- Die Atembewegungen der folgenden Rippen entsprechen einer Eimerhenkel-Mechanik.

Tab. 2.8 Biomechanik der Rippen bei Inspiration und Exspiration (vgl. **Abb. 2.7**).

Struktur	Inspiration	Exspiration
Diaphragma	Kontraktion und Verschiebung nach kaudal	Entspannung und Verschiebung nach kranial
Brustwirbelsäule	EXT	FLEX
Rippen	Öffnung nach kraniolateral	Schließen nach kaudomedial
1. Rippe	Gleiten nach kranial	Gleiten nach kaudal
Sternum	Senken nach ventrokranial[1]	Heben nach dorsokaudal[2]
Thoraxform	breit und rund	schmal und oval

[1] Achtung: Bei Pferden mit sehr großem/breitem Brustkorb kann die Kontraktion des Diaphragmas während der Inspiration dazu führen, dass das Xyphoid nach dorsal angehoben wird. [2] Achtung: Bei Pferden mit sehr großem/breitem Brustkorb kann die Entspannung des Diaphragmas während der Exspiration dazu führen, dass das Xyphoid nach ventral absinkt.

2.4 Vorhand

2.4.1 Scapula (Schulterblatt)

2.4.1.1 Anatomie

- Wichtige **Palpationspunkte** an der Scapula (**Abb. 2.8**):
  - Cartilago scapulae
  - Spina scapulae mit dem Tuber spina scapulae
  - Tuberculum supraglenoidale
- Die Scapula hat keine knöcherne Verbindung zum Rumpf, sondern ist durch die Schultergürtelmuskular rein muskulär verankert (**Synsarkose**) durch
  - tiefe Schicht: M. serratus ventralis thoracis, M. rhomboideus, M. pectoralis profundus und M. subclavius
  - oberflächliche Schicht: M. trapezius, M. omotransversarius, M. brachiocephalicus, M. latissimus dorsi und M. pectoralis superficialis
- Die Bewegungen der Scapula finden nicht in einem klassischen Gelenk statt, sondern auf der sogenannten „**skapulothorakalen Gleitfläche**".
- Die **Winkelung** der Scapula im geraden Stand: ca. 50° zur Horizontalen.

- Aus der Scapulawinkelung lassen sich bereits Rückschlüsse ziehen, für welche **Sportarten** ein Pferd eher geeignet ist:
  - **flacheres Schulterblatt**: günstig für Dressurpferde. Der Humerus kann weiter nach kranial senkrecht aufgestellt werden, das Antebrachium kann weiter waagerecht nach vorn ausgreifen.
  - **steileres Schulterblatt**: günstig für Springpferde. Der Humerus kann weiter nach kaudal waagerecht eingestellt werden, das Antebrachium kann weiter waagerecht „eingeklappt" werden.
- Schlechtere Stoßdämpferfunktion bei steilem Schulterblatt.
- Die Winkelung der Scapula sollte parallel stehen zur Winkelung der Huf-Fessel-Achse.

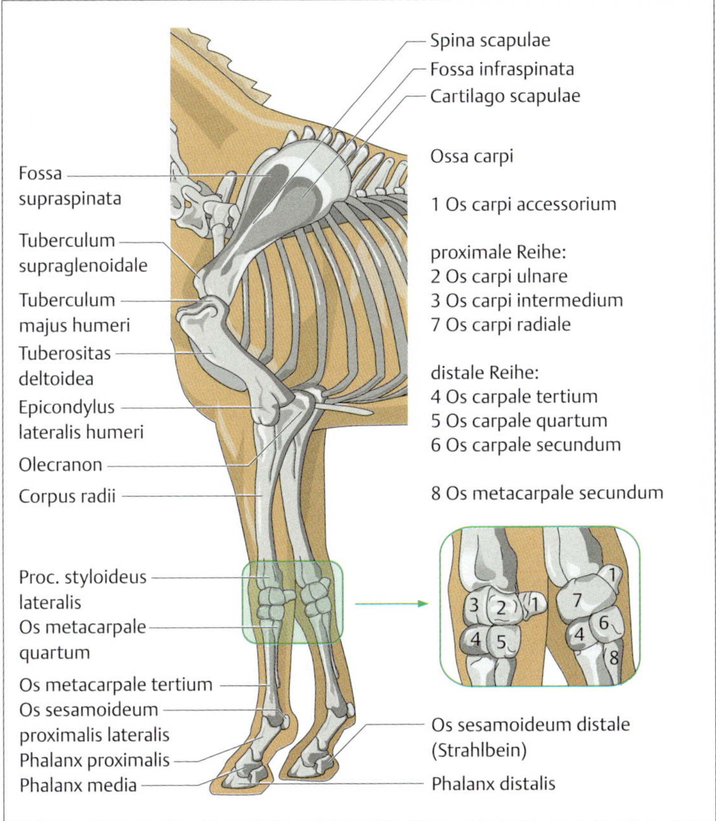

Abb. 2.8 Skelett der Vorhand.

BEACHTE

Eine ungünstige Lage der Scapula oder Verspannungen der schulterumgebenden und rumpftragenden Muskulatur kann zu Reizungen oder Einklemmungen des Plexus brachialis oder des N. suprascapularis führen.

Wichtige Muskeln der Vorhand

Siehe Kapitel Muskeln, Funktionen, Innervation (S. 536); **Tab. 11.6.**

2.4.1.2 Biomechanik

Siehe **Tab. 2.9.**

Tab. 2.9 Biomechanik der Scapula bei FLEX, EXT, ABD und ADD.

Struktur	FLEX	EXT	ABD	ADD
Scapula	ROT nach kaudal → Scapula wird flacher	ROT nach kranial → Scapula wird steiler	–	–
Cartilago scapulae	Gleiten nach ventrokaudolateral	Gleiten nach dorsokraniomedial	Gleiten nach dorsokaudomedial	Gleiten nach ventrokraniolateral
Abstand zwischen Cartilago scapulae und Widerrist	Vergrößerung	Verkleinerung	Verkleinerung	Vergrößerung

2.4.2 Art. humeri (Schulter-/Buggelenk)

2.4.2.1 Gelenkpartner

- Cavitas glenoidalis scapulae (= konkav)
- Caput humeri (= konvex)

2.4.2.2 Anatomie

- Wichtige **Palpationspunkte** am Humerus (Oberarm):
  - Tuberculum majus
  - Tuberositas deltoidea
  - Epicondylus medialis humeri und lateralis humeri
- **Winkelung** zwischen Scapula und Humerus: ca. 90°.

- Kugelgelenk, das aufgrund der Muskelzüge und umgebenden Bandstrukturen folgende Bewegungen zulässt:
  - hauptsächlich FLEX/EXT
  - etwas ABD/ADD (→ Seitengänge)
- Bei ABD/ADD sind leichte rotatorische Komponenten enthalten, die allerdings nicht separat geprüft werden.

Bänder
- Lig. coracohumerale
- kontraktile Spannbänder der Mm. infraspinatus, supraspinatus, subscapularis

Wichtige Muskeln der Vorhand
Siehe Kapitel Muskeln, Funktionen, Innervation (S. 536); **Tab. 11.6.**

2.4.2.3 Biomechanik

Siehe **Tab. 2.10.**

Tab. 2.10 Biomechanik der Art. humeri bei FLEX, EXT, ABD/IROT und ADD/AROT.

Struktur	FLEX	EXT	ABD/IROT	ADD/AROT
Caput humeri	Rollen nach dorsokaudal und Gleiten nach ventrokranial in der Cavitas glenoidalis	Rollen nach ventrokranial und Gleiten nach dorsokaudal in der Cavitas glenoidalis	Rollen nach lateral und Gleiten nach medial in die Cavitas glenoidalis hinein	Rollen nach medial und Gleiten nach lateral in der Cavitas glenoidalis
Abstand zwischen Tuberculum supraglenoidale und Tuberculum majus humeri	Vergrößerung	Verkleinerung	–	–

BEACHTE
Der Raumgriff wird umso größer, je weiter sich die Art. humeri ipsilateral strecken und kontralateral beugen kann.

2.4.3 Art. cubiti (Ellenbogengelenk)

2.4.3.1 Gelenkpartner

- Die Art. cubiti setzt sich zusammen aus:
  - **Art. humeroulnaris**:
    - Condylus humeri med. und lat. (konvex) mit zwischenliegender Fossa olecrani (konkav)
    - Incisura trochlearis des Olecranon (konkav)
  - **Art. humeroradialis**:
    - Trochlea humeri (konvex)
    - Fovea capitis radii (konkav)
  - **Art. radioulnaris prox.**
    - Synostose zwischen Radius und Ulna mit Spatium interosseum antebrachii

2.4.3.2 Anatomie

- Wichtige **Palpationspunkte** am Antebrachium (Unterarm):
  - Olecranon ulnae
  - Tuberositas radii
  - Proc. styloideus lateralis
  - Proc. styloideus medialis
- **Winkelung** zwischen Humerus und Antebrachium: ca. 135°

Bänder

- Ligg. collaterale cubiti laterale und mediale

Wichtige Muskeln der Vorhand

Siehe Kapitel Muskeln, Funktionen, Innervation (S. 536); **Tab. 11.6.**

2.4.3.3 Biomechanik

Siehe Tab. 2.11.

Tab. 2.11 Biomechanik der Art. cubiti bei FLEX/ABD und EXT/ADD.

Struktur	FLEX mit ABD[1]	EXT mit ADD[2]
Fovea capitis radii	Rollen und Gleiten auf den Condyli humeri nach dorsokraniolateral	Rollen und Gleiten auf den Condyli humeri nach ventrokaudomedial
Abstand zwischen Fossa olecrani und Tuber olecrani	Vergrößerung	Verkleinerung
Olecranon	Gleiten nach medial	Gleiten nach lateral
Radius im Verhältnis zum Humerus	Gleiten nach lateral	Gleiten nach medial

[1]Die FLEX wird knöchern begrenzt durch den Kontakt der Tuberositas radii mit der Extremitas distalis des Humerus. [2]Die EXT wird knöchern begrenzt durch den Kontakt der kranialen Fläche des Olecranons mit der Fossa olecrani. Die maximale EXT beträgt ca. 145°.

Besonderheiten

- Die **seitliche Verschieblichkeit** des Antebrachium gegenüber dem Humerus in der Art. cubiti ist aufgrund der Ligg. collaterale med. und lat. minimal und auch nur in Semi-FLEX möglich.
- Die **stoßdämpfende Funktion** der Art. cubiti erfolgt über exzentrische Ellenbogenflexion bei Belastung der Vorhand, hauptsächlich durch die Mm. triceps brachii und tensor fasciae antebrachii.

> **BEACHTE**
> Der Raumgriff wird umso größer, je weiter sich die Art. cubiti ipsilateral beugen und kontralateral strecken kann.

2.4.4 Art. carpi (Vorderfußwurzelgelenk, Karpalgelenk)

2.4.4.1 Gelenkpartner

Die Art. carpi setzt sich aus 4 Gelenken zusammen (Abb. 2.8):

- **Art. antebrachiocarpea**:
  - Radius (= konvex)
  - proximale Karpusreihe (= konkav)
- **Art. mediocarpea**:
  - proximale Karpusreihe (insgesamt plan)
  - distale Karpusreihe (insgesamt plan)

- **Art. carpometacarpea**:
  - distale Karpusreihe (insgesamt plan)
  - Metakarpus II – IV (insgesamt gemischt konvex – konkav)
- **Artt. intercarpeae**:
  - Os carpi accessorium (= konvex und konkav)
  - Radius (= konvex)
  - Os carpi intermedium (= konvex und konkav)

2.4.4.2 Anatomie

- Wichtige **Palpationspunkte** am Karpus (von medial nach lateral):
  - proximale (antebrachiale) Karpusreihe bestehend aus:
    - Os carpi radiale (Os scaphoideum, Kahnbein)
    - Os carpi intermedium (Os lunatum, Mondbein)
    - Os carpi ulnare (Os triquetrum, Dreiecksbein)
    - Os carpi accessorium (Os pisiforme, Erbsbein)
  - distale (metakarpale) Karpusreihe bestehend aus:
    - Os carpale secundum (Os trapezoideum, kleines Vieleckbein)
    - Os carpale tertium (Os capitatum, Hauptbein)
    - Os carpale quartum (Os hamatum, Hakenbein)
  - Basis von Os metacarpale secundum (MC II) und quartum (MC IV) = **Griffelbeinköpfchen**
  - Caput von MC II und MC IV = **Griffelbeinknöpfchen**
- Das **Os carpi accessorium** hat folgende Funktionen:
  - Synchronisierung der Sehnen zwischen Ellenbogen und Huf
  - Sicherung der Gleitrichtungen der tiefen und oberflächlichen Beugesehnen
  - Verhinderung einer Hyperflexion des Karpus

Bänder und Faszien

- Seitbänder (Ligg. collaterale carpi laterale und mediale)
- Bänder des Os carpi accessorium (Ligg. accessorioulnare, accessoriocarpoulnare, accessoriometacarpeum, accessorioquartale)
- Vorderfußwurzelbänder (Ligg. intercarpea dorsalia u. palmaria)
- Unterarm-Fußwurzelbänder (Ligg. radiocarpea)
- Vorderfußwurzel-Mittelfußbänder (Ligg. carpometacarpea dorsalia u. palmaria)
- Faszien:
  - Retinaculum flexorum
  - Retinaculum extensorum

Wichtige Muskeln der Vorhand

Siehe Kapitel Muskeln, Funktionen, Innervation (S. 536); **Tab. 11.6.**

2.4.4.3 Biomechanik

Siehe **Tab. 2.12.**

Tab. 2.12 Biomechanik des Karpus bei FLEX und EXT.

Struktur	FLEX	EXT
beide Karpusreihen	Rollen und Gleiten nach lateropalmar	Rollen und Gleiten nach mediodorsal
MC III gegenüber dem Antebrachium	Translation in ABD nach lateral	Translation in ADD nach medial
dorsale Gelenkspalten	Öffnen	Schließen
Os carpi accessorium	Translation nach medial	Translation nach lateral

Zirkumduktion

- Rotationsbewegung der Vorderfußwurzelknochen gegenüber der distalen Radiusgelenksfläche:
  - passive Zirkumduktion möglich in Semi-FLEX
  - aktive Zirkumduktion sichtbar beim „Bügeln“ und z. T. bei Pferden iberischer Abstammung („Campaneo“)

Stoßdämpfung

- Die stoßdämpfende Funktion des Karpus findet hauptsächlich im Art. carpometacarpea statt.
- Insgesamt wirken zusammen:
  - die minimal vorhandene Verschieblichkeit der 7 Karpalknochen gegeneinander aufgrund der relativ planen Gelenksflächen,
  - die Summation der Knorpelschichten,
  - die Vernetzung durch viele kleine periartikuläre Bänder und
  - der kurze MC III mit einem langen Antebrachium; dadurch wird die Kraft des Bodens gegen den Huf frühzeitig im Karpus abgepuffert.

2.4.5 Artt. digiti (Zehengelenke) und Ossa sesamoideae proximalis lateralis und medialis (Gleichbeine)

2.4.5.1 Gelenkpartner

- Die Artt. digiti setzen sich zusammen aus (**Abb. 2.9**):
- **Art. metacarpophalangea** (Zehengrundgelenk = Fesselgelenk):
  - Hauptmittelfußknochen (Os metacarpale/metatarsale III) (= konvex)
  - Phalanx proximalis (P1, Os compedale, Fesselbein) (= konkav)
- **Art. interphalangea proximalis** (Zehenmittelgelenk = Krongelenk):
  - Phalanx proximalis (P1, Os compedale, Fesselbein) (= konvex)
  - Phalanx media (P2, Os coronale, Kronbein) (= konkav)
- **Art. interphalangea distalis** (Zehenendgelenk = Hufgelenk):
  - Phalanx media (P2, Os coronale, Kronbein) (= konvex)
  - Phalanx distalis (P3, Os ungulare, Hufbein) (= konkav)

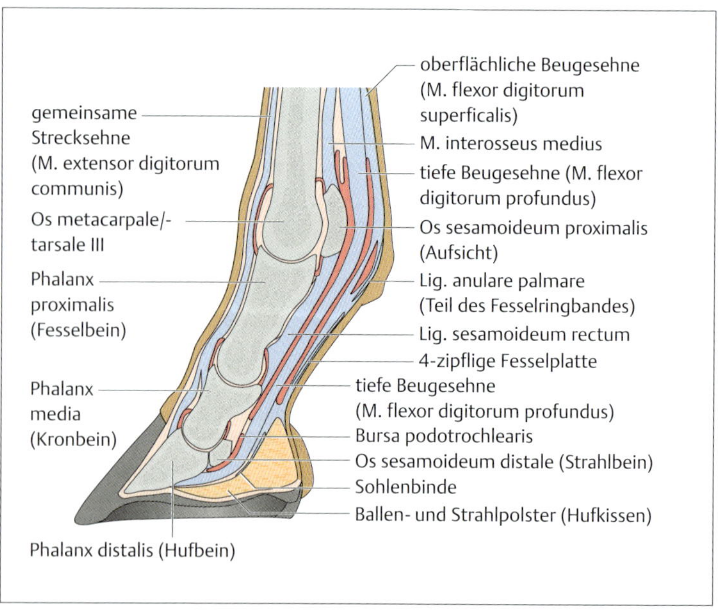

Abb. 2.9 Sagittalschnitt durch die Vorderzehe.

2.4.5.2 Anatomie

- Wichtige **Palpationspunkte** am Zehengelenk:
  - laterale und mediale Bandhöcker des Caput phalangis proximalis (P1)
  - laterale und mediale Bandhöcker der Basis phalangis media (P2)
  - Procc. extensorius von P1 und P2
  - Hufknorpel (Cartilago ungularis) lateral und medial
- **Winkelung** des Fesselgelenks: ca. 50 – 55° zum Boden.
  - Bei **zu steiler** Winkelung: reduzierte Stoßdämpfung mit starker Belastung der Knorpelflächen der Phalanges media und distalis.
  - Bei **zu weicher** Winkelung: gute Stoßdämpfung mit starker Belastung der Beugemuskeln und -sehnen, des Fesselträgers mit den Unterstützungsbändern und der Gleichbeine.
  - Im Verhältnis zur Hinterhand ist die Art. metacarpophalangea der Vorhand weicher eingestellt.
- **Hufform**:
  - Vorhand: runder und flacher (Hauptaufgabe: Stützen)
  - Hinterhand: ovaler und steiler (Hauptaufgabe: Schieben und Tragen)
- **Hufmechanismus**:
  - Das Strahlpolster nimmt den ersten Stoß auf; insofern ist es günstig, wenn der Stahl eine Ebene bildet mit der Hufwand bzw. den Hufeisen.
  - Die Hufsohle federt nach distal aufgrund der Belastung des Hufbeins.
  - Die Trachten dehnen sich im Bereich der Ballenecken auseinander.
  - Das durch die Lamellen der Huflederhaut in der Hornkapsel aufgehängte Hufbein federt nach distal und proximal.
  - Der Venenplexus distal des Kronsaums wird komprimiert und puffert so das Auffußen ab.
  - Der Venenplexus proximal des Kronsaums wird beim Auffußen nach proximal ausgepresst; dies fördert den venösen Rückfluss aus dem Huf.
  - Komplette Huferneuerung nach ca. 9 – 12 Monaten.
- **Hufrolle** setzt sich zusammen aus:
  - Insertion des M. flex. dig. prof. am Hufbein
  - Os sesamoideum distale (Strahlbein)
  - Bursa podotrochlearis (Schleimbeutel der Hufrolle)
- Die **Ossa sesamoidea proximalis** sind medial und lateral als eine Art Umlenkrolle in den M. interosseus medius (Fesselträger) eingebettet und vermitteln die Sehnenspannungen der Mm. flex. dig. supf. und prof. bei den Bewegungen der Zehengelenke und des Os carpi accessorium (Vorhand) bzw. Calcaneus (Hinterhand).

Wichtigste Bänder

- Ligg. collaterale laterale und mediale
- **Zehenbinde**, bestehend aus:
  - **Fesselringband** (Lig. anulare palmare oder Lig. metacarpeum transversum superficiale): palmar am P1
  - **4-zipflige Fesselplatte** (Pars cruciformis vaginae fibrosae + 4 Partes anulares vaginae fibrosae: verbindet P1, Sehne des M. flex. dig. supf. und P2)
  - **Sohlenbinde** (Pars cruciformis + 2 Partes anulares vaginae fibrosae) Lig. anulare digiti: verbindet Sehne des M. flex. dig. prof., Hufknorpel, P3

Wichtige Muskeln der Vorhand

Siehe Kapitel Muskeln, Funktionen, Innervation (S. 536); **Tab. 11.6.**

2.4.5.3 Biomechanik

Siehe **Tab. 2.13.**

BEACHTE

Die potenzielle Beweglichkeit nimmt von proximal nach distal zu. Dies ermöglicht dem Pferd beim Auffußen ein optimales Ausbalancieren von Bodenunebenheiten.

Tab. 2.13 Biomechanik von Fessel-, Kron- und Hufgelenk bei FLEX, EXT, ABD, ADD, AROT und IROT.

Struktur	FLEX	EXT	ABD	ADD	AROT	IROT
Art. metacarpophalangea (Fesselgelenk)						
Phalanx prox. (Fesselbein)	Rollen/Gleiten nach palmar/plantar unter Caput MC III bzw. MC III	Rollen/Gleiten nach dorsal unter Caput MC III bzw. MC III	Rollen/Gleiten nach lateral unter Caput MC III bzw. MC III	Rollen/Gleiten nach medial unter Caput MC III bzw. MC III	–	–
Ossa sesamoideae prox.	Rollen/Gleiten nach proximal/superior	Rollen/Gleiten nach distal/inferior	lateral	medial	–	–
Art. interphalangea proximalis (Krongelenk)						
Phalanx media (Kronbein)	Rollen/Gleiten nach palmar/plantar unter Fesselbein	Rollen/Gleiten nach dorsal unter Fesselbein	Rollen/Gleiten nach lateral unter Fesselbein	Rollen/Gleiten nach medial unter Fesselbein	Rollen/Gleiten des lateralen Anteils der Basis phalangea media nach palmar/plantar unter Fesselbein	Rollen/Gleiten des lateralen Anteils der Basis phalangea media nach dorsal unter Fesselbein
Art. interphalangea distalis (Hufgelenk)						
Phalanx distalis (Hufbein)	*Gleiten/Rollen nach palmar/plantar unter Kronbein	**Gleiten/Rollen nach dorsal unter Kronbein	Rollen/Gleiten nach lateral unter Kronbein	Rollen/Gleiten nach medial unter Kronbein	Rollen/Gleiten des lateralen Anteils der Phalanx distalis nach palmar/plantar unter Kronbein	Rollen/Gleiten des lateralen Anteils der Phalanx distalis nach dorsal unter Kronbein

* Hufgelenk: FLEX/Translation palmar/plantar; ** Hufgelenk: EXT/Translation dorsal

2.4.6 Lotlinien der Vorhand

- Von kranial: Mitte Art. humeri → Mitte des Karpus → Mitte MC III → Mitte der Hufkapsel
- Von lateral: Tuber spinae scapulae → Mitte Art. cubiti → Mitte Art. metacarpophalangea → Kaudalkontur des Hufes

2.5 Hinterhand

2.5.1 Art. coxae (Hüftgelenk)

2.5.1.1 Gelenkpartner

- Facies lunata des Acetabulums (= konkav)
- Caput femoris (= konvex)

2.5.1.2 Anatomie

- Wichtige **Palpationspunkte** am Femur (Oberschenkel) (Abb. 2.10):
  - Trochanter major
  - Trochanter tertius
  - Epicondylus lateralis und medialis
- Aufgrund seiner Lage profund der kräftigen Muskelgruppen ist das Hüftgelenk selber nicht direkt palpierbar. Es liegt profund und etwas kraniodorsal des Trochanter major.
- Das Hüftgelenk ist ein **Kugelgelenk**, das aufgrund der Muskelzüge und umgebenden Bandstrukturen folgende Bewegungen zulässt:
  - hauptsächlich FLEX/EXT
  - etwas ABD/ADD (→ Seitengänge)
  - etwas ROT (→ enge Wendungen)
- **Winkelung**
  - zwischen Os coxae und Femur: ca. 90°
  - zwischen Tuber coxae und Tuber ischiadicum: ca. 30° zur Horizontalen
  - zwischen Tuber coxae und Art. coxae: ca. 45° zur Horizontalen

Bänder

- Lig. transversum acetabuli
- Lig. capitis ossis femoris
- Lig. accessorium ossis femoris

Wichtige Muskeln der Hinterhand

Siehe Kapitel Muskeln, Funktionen, Innervation (S. 536); Tab. 11.7.

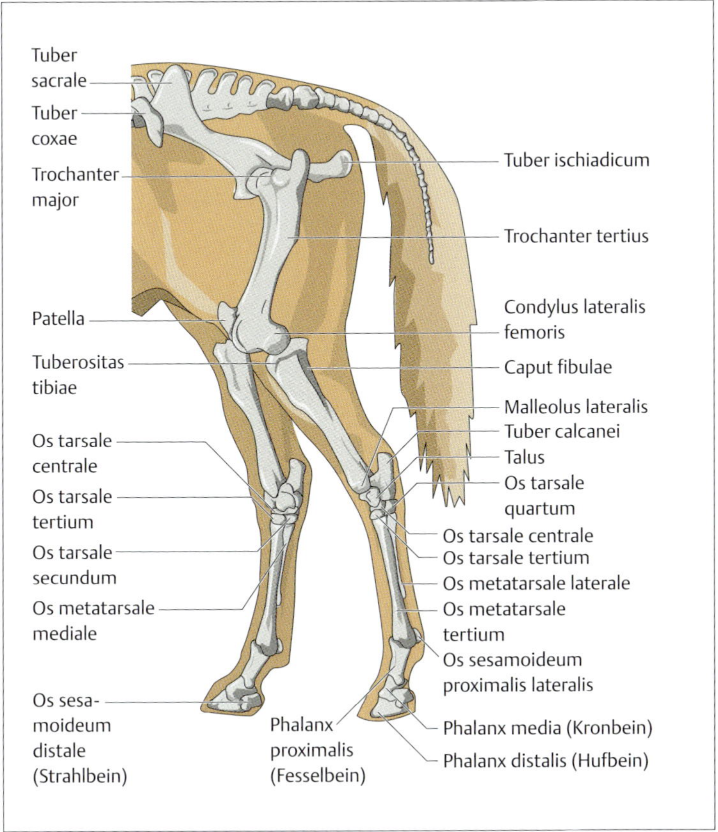

Abb. 2.10 Skelett der Hinterhand.

2.5.1.3 Biomechanik

BEACHTE

- Im Hüftgelenk finden stets gekoppelte Bewegungen statt:
  - ABD aktiv oder passiv ausgeführt kann in Hüftgelenks-FLEX und -EXT erfolgen.
  - ADD aktiv ausgeführt ist immer mit einer Hüftgelenks-Flex verbunden; passiv ausgeführt (z. B. der Huf bleibt am Boden stehen und das Pferd schiebt seinen Rumpf auf die ipsilaterale Seite nach vorne) ist ADD auch mit Hüftgelenks-EXT möglich.

Tab. 2.14 Biomechanik der Art. coxae bei FLEX/ABD/AROT, EXT/ADD/IROT, ABD/AROT/EXT und ADD/IROT/FLEX.

knöcherne Struktur	FLEX/ABD/AROT	EXT/ADD/IROT	ABD/AROT/EXT	ADD/IROT/FLEX
Trochanter major	ROT nach ventrokaudal	ROT nach dorsokranial	ROT nach dorsolateral	ROT nach ventromedial
Caput ossis femoris im Acetabulum	kaudoventrales Gleiten und kraniodorsales Rollen	kraniodorsales Gleiten und kaudoventrales Rollen	medioventrales Gleiten und laterodorsales Rollen	laterodorsales Gleiten und medioventrales Rollen
Winkel Tuber coxae – Trochanter major – Condylus lateralis femoris	deutliche Verkleinerung	deutliche Vergrößerung	geringe Vergrößerung	geringe Verkleinerung
Becken gegenüber Caput femoris	FLEX	EXT	ROT[1]	ROT[2]

[1] Bsp.: ABD der linken Hinterhand von distal; ABD von proximal durch ROT rechts des Beckens. [2] Bsp.: ADD der linken Hinterhand von distal; ADD von proximal durch ROT links des Beckens.

2.5.2 Art. genu (Kniegelenk)

2.5.2.1 Gelenkpartner

- **Art. femorotibialis** (Kniekehlgelenk):
  - Condyli lat. u. med. ossis femoris (= konvex)
  - Condyli lat. u. med. tibiae und Caput fibulae mit Menisken (= konkav)
- **Art. femoropatellaris** (Kniescheibengelenk):
  - Trochlea ossis femoris (= konkav)
  - Patella (= konvex)
- **Art. tibiofibularis prox.**: straffes Gelenk ohne Bewegungskomponente bzw. Synostose

2.5.2.2 Anatomie

- Wichtige **Palpationspunkte** des Crus (Unterschenkel) (**Abb. 2.10**):
  - Condylus medialis tibiae
  - Caput fibulae
  - Tuberositas tibiae
  - Malleolus medialis tibiae
  - Malleolus lateralis fibulae
  - Patella
- Die **Patella** steht im geschlossenen Stand lotrecht unterhalb des Tuber coxae; dies ermöglicht
  - den physiologischen Winkel der Art. coxae von 90°
  - die optimale Nutzung des passiven Stehapparates (S. 144)
  - die optimale Vorspannung der kranialen und kaudalen Hüft- und Oberschenkelmuskeln für die jeweils zu erwartende Aktivität.
- Die **mediale Femurkondyle** dient dem Kniescheibenhalter aus den Ligg. patellae mediale und intermedium als Aufhängepunkt und ist deshalb höher ausgeprägt als die laterale Femurkondyle. Dies wirkt sich auf die Biomechanik während FLEX und EXT des Kniegelenks (S. 72) aus.
- **Menisken**:
  - gleichen die inkongruenten Gelenkflächen der proximalen Tibia und des distalen Femurs aus und dienen somit gleichermaßen als Puffer und Bewegungskoordinator im Art. genu.
  - medialer Meniskus ist fester an der Tibia verankert als der laterale, daher besteht beim medialen Meniskus eine erhöhte Verletzungsgefahr.

Bänder

- **Kniekehlgelenk**:
  - Ligg. cruciatum craniale und caudale
  - Ligg. collaterale lateralis und medialis
- **Meniskenhaltebänder**:
  - Lig. tibiale craniale menisci mediale bzw. laterale
  - Lig. tibiale caudale menisci mediale bzw. laterale
  - Lig. meniscifemorale
- **Kniescheibengelenk**:
  - Ligg. patellae laterale und mediale
  - Ligg. femoropatellare laterale und mediale
  - Lig. patellae intermedium

2.5.2.3 Biomechnik

Siehe **Tab. 2.15**.

Tab. 2.15 Biomechanik der Art. genu bei FLEX und EXT.

knöcherne Struktur	FLEX	EXT
Tibiaplateau	Rollen/Gleiten gegenüber der Condyli femoris nach medioplantar	Rollen/Gleiten gegenüber der Condyli femoris nach laterodorsal
Patella	Gleiten nach inferior	Gleiten nach superior
Menisken	Translation nach medioplantar	Translation nach laterodorsal

BEACHTE

Das Kniegelenk des Standbeins darf keine seitliche Verschieblichkeit aufweisen.

2.5.3 Art. tarsi (Tarsus, Sprunggelenk)

2.5.3.1 Gelenkpartner

- **Art. tarsocruralis**
  - Cochlea tibiae (gemischt konvex-konkav)
  - Trochlea tali (gemischt konvex-konkav)
- **Art. intertarsea proximalis**, bestehend aus:
  - Art. talocalcaneocentralis (Talus, Calcaneus und Os tarsi centralis)
  - Art. calcaneoquartalis (Calcaneus und Os tarsale quartum)
    - Calcaneus (Fersenbein)
    - Talus (Sprungbein)
    - Os tarsi centrale (Os naviculare, Kahnbein)
    - Os tarsale quartum (Os cuboideum, Würfelbein) (insgesamt plan)
- **Art. intertarsea distalis** (Art. centrodistalis):
  - Os tarsi centrale (Os naviculare, Kahnbein)
  - Os tarsale I – III (insgesamt plan)
- **Artt. tarsometatarseae**
  - Os tarsale I – III
  - Os tarsale quartum (Os cuboideum, Würfelbein) (insgesamt konkav)
  - Metatarsus II – IV (konvex)

2.5.3.2 Anatomie

- Wichtige **Palpationspunkte** am Tarsus (Sprunggelenk; **Abb. 2.10**):
  - Trochlea tali
  - Tuber calcanei
  - distale Tarsusreihe (Ossa tarsi I – IV)
  - Basis Os metatarsale (MT) II und MT IV (Griffelbeinköpfchen)
  - Caput MT II und MT IV (Griffelbeinknöpfchen)
- Der **Calcaneus** steht im geschlossenen Stand lotrecht unterhalb des Tuber ischiadicum; dies ermöglicht
  - den physiologischen Winkel der Art. genu von 90°,
  - die optimale Nutzung des passiven Stehapparats (S. 144) und
  - die optimale Vorspannung der ischiokruralen Muskulatur für die jeweils zu erwartende Aktivität.
- Das Os metatarsale III der Hinterhand ist üblicherweise etwas länger als das Os metacarpale III der Vorhand. Dadurch steht der Tarsus weiter proximal als der Karpus. Dies ermöglicht dem Tarsus eine verbesserte Schubwirkung im Gegensatz zur Stoßdämpfungs- und Stützfunktion des Karpus (S. 64).

Bänder:
- Ligg. collaterale tarsi longum und breve, jew. mediale und laterale
- Lig. tarsi dorsalia
- Lig. plantare longum
- Stratum fibrosum mit zahlreichen kurzen Bändern

Wichtige Muskeln der Hinterhand

Siehe Kapitel Muskeln, Funktionen, Innervation (S. 536); **Tab. 11.7.**

2.5.3.3 Biomechanik

Siehe **Tab. 2.16.**

Tab. 2.16 Biomechanik des Tarsus bei FLEX und EXT.

Struktur	FLEX	EXT
Talus	Rollen/Gleiten nach plantar	Rollen/Gleiten nach dorsal
Calcaneus	Rollen/Gleiten nach medial	Rollen/Gleiten nach lateral
distale Tarsusreihe	Rollen/Gleiten nach dorsal	Rollen/Gleiten nach plantar
plantare intertarsale artikuläre Zwischenräume	Öffnen	Schließen
dorsale intertarsale artikuläre Zwischenräume	Schließen	Öffnen
MT III	Rollen/Gleiten nach lateral gegenüber der Tibia in Endstellung	Rollen/Gleiten nach medial gegenüber der Tibia in Entstellung
knöcherne Begrenzung	durch Kontakt des Os centrale an der Cochlea tibiae	durch Kontakt des Sustentaculum tali mit Os tarsale quartum bzw. Kontakt des Malleolus lateralis tibiae mit distalen dorsalen Rand des Calcaneus

2.5.4 Artt. digiti (Zehengelenke) und Ossa sesamoideae proximalis lateralis und medialis (Gleichbeine)

- Anatomie (S. 65)
- Biomechanik (S. 68)

2.5.5 Lotlinien der Hinterhand

- von kaudal: Tuber ischiadicum → Calcaneus → Mitte MT III → Ballenmitte
- von lateral: Trochanter major → Mitte Tarsus → Mitte MT III → Kaudalkontur des Hufes

2.6 Kranium (Schädel)

2.6.1 Synchondrosis sphenobasilaris (SSB)

2.6.1.1 Anatomie

- Die Synchondrosis sphenobasilaris (SSB) = Schädelbasis setzt sich zusammen aus **Os sphenoidale** und der **Pars basilaris** des **Os occipitale** (**Abb. 2.13**).
- Die Knochen der SSB gehören zu den **medianen Schädelknochen** (**Abb. 2.11**, **Abb. 2.12**):
  - Vomer (Pflugscharbein)
  - Os ethmoidale (Siebbein)
  - Os sphenoidale (Sphenoid, Keilbein)
  - Os occipitale (Okziput, Hinterhauptsbein)

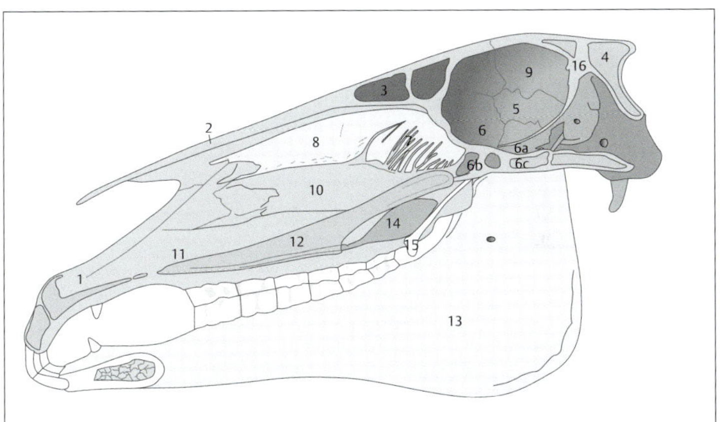

Abb. 2.11 Medianschnitt durch Schädel. 1 Os incisivum, 2 Os nasale, 3 Os frontale, 4 Os occipitale, 5 Schuppenteil des Os temporale, 6 Os sphenoidale, 6 a Flügel des hinteren Teils, 6 b Korpus des vorderen Teils, 6 c Korpus des hinteren Teils des Os sphenoidale, 7 Os ethmoidale, 8 Concha nasalis dorsalis, 9 Os parietale, 10 Concha nasalis ventralis, 11 Maxilla, 12 Vomer, 13 Mandibula, 14 Lamina perpendicularis des Os palatinum, 15 Os pterygoideus, 16 Os interparietale
(Salomon B, Salomon W. Pferde-Osteopathie. 3. Aufl. Stuttgart: Sonntag Verlag in MVS Medizinverlage Stuttgart; 2014)

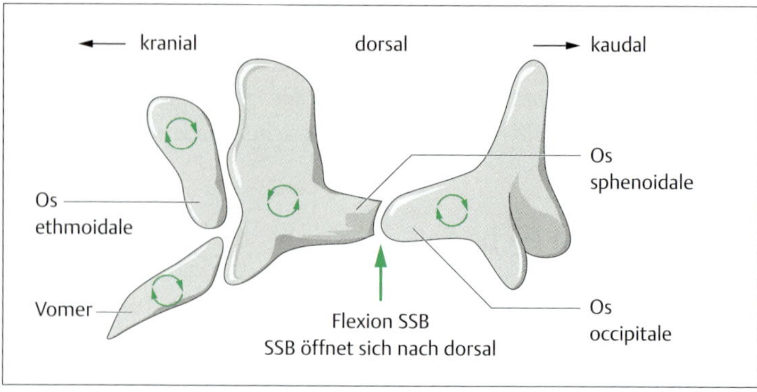

Abb. 2.12 Mediane Schädelknochen.

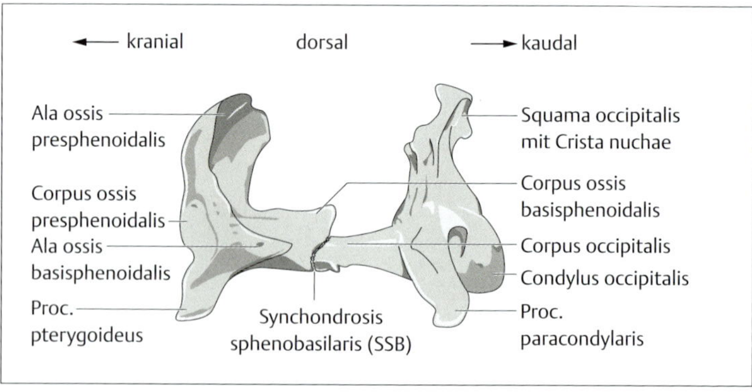

Abb. 2.13 Synchondrosis sphenobasilaris.

Okziput

- Mobilisierungspunkt:
  - direkt an der Crista nuchae
  - direkt an den Procc. paracondylaria
- Steuert die nuchale Hälfte des Schädels (Hirnschädel):
  - Os temporale (Schläfenbein)
  - Mandibula
  - Beeinflusst die Physiognomie bzgl. Stellung der Ohren im Verhältnis zur Crista nuchae und die Länge der Maulspalte.
- Läuft weiter auf Art. temporomandibularis und Sakrum.

Sphenoid

- Mobilisierungspunkt:
  - indirekt über Os frontale oder Os parietale
  - indirekt über Orbita: Sphenoid an medialer Augenhöhle beteiligt
- Steuert die rostrale Hälfte des Schädels (Gesichtsschädel):
  - Os frontale
  - Os ethmoidale
  - Vomer
  - Maxilla
  - Beeinflusst die Physiognomie bzgl. der Form der Stirn und der Tiefe der Orbita.

2.6.1.2 Biomechanik

- Die SSB ist das Zentrum des KSS, dessen Bewegungen sich ausbreiten auf die Schädelknochen, über die Dura mater bis zum Sakrum und über die Foramina intervertebrale in den Rumpf und die Extremitäten (**Abb. 2.14**).
- Innerhalb des KSS beeinflussen sich Okziput und Sakrum gegenseitig:
  - Behandlung des Sakrums über Griffe am Schädel möglich
  - Behandlung des Schädels über Griffe am Sakrum möglich

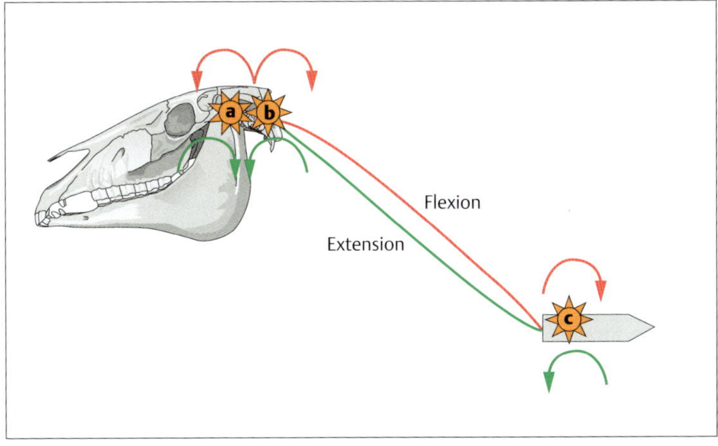

Abb. 2.14 Biomechanik zwischen SSB und Sakrum. **a** Os sphenoidale, **b** Os occipitale, **c** Os sacrum.

- Die SSB beeinflusst durch ihre Lage ventral der Sella turcica das Hormon-, Nerven- und Immunsystem.
- Die physiologischen Bewegungen der medianen Schädelknochen mit der SSB:
  - FLEX/Inhalation/die Hirnventrikel füllen sich
  - EXT/Exhalation/die Hirnventrikel leeren sich
- Die physiologischen Bewegungen der peripheren Schädelknochen in Abhängigkeit der SSB:
  - AROT bei FLEX der SSB
  - IROT bei EXT der SSB

Tab. 2.17 Biomechanik von Okziput, Sphenoid und Dura mater bei FLEX und EXT.

knöcherne Struktur	FLEX/Inhalation/AROT	EXT/Exhalation/IROT
Okziput		
Crista nuchae	Absinken nach ventrokaudal	Anheben nach dorsokranial
Corpus	Anheben nach dorsal	Absinken nach ventrokaudal
Condyli occipitales	AROT	IROT
Sphenoid		
Corpus ossis basisphenoidalis	Anheben nach dorsal	Absinken nach ventral
Corpus ossis presphenoidalis	Absinken nach ventrokranial	Anheben nach dorsokaudal
Alae ossis presphenoidales (Keilbeinflügel, KBF)	AROT	IROT
SSB	öffnet sich nach dorsal	öffnet sich nach ventral
Dura mater	hebt sich	senkt sich

Tab. 2.18 Physiognomie von FLEX und EXT.

Körperteil	FLEX	EXT
Schädel	erscheint in lateraler Ausdehnung breiter, in rostro-nuchaler Ausdehnung kürzer	erscheint in lateraler Ausdehnung schmaler, in rostro-nuchaler Ausdehnung länger
Stirn	flach und breit	vorgewölbt und schmal
Auge	hervortretend aufgrund abgeflachter Orbita	tiefliegend aufgrund eingesunkener Orbita
Ohr	Abstehend	anliegend
Unterkiefer	breit, zurückgeschoben mit kurzer Maulspalte	schmal, vorgeschoben mit verlängerter Maulspalte
Beine	AROT	IROT
Sakrumbasis	Dorsal	ventral
Sakrumspitze	Ventral	dorsal

2.6.2 Periphere Schädelknochen und Suturen

2.6.2.1 Anatomie

Periphere Schädelknochen

- Zu den peripheren Schädelknochen gehören (**Abb. 2.15**):
  - Os temporale (Schläfenbein)
  - Os interparietale (Zwischenscheitelbein)
  - Os parietale (Scheitelbein)
  - Os frontale (Stirnbein)
  - Os nasale (Nasenbein)
  - Os lacrimale (Tränenbein)
  - Os zygomaticum (Jochbein)
  - Os palatinum (Gaumenbein)
  - Maxilla (Oberkiefer)
  - Mandibula (Unterkiefer)
- Mobilisationspunkte der für die kraniosakrale Behandlung wichtigen peripheren Schädelknochen: **Tab. 2.19**

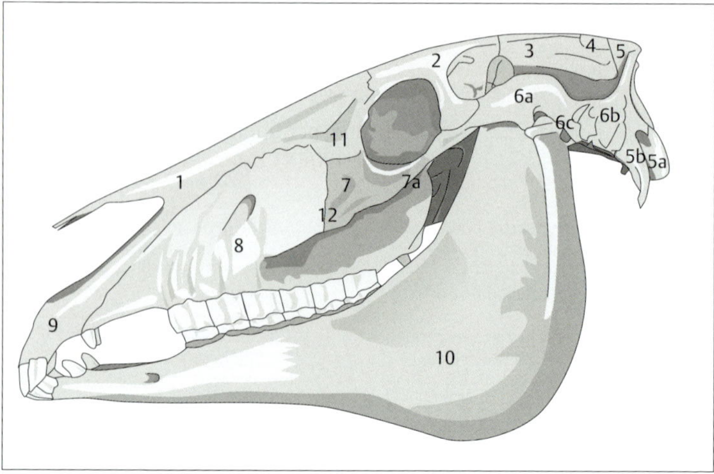

Abb. 2.15 Schädel von lateral. 1 Os nasale, 2 Os frontale, 3 Os parietale, 4 Os interparietale, 5 Os occipitale, 5 a Condylus occipitalis, 5 b Proc. paracondylaris, 6 a Proc. zygomaticus ossis temporalis, 6 b Proc. mastoideus ossis temporalis, 6 c Proc. styloideus, 7 Os zygomaticum, 7 a Proc. temporalis ossis zygomaticus, 8 Maxilla, 9 Os incisivum, 10 Mandibula, 11 Os lacrimale, 12 Crista facialis.

Tab. 2.19 Für die kraniosakrale Behandlung wichtige periphere Schädelknochen und ihre Mobilisierungspunkte.

Knochen	**Mobilisierungspunkt**
Os temporale	direkt über Proc. zygomaticus ossis temporalis, direkt über Proc. mastoideus temporalis
Os parietale/ interparietale	direkt flächig um den Schopf herum
Os frontale	direkt flächig an der Stirnseite unterhalb des Schopfes, direkt an der mediofrontalen Orbita
Os nasale	direkt flächig rostral der Sutura frontonasalis, direkt am Proc. rostralis
Os zygomaticum	direkt am Proc. temporalis ossis zygomaticus
Os lacrimale	direkt an der mediorostralen Orbita
Maxilla mit Ossa incisiva	direkt flächig am Corpus maxillae, direkt flächig an der Crista facialis

Suturen

- Die Suturen (**Abb. 2.16**) stellen die Scharniere dar, über die jeder einzelne Schädelknochen zu seinem direkten Nachbarknochen in einer minimal beweglichen Verbindung steht.
- Dadurch nehmen die medianen und peripheren Schädelknochen am kraniosakralen Rhythmus (KSR) in FLEX/EXT bzw. AROT/IROT teil.

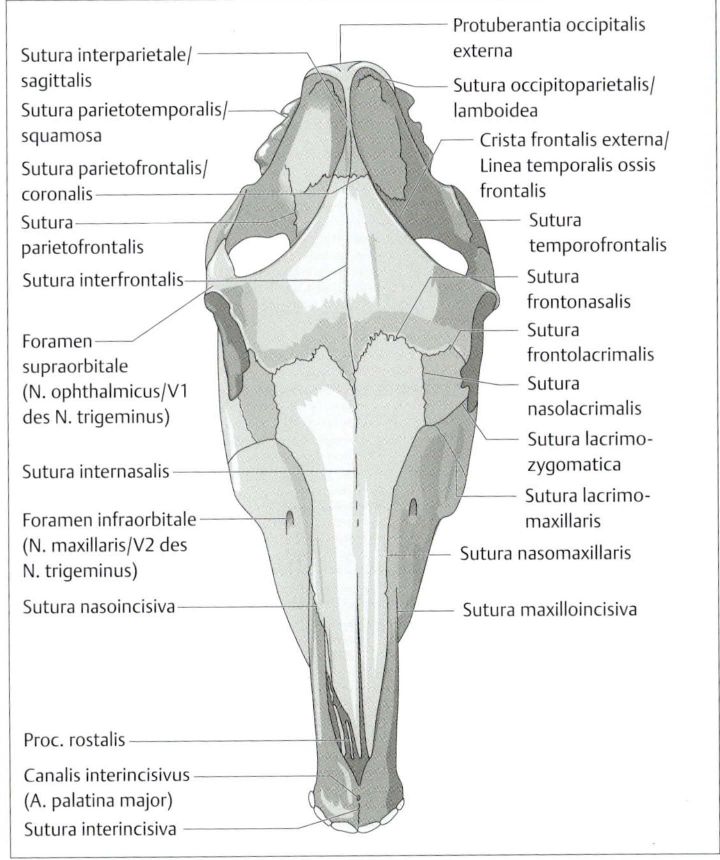

Abb. 2.16 Suturen von frontal.

- Funktionen:
  - verbinden alle Schädelknochen miteinander
  - ermöglichen dem Schädel die Bewegungen der kraniosakralen Atmung
  - beinhalten hauchfeine Schichten von Periost, Blutgefäßen, Nerven- und Lymphgewebe
- Die Fascia capitis superficialis bedeckt fast die gesamten knöchernen und muskulären Strukturen des Pferdekopfs wie eine „Haut unter der Haut“ und ist an Os nasale und Os frontale mit der Kopfhaut verbunden. Restriktionen in dieser Faszie können zu Einschränkungen der Suturen führen.

2.6.2.2 Biomechanik

- In den Suturen machen die peripheren Schädelknochen im Rahmen des KSS eine:
  - AROT, wenn die SSB in die FLEX geht
  - IROT, wenn die SSB in die EXT geht

2.6.3 Art. temporomandibularis (TMG, Kiefergelenk)

2.6.3.1 Gelenkpartner

- Fossa mandibularis ossis temporalis (= konkav)
- Proc. condylaris mandibulae (= konvex-oval)

2.6.3.2 Anatomie

- Innerhalb des Kiefergelenks (**Abb. 2.17**) sorgt der **Discus articularis** für ein reibungsloses Gleiten der Gelenkpartner gegeneinander. Oberhalb dieses Discus (zur Fossa mandibularis hin) befindet sich die sogenannte „bilaminäre Zone“, die ausgesprochen schmerzempfindlich ist.
- Die **Funktion** wird u. a. nicht unerheblich beeinflusst von der Vollständigkeit des Gebisses, der Zahnstellung und vom Zahnzustand; s. Kap. Das Kauen (S. 151).

Wichtige Muskeln des Kiefergelenks

Siehe Kapitel Muskeln, Funktionen, Innervation (S. 536); **Tab. 11.8.**

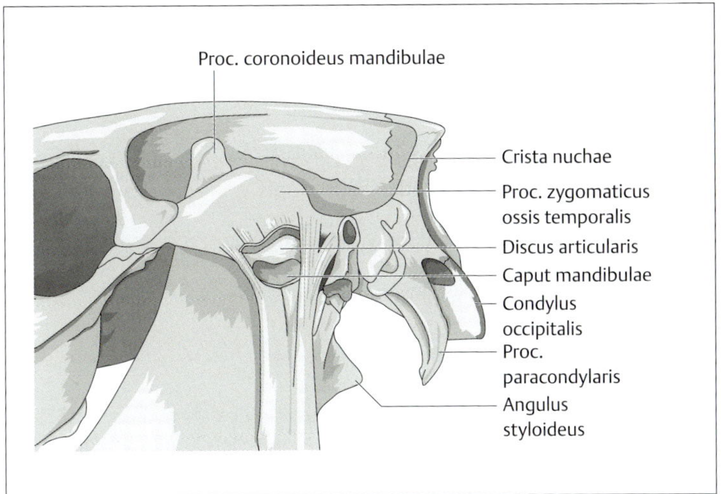

Abb. 2.17 Kiefergelenk von lateral.

2.6.3.3 Biomechanik des Kiefergelenks im Rahmen der Kaubewegung

- Kieferöffnung: Rollen der Procc. condylaris mandibulae nach nuchal und Gleiten nach rostral
- Kieferschluss: Rollen der Procc. condylaris mandibulae nach rostral und Gleiten nach nuchal

2.6.3.4 Biomechanik des Kiefergelenks im Verhältnis zur SSB

- Die Bewegung der Mandibula entspricht der des Okziputs, vermittelt durch das Os temporale.
- Die Bewegung der Maxilla entspricht der des Sphenoids.

Tab. 2.20 Biomechanik des TMG in FLEX und EXT der SSB.

Struktur	FLEX der SSB	EXT der SSB
Maxilla und Mandibula	Annäherung	Entfernung
Kieferäste	AROT	IROT
Mandibula	Verkürzung und Retraktion in das Kiefergelenk[1]	Verlängerung und Protraktion aus dem Kiefergelenk[2]

[1] Kopf erscheint kürzer und breiter; [2] Kopf erscheint länger und schmaler.

2.6.4 Os hyoideum (Zungenbein)

2.6.4.1 Anatomie

- Das Os hyoideum (**Abb. 2.18**) besteht u. a. aus:
  - **Basihyoideum**
    - liegt ventral zwischen den Unterkieferästen
    - ist dort (meistens) gut palpierbar
  - **Tympanohyoideum**
    - hält eine lockere gelenkige Verbindung zum Proc. styloideus temporalis
    - hat damit indirekten Einfluss auf das Kiefergelenk
  - **Thyreohyoideum**
    - artikuliert mit der Cartilago thyreoidea
    - hat damit Einfluss auf den Schluckakt
- Anordnung und der Aufbau der Bestandteile des Os hyoideum (S. 153) spiegeln die Funktion als „Stellschraube" zwischen Kopf und Körper wider.

Wichtige Muskeln des Zungenbeins

Siehe Kapitel Muskeln, Funktionen, Innervation (S. 536); **Tab. 11.9.**

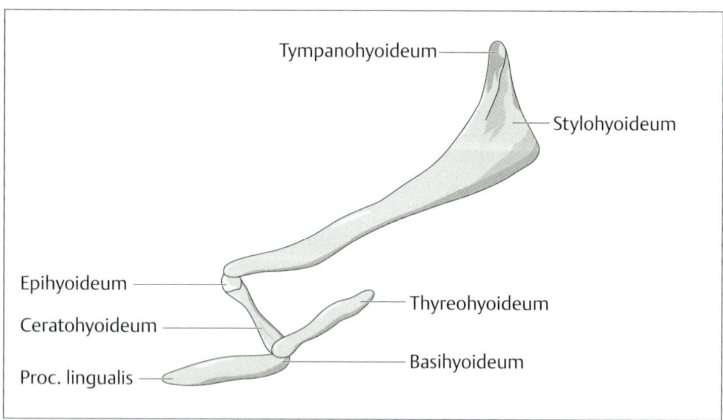

Abb. 2.18 Os hyoideum von lateral.

2.6.4.2 Biomechanik

In Abhängigkeit mit den kraniosakralen Bewegungen der Mandibula führt das Os hyoideum folgende Bewegungen aus (**Tab. 2.21**):

Tab. 2.21 Biomechanik des Hyoids in FLEX und EXT der SSB.

Struktur	FLEX der SSB	EXT der SSB
Mandibula	durch AROT der Kieferäste breiter → zieht das Os hyoideum nach ventrokaudal Richtung Angulus mandibulae	durch IROT der Kieferäste schmaler → schiebt das Os hyoideum nach dorsokranial Richtung Os palatinum

2.6.5 Dura mater (harte Hirnhaut) und deren intrakranialen Anteile

2.6.5.1 Anatomie

Dura mater

- Gehirn und Rückenmark sind eingehüllt in die Hirn- bzw. Rückenmarkshäute:
  - Dura mater: direkt an den Schädelknochen/Foramen vertebrale
  - Pia mater: direkt am Gehirn/Rückenmark
  - Arachnoidea: Spinnwebhaut zwischen Dura und Pia mater
- Die Dura mater liegt in ihrem Verlauf nicht überall nur locker am Knochen an, sondern ist an einigen Stelle fest mit dem Knochen verbunden:
  - Schädelknochen
  - alle kleinen Öffnungen im Schädel (z. B. Augenhöhlen)
  - Wirbel des oberen Halses
  - Foramina intervertebralia
  - Sakrum (zieht als **Filum terminale** im Wirbelkanal des Sakrum bis zum Lig. longitudinale dorsale der Schwanzwirbel)
- An diesen Stellen können die Knochen als Hebel benutzt werden, um auf die Spannung der Dura mater einzuwirken.
- Die Dura schützt Gehirn und Rückenmark vor Druck und Stößen von außen.
- Die Dura mater begleitet die Spinalnerven durch die Foramina intervertebralia und verbreitet somit die Bewegungen des KSS und die Fluktuationen des Liquors in den ganzen Körper.

BEACHTE

Aufgrund punktueller Fixierungen der Dura mater an einzelnen Knochenstrukturen kann eine Verziehung oder Restriktion der Dura mater zu rezidivierenden Wirbel- oder Gelenksblockierungen führen.

Falx, Tentorium, Fulkrum

Falx, Tentorium und Fulkrum (**Abb. 2.19**, **Tab. 2.22**)

- bestehen aus der inneren Schicht der Dura mater
- organisieren die Bewegungen der Schädelknochen
- nehmen die Wellen der Liquorfluktuation auf und leiten sie über die Dura mater weiter

Tab. 2.22 Funktion und Verbindungen von Falx, Tentorium und Fulkrum.

Struktur	Funktion	Verbindungen
Falx cerebri	Trennung der beiden Großhirn-Hemisphären auf der Sagittalebene	• **rostral**: Crista galli des Os ethmoidale • **dorsal**: Crista frontalis und Suturae interfrontalis u. interparietalis • **nuchal**: Protuberantia occipitalis interna
Falx cerebelli	Trennung der beiden Kleinhirn-Hemisphären auf der Sagittalebene	• **rostral**: Protuberantia occipitalis interna • **nuchal**: okzipitaler Rand des Foramen magnum
Tentorium cerebelli	• Trennung von Groß- und Kleinhirn auf der Transversalebene	Verspannung zwischen Sphenoid, Os temporale, Okziput und Fulkrum
Fulkrum	• Lage: ventral der Protuberantia occipitalis interna • = Zentrum von Falx cerebri, Falx cerebelli und Tentorium • stellt **den** Kreuzungspunkt der Bewegungen aus Schädelknochen und Liquor dar • ist einerseits stabil und stellt damit das physiologische Zentrum des KSR dar • ist andererseits mobil und kann sich Veränderungen anpassen	–

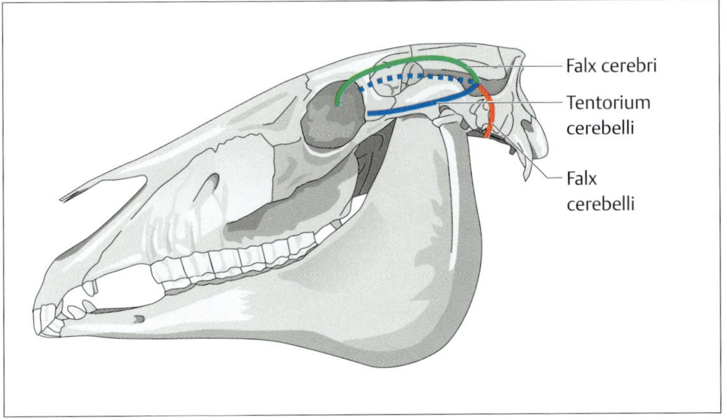

Abb. 2.19 Falx cerebelli, Falx cerebri und Tentorium cerebelli.

2.6.6 Ventrikelsystem und Liquor

2.6.6.1 Anatomie

- **Liquorräume** (Abb. 2.20):
  - innerer Liquorraum = innerhalb des Ventrikelsystems (2 Seitenventrikel, III. Ventrikel, Aquaeductus, IV. Ventrikel)
  - äußerer Liquorraum = zwischen Pia mater und Arachnoidea entlang des Gehirns und Rückenmarks (Cavum subarachnoidale)
- Über die **Durascheiden**, die die Spinalnerven durch die Foramina intervertebralia begleiten, besteht eine Verbindung zum Flüssigkeitssystem des gesamten restlichen Körpers.

Liquor

- umspült Gehirn und Rückenmark
- wird gebildet in den Plexus choroidei der 4 Hirnventrikel
- wird rückresorbiert durch:
  - die Arachnoidalzotten und
  - die venösen Kapillaren der Pia mater
- Schutz von Gehirn und Rückenmark vor:
  - Wärme, Erschütterung
  - immunologischer Schutz/Infektabwehr
  - Homöostase bzgl. Elektrolyten und Glukose
  - Drainage der Nerven- und Bindegewebszellen des Gehirns

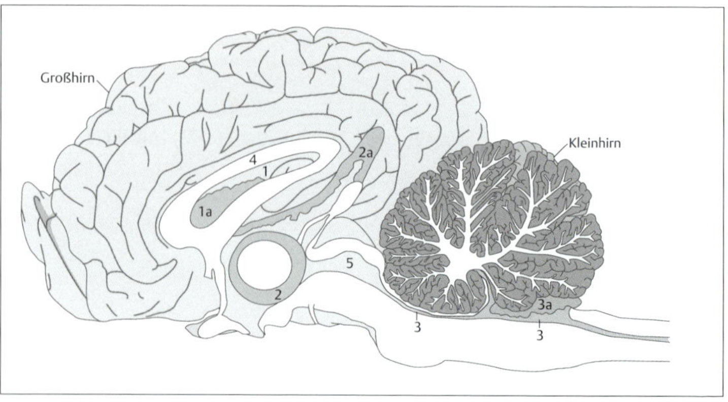

Abb. 2.20 Lage der Hirnventrikel. 1 Seitenventrikel, 1 a Plexus choroideus des Seitenventrikels, 2 III. Ventrikel, 2 a Plexus choroideus des III. Ventrikels, 3 IV. Ventrikel, 3 a Plexus choroideus des IV. Ventrikels, 4 Corpus callosum, 5 Aquaeductus mesencephali.
(Salomon B, Salomon W. Pferde-Osteopathie. 3. Aufl. Stuttgart: Sonntag Verlag in MVS Medizinverlage Stuttgart; 2014)

- osteopathischer Ausgleich des Liquorflusses führt zu:
  - Harmonisierung des KSR
  - fasziale Entspannung im ganzen Körper
  - Homöostase zwischen Sympathikus und Parasympathikus
  - hormonelle/endokrine Harmonisierung
  - Senkung der Körpertemperatur
  - Entstauung des lymphatischen und venösen Systems, insbesondere des Schädels
  - psychische Harmonisierung bei Depression, Angst, Nervosität

2.6.6.2 Biomechanik

- Durch Produktion und Resorption des Liquors entstehen unterschiedliche Volumenverhältnisse.
- Dies führt zu Druckschwankungen im Schädel und weitergeleitet auch im Wirbelkanal bis hinunter zum Sakrum. Diese stellen die liquide Ursache für den KSR dar.
- Die Beweglichkeit der Dura mater und die freie Fluktuation des Liquors sind aufs Engste miteinander verbunden, da
  - eine Restriktion der Dura die Liquorfluktuation behindert und
  - eine reduzierte Liquoranflutung/gestauter Liquorfluss zu einer „Fältelung" der Dura mater führt.
- Der 4. Ventrikel spielt über den Behandlungsgriff „CV4" (S. 218) eine entscheidende Rolle im Rahmen des kraniosakralen Systems

2.7 Das kraniosakrale System

Wichtigste Bestandteile des kraniosakralen Systems (KSS):
- Kranium (**Abb. 2.11**; mit Suturen), Atlas/Okziput (S. 38) (A/O) und 1. Halswirbel (C 1)- 6. Lendenwirbel (L 6), Sakrum (S. 47) mit ISG (S. 52)
- Kiefergelenk (S. 82)
- Os hyoideum (S. 84)
- Dura mater (S. 85) vom Kranium bis zur Lendenwirbelsäule (LWS)
- Ventrikelsystem mit Liquor (S. 87)

2.7.1 Der kraniosakrale Rhythmus

- Der kraniosakrale Rhythmus (KSR) entsteht durch die Produktion des Liquors in den Plexi choroidei und die Resorption des Liquors in den Venenplexus des Gehirns. Als weitere mögliche Ursache des KSR wird der Ursprung der unterschiedlichen Strukturen des KSS aus den unterschiedlichen Keimblättern im embryoblastischen Entwicklungsstadium diskutiert.
- Die Mobilität der Schädelknochen ermöglicht ein Nachgeben entsprechend der Volumenzunahme während der Produktionsphase und einem Folgen der Volumenreduzierung während der Resorptionsphase, um das Gehirn vor etwaigen Druckschwankungen zu schützen. Diese Pulsation des Liquors setzt sich über die Foramina intervertebralia im Gewebe der Extremitäten fort, sodass sich der KSR wie eine Welle im ganzen Körper ausbreitet.
- Von kranial betrachtet wirkt sich der KSR am Schädel derart aus, dass der Schädel in der
  - **Produktionsphase des Liquors** im Bereich der Parietale breiter und der Schädel insgesamt kürzer wird = FLEX/Inhalation/AROT und in der
  - **Resorptionsphase des Liquors** im Bereich der Parietale schmaler und der Schädel insgesamt länger wird = EXT/Exhalation/IROT.
- Der KSR mit einer **Frequenz** von 8 – 10/Minute stellt das 3. rhythmische System im Körper dar neben dem Atemrhythmus (8 – 16 Atemzüge/Min.) und dem Herzrhythmus (28 – 40 Schläge/Min.).
- Der KSR wird nach A.T. Still auch „**Primary Respiratory Mechanism**“ (PRM) = **Primärer Atemmechanismus** (PAM) genannt. Wie es genau zur ersten Welle des PRM kommt, ist bisher wissenschaftlich genauso ungeklärt wie die Frage, auf welcher anatomischen Grundlage das Herz erstmalig zu schlagen beginnt (Wunder des Lebens). Klar ist nur, dass, sobald der PRM am Laufen ist, dieser sich über die Elemente des KSS im ganzen Körper ausbreitet:

- Die **5 Elemente** des kraniosakralen Mechanismus **nach Sutherland**:
  1. Motilität des zentralen Nervensystems (ZNS),
  2. Fluktuation des Liquor cerebrospinalis,
  3. Mobilität der Dura mater und der intrakranialen und intraspinalen Membranen,
  4. Mobilität der Schädelknochen und
  5. konsensuelle Mobilisierung des Sakrums.

2.7.2 Das kraniosakrale System als übergeordnetes System

Das KSS hat entscheidenden Einfluss auf:

- Ver- und Entsorgung von Gehirn und Rückenmark:
  - Einfluss auf Reizaufnahme/-weiterleitung/-verarbeitung/-integration
  - Drainage des Schädels/Gehirns
  - Konzentration, Leistungsbereitschaft, Ganzkörperkoordination, Psyche
- harmonische Funktion des Hormonsystems durch die unmittelbare Nähe der Synchondrosis sphenobasilaris (SSB) zu Hypophyse und Hypothalamus:
  - Einfluss auf Grundumsatz, Vegetativum, Sexualität, Verdauung, Psyche
- schmerzfreie und endgradige Beweglichkeit von Wirbelkörpern und Bandscheiben, da Verklebungen der Dura mater stets Restriktionen eines oder mehrerer Wirbelsegmente nach sich ziehen:
  - Einfluss auf schmerzfreie und endgradige Atemexkursionen/Kopf-, Wirbelsäulen- und Extremitätenbeweglichkeit
- optimale Funktion der Hirnnerven:
  - Einfluss auf Sehen, Hören, Riechen, Schmecken, Schlucken, Fressen, Mimik, Gleichgewicht, Koordination, Halsbewegungen

Bezug des KSS zum Vegetativen Nervensystem (VNS):

- Die Ursprungsgebiete des sympathischen NS befinden sich in den thorakolumbalen Wirbelsegmenten.
- Die Ursprungsgebiete des parasympathischen NS liegen im kranialen Mittel- und Stammhirn und in den Segmenten des Sakrums. Daher wird das parasympathische NS im Rahmen des VNS ebenfalls als kraniosakrales System bezeichnet. Die Wirkungen hinsichtlich Harmonisierung, Entspannung, Lösung unterstützen sich gegenseitig.

BEACHTE

Alle Muskeln und Faszienketten, die am Okziput (Proc. mastoideus!) bzw. am Sakrum ansetzen, können zu Störungen im KSS, insbesondere zu Restriktionen in der Dura mater führen.

2.8 Faszien

Unter dem Begriff „Fazien" lässt sich jegliches kollagenes Bindegwebe verstehen, das Teil des körperweiten, spannungsweiterleitenden Systems ist (vgl. Elbrønd u. Schultz, 2015). Dies ergibt sich aus der Erkenntnis, dass sich einzelne Gewebsstränge kontinuierlich von einem myofaszialen Insertionspunkt ins nächste myofasziale Gewebe fortsetzen und nicht komplett am Knochen inserieren und eine neue, einzelne Struktur beginnt. Beuger und Strecker, Agonisten und Antagonisten sind faszial jeweils miteinander verbunden und bilden im Rahmen der Biotensegrität ein Kontinuum im ganzen Körper.

Die bisher besprochene Anatomie und Biomechanik der einzelnen Körperteile und Gelenke in der Haltung und in der Bewegung sind insofern jeweils in Bezug zu setzen zu ihren muskulären und faszialen Gegenspielern, aber auch zu ihrem Pendant auf der gegenüberliegenden Körperseite sowie die Bewegung in einem einzelnen Gelenk in ihrer Auswirkung auf den Gesamtorganismus, s. hierzu jeweils die assoziierten Befunde (S. 324).

2.8.1 Zusammensetzung der Faszien

- Kollagen:
  - zugfest, nur wenig dehnbar
  - ordnet sich je nach Topographie und dementsprechenden Anforderungen parallelfasrig, spiral- oder gitterförmig an, in gleich- oder gegensinnigem Verlauf
- Elastin:
  - hoch dehnungselastisch
  - ist netzartig verbunden mit dem Kollagen
- Matrix:
  - Wasser mit Proteinen, Hyaluronsäure, Immunzellen
  - flüssig bis gelartig
  - dient der Pufferung bzw. Stoßdämpfung, Wasserspeicherung, Immunabwehr

- Proteoglykane:
  - kohlenhydrat- (95 %) und proteinhaltige (5 %) Makromoleküle
  - verbinden sich untereinander und/oder mit Hyaluronsäure und/oder Kollagenfasern zu großen Komplexen mit großer Wasserbindungsfähigkeit
  - dienen der Gleitfähigkeit, Pufferung und Raumfüllung von Gelenken und Sehnen
- Myofibroblasten:
  - kontraktionsfähige, autonome, v.a. sympathikussensible Bindegewebszellen in den tiefen Faszien
  - dienen im Rahmen der Wundheilung dem schnellen Zusammenziehen und der Oberflächenverkleinerung von offenen Wundrändern
  - dienen neben der glatten Muskulatur unterstützend der Motilität und Mobilität der Hohlorgane und der Stabilität bzw. Flexibilität bestimmter Körperareale (insbes. Fascia thoracolumbalis)
  - reagieren kontraktil auf Stresshormone

Die Anordnung der Fasern und der eingelagerten Matrix mit ihren Bestandteilen bilden die Erfordernisse an die Faszie im Rahmen der jeweiligen Struktur ab. Eine gesunde Faszie ist diesen Erfordernissen entsprechend mehr zug- oder mehr dehnungselastisch, die Matrix zwischen den Fasern kann in strukturangepasster Viskosität mal mehr flüssig, mal mehr gelartig frei schwimmen und gleiten.

2.8.2 Funktionen der Faszien und Diaphragmen

Alle Faszien, Ligamente und Diaphragmen dienen
- der Abgrenzung der einzelnen Strukturen voneinander,
- der Weitergabe von Spannungen bzw. Lösungen von einer Struktur zur anderen,
- der reibungslosen und harmonischen Integration der verschiedenen Körpersysteme untereinander und
- der ernährungsmäßigen und fluiden Versorgung und Drainage dieser Strukturen.

Die Faszien und Diaphragmen sind in ihrer physiologischen Funktion unerlässlich für
- die Haltung und Form des Körpers,
- eine stabile und gleichzeitig flexible Statik des gesamten Körpers,
- eine fließende, harmonische Bewegungsausführung auf Basis einer muskulär bedingten physiologischen Vorspannung der Faszie (S. 94),

- eine reibungsarme und endgradige Beweglichkeit der Gelenke unter steter Aufrechterhaltung des Gelenkspaltes bei gleichzeitiger Gelenksstabilität,
- eine reibungsarme Kontraktion und Relaxation der Muskeln,
- eine freie und gut ventilierende Atmung,
- eine den jeweiligen Erfordernissen angepasste Hämodynamik,
- einen situationsangepassten Blutdruck und Herzaktion über vasopressive Regulation,
- eine stauungsfreie Drainage des Gewebes von Lymphe,
- eine topographisch eingegrenzte Immunreaktion zur Vermeidung der Ausbreitung von Infektionen im ganzen Körper sowie
- eine schnelle und fehlerlose Weiterleitung von afferenten und efferenten Nervenimpulsen, sowohl vegetativ als auch somatisch.

2.8.3 Topographie der Faszien

- oberflächliche Faszien (Fasciae superficialis):
  - umgeben die gesamte Körperoberfläche wie eine Art „Ganzkörperanzug“
  - sehr dehnfähig
  - enthalten 80 % der Mechanorezeptoren des Fasziensystems, teilweise auch Fettgewebe
  - stellenweise unterfüttert von den Hautmuskeln (Mm. cutanei, s. **Tab. 11.4**)
  - dienen als Puffer gegen Einflüsse von außen und als körperweites Kommunikationsnetz
- tiefe Faszien (Fasciae profunda):
  - sehnig oder flächenhaft
  - nur wenig dehnfähig
  - enthalten viele Nozi- und Propriozeptoren, Mechano-, Chemo- und Thermorezeptoren
    - → Faszien als „Sinnesorgan“
  - enthalten Myofibroblasten, die unter Sympathikuseinfluss/Stresshormonen kontraktile Aktivität zeigen
    - → Faszien als hormon- und emotionsabhängiges „Bewegungsorgan“
- viszerale Faszien (Fasciae visceralis)
  - flächenhaft
  - nur wenig dehnfähig
  - gewährleisten sowohl die Organstabilität als auch -mobilität (z. B. Peristaltik, Vasokonstriktion u. ä.)

2.8.4 Faszien als Bewegungs- und Sinnesorgan

Faszien, Knochen und Biotensegrität

(Tensegrity: „Tension“ = Spannung; „Integrity“ = Einheit):

Tensegrale Gebilde setzen sich zusammen aus festen (Kompressionselemente) und elastischen Strukturen (Zugelemente). Im Rahmen der Biotensegrität stellen die Knochen die Kompressionselemente, die Faszien, Sehnen, Diaphragmen und Bänder die Zugelemente dar. Diese Elemente sind derartig spiralig angeordnet, dass sich die Kompressionselemente an keinem Punkt gegenseitig berühren; die Knochen „schwimmen“ in einem Kontinuum aus Bindegewebe. Hierdurch ergeben sich einige Gesetzmäßigkeiten:

- Die Struktur organisiert sich selbständig und ist unabhängig von ihrer Lage im Raum oder äußeren Einflüssen.
- Druck erzeugt Zug, Zug erzeugt Druck.
- Druck und Zug werden im Moment der Einwirkung vom Einwirkungspunkt entlang der Kompressions- und Zugelemente in die gesamte Struktur weitergeleitet. Solange das Ausmaß der Einwirkung den Rahmen der physiologischen Belastbarkeit der Struktur respektiert, ist diese zerstörungsresistent.
- Druck auf einen Teil der tensegralen Struktur führt zu einem Zusammenziehen des gesamten Körpers; Zug auf einen Teil der tensegralen Struktur führt zu einem Ausdehnen des gesamten Körpers, jeweils in allen 3 Dimensionen (Höhe, Breite, Tiefe). Sowohl im Zusammenziehen als auch in der Ausdehnung erhöht sich jeweils die Stabilität des Körpers im Rahmen seiner physiologischen Grenzen.
- Stabilität entsteht durch Nutzung des Drucks oder Zugs als Widerstand, an dem sich die Struktur begrenzen bzw. ausdehnen und gleichzeitig ausbalancieren kann. So kann Druck genutzt werden zur Ausdehnung und Stabilisierung.
- Beweglichkeit entsteht durch Umleitung des Drucks bzw. Zugs in unterschiedliche biotensegrale Kompartimente.
- Sowohl die Stabilität des umspannten Raumes als auch die Beweglichkeit der Struktur sind abhängig von der Vorspannung und der Belastbarkeit der Kompressions- und Zugelemente.

Im **strukturellen Zusammenhang der Lokomotion** verfügen die Fazien über ein hohes Maß an kinetischer elastischer Speicherkapazität, d. h., dass sie durch Beugung (z. B. Kniegelenk) bzw. Streckung (z. B. Fesselgelenk) eines Gelenks Bewegungsenergie aufnehmen und speichern, die sie bei entsprechender Gegenbewegung des Gelenks wieder freigeben. Je faszialer und biotensegraler sich ein Körper bewegt, desto harmonischer, fließender und energiesparender werden die Bewegungen ausgeführt. Die Muskeln haben hierbei die Aufgabe, die Faszien und Sehnen in eine derartige Vorspannung zu bringen, dass diese situationsangepasst ihre elastischen kinetischen Energien optimal entfalten können. Die Muskeln sind nicht die „Hauptbeweger" des Körpers, sondern sie initiieren die Bewegung und steuern die Bewegungsrichtung, während die Faszien die Bewegung fließend und energiesparend in Gang halten. Anatomisch sichtbar wird diese Aufgabenverteilung in der stark aponeurotisch aufgebauten Halte- und Tragemuskulatur und den sehr langen Sehnen im Verhältnis zu den kurzen Muskelbäuchen der Extremitätenmuskulatur. Gerade für das rein vegan lebende Flucht- und Beutetier Pferd ist die Energieeffizienz seiner Bewegungen von großer Bedeutung.

- Die in den tiefen Faszien u. a. enthaltenen **Nozizeptoren** spielen eine wichtige Rolle im Rahmen von Schmerzempfindung, Einnahme von Schonhaltung, Ausweichbewegungen und Schmerzgedächtnis.
- Die in den oberflächlichen und tiefen Faszien enthaltenen **Mechano- und Nozizeptoren** leiten ihre Impulse zum Teil auf denselben afferenten Nervenbahnen zum Gehirn und blockieren sich dadurch gegenseitig. Vermehrte Mechanorezeption führt zu verringerter Nozizeption („Sich regen bringt Segen").
- Die in den tiefen Faszien u. a. enthaltenen **Proprio- und Mechanorezeptoren** geben nach Verarbeitung im Kleinhirn dem Körper Informationen über seine Haltung und Lage im Raum. Sie beeinflussen damit sowohl Koordination und Gleichgewicht als auch die eigene Körperwahrnehmung und das Körperbild, das ein Individuum von sich selbst entwickelt. Körperbild und Emotionen spiegeln sich gegenseitig wider.
- **Stress und Dauerschmerzen** aktivieren die Myofibroblasten, Mikrotraumen können das Fasziengewebe verletzten und narbig umbauen mit der jeweiligen Folge, dass die Faszien zunehmend ihre Verschieblichkeit verlieren. Auf diese Weise finden sich alle (Fehl-)Spannungen, denen der Körper oder die Psyche jemals ausgesetzt war, in den Faszien ein Leben lang wieder (= Gedächtnis der Faszie).
- Es bestehen große Übereinstimmungen zwischen **Akupunkturpunkten und Faszienkreuzungspunkten**. So können Fehlspannungen im faszialen System nicht nur durch osteopathische und fasziale Behandlungen gelöst, sondern auch durch Akupunktur/Akupressur positiv beeinflusst werden.

2.8.5 Funktionsverlust der Faszie

In einer Faszie, die keinen oder unphysiologischen oder übermäßigen Reizen ausgesetzt ist, kommt es zu Adhäsionen und Bildung von „pathologischen Crosslinks", die Fasern verfilzen, die Matrix wird zäh und die Faszie verliert ihre Fähigkeiten als Bewegungs- und Sinnesorgan.

Faszien können in unterschiedlichen Formen ihre Funktionsfähigkeit verlieren, u. a. durch:

- Verlust der Gleitfähigkeit aufgrund von Auspressen der interfaszialen Flüssigkeit mit anschließender Verklebung; z. B. nach sehr ruckartiger Bewegung im Rahmen eines (drohenden) Sturzes oder extrem ruckartig ausgeführten Reflexprüfungen bzgl. der Wirbelsäule.
- Verlust der Faserrichtung aufgrund „Verhaken" der spiralig angeordneten Fasern; sind hierbei Gefäße und Nerven betroffen, kann es zu vaskulären („kalte Füße") und nervalen („Ameisenlaufen") Störungen kommen. Dies kann sich beim Pferd z. B. als ständiges Fußstampfen oder Kopfschütteln zeigen.
- Verdrehung oder Aufspaltung einer Faszie aufgrund massiver akuter oder chronischer Überlastung mit Bewegungseinschränkung und Anlaufschmerz, als ob die Faszie schon bei kurzer Ruhephase „zusammenschnurren" würde.

Fehlt im Gesamtbewegungsablauf die elastische Bewegungskomponente aufgrund funktionsuntüchtiger Faszien, so verlieren die Bewegungen zunehmend an Schwung und Leichtigkeit, die Muskeln müssen unphysiologisch mehr arbeiten und ermüden schneller, das Pferd wird zunehmend steif und verliert seine Bewegungsfreude.

Eine chronische Überlastung entsteht u. a. dadurch, dass die Muskeln (insbesondere die Tragemuskeln) atrophisch, hypo- oder hyperton sind, sodass sie einerseits den Faszien nicht ihre optimale Vorspannung geben und andererseits im Rahmen der bei jedem Schritt erforderlichen Stoßdämpfungsaktivität nicht exzentrisch arbeiten können – ein Teufelskreis.

2.8.6 Longitudinal verlaufende Faszien und ihre muskulären und knöchernen Verbindungen

Bei der Darstellung der longitudinal verlaufenden Faszien sowie der Faszienketten (S. 101) ist zu beachten, dass die Faszien jeweils nur teilweise an einem Knochen oder Muskeln ansetzen, während der andere Teil jeweils nahtlos übergeht in die benachbarte Struktur. So ergibt sich ein Faszienkontinuum, das sowohl diagnostisch als auch therapeutisch genutzt werden kann.

2.8.6.1 Oberflächliche Kopf-, Hals- und Rumpffaszien

Anmerkung: Ursprung und Ansatz entsprechen nicht der üblichen Nomenklatur, nach der sich der Ursprung rumpfnah und der Ansatz rumpffern befindet. Die Faszien verbinden die jeweiligen Strukturen und verspannen sie mit ihren Zugrichtungen in alle 3 Dimensionen.

Fascia capitis superficialis

- Ursprung: Crista facialis, Arcus zygomaticus, Crista sagitalis externa
- Verlauf: Parotis – Mm. cutaneus faciei, zygomaticus, masseter u. temporalis (von superfizial)
- Ansatz: Backen- und Nasenmuskeln, Kehlgang

Fascia cervicalis superficialis

Superfiziales Blatt

- Ursprung: Okziput, Arcus ventralis mandibulae, Proc. zygomaticus
- Verlauf: Foramen julare
- Ansatz: Mm. cutaneus colli, brachiocephalicus, trapezius

Profundes Blatt

- Ursprung: Mm. serratus ventralis cervicis, splenius
- Verlauf: Art. carotis communis
- Ansatz 1: Lig. nuchae
- Ansatz 2: Fascia brachii u. trunci

Fascia trunci superficialis

- Ursprung: M. cutaneus trunci
- Ansatz 1: Fascia thoracolumbalis
- Ansatz 2: Mm. pectorales, Linea alba, Faszien der VoHa und HiHa

2.8.6.2 Tiefe Kopf-, Hals- und Rumpffaszien

Fascia capitis profunda

- Ursprung: Crista facialis, Orbita, Arcus zygomaticus
- Verlauf: Mm. levator nasolabialis, labii superioris, buccinator, caninus, masseter (von profund), depressor labii inferioris
- Ansatz 1: Fascia pharyngobasilaris (Ossa pterygoidei, dorsaler Mandibularrand, Stylo- und Thyrohyoid)
- Ansatz 2: Fascia temporalis mit M. temporalis

Fascia cervicalis profunda

Superfiziales Blatt
- Ursprung: Ala atlantae
- Verlauf: über Oesophagus, N. laryngeus recurrens, Art. carotis communis, Truncus vagosympathicus, Mm. longus colli, scaleni
- Ansatz 1: Hyoid und Fascia pharyngobasilaris
- Ansatz 2: erste Rippe, Sternum

Profundes Blatt
- Ursprung: Mm. intertransversarii, longus capitis u. colli
- Verlauf: Ausdehnung bis zwischen die Luftsäcke

Fascia trunci profunda

Fascia thoracolumbalis
- Ursprung: Procc. spinosi thoracis, lumbalis, sacri, Lig. supraspinale, Tuber sacrale u. coxae, Crista iliaca
- Ansatz: Aponeurose der Mm. latissimus dorsi u. serratus dorsalis caudalis

Fascia profunda
Verlauf:
- Fascia axillaris, in Fascia brachii, in Fascia antebrachii
  1. in Fascia dorsalis manus, Retinaculum extensorum
  2. in Fascia palmaris, Retinaculum flexorum

Fascia glutea
Verlauf:
- Fascia caudae profunda (Vertebrae coccygea, Mm. coccygea)
- Fascia femoralis und Fascia lata
  - Fascia genus, in Fascia cruris
    1. Retinacula (Kniegelenksbänder)
    2. Sehnenhaltebänder (Sprunggelenk)

Tunica flava abdominalis (viele elastische Fasern) mit Linea alba
Verlauf:
- Abspaltung paramedian der Linea alba
  1. Lig. suspensorium penis
  2. Apparatus suspensorium mammarius

Fascia spinocostotransversarius: Procc. spinosi Th 1 – Th 5, Procc. transversi 1 – 8, Costae 1 – 8

Verlauf:

- superfiziales Blatt:
  - unermüdliche, stoßdämpfende Rumpfaufhängung mit sehniger Verbindung zum M. serratus ventralis thoracis
- medianes Blatt:
  - Umhüllung und Trennung der Mm. longissimus u. iliocostalis
- profundes Blatt:
  - Umhüllung und Trennung des M. semispinalis
  - Übergang in innere Rumpffaszie:
    1. Fascia endothoracica (Brusthöhle)
    2. Fascia transversalis (Bauchhöhle)
    3. Fascia iliaca, bildet die Lacuna musculorum (M. ilipoas), die Lacuna vasorum (A. u. V. femoralis), das Lig. inguinale
    4. Fascia diaphragmatis pelvis (Beckenhöhle)

2.8.7 Faszien als Ursprung und Ansatz von Bewegungsmuskeln, Vernetzung der Fascia thoracolumbalis und der Faszienketten

Die im Kapitel Longitudinal verlaufende Faszien (S.96) dargestellten Verknüpfungen zwischen Faszien, Muskeln, Knochen und weiteren wichtigen Strukturen lassen die Vernetzungen von der faszialen Seite her verstehen. Umgekehrt lassen sich die Faszien auch durch die folgenden muskulären Verbindungen verstehen (**Tab. 2.23** und Kapitel Faszienketten (S. 101)).

BEACHTE

Die in den Kapiteln Longitudinal verlaufende Faszien (S. 96) und Faszien als Ursprung und Ansatz von Bewegungsmuskeln (S. 97) dargestellten knöchernen, muskulären und faszialen Verbindungen (s. auch **Tab. 11.4**) ermöglichen neben den faszialen Techniken (S. 200) im engeren Sinne zusätzlich eine effektive Beeinflussung der Faszien über die osteopathische, kraniosakrale und muskuläre Lösung der entsprechenden Strukturen (siehe jeweils dort).

Tab. 2.23 Muskuläre Verbindungen mit Faszien.

Muskel	**Ursprung/Ansatz/Vernetzung**
M. splenius	U.: Lig. nuchae *Fascia thoracolumbalis/* *Fascia spinocostotransversarius*
M. omohyoideus	U.: Fascia subscapularis medialis
M. cutaneus colli	A.: Fascia cervicalis superficialis
M. cutaneus trunci	*U.: Fascia thoracolumbalis*
M. spinalis	U.: Fascia musculi longissimi
M. erector spinae	SDL u. SL
M. serratus dorsalis cranialis	*U.: Fascia thoracolumbalis* U.: Lig. supraspinale
M. serratus dorsalis caudalis	*U.: Fascia thoracolumbalis*
M. retractor costae	*U.: Fascia thoracolumbalis*
M. obliquus externus abdominis	*U.: Fascia thoracolumbalis* A.: Linea alba
M. obliquus internus abdominis	U.: Lig. inguinale A.: Linea alba
M. transversus abdominis	*U.: Fascia thoracolumbalis* A.: Linea alba
M. rectus abdominis	SVL u. FL
M. omotransversarius	A.: Fascia brachii
M. brachiocephalicus	SVL, LL u. FLPL
M. trapezius	U.: Lig. nuchae U.: Lig. supraspinale
M. rhomboideus	U.: Lig. nuchae SL u. PLV
M. latissimus dorsi	*U.: Fascia thoracolumbalis* FL u. FLRL
Mm. pect. desc. u. asc.	A.: Fascia antebrachii
M. subclavius	A.: Fascia brachii

Tab. 2.23 Fortsetzung.

Muskel	Ursprung/Ansatz/Vernetzung
M. tensor fasciae antebrachii	U.: Fascia m. latissimus dorsi A.: Fascia antebrachii
M. gluteus superficialis	U.: Fascia glutea
M. biceps femoris	U.: Fascia caudae A.: Fascia cruris
M. semitendinosus	U.: Fascia caudae A.: Fascia cruris
M. gracilis	A.: Fascia cruris
M. sartorius	U.: Fascia iliaca A.: Fascia cruris medialis
M. tensor fasciae latae	A.: Fascia lata patellae
Tuber coxae u. Proc. mastoideus	LL u. SL
Die kursiv dargestellten Strukturen hängen mit der Fascia thoracolumbalis zusammen und verdeutlichen die weitläufige Vernetzung der Faszie.	

2.8.8 Faszienketten (nach Studie von Elbrønd u. Schultz)

Faszienketten (**Abb. 2.21**) weisen laut Definition folgende Merkmale auf:

- Alle kollagenen Fasern sind in die gleiche funktionale Richtung ausgerichtet.
- Die Fasern einer Faszienkette können sich teilen und wieder vereinen.
- Alle Strukturen der Ketten befinden sich auf dem gleichen Körperniveau.
- Die Faszienzüge, deren beteiligte Muskeln mehrere Gelenke überspannen, liegen superfizial, während Faszienzüge, deren beteiligte Muskeln jeweils nur ein Gelenk bewegen, profund liegen.
- Teile einer Faszienkette setzen an Knochen oder Muskeln an, während andere Teile sich kontinuierlich fortsetzen.

Die jeweiligen Verläufe lassen auf die Wichtigkeit der Faszienketten hinsichtlich der Selbsthaltung, der Koordination und Balance des Schwerpunktes (S. 131) sowie des passiven Stehapparates schließen. Auch zeichnet sich die natürliche Schiefe des Pferdes in den Faszienketten ab.

Abb. 2.21 Faszienketten. Lila: superfiziale dorsale Linie (SDL); blau: superfiziale ventrale Linie (SVL); orange: laterale Linie (LL); gelb: Spirallinie (SL); grün: funktionale Linie (FL); pink: Frontal-Limb-Protraktionslinie (FLPL); weiß: Frontal-Limb-Retraktionslinie (FLRL).

2.8.8.1 Superfiziale dorsale Linie (SDL)

Siehe Abb. 2.21, lila.

Ursprung: Insertion der Tendo m. flexor digitorum superficialis an P2

Verlauf:

- Fascia digiti, Fascia plantaris, Retinaculum flexorum
- Tuber calcanei und Tendo m. calcaneus communis aus Mm. flex. dig. supf., gastrocnemius, biceps femoris und semitendinosus
- Tuber ischiadicum und Lig. sacrotuberale latum
- Erector spinae und Fascia thoracolumbalis
- Mm. longissimus und semispinalis capitis

Ansatz: Crista nuchae, Proc. coronoideus mandibulae, Mm. temporalis und masseter

2.8.8.2 Superfiziale ventrale Linie (SVL)

Siehe Abb. 2.21, blau.

Ursprung: Insertion der Tendo m. extensor digitorum lateralis u. longus am P3, s. LL (S. 103)

Verlauf:
- Fascia digiti, Fascia dorsalis pedis, Retinaculum extensorum
- Mm. tibialis cranialis und peroneus tertius
- Fascia genu und Ligg. patellae lateralis und intermediale
- M. rectus femoris und Lig. accessorius ossis femoris des M. rectus abdominis
- Sternum, Manubrium sterni
- M. sternomandibularis

Ansatz: M. masseter und Fascia masseterica

BEACHTE:
- SDL und SVL sind faszial verknüpft
  - am Kopf durch tiefe Schichten des M. masseter.
  - an der HiHa durch die distalen Unterstützungsbänder der Mm. ext. dig. com. u. flex. dig. supf. an P2 u. P3 (hier auch Verknüpfung mit LL).
- Aufgrund des Verlaufs der Faszien wird
  - die SDL stabilisiert durch FLEX im Genick, Aufwölben der WS, FLEX des Hüftgelenks.
  - die SVL stabilisiert durch FLEX im Genick, Neutralposition der WS, EXT des Hüftgelenks.
- Die Funktionstüchtigkeit von SDL und SVL ist wichtig für die physiologische Ausformung der kyphotischen und lordotischen Abschnitte der Wirbelsäule.

2.8.8.3 Laterale Linie (LL)

Siehe **Abb. 2.21**, orange.

Ursprung: Insertion der Tendo m. extensor digitorum lateralis u. longus am P3, s. SVL (S. 102)

Verlauf:
- Fascia digiti, Fascia dorsalis pedis, Retinaculum extensorum
- Os fibula, Lig. collaterale femorotibialis und Fascia cruris
- Aufspaltung in zwei Laterallinien:
  1. medialer Anteil der Fascia lata, M. tensor fasciae latae, Tuber coxae
  2. kaudaler Anteil der Fascia lata, M. gluteus superficialis, Tuber coxae

- scherengitterartiger gegenläufiger Verlauf der beiden LL:
  1. Aponeurose der Mm. obliquus externus u. internus abdominis
     - Arcus costalis
     - Mm. intercostales externus u. internus; diese sind kranial bis zur ersten Rippe eingebettet in die Fascia thoracolumbalis profundus (= Fascia spinocostotransversarius)
     - M. splenius cervicis und capitis
  2. M. cutaneus trunci, eingebettet in die
     - Fascia thoracolumbalis superficialis
     - in M. cutaneus omobrachialis
     - in M. brachiocephalicus

Ansatz beider LL: Proc. mastoideus ossis temporalis

BEACHTE:
- Die beiden Linien der LL decken durch ihren scherengitterartigen Verlauf jeweils den gesamten seitlichen Rumpf rechts und links ab.
- Beide LL beidseits des Rumpfes bewahren und stabilisieren eher die seitliche Bewegung als Bewegung zu initiieren.
- Die LL links wird stabilisiert durch LATFLEX rechts/ROT links u.u.
- Ist ein Pferd rechts hohl, fehlt ihm die Stabilisierung durch die LL und SL (s. u.) links; ist ein Pferd links steif, fehlt ihm die Flexibilität durch die LL und SL (s. u.) rechts. Jeweils sind LL und SL rechts verkürzt und unelastisch.
- Verknüpfungspunkte der beiden LL bestehen am P3, am Tuber coxae (Stabilisierung des Hüftgelenks!) und am Proc. mastoideus ossis temporalis (hier auch jeweils SL).

2.8.8.4 Spirallinie (SL)

Die Spirallinie (**Abb. 2.21**, gelb) wechselt dreimal die Körperseite und wird daher der Übersichtlichkeit halber am Bsp. SL der rechten Körperseite dargestellt.

Ursprung: Proc. mastoideus ossis temporalis (rechts)

Verlauf:

- M. splenius und Fascia nuchae (rechts)
- Kreuzung auf die andere Körperseite in Höhe C6 – Th3 ventral des Lig. nuchae durch das Funiculus nuchae zum M. rhomboideus cerv. u. thor. (links)
- fasziale Fasern des M. serratus ventralis thoracis (links)
- M. obliquus externus abdominis (links)
- Kreuzung auf die andere Körperseite über die Linea alba zum M. obliquus internus abdominis (rechts)
- Tuber coxae (rechts)
- Fascia lata und M. tensor fasciae latae (rechts)
- Extensoren-Compartment (rechts)
- M. tibialis cranialis (medial) (rechts)
- Tendo m. peroneus tertius und Sehnenanteile des M. extensor digitorum lateralis (rechts)
- M. biceps femoris (rechts)
- Lig. sacrotuberale latum (rechts)
- Lig. sacroiliaca dorsalis (rechts)
- Kreuzung auf die andere Körperseite über das Sakrum (links)
- Verlauf der SDL (links)

Ansatz: Proc. mastoideus ossis temporalis (links)

BEACHTE:

- Die SL wird stabilisiert hauptsächlich durch die rotatorischen Bewegungen der einzelnen Wirbelsegmente zueinander.
- Durch die mehrfache Überkreuzung verbindet die linke SL die linke Halsseite mit der rechten Vorhand mit der linken Hinterhand; rechte SL entsprechend spiegelverkehrt.
- Verkürzung der rechten SL führt zu Überbiegen der HWS nach rechts (häufig mit Außenstellung), vermehrter Last bei mangelhafter Stützaktivität der linken Schulter und Lateralisierung des Beckens nach rechts mit Fußung der Hinterhand jeweils leicht rechts lateral der Vorhand.
- Die Funktionalität der SL ist unerlässlich für Koordination, Platzierung des Schwerpunktes im Körper und damit der Geraderichtung des Pferdes (S. 131).
- SL und LL treffen sich am Tuber coxae und am Proc. mastoideus ossis temporalis.
- Insbes. SL und LL können Schaden nehmen, wenn im Rahmen der Gymnastizierung einzelne Bewegungskomponenten der Extremitäten aus dem Fluss der Gesamtbewegung herausgelöst und separat beübt werden.

2.8.8.5 Funktionale Linie (FL)

Die Funktionale Linie (**Abb. 2.21**, grün) wechselt zweimal die Körperseite und wird daher der Übersichtlichkeit halber am Bsp. FL der rechten Körperseite dargestellt.

Ursprung: kaudomedial am distalen Humerus mit Verbindung zum M. latissimus dorsi (rechts)

Verlauf:
- Fascia thoracolumbalis (rechts)
- Kreuzung auf die andere Körperseite in Höhe LWS zur Fascia lata und genus (links)
- Vastus lateralis des M. quadriceps femoris (links)
- Lig. patellae lateralis, intermedius, medialis und Tuberositas tibiae (links)
- Mm. gracilis und adductor longus (links)
- Kreuzung auf die andere Körperseite ventral des Os pubis zur Aponeurose des M. rectus abdominis (rechts)

Ansatz: M. pectoralis ascendens/profundus und M. latissimus dorsi zwischen Olecranon und Thorax (rechts)

BEACHTE:
- Die FL stellt die muskuläre und fasziale diagonale Verbindung zwischen dem linken/rechten Vorderbein und dem rechten/linken Hinterbein her.
- Die FL hat keine Verbindung zur SDL; dies ermöglicht eine in unterschiedliche Richtungen gerichtete Kraftentwicklung vom Rücken und von den Extremitäten.

2.8.8.6 Front-Limb-Protraktionslinie (FLPL)

Siehe **Abb. 2.21**, pink.

Ursprung kranial: Fascia cervicalis profunda (vom Okziput)

Verlauf:
- Mm. brachiocephalicus und omotransversarius
- Margo cranialis distalis scapulae
- M. supraspinatus

Ursprung kaudal und dorsal: Fascia trunci (vom Widerrist)

Verlauf:
- Mm. trapezius und rhomboideus thoracis
- M. supraspinatus
- Übergang beider Verläufe in M. biceps brachii und Lacertus fibrosus
- M. extensor carpi radialis, Tendo m. extensor digitorum communis

Ansatz:
- Proc. extensorius P3

2.8.8.7 Front-Limb-Retraktionslinie (FLRL)

Siehe **Abb. 2.21**, weiß.

Ursprung kranial: Fascia cervicalis profunda (ca. C 2)

Verlauf:
- Mm. trapezius und rhomboideus cervicis
- Margo cranialis dorsalis scapulae
- M. infraspinatus

Ursprung kaudal: Fascia thoracolumbalis

Verlauf
- M. latissimus dorsi
- Mm. triceps brachii und tensor fasciae antebrachii
- M. infraspinatus
- beide Verläufe über Olecranon
- Mm. flexor digitorum prof. und supf.

Ansatz: Facies palmaris P2 und P3

BEACHTE:
- Beide Armlinien sind gekoppelt an die SL und LL über die Mm. brachiocephalicus, trapezius u. rhomboideus cerv. und thor.
- Die Schwung- und Stützrichtung der Vorhand ist gekoppelt an die seitliche und rotatorische Rumpfstabilität durch SL und LL und damit auch an die jeweils fußende Hinterhand (ipsilateral im Schritt, LL; diagonal im Trab, SL).

2.8.9 Transversal verlaufende Faszien

- Die transversal verlaufenden Faszien (**Tab. 2.24**) sind „Diaphragmen" im weiteren Sinne.
- Sie unterteilen den Körper in bestimmte funktionelle Einheiten.
- Sie nehmen die Bewegungen der longitudinal verlaufenden Faszien wie Segel eines Schiffes auf, modifizieren sie und leiten sie weiter nach peripher.
- Im Rahmen der Kraniosakral-Therapie können die Diaphragmen als eigenständige Behandlungseinheit angewandt werden, um zunächst alle „Räume" zu lösen und den Energiefluss durch das gesamte Pferd sicherzustellen, bevor einzelne, dann noch bestehende Läsionen gelöst werden.

Tab. 2.24 Transversal verlaufende Faszien.

Faszie	beteiligte knöcherne Strukturen	Kommunikation zwischen
Tentorium cerebelli	• Os sphenoidale • Os occipitale • Os temporale	Groß- und Kleinhirn
Atlas/Okziput	• Atlas • Os occipitale	Schädel und Genick
hyoidale Aufhängung und Kiefergelenk	• Os temporale • Mandibula • Os hyoideum	ventralen und dorsalen Schädelanteilen
Thoraxapertur	• Th 1 • 1. Rippenpaar • Sternum	Hals und Thorax
Diaphragma	• Sternum • Rippen 9 – 15 • Th 18 –L 4	Brust- und Bauchraum
Beckenfaszie	• Tubera ischiadica • Cg 2 – 5 • Regio pubica	Genitaltrakt und Urinaltrakt

2.9 Nervensystem

2.9.1 Hirnnerven

Siehe **Tab. 2.25**.

BEACHTE

Die optimale Funktion der Hirnnerven erfordert eine physiologische Spannung innerhalb des Schädels durch freie Suturen, SSB, Falx und Tentorium, Dura mater und Sakrum.

Tab. 2.25 Hirnnerven.

Hirnerv		sensibel/sensorisch	motorisch	parasympathisch	Im Rahmen des KSS wichtige knöcherne Durchtritte
I	N. olfactorius	Riechen	–	–	–
II	N. opticus	Sehen	–	–	–
III	N. oculomotorius	–	Blickrichtungsbewegungen	Pupillengröße	–
IV	N. trochlearis	–	Blickrichtungsbewegungen	–	–
V	• N. trigeminus V1 = N. ophthalmicus • V2 = N. maxillaris • V3 = N. mandibularis	• V1: Tränendrüse, Nasenrücken, Stirn, Auge, Augenlid • V2: Nasenrücken, Oberlippe, Oberkieferzähne • V3: Kiefergelenk, Wange, Kinn, Unterlippe, Unterkieferzähne	• V3: Mm. temporalis, masseter, pterygoideus medialis u. lateralis, mylohyoideus, digastricus	• V1: Tränendrüse • V3: Parotis	• V1: durch die Fossa orbitalis des Os praesphenoidale in die Orbita und zum Foramen supraorbitale (Os frontale) • V2: durch das Foramen rotundum des Os praesphenoidale; teilweise als N. infraorbitalis zum Foramen infraorbitale (Maxilla) • V3: Incisura ovalis im Foramen lacerum des Os basisphenoidale, teilweise durch Foramen mandibulae im Kieferwinkel und Foramen mentale ventral des Diastemas

Tab. 2.25 Fortsetzung.

Hirnnerv		sensibel/sensorisch	motorisch	parasympathisch	Im Rahmen des KSS wichtige knöcherne Durchtritte
VI	N. abducens	–	Blickrichtungsbewegungen	–	–
VII	N. intermediofacialis, Syn.: N. facialis	Ohrmuscheln	Mm. parotidoauricularis, digastricus, buccinator, stylohyoideus, occipitohyoideus, Ober- und Unterlippe	Speicheldrüsen, Parotis, Tränendrüsen	Pars petrosa des Os temporale mit Proc. mastoideus
VIII	N. vestibulocochlearis (= N. statoacusticus)	Hören, Gleichgewicht	–	–	–
IX	N. glossopharyngeus	Geschmackspapillen, Gaumensegel	Mm. ceratohyoideus, hyoideus transversus	–	Foramen jugulare zwischen Os occipitale und Os temporale
X	N. vagus	Pharynx, Oesophagus, Trachea, Herzgeflecht; entlässt in Höhe der Thoraxapertur den N. laryngeus recurrens, der dann wieder kopfwärts zieht			
XI	N. accessorius	–	M. brachiocephalicus, M. trapezius	–	
XII	N. hypoglossus	–	Mm. geniohyoideus, thyreohyoideus, hyoepiglotticus, Zunge	–	–

2.9.2 Somatisches Nervensystem

- Die **Spinalnerven** treten durch die Foramina intervertebralia aus dem Wirbelkanal aus und bilden mehrere „Nervenknäuel" = Plexus (**Tab. 2.26**), aus denen dann schließlich die peripheren Nerven zu den entsprechenden Muskeln, Organen und Hautarealen ziehen.
- Die **Zervikalnerven** haben die numerische Bezeichnung des Wirbels, der kaudal folgt, die Thorakal-, Lumbal- und Sakralnerven haben die numerische Bezeichnung des kranialen Wirbels.
- In **Extensionsstellung** eines Wirbelsegmentes kommt es zu einer Konvergenz der Facettengelenke und zur Verkleinerung der Foramina intervertebralia → Gefahr einer Nervenwurzelkompression.
- In **Flexionsstellung** eines Wirbelsegments kommt es zu einer Divergenz der Facettengelenke und zur Vergrößerung der Foramina intervertebralia → Entlastung der Nervenwurzeln.
- segmentale Zuordnung des somatischen Nervensystems s. **Tab. 11.10**

Tab. 2.26 Plexusnerven.

Plexusnerv	**gebildet aus**
Plexus cervicalis	nC 1 – nC 5
Plexus brachialis	nC 6 – nTh 2
Plexus lumbalis	nL 1 – nL 6
Plexus sacralis	nS 1 – nS 5

2.9.3 Vegetatives Nervensystem

- Das vegetative Nervensystem (VNS) setzt sich zusammen aus Sympathikus und Parasympathikus (**Abb. 2.22**). Beide Anteile regulieren gemeinsam als Synergisten die physiologische Homöostase, um den harmonischen Synergismus der viszeralen Funktionen aufrecht zu erhalten.
- Das VNS sorgt für die Funktion aller unwillkürlich ablaufenden Prozesse des Körpers (Organe, Drüsen, Gefäßspannung etc.).
- Es spielt eine grundlegende Rolle im Zusammenhang mit der Grundspannung des Muskeltonus und somit auch der psychischen Verfassung des Pferdes (S. 22). Ebenso werden dadurch Wirksamkeit und Nachhaltigkeit von therapeutischen Maßnahmen beeinflusst.

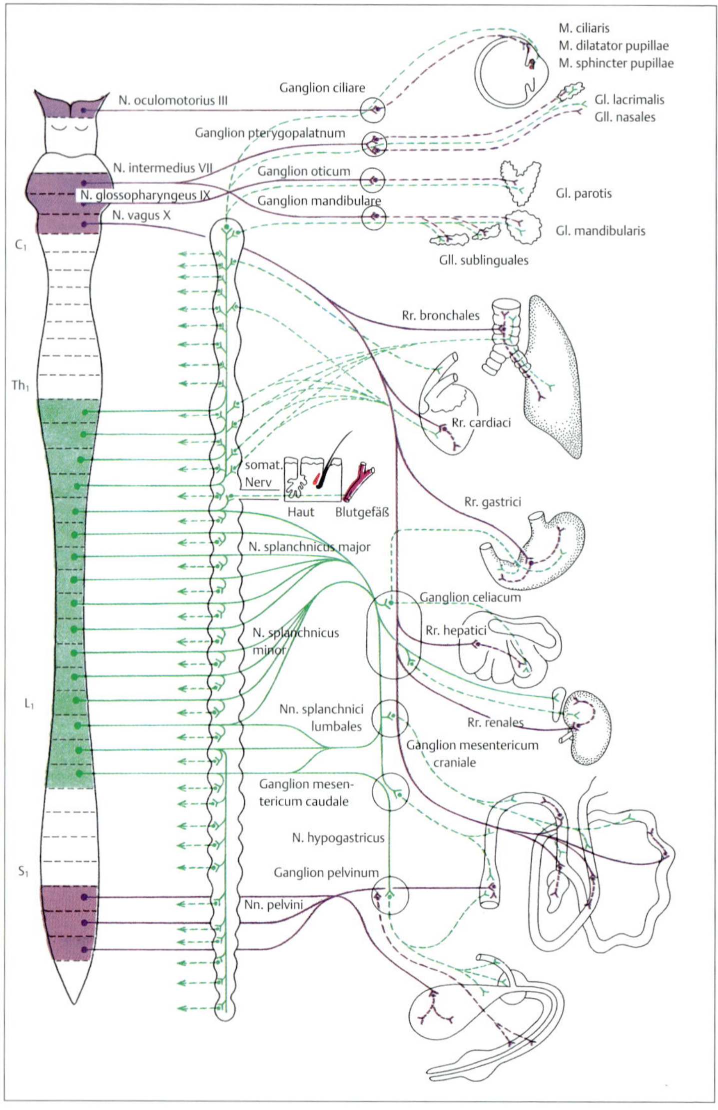

Abb. 2.22 Peripheres vegetatives Nervensystem (schematisch): grün = Sympathikus, violett = Parasympathikus.
(Salomon FV, Geyer H, Gille U. Anatomie für die Tiermedizin. 3. Aufl. Stuttgart: Enke Verlag in MVS Medizinverlage Stuttgart; 2015)

2.9.3.1 Sympathikus

- **Ursprungsgebiete**: in den Segmenten der BWS und LWS = **thorakolumbales System**
- verfügt über kurze 1. Neurone → **organferne** Umschaltung auf das 2. Neuron im Grenzstrang (Truncus sympathikus)
- generelle **Wirkung**: Kampf und Flucht
  - gesteigerte Herzfrequenz und Blutdruck
  - vertiefte/schnellere Atmung
  - gedrosselte Verdauung und Peristaltik in Magen und Darm
  - reduzierte Harnbildung und Miktion
  - Energiebereitstellung: Glykogenolyse/-neogenese, Lipolyse durch Leber, Pankreas
  - Mydriasis

2.9.3.2 Parasympathikus

- **Ursprungsgebiete**: im kranialen Mittel- und Stammhirn sowie in den Segmenten des Sakrums = **kraniosakrales System**
- verfügt über lange 1. Neurone → **organnahe** Umschaltung auf das 2. Neuron des Grenzstrangs
- generelle **Wirkung**: Erholung, Auffüllen der Energiespeicher
  - reduzierte Herzfrequenz und Blutdruck
  - flache/langsame Atmung, verstärkte Schleimsekretion in den Bronchien
  - verstärkte Verdauung und Peristaltik in Magen und Darm
  - verstärkte Harnbildung und Miktion
  - Energiespeicherung: Glykogen-Synthese in Leber, Pankreas, Fettgewebe
  - Miosis
- **N. vagus** = X. Hirnnerv = wichtigster Nerv des kranialen Anteils:
  - zieht zu den Schleimhautdrüsen, zur glatten Muskelschicht von Luft- und Speiseröhre, Herz, Lunge, Magen, Leber, Pankreas, Milz, Dünn- und Dickdarm
- **N. pudendus** = wichtigster Nerv des sakralen Anteils:
  - zieht zur glatten Muskelschicht von Harnblase, Rektum, Uterus, Vagina, Schwellkörper

2.10 Organe

- Die Lage der Organe (**Abb. 2.23**, **Abb. 2.24**) im Verhältnis zueinander und im Verhältnis zu den einzelnen Wirbelsegmenten macht deutlich, wie sehr sich Organfunktion und Wirbelsäulenfunktion gegenseitig beeinflussen:
- Wirbelblockierung → muskuläre Dysbalance im entsprechenden Segment → Nervenreizung, lymphathischer Stau, Minderdurchblutung bzgl. der segmentalen Myotome, Dermatome und Viszerotome
- Organfunktionsstörung → muskuläre Dysbalance des entsprechenden Segments (Immobilisierung, um das Organ zu schützen) → Wirbelblockierung
- An eine ursächliche Organfunktionsstörung ist u. a. immer dann zu denken, wenn eine zunächst erfolgreiche Wirbelkorrektur nicht dauerhaft hält!

2.10.1 Diaphragma (Zwerchfell)

2.10.1.1 Projektion auf die Körperwand

- Ursprung: Centrum tendineum
- Ansatz: Sternum, 9.– 18. Rippe, Th 18 –L 4

2.10.1.2 Topografische Beziehungen

- Lunge
- Herz
- Magen
- Leber
- Darm

2.10.1.3 Bedeckung des Diaphragmas

- kranial: Pleura diaphragmatica (Brustfell) → Kontakt zum Mediastinum
- kaudal: Peritoneum (Bauchfell) → Kontakt zum Cavum abdominis

2.10.1.4 Durchlässe

- Hiatus aorticus:
  - Aorta
  - Ductus thoracicus
- Hiatus oesophageus:
  - Oesophagus
  - Truncus vagalis ventralis und dorsalis (Hauptstämme des N. vagus)
- Foramen venae cavae
  - Vena cava caudalis
- dorsal des Hiatus aorticus
  - Truncus sympathicus mit N. splanchnicus major („großer Eingeweidenerv") und Vena azygos dextra (aus den Venae intercostales)

2.10.1.5 Innervation

- Nn. phrenici (nC 5 – nC 7)

2.10.2 Pulmo (Lunge)

2.10.2.1 Projektion auf die Körperwand

- kaudal-konkaver Bogen von Knorpelverbindung der 6. Rippe über die Mitte 11./12. Rippe bis Rückenmuskulatur der 16. Rippe

2.10.2.2 Topografische Beziehungen

- Pleura costalis (Rippenfell)
- Pleura pulmonalis (Lungenfell)
- Recessus costodiaphragmaticus (Falte, die dem Rippen- und Lungenfell die Anpassung an die Atemexkursion ermöglicht)
- Herz
- Zwerchfell
- Aorta
- Oesophagus
- Vena cava caudalis

2.10.2.3 Innervation

- Parasympathikus: N. vagus → Rr. bronchiales → Plexus pulmonalis
- Sympathikus: kraniale Thoraxwirbelsegmente → Truncus sympathicus (Ganglion cervicothoracicum) → Rr. pulmonales → Plexus pulmonalis

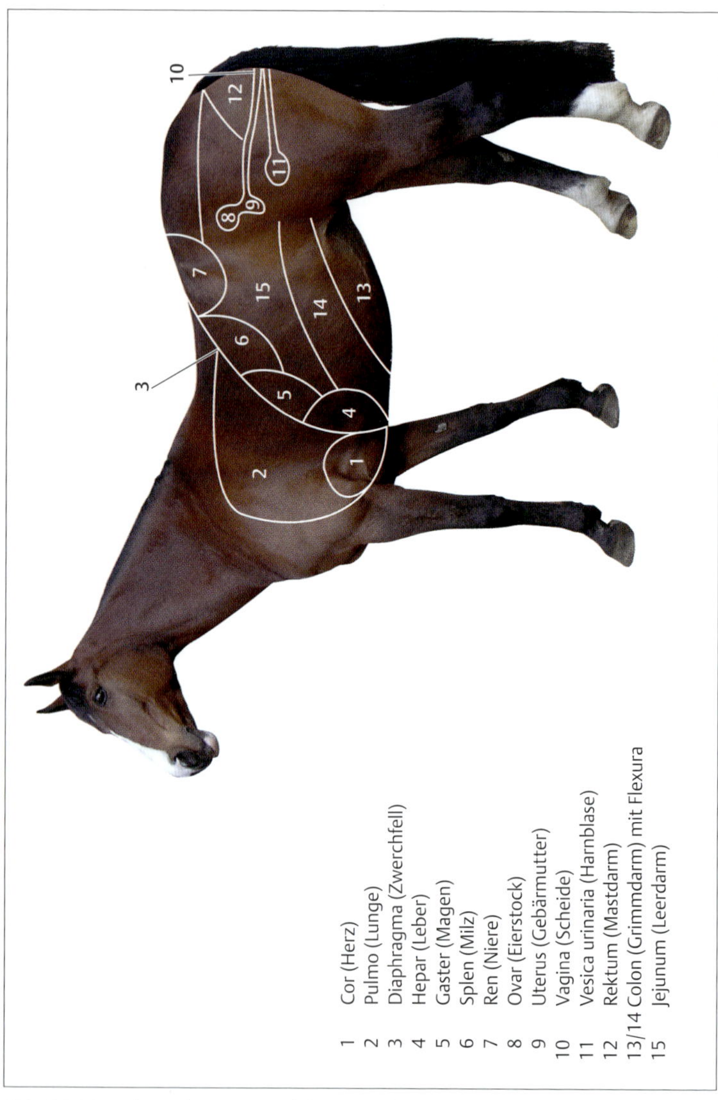

Abb. 2.23 Projektion der Organe auf die Körperoberfläche. Ansicht von links.

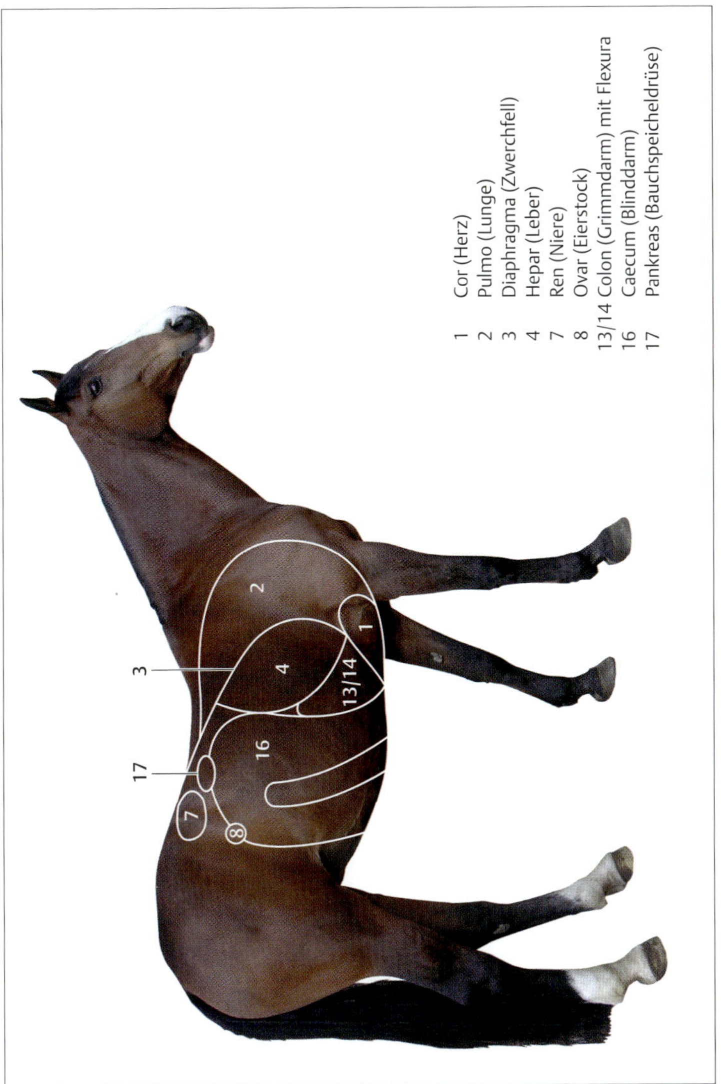

Abb. 2.24 Projektion der Organe auf die Körperoberfläche. Von rechts.

2.10.3 Cor (Herz)

2.10.3.1 Projektion auf die Körperwand

- links: 3. – 5. ICR
- rechts: 3. – 4. ICR
- jeweils im ventralen Drittel des Brustraumes

2.10.3.2 Topografische Beziehungen

- Lunge
- Zwerchfell
- Venae cavae
- Sternum (Ligg. sternopericardiaca)

2.10.3.3 Innervation

- Parasympathikus: N. vagus → Rr. cardiaci → Plexus cardiacus
- Sympathikus: kraniale Thoraxwirbelsegmente → Nn. cardiaci → Ganglion cervicothoracicum/stellatum, Ganglion cervicale medium und Ganglia trunci sympathici → Plexus cardiacus

2.10.4 Gaster, Ventriculus (Magen)

2.10.4.1 Projektion auf die Körperwand

- links Mitte der 9.– 15. Rippe
- Fassungsvermögen: ca. 5 - 15 l

2.10.4.2 Topografische Beziehungen

- Zwerchfell
- Leber
- Milz
- Dünndarm/Dickdarm
- Lig. gastrophrenicum (→ Zwerchfell)
- Lig. gastrolienale (→ Milz)
- Omentum minus (dorsales Magengekröse)
- Omentum majus (ventrales Magengekröse)

2.10.4.3 Innervation

- Parasympathikus: Trunci nervi vagi (Truncus vagalis dorsalis und ventralis)
- Sympathikus: kaudale Thoraxwirbelsegmente → Truncus sympathicus → Nn. splanchnici → Ganglion celiacum → Plexus celiacus → Plexus gastrici

2.10.5 Intestinum (Darm)

BEACHTE

Alle Bauchorgane sind über das Omentum majus (großes Netz, Gekröse) miteinander verbunden und zum Teil aneinander aufgehängt. Die Hauptanteile des Omentums majus verteilen sich unregelmäßig im Darmkonvolut.

2.10.5.1 Intestinum tenue (Dünndarm)

- Duodenum (ca. 1 m): Pars cranialis → Pars descendens → Pars transversa (dorsal mit Colon transversum, kaudal mit Basis caeci verwachsen) → Pars ascendens
- Jejunum (ca. 25 m)
- Ileum (ca. 0,5 m)

2.10.5.2 Intestinum crassum (Dickdarm)

- Caecum (ca. 1 m)
- Colon ascendens (ca. 4 m, Fassungsvermögen ca. 80 l): Colon ventrale dextrum → Flexura sternalis → Colon ventrale sinistrum → Flexura pelvina → Colon dorsale sinistrum → Flexura diaphragmatica dorsalis → Colon dorsale dextrum
- Colon transversum (mit Pankreas und Pars transversa duodeni verwachsen)
- Colon descendens (ca. 3 m)
- Rectum (ca. 30 cm)

Projektion auf die Körperwand

- linke dorsolaterale Bauchwand, linke Hungergrube: Colon descendes, Jejunum
- linke ventrolaterale Bauchwand: Colon ascendens
- rechte dorsolaterale Bauchwand: Caecum (Corpus caeci in der rechten Hungergrube)
- rechts ventral von Ren dexter (Th 17 – L 1): Pars descendens u. Pars transversa duodeni
- rechte ventrolaterale Bauchwand: Colon ascendens (Colon dorsale dextrum u. Colon ventrale dextrum)
- Proc. xiphoideus: Apex caeci

Topografische Beziehungen

- Zwerchfell
- Milz
- Leber
- Pankreas
- rechte Niere
- Die meisten Darmabschnitte sind über das Gekröse miteinander verbunden, wobei die Ausbreitung teilweise beträchtlich ist (bis über 1 m), sodass die entsprechenden Darmabschnitte frei beweglich sind.

Innervation

- Parasympathikus: N. vagus (sakraler Parasympathikus über Plexus pelvinus)
- Sympathikus: kaudale Thoraxwirbelsegmente bis Lendenwirbelsegmente → Nn. splanchnici über Ganglia celiaca, Ganglion mesenteriale craniale und Ganglion mesenteriale caudale, N. hypogastricus

2.10.6 Hepar (Leber)

2.10.6.1 Projektion auf die Körperwand

- links: 6. – 11. Rippe (Lobus hepatis sinister)
- rechts: 6. – 15. Rippe (Lobus hepatis dexter und Lobus quadratus)

2.10.6.2 Topografische Beziehungen

- Zwerchfell
- Magen
- Dünn- und Dickdarm hauptsächlich der rechten Bauchseite

2.10.6.3 Innervation

- Parasympathikus: N. vagus (Truncus vagalis ventralis)
- Sympathikus: kaudale Thoraxwirbelsegmente → Truncus sympathicus → N. splanchnicus → Ganglion celiacum → Plexus celiacus → Plexus hepaticus

2.10.7 Lien, Splen (Milz)

2.10.7.1 Projektion auf die Körperwand

- links: Mitte der 10. Rippe bis Art. costovertebralis der 18. Rippe

2.10.7.2 Topografische Beziehungen

- Magen
- Dünn- und Dickdarm hauptsächlich der linken Bauchseite
- Pankreas
- linke Niere (medial der Milz)
- Lig. gastrolienale (→ Ventriculus)
- Lig. phrenicolienale (→ Diaphragma)
- Lig. lienorenale (→ Niere)

2.10.7.3 Innervation

- vorwiegend Sympathikus: kaudale Thoraxwirbelsegmente → Truncus sympathicus → Nn. splanchnici → Ganglion celiacum → Plexus celiacus → Plexus lienalis

2.10.8 Pankreas (Bauchspeicheldrüse)

2.10.8.1 Projektion auf die Körperwand

- rechts: paravertebral Höhe Th 17/18

2.10.8.2 Topografische Beziehungen

- Zwerchfell
- Aorta
- Vena portae (→ Leber)
- Milz
- Dünndarm
- rechte Niere
- Lobus pancreaticus sinister ist mit dem Magen und der dorsalen Bauchwand verwachsen
- Lobus pancreaticus dexter liegt dem Gekröse des Pars descendens duodeni an

2.10.8.3 Innervation

- Parasympathikus: N. vagus
- Sympathikus: kaudale Thoraxwirbelsegmente → N. splanchnicus major → Ganglion celiacum → Plexus celiacus, Plexus mesentericus cranialis

2.10.9 Ren (Niere) und Glandula suprarenalis (Nebenniere)

2.10.9.1 Projektion auf die Körperwand

- links: ventral von Th 18 – L 2
- rechts: ventral von Th 17 – L 1

2.10.9.2 Topografische Beziehungen

- Zwerchfell (rechte Niere)
- Basis caeci (Verklebung mit rechter Niere)
- Leber (kranial der rechten Niere)
- Duodenum
- Milz (lateral der linken Niere)
- Harnblase

2.10.9.3 Innervation

Niere

- Parasympathikus: N. vagus → Rr. renales
- Sympathikus: Lendenwirbelsegmente → Truncus sympathicus → N. splanchnicus minor → Ganglion celiacum, Ganglion mesentericum craniale und Ganglion aortorenale → Plexus renalis

Nebenniere

- vorwiegend sympathisch: kaudale Thoraxwirbelsegmente → N. splanchnicus major → Ganglion celiacum → Plexus adrenalis

2.10.10 Vesica urinaria (Harnblase)

2.10.10.1 Projektion auf die Körperwand

- Beckenhöhle

2.10.10.2 Topografische Beziehungen

- Ligg. vesicae lateralis und medialis: → Peritoneum, Beckenboden

2.10.10.3 Innervation

- Parasympathikus: Sakralwirbelsegmente → Nn. pelvini → Plexus pelvinus → Plexus vesicalis
- Sympathikus: Lendenwirbelsegmente → lumbale Grenzstrangganglien und Ganglion mesentericum caudale → N. hypogastricus → Plexus pelvinus → Plexus vesicalis

2.10.11 Uterus, Ovarium, Tuba uterina und Uber (Gebärmutter, Eierstock, Eileiter und Euter)

2.10.11.1 Projektion auf die Körperwand

- Uterus: Cornua uteri (Hörner) und Corpus uteri (Körper): jeweils ca. 25 cm lang, innerhalb der Bauchhöhle
- Cervix uteri (Gebärmutterhals): ca. 6 cm lang, in der Beckenhöhle
- Ovarien mit Tuben: insgesamt ca. 10 cm im Durchmesser, ventral des L 5
- Uber (Euter): Größe abhängig vom Zyklus der Ovarien, ventral der kranialen Hälfte des Peritoneums (Beckenboden)

2.10.11.2 Topografische Beziehungen

- Lig. teres uteri: Uterushornspitze → Spatium inguinale (Leistenspalt)
- Lig. suspensorium ovarii: Ovar → Diaphragma
- Mesovarium: Ovar → dorsolaterale Bauchwand kranial des Tuber coxae
- Mesosalpinx: Tuba uterina → dorsolaterale Bauchwand kranial des Tuber coxae
- Mesometrium: Corpus uteri → dorsolaterale Bauchwand kranial des Tuber coxae
- Lig. latum uteri = Mesometrium, Mesovarium und Mesosalpinx

2.10.11.3 Innervation

- Parasympathikus: Sakralwirbelsegmente → Nn. pelvini
- Sympathikus: Lendenwirbelsegmente → Truncus sympathicus und N. hypogastricus → sakrale Grenzstrangganglien, Plexus ovaricus/Plexus uterovaginalis

2.10.12 Testes (Hoden)

2.10.12.1 Projektion auf die Körperwand

- extrakorporal in der Regio pubica

2.10.12.2 Topografische Beziehungen

- Ligg. testis proprium und scroti → Verankerung im Proc. vaginalis peritonei
- Gekröse (Mesorchium, Mesepididymis, Mesofuniculus, Mesoductus deferens)

2.10.12.3 Innervation

- vorwiegend sympathisch: Lendenwirbelsegmente → Plexus testicularis
- N. pudendus: Penismuskeln (Mm. ischiocavernosus, bulbospongiosus, retractor penis)

2.11 Hormonsystem

- Das Hormonsystem ist für den Osteopathen insofern interessant, als
  - die Organfunktionen von der Wirbelsäulenfunktion abhängen und umgekehrt,
  - die Steuerung vieler Organfunktionen von Hormonen abhängt und
  - sich die Hormon-Steuerzentrale (Hypophyse) im Schädel auf der Sella turcica an der SSB befindet.
- Dort können Störungen der Regelkreisläufe und Organfunktionen ihre Ursache haben. Das freie Schwingen der SSB und das freie Fließen des KSR bis zum Sakrum sind von essenzieller Bedeutung für das Hormonsystem. Dieses wiederum beeinflusst durch seine Nähe zum Hypothalamus das VNS, das mitverantwortlich ist für den Grundtonus der gesamten Muskulatur.

2.12 Lymphsystem

- Das Lymphsystem (**Abb. 2.25**) setzt sich aus 2 funktionell unterschiedlichen Anteilen zusammen:
  1. Immunabwehr
  2. Drainage des Gewebes bzgl. lymphpflichtiger Wasser- und Eiweißlast
- Am **arteriellen Schenkel** des Kapillarsystems ist der effektive ultrafiltrierende Druck aufgrund eines hohen hydrostatischen Druckes in den Kapillaren größer als der effektive resorbierende Druck → Austritt von Flüssigkeit und Eiweiß ins Interstitium (Ultrafiltration).
- Am **venösen Schenkel** ist der effektive resorbierende Druck aufgrund eines niedrigen hydrostatischen Druckes in den Kapillaren größer → Resorption von Flüssigkeit in den Blutkreislauf.
- Das ultrafiltrierte Eiweiß kann nicht durch die semipermeable Membran der Blutkapillaren aufgenommen werden (Eiweißpartikel zu groß), sodass dieses über die initialen Lymphgefäße resorbiert werden muss, ebenso wie ca. 10% der ursprünglich ultrafiltrierten Flüssigkeit. Würde das Protein im Interstitium verbleiben, so würde der kolloidosmotische Druck im Interstitium mit der Zeit stetig ansteigen mit den Folgen:
  - Fibrosierung des Gewebes
  - Verlust der Plasmaproteine aus dem Blutkreislauf
    - sinkende Wasserbindungsfähigkeit des Blutes
    - sinkender Blutdruck
    - steigender Hämatokrit mit wachsender Thrombosegefahr

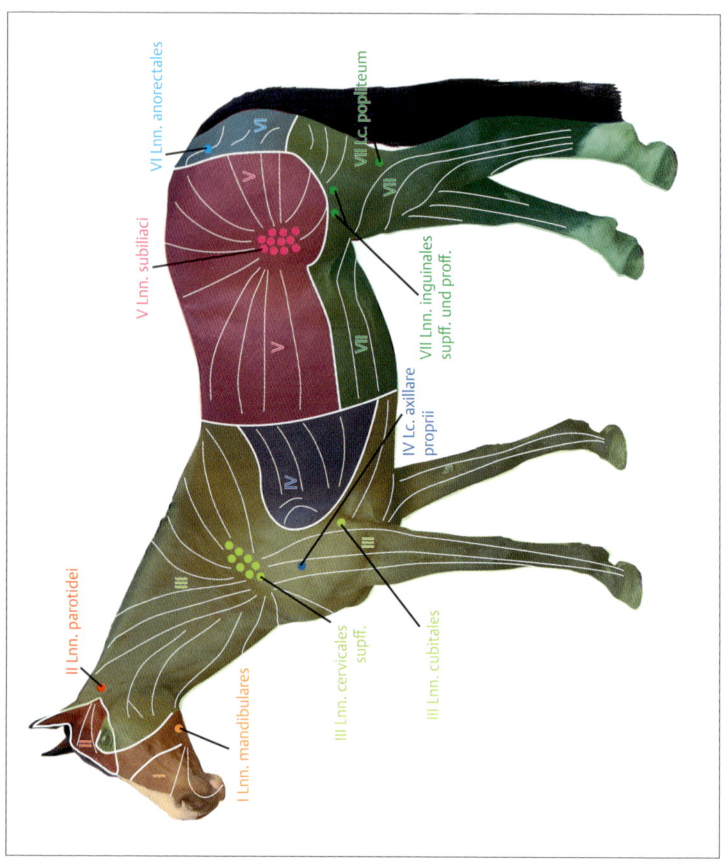

Abb. 2.25 Lage der wichtigsten Lymphzentren.

- Drainage des rechten vorderen Quadranten (rechte Kopf- und Halshälfte, rechtes Vorderbein) über den Truncus lymphaticus dexter in den rechten Venenwinkel.
- Drainage des linken vordere Quadranten (linke Kopf- und Halshälfte, linkes Vorderbein), des gesamten Brust- und Bauchraums und der Hinterhand beidseits über den Ductus thoracicus in den linken Venenwinkel.

2.12.1 Physiologische Drainage

- Die physiologische Drainage des Gewebes erfolgt beim Pferd über folgende Strukturen:

2.12.1.1 Eigenmotorik des Lymphgefäßsystems

- kontraktile Zellen in den Lymphgefäßwänden
- elastischer Wandanteil in den Lymphgefäßwänden
- Klappen in den Lymphkollektoren (→ Lymphangion)

Die Eigenmotorik dieser Lymphangione reagiert sehr sensibel auf Stress: Ein länger andauernder Sympathokotonus führt zu einer Dauerkontraktion längerer Lymphangionketten, was zu einem Stillstand des Lymphabflusses führen kann.

Die Durchführung einer manuellen Lymphdrainage, bei Bedarf inklusive anschließender Versorgung mit einem lymphatischen Kompressionsverband oder Kompressionsstrumpf, bewirkt eine Unterstützung dieser Eigenmotorik und kann den Körper im Falle eines geschädigten Lymphsystems zur Neubildung von Kollateralgefäßen anregen.

2.12.1.2 Atmung

Der **Ductus thoracicus** tritt durch das Diaphragma vom Bauchraum in den Brustraum, um letztendlich in den **linken Venenwinkel** zu müden. Beim Pferd fallen ca. 24 – 36 l Lymphe täglich an, die über den Ductus thoracicus in das Venensystem drainiert werden. Die Aktivität des Ductus thoracicus wird u. a. beeinflusst durch die Druck-Saug-Pumpe des Zwerchfells.

Jede Restriktion des Diaphragmas und dessen knöchernen Bezugspunkten zieht somit auch eine Behinderung der lymphatischen Drainage der Hinterhand und des Bauchraums nach sich.

2.12.1.3 Bewegung der Eingeweide

Peristaltik und **Motilität der Eingeweide** üben einen sanften, ausmassierenden Effekt auf die Lymphgefäße des Bauchraums aus. Blockierte Wirbelsegmente können einerseits aufgrund ihrer eingeschränkten Beweglichkeit, andererseits aufgrund der häufig damit verknüpften Störungen in der Fortleitung der vegetativen Nervenimpulse an die Eingeweide zu einer Verminderung dieser Eigenbewegungen führen.

Umgekehrt führt insbesondere eine lymphatische Stauung im Bereich des kleinen Beckens, des Euters oder des Schlauches sehr häufig zu einer mangelhaften Rückentätigkeit und zur Verminderung des Schubs aus der Hinterhand.

2.12.1.4 Huf- und Fesselgelenkspumpe

- Der **Hufmechanismus** (S. 65) fördert den venösen Rückfluss aus dem Huf durch den Venenplexus (Plexus ungularis) proximal des Kronsaums, der beim Auffußen nach proximal ausgepresst wird. Dies unterstützt ebenso den lymphatischen Rückfluss aus dem Huf.
- Beim Beugen und Strecken des Fesselgelenks werden die Sehnen gegenüber des umliegenden Gewebes gedehnt und wieder entspannt, was die Eigenmotorik des Lymphgefäßsystems nachhaltig unterstützt.
- Läsionen im Bereich der Zehengelenke ziehen eine Verminderung des lymphatischen Rückflusses aus den Beinen nach sich, was sich als rezidivierend oder chronisch angelaufene Beine darstellen kann.
- Verspannungen im Bereich der skapulothorakalen Gleitfläche (S. 56) können zu einer Kompression der Lnn. cervicales supff. führen mit chronisch angelaufenen Vorderbeinen. Öffnung dieser Lnn. durch die Subskapulartechnik (S. 170).

BEACHTE

- Lymphatische Stauungen können osteopathische Ursachen haben.
- Osteopathische Läsionen können sich aufgrund einer lymphatischen Stauung entwickeln.

3 Funktionelle Anatomie

3.1 Funktionen der Wirbelsäule

3.1.1 Der Rücken als Hänge-Bogensehnenbrücke

Die Wirbelsäule, der „Brückenbogen" (**Abb. 3.1**), ist zusammengesetzt aus druckaufnehmenden Wirbeln und zugaufnehmenden Bändern (Ligg. nuchae, supraspinale, longitudinale dorsale und ventrale) und den Faszienketten (S. 101), s. auch Kapitel Faszien als Bewegungs- und Sinnesorgan (S. 94).

Die Mm. abdomines stellen die „Basisverspannung" des Bogens dar, die der nach ventral wirkenden Schwerkraft auf den Rumpf mit den Organen entgegenwirkt. Das diesem übergeordnete Muskelsystem zur Bewegung und Stabilisierung der Wirbelsäule setzt sich zusammen aus den Mm. longissimus und spinalis, die aufgrund ihrer spiegelverkehrten Verläufe die einzelnen Wirbelsegmente gegeneinander nach dorsokranial bzw. dorsokaudal ziehen. Sie koordinieren das feine Zusammenspiel von segmentaler Rotation mit Lateroflexion, durch das die jeweils benachbarten Wirbelkörper in optimalen Kontakt kommen, um die Energie der Hinterhand möglichst verlustfrei von Wirbel zu Wirbel horizontal als Fortbewegung weiterzugeben. Hierbei wird die Wirbelsäule unelastischer, aber auch erst tragfähig.

Die Synchronizität der Aktivität der Mm. longissimus und spinalis ist ausschlaggebend dafür, dass die Wirbelsäule nicht von kaudal nach kranial (Senkrücken, kaudal überbaut, < M. spinalis) oder von kranial nach kaudal (Senkrücken, kranial überbaut, < M. longissimus) überstreckt erscheint, sondern einen harmonisch aufgewölbten Bogen bildet. Eine wichtige Voraussetzung für die Synchronizität ist der Sitz des Reiters mit seinem Schwerpunkt genau über dem Schwerpunkt des Pferdes.

Gestützt wird dieser Bogen von beweglich gegliederten „Pfeilern": den Vorderbeinen, die durch die thorakale Muskelschlinge, und den Hinterbeinen, die v. a. über die Mm. iliopsoas und gluteus medius an der Tragfähigkeit des Bogens beteiligt sind.

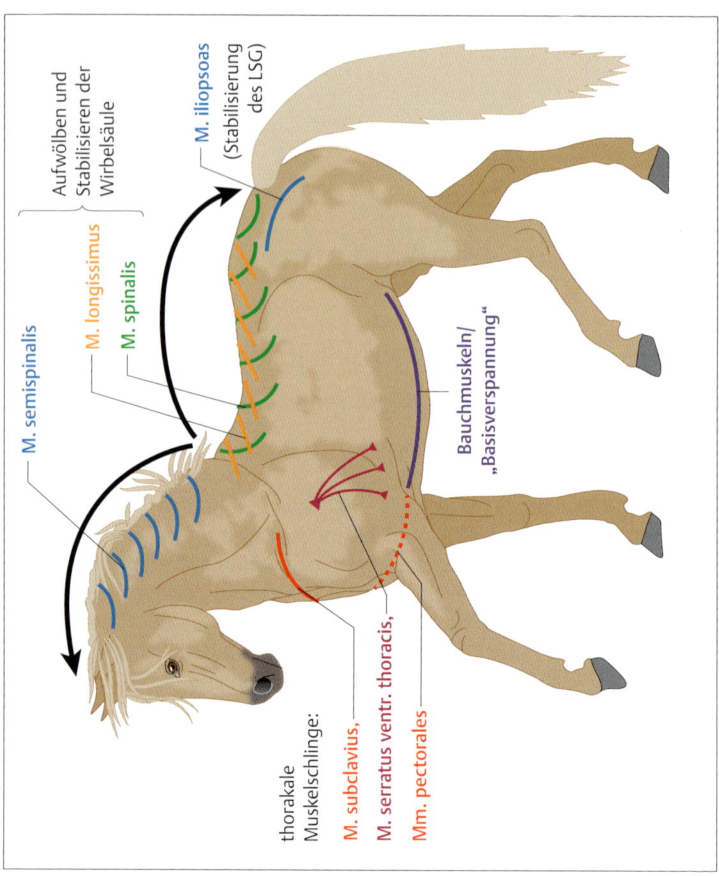

Abb. 3.1 Hänge-Bogensehnenbrücke.

Die Halswirbelsäule fungiert über die Mm. semispinalis, rhomboideus cervicis u. thoracis und das Lig. nuchae wie eine Art Turmdrehkran: Das Senken des Kopfes führt zu einem Heben der Brustwirbelsäule. Diese eine Kopfhöhe bzw. -tiefe, die nützlich ist, um den Rumpf zu heben, ist bei jedem Pferd individuell und kann auch nur vom Pferd selber gefunden und eingenommen werden. Am kaudalen Ende der Wirbelsäule fungiert das Becken mit seinen langen Tubera ischiadica in ähnlicher Weise; auch hier gibt es genau einen individuellen Winkel, in dem die Neutralstellung des

LSG und Winkelung von Becken und Hüfgelenk in der Lage sind, den Rumpf optimal von kaudal her anzuheben.

Diese Winkelungen verändern sich entsprechend der Geschmeidigkeit, Kraft, Koordination und Platzierung des Schwerpunktes im Pferd.

- Voraussetzungen für eine physiologische Wirbelsäulentätigkeit:
  - Wirbelsegmente und Extremitätengelenke sind frei beweglich in alle gelenksspezifischen Bewegungsrichtungen
  - dorsale und ventrale Muskelketten sind in ihren Spannungs-, Entspannungs- und Dehnungszuständen miteinander koordiniert
  - das Pferd ist im Gleichgewicht und ausbalanciert

3.1.2 Die Balance

3.1.2.1 Ganzkörperintegration

- Für die koordinierte Bewegung ist eine Integrität erforderlich, die Kopf, Hals, Rumpf und die Vorder- und Hinterbeine miteinander verknüpft und eine koordinierte Bewegung aller Körperteile im Verhältnis zueinander gewährleistet.
- Wichtige Strukturen für die Ganzkörperintegration sind:
  - Muskeln: M. brachiocephalicus, Mm. latissimus und longissimus dorsi, Mm. abdomines, Mm. pectorales, M. iliopsoas
  - Fasciae thoracolumbalis und glutea
  - Lig. nuchae und supraspinale
  - Os hyoideum
  - Kiefergelenk
  - Thoraxapertur
  - Diaphragma
  - ISG

3.1.2.2 Schwerpunkt

- Der natürliche Schwerpunkt befindet sich etwa auf der Höhe des Buggelenks ca. 2 Handbreit kaudal des Olecranons.
- Kopf und Halswirbelsäule des Pferdes sind eine Balancierstange, die je nach Stellung und Länge den Schwerpunkt des Pferdes verschiebt:
  - langer tiefer Hals: Verschiebung nach kranial
  - kurzer hoher Hals: Verschiebung nach kaudal
  - LATFLEX des Halses: Verschiebung nach lateral
- Um die Balancefähigkeit zu gewährleisten, verfügt die HWS relativ zur restlichen WS über das größte Bewegungspotential in alle Richtungen. Auch der Schweif hat großen Anteil an der Balancefindung, und ein schiefstehender Schweif kann auf diesbezügliche Probleme hinweisen.

- Die Stellung und Länge des Halses beeinflussen darüber hinaus die Aktivität der Vorhand:
  - langer tiefer Hals: nach kranial raumgreifende flache Vorhandaktion
  - kurzer hoher Hals: wenig raumgreifende hohe Vorhandaktion

BEACHTE

Ein großer kranialer Raumgriff bei kurzem hohem Hals bzw. eine hohe Vorhandaktion bei langem tiefem Hals sind unphysiologisch.

Damit ein Pferd als „Reitpferd" möglichst lange gesund bleibt, ist in der Ausbildung und Gymnastizierung anzustreben, den Schwerpunkt des Pferdes möglichst mittig zwischen den Schulterblättern und gleichmäßig im Verhältnis VoHa/HiHa zu platzieren. Hierdurch lassen sich etwaige Überlastungen aufgrund erhöhter Last und reduzierter bzw. übermäßiger Stütz-, Trage- und Schubaktivität minimieren. Die natürliche „nicht-mittige" Platzierung des Schwerpunktes im Pferd ergibt sich aus der natürlichen Schiefe mit einer hohlen und einer steifen Seite, einer schweren und einer stützenden Schulter, einer schiebenden und einer tragenden Hinterhand.

In der Gymnastizierung lernt das Pferd, seine Rumpfträger zu aktivieren (s. **Tab. 11.3**), wodurch die Vorhand in Stütz- und Stoßdämpfungsaktivität kommt und der Brustkorb nach aufwärts-rückwärts angehoben wird. Erst hierdurch kommt die Hinterhand in die Fähigkeit, ihre Energie als Trag- oder Schubkraft durch die WS nach kranial fließen zu lassen.

Der mittig platzierte Schwerpunkt im erhobenen Brustkorb bestimmt, in welcher Bewegungsrichtung, in welchem Bewegungstempo und in welcher Bewegungsqualität die Energie der Hinterhand genutzt wird.

Behandlung und Gymnastizierung zielen einerseits darauf ab, dass der Körper des Pferdes maximal beweglich und kräftig ist, sodass das Pferd je nach Erfordernis seinen Schwerpunkt überall im Körper platzieren und kontrollieren kann. Andererseits muss das Pferd in dem Moment, wo es ein „Reitpferd" ist, in der Lage sein, seinen Körper (insbesondere die Wirbelsäule) in dem Maße zu stabilisieren, dass es seinen Schwerpunkt möglichst mittig unter dem Reiter platzieren und diesen tragen kann, ohne Schaden zu nehmen.

3.1.2.3 Nickbewegung

- Die Nickbewegung des Halses dient der Entlastung des jeweils vorgeführten Vorderbeins in dessen Stützbeinphase, nutzt die physiologischen Spannungen der beteiligten Muskeln und Faszien und reduziert somit ineffizienten Energieverbrauch.

- Zustandekommen dieser Nickbewegung:
  - bei Protraktion der Vordergliedmaße: FLEX der Scapula
    - → Muskeln zwischen kraniodorsalem Anteil der Scapula und HWS kommen auf Zug (u. a. Mm. longus cervicis, splenius und rhomboideus)
    - → Anheben des Kopfes und Halses **in** der Stützbeinphase
  - bei Überschreiten der Lotlinie nach kranial in der Stützbeinphase: EXT der Scapula
    - → Muskeln zwischen kranioventralem Anteil der Scapula/Humerus und der HWS kommen auf Zug (v. a. M. brachiocephalicus)
    - → Absenken des Kopfes und Halses **nach** der Stützbeinphase
- Bei ausbleibender physiologischer Nickbewegung können sich in der Folge Überlastungen der entsprechenden Vorhand entwickeln.

3.1.3 Ganzkörperbiegung

- Der **Rumpf** des Pferdes ist derartig gestaltet, dass es nicht in der Lage ist, eine durch den gesamten Körper homogene Rotation der Wirbelkörper zueinander zu erzeugen. Lediglich in **Hals- und Schwanzwirbelsäule** sind deutliche Lateralflexionsbewegungen möglich. Diese setzen sich aus vielen kleinen Bewegungen der einzelnen Wirbelsegmente zusammen.
- Die Ganzkörperbiegung eines Pferdes während des Trainings ist dann optimal, wenn durch die WS-Rotation und die dieser entsprechenden Biegung ein maximal möglicher Kontakt in den Facettengelenken hergestellt wird, der die Weiterleitung der treibenden Hilfen nach kranial bzw. der parierenden Hilfen nach kaudal ohne Unterbrechung ermöglicht.
- Bei Überbiegen, aber auch bei zu geringer Biegung bzw. unphysiologischer WS-Rotation der WS, v. a. der HWS, kommt es zu einer Verkleinerung der Kontaktflächen der Procc. articulares. Dies unterbricht die Weiterleitung der Hilfen.
- Im **Thoraxbereich** wird die LATFLEX durch den knöchernen Brustkorb (v. a. im Bereich der direkt mit dem Sternum verbundenen Tragerippen) stark eingeschränkt. Hier finden hauptsächlich kleine Rotationsbewegungen statt, die der Reiter als ein dem Gang des Pferdes entsprechendes wechselweises Absinken seiner Sitzbeinhöcker wahrnehmen kann.
- Im **Lendenbereich** wird die Beweglichkeit durch die sehr großen Querfortsätze der Lendenwirbelkörper eingeschränkt. Sie dienen dem Schutz der Nieren und bieten eine große Ansatzfläche für die Muskulatur, die die Hinterhand mit dem Rumpf verbindet und den Schub der Hinterhand auf den Rumpf weiterleitet. Hier finden hauptsächlich kleine FLEX-, EXT- und ROT-Bewegungen statt.

- Bei der osteopathischen Behandlung und deren Nachbehandlung sollte immer beachtet werden, dass sich **ein** Pferd etwas leichter und weiter biegen lässt als ein **anderes**, ohne dass das etwas „steifere" Pferd einer Behandlung bedürfte. Ausschlaggebend ist die Beweglichkeit der Segmente im Verhältnis zueinander und im Verhältnis zur Gesamtbeweglichkeit **dieses** einzelnen Pferdes.

3.1.4 Wichtige Muskelketten der Wirbelsäule

Siehe **Tab. 3.1**.

Tab. 3.1 Muskelketten der Wirbelsäule und des Rumpfes.

Bewegung	Muskelkette
1. Genick und HWS (Tab. 11.1)	
EXT	jeweils bilaterale Kontraktion von: • M. rectus capitis dorsalis • M. obliquus capitis cranialis • Mm. multifidii cerv. • M. semispinalis capitis • Mm. longissimus atlantis und capitis • M. splenius
FLEX	jeweils bilaterale Kontraktion von: • M. rectus capitis ventralis • Mm. longus capitis und colli • M. sternocephalicus/sternomandibularis • M. brachiocephalicus • Mm. sternothyreoideus/sternohyoideus
ROT/LATFLEX	jeweils unilaterale Kontraktion von: • M. obliquus capitis cranials u. caudalis • Mm. multifidii cerv. • Mm. intertransversarii • M. semispinalis capitis • M. longissimus atlantis u. capitis u. colli • M. splenius • M. brachiocephalicus
2. CTÜ/BWS/LWS/Sakrum/Schweif (Tab. 11.2)	
EXT	jeweils bilaterale Kontraktion von: • Mm. multifidii thor. u. lumb. • M. spinalis cerv. u. thor.* • M. longissimus cerv., thor. u. lumb.* • M. iliocostalis cerv., thor. u. lumb.* • M. serratus ventralis cerv. • M. iliopsoas (im Stand: HiHa ist P.f) • M. sacrocaudalis dorsalis

Tab. 3.1 Fortsetzung.

Bewegung	Muskelkette
FLEX	jeweils bilaterale Kontraktion von: • Mm. scaleni medius u. ventralis • M. longus colli • M. brachiocephalicus • M. sternocephalicus/sternomandibularis • M. sternothyreoideus • M. sternohyoideus • M. rectus abdominis • M. iliopsoas (in Fortbewegung: HiHa ist P.m) • M. quadratus lumborum • M. sacrocaudalis ventralis • Beckenboden
ROT/LATFLEX	jeweils unilaterale Kontraktion von: • Mm. scaleni medius u. ventralis • M. serratus ventralis cerv. • M. brachiocephalicus • Mm. multifidii thor. u. lumb. • Mm. intertransversarii • M. spinalis cerv. und thor.* • M. longissimus cerv., thor. u. lumb.* • M. iliocostalis cerv., thor. u. lumb.* • Mm. obliquus ext. u. int. abdominis • M. quadratus lumborum • M. sacrocaudalis lateralis
Rumpftragemuskeln/Thorakale Muskelschlinge (Tab. 11.3)	
–	• M. serratus ventralis thor. • Mm. pectorales • M. subclavius
Atem- und Hilfsmuskeln (Tab. 11.5)	
–	• Diaphragma (Inspir) • M. intercostales externus (Inspir) • M. serratus ventralis cerv. u. thor. (Inspir) • M. serratus dorsalis cranialis (Inspir) • M. intercostales internus (Exspir) • M. serratus dorsalis caudalis (Exspir) • Mm. adomines (Exspir) • Beckenboden (Exspir)
*Erector spinae von medial nach lateral: Mm. spinalis, longissimus, iliocostalis	

3.1.5 Bedeutung einer Wirbelblockierung für die Funktionen der Wirbelsäule

Eine Wirbelblockierung kann sich wie folgt auf die Funktion der Wirbelsäule auswirken:

- Schub der Hinterhand kommt nicht in der Vorhand an:
  - → Vorhand verliert Stützaktivität und muss „ziehen"
  - → Überlastung der Vorhand
  - → Probleme: Hufrolle, Fesselträger/Unterstützungsbänder/Fesselringband, Arthrose Karpal-/Ellenbogen-/Schultergelenk
- Parade kommt nicht in der Hinterhand an:
  - → Winkelung der Gelenke unphysiologisch
  - → Überlastung der Hinterhand
  - → Probleme: Fesselträger/Gleichbeine, Spat, Kniearthrose/lose Bänder, ISG
- Reizung, Kompression oder Mangelernährung der betreffenden peripheren Nerven:
  - → Funktionsstörungen im betreffenden Myotom, Dermatom, Viszerotom
- Fixierung der Dura mater mit Weiterleitung der Dysfunktion in das KSS
  - → Läsionen in SSB/Sakrum mit Fluktuationen im Liquorsystem

3.2 Funktionen der Vorhand

3.2.1 Balance und Stützaktivität

Ca. 60 % des Gesamtgewichts des Pferdes ruhen etwa eine Handbreit kaudal der Ellenbogen im Rumpf, aufgehängt zwischen den Schulterblättern. Somit hat die Vorhand in Verbindung mit der „Balancestange HWS" (S. 131) essenziellen Einfluss auf das Gleichgewicht des Pferdes. Bei jedem Schritt wird die Gegenkraft des Bodens in der Vorhand aufgefangen und abgefedert. Diese Stoßdämpfungsaktivität beginnt bereits **vor** dem Auffußen, indem die Schulterblätter gegenüber des Brustkorbs aktiv durch die thorakale Muskelschlinge nach ventrokranial geschoben werden, sich die Vorhand sozusagen „verlängert", um frühzeitig den Körper nach dorsokaudal vom Boden fernzuhalten und in der 1. Stützphase des Bodenkontakts abzufedern. Bleibt diese Stützaktivität aus, so „fällt" der Schwerpunkt bei jedem Schritt des Pferdes von einem Fuß auf den anderen; das Pferd ist aus seinem Gleichgewicht. Als Folge der instabilen Vorhand kann die Hinterhand nicht in ihre Schub- und Tragkraft kommen, ihre Energie geht ungenutzt verloren oder vergrößert nur noch weiter das Gewicht auf der Vorhand.

Für Stütz- und Stoßdämpfungsaktivität sind ausgebildet:

- Rumpfträger: Mm. serratus ventralis thoracis, subclavius, pectorales
- Fesselträger (M. interosseus medius)/Unterstützungsband (auch in der Hinterhand): stützt das Fesselgelenk, das physiologisch in Hyperextension steht
- Hufrolle (auch in der Hinterhand): Strahlbein, M. flexor digitorum profundus, Bursa podotrochlearis: schützt das Hufgelenk vor Hyperextension

3.2.2 Passiver Stehapparat

Siehe **Abb. 3.2**.

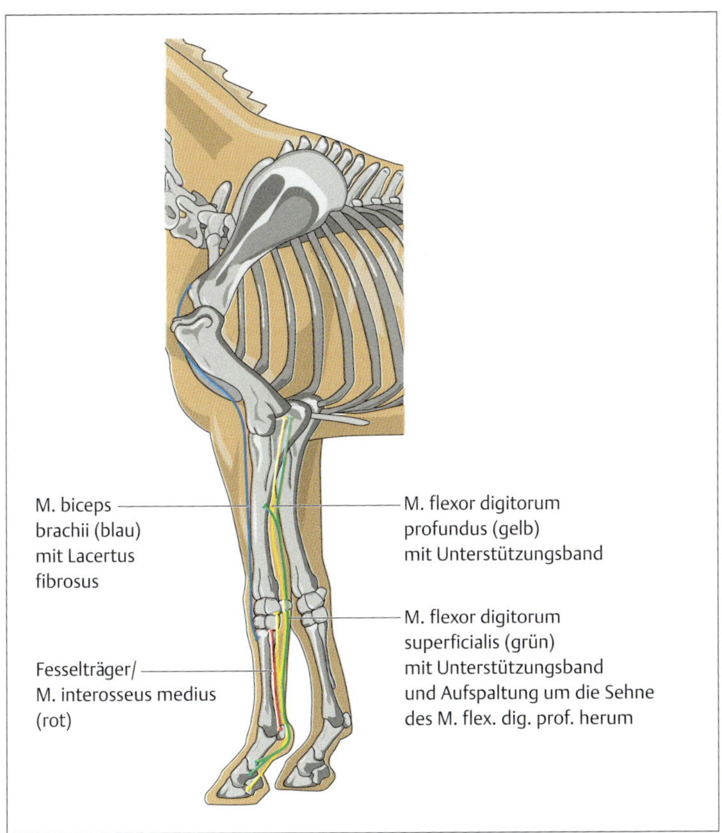

Abb. 3.2 Passiver Stehapparat der Vorhand.

Von der Anordnung der Gelenke der Vorhand betrachtet müsste diese eigentlich in den proximalen Gelenken in sich zusammenfallen. Folgende Strukturen führen zu einer kraftsparenden, ligamentären (= nicht muskulären) Fixierung der Gelenke in Streckstellung:

- Verhinderung des **Abrutschens des Thorax** zwischen den Scapulae nach ventral:
  - Mm. serratus ventralis thoracis, pectorales und subclavius: Insbesondere der hohe Sehnenanteil des M. serratus ventralis thoracis führt zu einer geringen Ermüdbarkeit.
- Verhinderung der **FLEX der Schulter**-, **Ellenbogen**- und **Karpalgelenke:**
  - M. biceps brachii mit seiner Fußsehne (Lacertus fibrosus): Hindert durch seinen Verlauf kranial des Drehpunktes des Schultergelenks das Schulter- und Karpalgelenk an der FLEX.
  - M. triceps brachii hält das Ellenbogengelenk in EXT.
- Verhinderung der **Hyperextension der Artt. digiti**
  - Flexor digitorum profundus mit seinem Lig. accessorium (Unterstützungsband)
  - Flexor digitorum superficialis mit seinem Lig. accessorium (Unterstützungsband)
  - Fesselträger (M. interosseus medius) mit:
    - Ligg. sesamoidea collateralia und Lig. palmare zwischen den Ossa sesamoidea proximalia (obere Gleichbeinbänder)
    - Ligg. sesamoidea brevia und cruciata, Ligg. sesamoidea obliqua und Lig. sesamoideum rectum: zwischen Phalanx proximalis und Phalanx media (untere Gleichbeinbänder)

3.2.3 Wichtige Muskelketten der Vorhand

Siehe **Tab. 3.2.**

Tab. 3.2 Wichtige Muskelketten der Vorhand.

Bewegung	**Wirbelsäule**	**Schulterblatt**	**Schultergelenk**	**Ellenbogengelenk**	**Karpal- und Zehengelenke**
Protraktion (Spielbein, mittlere Schwebephase)	EXT • M. erector spinae	FLEX • M. serratus ventralis thoracis • M. pectoralis descendens • M. trapezius. pars thoracis • M. rhomboideus, pars thoracis	FLEX • M. latissimus dorsi • Mm. teres major und minor • M. pectoralis descendens • M. triceps brachii, (Caput longum) • M. infraspinatus • M. deltoideus, pars scapularis	FLEX • M. biceps brachii • M. brachialis	FLEX • Mm. flex. dig supf. u. prof. • Mm. flex. carpi ulnaris u. radialis • M. ext. carpi ulnaris
Protraktion (Spielbein, kurz vor dem Auffußen)	EXT • M. erector spinae	FLEX u. ADD • M. serratus ventralis thoracis • M. pectoralis transversus • M. trapezius. pars thoracis • M. rhomboideus, pars thoracis	EXT • M. brachiocephalicus • M. supraspinatus • M. pectoralis descendens (supf.) • M. biceps brachii	EXT • M. triceps brachii • M. tensor fasciae antebrachii	EXT • M. biceps brachii (Lacertus fibrosus) • M. ext. dig. communis u. lateralis • M. ext. carpi radialis

Tab. 3.2 Fortsetzung.

Bewegung	Wirbelsäule	Schulterblatt	Schultergelenk	Ellenbogengelenk	Karpal- und Zehengelenke
Propulsion (Standbein) und Retraktion (Spielbein, kurz vor dem Auffußen)	FLEX • Mm. abdomines • Mm. longissimus in Vernetzung mit den Mm. multifidii	EXT • M. serratus ventralis cervicis • M. subclavius • M. latissimus dorsi • M. trapezius. pars cervicis • M. rhomboideus, pars cervicis	FLEX • M. latissimus dorsi • Mm. teres major u. minor • M. pectoralis descendens • M. triceps brachii, (Caput longum) • M. infraspinatus • M. deltoideus, pars scapularis	EXT • M. triceps brachii • M. tensor fasciae antebrachii	EXT (Karpus) • M. biceps brachii (Lacertus fibrosus) • M. ext. carpi radialis FLEX (ZehenGe in der Propulsion) • Mm. flex. dig. supf. und prof. EXT (ZehenGe in der Retraktion zum Auffußen) • Mm. ext. dig. communis u. lateralis

Tab. 3.2 Fortsetzung.

Bewegung	Wirbelsäule	Schulterblatt	Schultergelenk	Ellenbogengelenk	Karpal- und Zehengelenke
Abduktion	ROT • segmentale Rückenmuskeln (insbes. Mm. longissimus und multifidii) • Mm. obliquus ext. u. int. abdominis	ABD • M. trapezius • M. rhomboideus • M. deltoideus • M. infraspinatus	–	–	–
Adduktion	ROT • segmentale Rückenmuskeln (insbes. Mm. longissimus und multifidii) • Mm. obliquus ext. u. int. abdominis	ADD • M. serratus ventralis thoracis • M. pectorales • M. subclavius	–	–	–

3.2.4 Muskelaktivitäten im Bewegungsablauf der Vorhand

Siehe Tab. 3.3.

Tab. 3.3 Muskelaktivitäten im Bewegungsablauf der Vorhand.

Bewegung	Schulterblatt	Schultergelenk	Ellenbogengelenk	Karpal- und Zehengelenke
Abfußen*	FLEX • M. serratus ventralis thoracis • M. pectoralis descendens • M. trapezius. pars thoracis • M. rhomboideus, pars thoracis	FLEX • M. latissimus dorsi • Mm. teres major u. minor • M. pectoralis descendens • M. triceps brachii, (Caput longum) • M. infraspinatus • M. deltoideus, pars scapularis	FLEX • M. biceps brachii • M. brachialis	FLEX • Mm. flex. dig supf. u. prof. • Mm. flex. carpi ulnaris u. radialis • M. ext. carpi ulnaris
Protraktion* (Spielbein, kurz vor dem Auffußen)	FLEX und ADD • M. serratus ventralis thoracis • M. pectoralis transversus • M. trapezius. pars thoracis • M. rhomboideus, pars thoracis	EXT • M. brachiocephalicus • M. supraspinatus • M. pectoralis descendens (supf.) • M. biceps brachii	EXT • M. triceps brachii • M. tensor fasciae antebrachii	EXT • M. biceps brachii (Lacertus fibrosus) • M. ext. dig. communis u. lateralis • M. ext. carpi radialis

Tab. 3.3 Fortsetzung.

Bewegung	Schulterblatt	Schultergelenk	Ellenbogengelenk	Karpal- und Zehengelenke
Auffußen** (Ausnahme: Thorakale Muskelschlinge mit Mm. serr. ventr. thor., subclavius u. pectorales*)	FLEX und ADD • M. serratus ventralis cervicis** • M. latissimus dorsi** • M. trapezius. pars cervicis** • M. rhomboideus, pars cervicis** • Thorakale Muskelschlinge*	FLEX • M.brachiocephalicus** • M. supraspinatus** • M. pectoralis descendens (supf.)** • M. biceps brachii**	FLEX • M. triceps brachii** • M. tensor fasciae antebrachii**	EXT • Mm. flex. dig supf. u. prof.** • Mm. flex. carpi ulnaris u. radialis** • M. ext. carpi ulnaris**
Propulsion*	EXT • M. serratus ventralis cervicis • M. subclavius • M. latissimus dorsi • M. trapezius. pars cervicis • M. rhomboideus, pars cervicis	FLEX • M. latissimus dorsi • Mm. teres major u. minor • M. pectoralis descendens • M. triceps brachii, (Caput longum) • M. infraspinatus • M. deltoideus, pars scapularis	EXT • M. triceps brachii • M. tensor fasciae antebrachii	EXT (Karpus) • M. biceps brachii (Lacertus fibrosus) • M. ext. carpi radialis FLEX (ZehenGe in der Propulsion) • Mm. flex. dig. supf. u. prof.

*konzentrische Muskelaktivität; **exzentrische Muskelaktivität

3.3 Funktionen der Hinterhand

3.3.1 Schub

- Bei der Schubentwicklung arbeiten die Strecker-Muskeln bzgl. Hüft-, Knie- und Sprunggelenke dynamisch konzentrisch = Winkelvergrößerung mit Schieben der Hinterhand nach kaudal.
- In der relativen **Streck**stellung der Gelenke nehmen die sehnigen Anteile des passiven Stehapparats den Muskeln viel Kraftaufwand ab, sodass diese Bewegungen vom Pferd natürlicherweise bevorzugt werden: Das Pferd schiebt lieber, als dass es trägt.

3.3.2 Tragen/Hankenbeugung

- Bei der Hankenbeugung arbeiten die Strecker-Muskeln bzgl. Hüft-, Knie- und Sprunggelenke dynamisch exzentrisch = Winkelverkleinerung mit Untertreten der Hinterhand nach kranial unter den Schwerpunkt.
- Diese Art der Muskelaktivität ist sehr kräftezehrend, sodass das Pferd in der freien Natur diese Bewegungen nur selten ausübt (z. B. im Spiel, im Kampf, beim Imponieren).
- Die Hinterhand kann erst dann in ihre Aktivität kommen, wenn die Vorhand in ihrer Stützkraft ist, also den Rumpf aktiv nach dorsokaudal gegen den Erdboden anhebt und abfedert. Hierdurch entsteht der positive Spannungsbogen zwischen Vor- und Hinterhand, die Facettengelenke der Wirbelsäule sind in biotensegralem Kontakt zur Weiterleitung der Bewegungsenergie. So sind sowohl Schub- als auch Tragkraft der Hinterhand in ihrer Funktionalität abhängig von der Funktionalität der Vorhand und der Rotationsfähigkeit der einzelnen Wirbelsegmente zwischen Vor- und Hinterhand.
- Die Aktivität der Iliacus- und Psoasmuskulatur stabilisiert das LSG in Neutralposition bei gleichzeitiger Hüftgelenksflexion. Eine physiologisch belastbare Hankenbeugung beginnt im Hüftgelenk und setzt sich durch Knie- und Sprunggelenk nach distal fort auf Basis eines LSG in Neutralposition.

3.3.3 Passiver Stehapparat

Von der Anordnung der Gelenke der Hinterhand betrachtet müsste diese eigentlich in sich zusammenfallen. Um dies zu verhindern, gibt es zur kraftsparenden, ligamentären (= nicht muskulären) Fixierung der Gelenke in Streckstellung (**Abb. 3.3**):

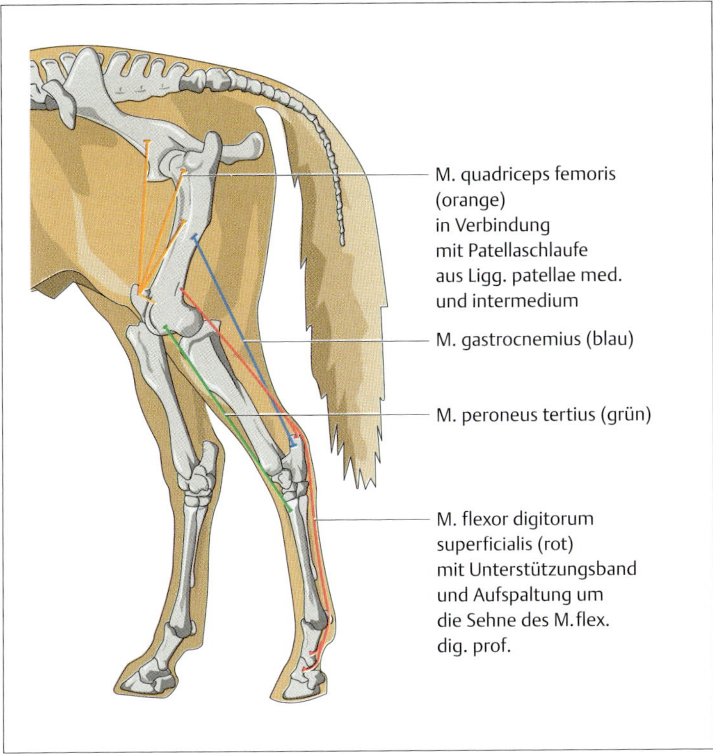

Abb. 3.3 Passiver Stehapparat der Hinterhand.

3.3.3.1 Verknüpfung von Knie- und Sprunggelenk (Spannsägeapparat)

- dorsal: M. peroneus tertius (=Tendo femorotarseus): hindert die Art. genu im Stützbein daran, sich zu beugen
- plantar: M. flexor digitorum superficialis (Tendo plantaris) und M. gastrocnemius: hindern den Tarsus im Stützbein, sich zu beugen
- Knie- und Sprunggelenk können sich physiologisch nur gemeinsam in FLEX und EXT bewegen.

3.3.3.2 Fixierung des Kniegelenks in Streckung durch „Kniescheibenhalter“

Die Patella ist in die Ansatzsehne des M. quadriceps eingearbeitet, dem Hauptmuskel für die Kniestreckung. Zwischen Patella und Tuberositas tibiae finden sich die Ligg. patellae med. und intermedium, die eine Art Sehnenschlaufe bilden. Über Kontraktion des M. quadriceps wird die Patella nach proximal angehoben und mittels der Sehnenschlaufe auf der Trochlea ossis femoris patellaris eingehakt.

- Knie in Streckung fixiert durch Sehnenhalterung.
- Sprunggelenk in Streckung fixiert über Spannsägeapparat
  - → Hinterhand steht als Stützbein mit nur geringer muskulärer Aktivität.

Lediglich die Hüfte wird muskulär in ihrer Stellung gehalten. Einer Ermüdung beugt das Pferd durch wechselweises „Schildern“ (= Entlastung) der Hinterbeine vor.

3.3.4 Wichtige Muskelketten der Hinterhand

Siehe **Tab. 3.4**.

Tab. 3.4 Wichtige Muskelketten der Hinterhand.

Bewegung	**Wirbelsäule**	**Becken**	**Hüftgelenk**	**Kniegelenk**	**Spung- und Zehengelenke**
Protraktion (Spielbein, mittlere Schwebephase)	FLEX (LWS): • M. rectus abdominis • M. quadratus lumborum STABILISATION IN NEUTRALPOSITION (LSG) • Mm. psoas major u. minor	FLEX • Mm. psoas major u. minor • M. rectus abdominis über Tendo praepubicus	FLEX • M. iliacus • M. gluteus supf. • M. sartorius • M. tensor fasciae latae • M. rectus femoris des M. quadriceps femoris	FLEX • M. semimembranosus • M. semitendinosus • M. biceps femoris • M. gastrocnemius	FLEX • M. tibialis cranialis • M. peroneus tertius • Mm. flex. dig. supf. u. prof.
Protraktion (Spielbein, kurz vor dem Auffußen)	FLEX (LWS): • M. rectus abdominis • M. quadratus lumborum STABILISATION IN NEUTRALPOSITION (LSG) • Mm. psoas major u. minor	FLEX • Mm. psoas major u. minor • M. rectus abdominis über Tendo praepubicus	FLEX • M. iliacus • M. gluteus supf. • M. sartorius • M. tensor fasciae latae • M. rectus femoris des M. quadriceps femoris	EXT • M. quadriceps femoris	EXT • M. gastrocnemius • M. ext. dig. longus • M. ext. dig lateralis

Tab. 3.4 Fortsetzung.

Bewegung	Wirbelsäule	Becken	Hüftgelenk	Kniegelenk	Spung- und Zehengelenke
Propulsion (Standbein) und Retraktion (Spielbein, kurz vor dem Auffußen)	EXT (LWS) • M. erector spinae • Fascia thoracolumbalis über M. latissimus dorsi STABILISATION IN NEUTRALPOSITION (LSG) • Mm. psoas major u. minor	EXT • M. gluteus medius • M. biceps femoris (Caput longum)	EXT • M. gluteus medius • M. semitendinosus • M. semimembranosus • M. biceps femoris	EXT (Propulsion) • M. quadriceps femoris • M. semitendinosus • M. semimembranosus • M. biceps femoris EXT (Retraktion) • M. quadriceps femoris • M. tensor fasciae latea	EXT (SprungG) • M. gastrocnemius FLEX (ZehenGe in der Propulsion) • Mm. flex. dig. supf. u. prof. EXT (ZehenGe in der Retraktion zum Auffußen) • M. ext. dig. lonus • M. ext. dig lateralis

Tab. 3.4 Fortsetzung.

Bewegung	Wirbelsäule	Becken	Hüftgelenk	Kniegelenk	Spung- und Zehengelenke
Abduktion	ROT • segmentale Rückenmuskeln (insbes. Mm. longissimus u. multifidii • Mm. obliquus ext. u. int. abdominis	ROT • Mm. obliquus ext. u. int. abdominis • M. gluteus supf.	ABD • M. gluteus med. u. supf. • M. biceps femoris • M. tensor fasciae latae • M. vastus lateralis des M. quadriceps femoris	–	–
Adduktion	ROT • segmentale Rückenmuskeln (insbes. Mm. longissimus u. multifidii • Mm. obliquus ext. u. int. abdominis	ROT • Mm. obliquus ext. u. int. abdominis • M. sartorius • M. pectineus	ADD • M. iliopsoas • M. semimembranosus • M. pectineus • M. sartorius • M. gracilis • Mm. adductores magnus, longus, brevis	–	–

3.3.5 Muskelaktivitäten im Bewegungsablauf der Hinterhand

Siehe Tab. 3.5.

Tab. 3.5 Muskelaktivitäten im Bewegungsablauf der Hinterhand.

Bewegung	Becken	Hüftgelenk	Kniegelenk	Sprung- und Zehengelenke
Abfußen*	FLEX • Mm. psoas major u. minor • M. rectus abdominis über Tendo praepubicus	FLEX • M. iliacus • M. gluteus supf. • M. sartorius • M. tensor fasciae latae • M. rectus femoris des M. quadriceps femoris	FLEX • M. semimembranosus • M. semitendinosus • M. biceps femoris • M. gastrocnemius	FLEX • M. tibialis cranialis • M. peroneus tertius • Mm. flex. dig. supf. u. prof.
Protraktion* (Spielbein, kurz vor dem Auffußen)	FLEX • Mm. psoas major u. minor • M. rectus abdominis über Tendo praepubicus	FLEX • M. iliacus • M. gluteus supf. • M. sartorius • M. tensor fasciae latae • M. rectus femoris des M. quadriceps femoris	EXT • M. quadriceps femoris • M. tensor fasciae latae	EXT • M. gastrocnemius • M. ext. dig. longus • M. ext. dig. lateralis
Auffußen**	FLEX • M. gluteus medius • M. biceps femoris (Caput longum)	FLEX • M. gluteus medius • M. semitendinosus • M. semimembranosus • M. biceps femoris	FLEX • M. quadriceps femoris • M. tensor fasciae latae	FLEX • M. gastrocnemius • Mm. flex. dig. supf. u. prof.
Propulsion*	EXT • M. gluteus medius • M. biceps femoris (Caput longum)	EXT: • M. gluteus medius • M. biceps femoris • M. semitendinosus • M. semimembranosus	EXT • M. quadriceps femoris • M. semitendinosus • M. semimembranosus • M. biceps femoris	EXT (SprungGe) • M. gastrocnemius FLEX (ZehenGe) • Mm. flex. dig. supf. u. prof.

*konzentrische Muskelaktivität; **exzentrische Muskelaktivität

3.4 Funktionen des Kiefergelenks und des Zungenbeins

3.4.1 Das Kiefergelenk als übergeordnetes Gelenk

- Kau- und Nackenmuskeln korrespondieren miteinander: Verspannte Kaumuskeln führen zu Genickverspannungen und -blockierungen, die wiederum Rittigkeitsprobleme nach sich ziehen.
- Mund und Muttermund/Beckenboden korrespondieren miteinander: Verspannte Kaumuskeln führen zu verspannten Becken- und Kruppenmuskeln, die wiederum Hinterhand- und Wirbelsäulen-Probleme nach sich ziehen.
- Im M. masseter, der Fascia masseterica und dem Proc. mastoideus ossis temporalis laufen die Faszienketten (S. 101) SDL, SVL, LL und SL zusammen, die alle unterschiedliche Aspekte der Symmetrie bzw. Schiefe und der Selbsthaltung des Pferdes abbilden.
- Über die Kaumuskeln werden emotionale und psychische Spannungen ausagiert.
- Für eine korrekte Stellung im Genick muss die Mandibula im Kiefergelenk nach kontralateral verschieblich sein (Bsp.: Stellung nach links → Lateralisierung des Unterkiefers nach rechts).

3.4.2 Das Kauen

- Aufgrund der Gestaltung des Kiefergelenks und der Wirkung der Muskelzüge findet die Mahlbewegung des Pferdes in 3 Dimensionen statt:
  1. vertikal (auf und zu)
  2. horizontal (lateral rechts und lateral links)
  3. rostronuchal (vor und zurück)
- Der optimale Kauvorgang verteilt seinen Druck gleichmäßig auf:
  - das Kiefergelenk
  - die Mahlfläche aller Backenzähne des Oberkiefers (OK)
  - die Reibefläche der Schneidezähne
- Da die Kiefergelenksbewegungen rechts und links nicht synchron sind, findet der Kauvorgang jeweils auf einer Seite des Kiefers statt. Dieser Vorgang wechselt alle paar Minuten seine Seite, wobei jedes Pferd eine „Lieblings-Kauseite“ hat. Dies kann einen Hinweis auf die „hohle“ Seite des Pferdes geben.

- Abhängigkeit des Kauvorgangs von den Futterarten:
  - Kraftfutter: kleine Mahlbewegungen, die nicht die gesamte Mahlfläche der Backenzähne abdecken.
  - Raufutter: große Mahlbewegungen, die die gesamte Mahlfläche der Backenzähne abdecken. Um einen optimalen und gleichmäßigen Abrieb der Zahnoberflächen zu gewährleisten, ist die Darreichung einer ausreichenden Menge Raufutters essenziell.
- Abhängigkeit des Kauvorgangs von der Höhe der Futterdarreichung:
  - Abzupfen des Futters vom Boden: Genick macht eine passive EXT und die subokzipitalen Muskeln, die aktiv sind, wenn das Pferd seinen Kopf trägt, entspannen sich. Durch das Abzupfen von Gras mit den Schneidezähnen und Suchen des Futters mit der Oberlippe sind immer wieder unterschiedliche Muskelfasern der kleinen Genickmuskeln angespannt und entspannt, sodass es zu einer physiologischen Durchblutung des gesamten Genick- und Kieferbereichs kommt. Dieser positive Effekt ist bereits reduziert, wenn vom Boden aus Heu gefressen wird, das nicht abgezupft, sondern lediglich aus dem Heuhaufen herausgezogen werden muss.
  - Anreichen des Futters in Bughöhe: Vermehrte Spannung in den subokzipitalen Muskelbereichen und unphysiologische Einstellung des Kiefergelenks im Moment des Kauvorgangs. Dies kann degenerative Prozesse im Kiefergelenk und/oder unphysiologische Abnutzung der Zahnoberflächen nach sich ziehen.

3.4.3 Die Okklusion

- Die optimale Okklusion liegt vor, wenn bei maximalem Kontakt der Zahnflächen die Procc. condylare mandibulae mit den Disci articulare möglichst tief in der Fossa mandibularis ossis temporalis sitzen.
- Die Backenzähne sind in Ober- und Unterkiefer so angelegt, dass bei Okklusion jeder Zahn auf 2 gegenüberliegende Zähne trifft. Außerdem ist der Oberkiefer breiter als der Unterkiefer.
- Dies hat zur Folge, dass es bei einer rein vertikal ausgeführten Okklusion lediglich zu einem Zahnkontakt zwischen den medialen Kanten des Oberkiefers und den lateralen Kanten des Unterkiefers kommt.
- Erst die seitlich-ovalen Mahlbewegungen ermöglichen eine optimale Ausnutzung der gesamten Mahlfläche von Ober- und Unterkiefer und damit auch eine gleichmäßige Abschilferung der Backenzähne. Ist aufgrund von Zahn- oder Kiefergelenksproblemen die Ausführung einer gleichmäßigen und endgradigen Mahlbewegung nicht möglich, können sich Haken bilden. Diese bilden sich entsprechend der anatomischen Verhältnisse häufig am OK bukkal und am UK oral.

3.4.4 Funktionen des Zungenbeins

- Das Os hyoideum hat eine herausragende Bedeutung für die Autoequilibrierung und Integration des gesamten Körpers in Stellung und Bewegung, indem es
  - die Ausrichtung des Körpers im Raum an das Gehirn meldet,
  - als Umlenkrolle für die Muskeln zwischen Kopf und Kehle/Hals/Brust dient und
  - die Spannungszustände zwischen den Kopf- und Körperfaszien vermittelt.
- Bei der Futteraufnahme wird es während des Schluckakts durch den M. digastricus angehoben.

3.5 Funktionen der Atmung

3.5.1 Atemmechanik

- Einatmung: aktiver Vorgang
  - Kontraktion des Diaphragmas
  - hilfsweise Kontraktion der Mm. intercostales externi
- Ausatmung in Ruhe: passiver Vorgang
  - Entspannung des Diaphragmas
  - Entspannung der Mm. intercostales externi
  - Retraktionskraft des Lungengewebes
- Ausatmung bei Anstrengung und/oder obstruktiver Lungenerkrankung: aktiver Vorgang
  - Kontraktion der Mm. intercostales interni
  - Kontraktion der Mm. abdomini (→ Dampfrinne)
  - Kontraktion der Mm. pectorales
- Atemzentrum
  - Medulla oblongata (verlängertes Mark)
  - Pons (Brücke)

Das Atemzentrum reagiert auf einen Anstieg des CO_2-Partialdrucks und löst bei Überschreiten eines diesbezüglichen Schwellenwerts durch Impulse des N. phrenicus die Aktivierung der Inspirationsmuskeln aus.

3.5.2 Osteopathisch relevante Funktionen der Atmung

- Physiologische Mobilisierung der BWS in FLEX/EXT entsprechend Aus- und Einatmung
- Unterstützung der Lymphdrainage aus dem Bauchraum und beiden Hinterhänden.
- Massage der Verdauungsorgane
- Verknüpfung der Atmung mit der Rumpf- und Hinterhandaktivität über das Lig. accessorium ossis femoris: Bei einem entspannten Pferd ist bei jedem Galoppsprung ein Atemzug hörbar; ein Sistieren der Atemzüge über mehrere Galoppsprünge hinweg sind Hinweise auf Blockierungen der BWS-LWS/Rippen oder Verspannungen des Zwerchfells, die wiederum ihre Ursache in Schmerzen oder emotionalen/mentalen Verspannungen haben können (insbesondere auch des Reiters!).

3.5.3 Atmung und Psyche

- Atmung und Psyche sind untrennbar miteinander verbunden:
  - Entspannung: ruhige, gleichmäßige Atmung mit Lösung der zugehörigen Muskeln und Gelenke
  - Verspannung: kurze, unregelmäßige Atmung mit Verspannung der zugehörigen Muskeln und Gelenke
  - kurze, unregelmäßige Atmung: physische und psychische Verspannung
  - ruhige, gleichmäßige Atmung: physische und psychische Entspannung
- Durch die osteopathische Befreiung der Atmung wird direkt Einfluss genommen auf die physische und psychische Gesundheit des Pferdes. Während des Lösungsprozesses einer Läsion zeigen die Pferde häufig deutlich veränderte Atemmuster von hochfrequenter Flachatmung bis hin zu niedrigfrequenter, fast kaum noch wahrnehmbarer Tiefatmung. Abschnauben während des Trainings oder der Behandlung ist ein deutliches Zeichen für die Auflösung einer Verspannung.

Teil 2
Osteopathische Untersuchung und Behandlungsrechniken

4 Allgemeiner Untersuchungsgang

Im Folgenden stelle ich meinen ganz persönlichen Untersuchungsgang dar, dessen Reihenfolge es ermöglicht, sich

- von superfizial nach profund,
- von groß nach klein,
- von kranial nach kaudal nach kranial durchzuarbeiten.

Auf diese Weise können die Befunde bereits während der Untersuchung in Bezug zueinander gesetzt werden.

4.1 Anamnese

- Allgemeine Punkte in der Anamnese sind bzgl. des Pferdes:
  - Alter, Rasse, Geschlecht
  - Seit wann beim Besitzer?
  - Haltungsform/Stall- und Koppelhygiene
  - Futterzusammensetzung, Fütterungshäufigkeit, Darreichungsform/-höhe des Futters/Auffälligkeiten bzgl. der Dauer der Futteraufnahme
  - Art des Wasserangebots/Menge der Wasseraufnahme
  - Häufigkeit und Verlauf der Trächtigkeiten/Termin und Verlauf der Kastration
  - Auffälligkeiten bzgl. Kot, Urin, Rosse
  - Auffälligkeiten bzgl. Atmung/Husten, Schwitzen/Nachschwitzen
  - Auffälligkeiten bzgl. des Liegeverhaltens/Dösens des Pferdes
  - Auffälligkeiten bzgl. des Verhaltens/„Untugenden“
  - Stellung in der Rangordnung innerhalb der Herde

- Häufigkeit und Verträglichkeit von Wurmkur, Impfung und anderen Medikamenten
- Letzte Sattelkontrolle/Zahnkontrolle/Hufschmiedtermin
- Wie weit ausgebildet/tägliche Arbeit des Pferdes?
- Was ist das Hauptproblem und seit wann besteht es?
- Bisher erfolgte Untersuchungen und Behandlungen durch den Tierarzt/OPs
- Etwaige tierärztliche Kontraindikationen

Spezifische Fragen bzgl. der einzelnen Körperregionen s. Teil III (S. 324)

Häufig gehe ich erst nach der körperlichen Untersuchung, der „Anamnese des Pferdes“, im Gespräch mit dem Pferdebesitzer ins Detail, um meine Befunde mit dessen Beobachtungen in Einklang zu bringen oder nochmals zu hinterfragen.

4.2 Adspektion

4.2.1 Im Profil

- Ernährungs- und Pflegezustand, Gesamteindruck des Exterieurs
- Verhältnisse von Vorhand, Mittelhand und Hinterhand zueinander
- Übergänge Kopf – Hals – Widerrist – Lende – Kruppe
- Ganaschenfreiheit/Raum zwischen den Unterkieferästen
- allgemeine Bemuskelung, Verhältnis von Ober- und Unterlinie zueinander
- Atrophie/Hypertrophie der Muskelgruppen im Verhältnis zueinander auf einer Körperseite
- Atrophie/Hypertrophie der Muskelgruppen im Verhältnis zur kontralateralen Körperseite
- Zustand des Fells: Fellstruktur, Langhaar, Schweifrübe, Stichelhaare, Wirbel, Fellwechsel
- Zustand der Haut: Narben, Verletzungen, teigige Auftreibungen, Hautatrophie, Entzündungszeichen (z. B. Mauke)
- Gliedmaßenstellung/Winkelungen der Gelenke, Klarheit der Gliedmaßengelenke und Sehnen
- Hufstellung/Achsen von Zehe – Fessel – Röhre – Huf-Fessel-Achse im Verhältnis zur Spina scapulae
- Pflegezustand der Hufe/Horn-, Strahl- und Trachtenqualität

4.2.2 Von kranial

- Kopfform (s. Quadrantendiagnostik, s. Kapitel Biomechanik der Läsionen (S. 427), **Tab. 7.88** und **Tab. 7.89**)
- Stellung der Ohren im Verhältnis zur Stirn/zu den Augen
- Stellung der Schneidezähne
- Halsbasis, Schulterblätter, Brustbein im Verhältnis zur Medianlinie
- Bemuskelung des Halses und der Vorhand im Seitenvergleich
- Gliedmaßenstellung der Vorhand, Klarheit der Gliedmaßengelenke und Sehnen
- Hufstellung/Achsen von Zehe – Fessel – Röhre
- Ausmaß der Atemexkursionen des Brustkorbs rechts und links

4.2.3 Von kaudal

- Bemuskelung und Symmetrie von Kruppe und Hinterhand
- Stellung der Tubera coxae und Tubera sacralia im Seitenvergleich
- Stellung von Tuber coxae und Tuber sacrale zueinander
- Stellung des Schweifes
- Gliedmaßenstellung, Klarheit der Gliedmaßengelenke und Sehnen
- Hufstellung/Achsen von Zehe – Fessel – Röhre
- Ausmaß der Atemexkursionen des Brustkorbs rechts und links

4.2.4 Von dorsal

Hierbei steht der Therapeut auf einem Stuhl hinter dem Pferd.

- Verlauf der Hals- und Rückenlinie
- Bemuskelung des Halses, der Schulterblätter, des Rückens und Rumpfes im Verhältnis zueinander/im Seitenvergleich

4.3 Ganganalyse

- Schrittlänge und Bewegungsausführung von vorne/beide Seiten/von hinten
- Taktreinheit und Losgelassenheit in allen 3 Grundgangarten
- Kopfhaltung und Schweifhaltung in allen 3 Grundgangarten
- Beckenbewegungen (Referenzpunkte: Tubera coxae und Tubera sacralia)
- horizontales und vertikales Schwingen der WS
- Untertreten bei kleinen Wendungen
- Ausführung des Rückwärtsrichtens
- Seitenvergleich der Grundgangarten auf der linken/rechten Hand
- Autoequilibrierung auf der linken/rechten Hand
- Vergleich der Grundgangarten/Autoequilibrierung ohne Reiter/unter dem Reiter
- besondere Auffälligkeiten, z. B. ständige Außenstellung, selbständiger Richtungswechsel immer auf dieselbe Hand, Buckeln, Steigen, Kopfschlagen u. Ä.

4.4 Allgemeine Palpation

Bei der allgemeinen Palpation (**Tab. 4.1**) ist auf mögliche Reaktionen zu achten. Dazu gehören:

- lokaler/generalisierter Muskelspasmus, Zusammenzucken, Rücken wegdrücken u. Ä.
- Ohren anlegen, beißen, ausschlagen, wegtrippeln u. Ä.
- dauerndes Wechseln der Standbeine
- Kauen, Gähnen

Tab. 4.1 Palpation.

Palpationsschritt	Vorgehen	Achten auf
Abstreichen des Fells mit sanftem Druck (zur Kontaktaufnahme mit dem Pferd)	s. Streichung (S. 184), **Tab. 5.1**	Wärme, Kälte
Abstreichen der Haut mit mittlerem Druck	s. Streichung (S. 184), **Tab. 5.1**	Auftreibungen, Atrophien, Narben
generalisierte und lokale Knetungen der Muskeln	s. Knetung/Walkung (S. 186)	Atrophie, Hypertrophie, Verschieblichkeit, Spasmus, Schmerzreaktion
Abheben/Anhaken der oberflächlichen Faszien	s. Knetung/ Walkung (S. 186)	Verschieblichkeit/Restriktionen/Schmerzreaktion
Turgor des Nacken- und Rückenbands	s. Knetung/ Walkung (S. 186)	Verschieblichkeit/Qualität der Bandstruktur/ Schmerzreaktion
Palpation der Wirbelkörper (HWS) und Dornfortsätze (BWS/LWS)	s. Streichung (S. 184), **Tab. 5.1**	Wirbelstellungen horizontal/vertikal
Palpation des Beckens	s. Streichung (S. 184), **Tab. 5.1**	Stellung des Beckens horizontal/vertikal
Palpation des Sakrums und der Tubera sacralia/ISG	s. Streichung (S. 184), **Tab. 5.1**	Stellung des Sakrums/ Freiheit der ISG
Palpation der Gliedmaßengelenke und des Kiefergelenks	s. Streichung (S. 184), **Tab. 5.1**	Größe des Gelenksspalts/ Qualität der Gelenksbänder/Stellung der Gelenkpartner, Klarheit/ Temperatur/Schmerzreaktion

4.5 Stresspunkt-Diagnostik

- **Stresspunkte nach Jack Meagher** (Abb. 4.1):
  - definierte Punkte innerhalb eines Muskels (**Tab. 4.2**)
  - reagieren auf Druck (= Stress) mit Spasmus und/oder Schmerzäußerung
- **Diagnostik**:
  - mittlerer bis starker Druck mit Daumen, Finger oder Ellenbogen
  - Druck einschleichend steigern, um das Pferd daran zu gewöhnen
  - Negativer Stresspunkt: auch bei starkem Druck weder Spasmus noch Schmerzreaktion

BEACHTE

Keine Stresspunkt-Diagnostik an Punkten durchführen, die sich im Vergleich zum umliegenden Gewebe deutlich wärmer anfühlen; hier könnte eine lokale Entzündung vorliegen.

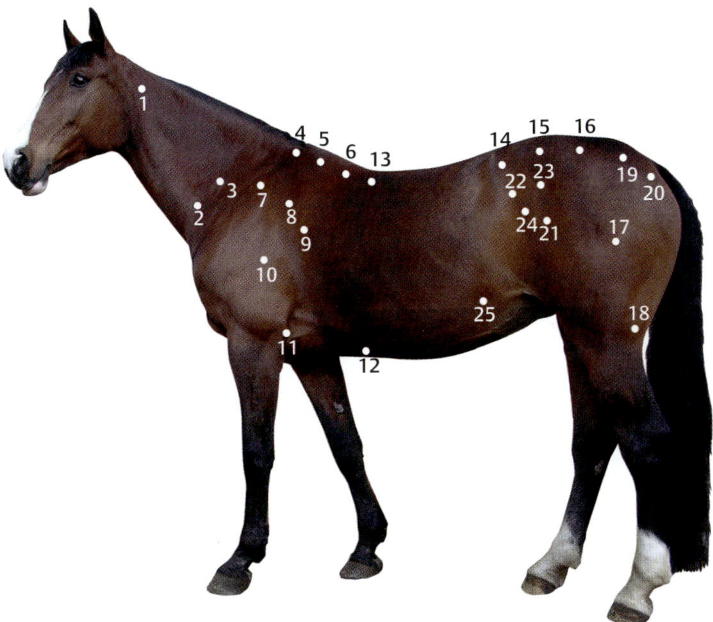

Abb. 4.1 Stresspunkte nach Meagher.

Tab. 4.2 Stresspunkte nach Meagher..

Stresspunkt	Muskel	Stresspunkt	Muskel
SP 1	M. rectus capitis lateralis	SP 14	M. longissimus kaudal
SP 2	M. brachiocephalicus	SP 15	Übergang von M. longissimus in den M. gluteus superficialis
SP 3	Mm. multifidi cervicis	SP 16	M. biceps femoris – Ursprung
SP 4	M. rhomboideus cervicis	SP 17	M. biceps femoris – Muskelbauch
SP 5	M. rhomboideus thoracis	SP 18	M. gastrocnemius
SP 6	M. trapezius	SP 19	M. semitendinosus
SP 7	M. supraspinatus	SP 20	M. semimembranosus
SP 8	M. infraspinatus	SP 21	M. tensor fasciae latae
SP 9	M. serratus ventralis thoracis	SP 22	M. iliopsoas
SP 10	M. triceps brachii – Muskelbauch	SP 23	M. gluteus accessorius
SP 11	M. triceps brachii – Ansatz	SP 24	M. obliquus externus abdominis – Ansatz Tuber coxae
SP 12	M. pectoralis profundus	SP 25	M. obliquus externus abdominis – Ansatz Rippen
SP 13	M. longissimus – kranial	–	–

4.6 Globale Bewegungstests

4.6.1 Wirbelsäule

4.6.1.1 Kleine Halsdehnung (C 0 – C 2)

ASTE Therapeut: seitlich neben dem Pferd

Handgriff: Pferd mit Futter dazu animieren, mit der Nase

- **FLEX**: in Richtung Manubrium sterni zu folgen (**Abb. 4.2a**)
- **LATFLEX/ROT**: in Richtung Buggelenk rechts bzw. links zu folgen (**Abb. 4.2b**)

Achten auf:

- BewA, BewAusf./AWB

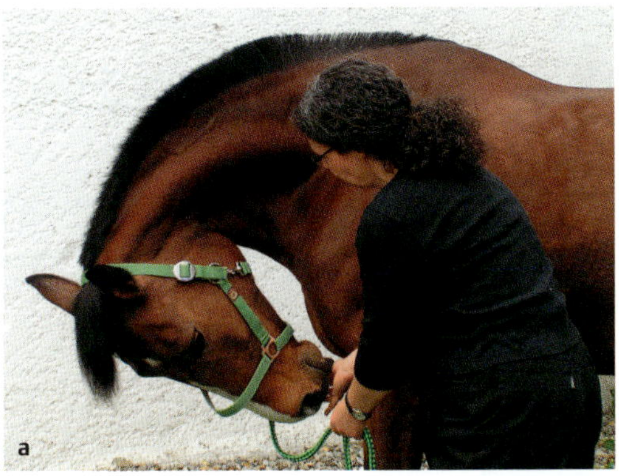

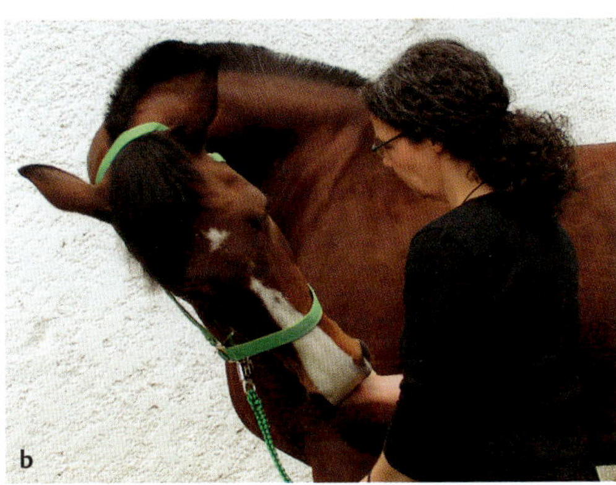

Abb. 4.2 Kleine Halsdehnung.

a FLEX C 0 – C 2

b LATFLEX/ROT C 0 – C 2

4.6.1.2 Große Halsdehnung (C 0 – C 7)

ASTE Therapeut: seitlich neben dem Pferd

Handgriff: Pferd mit Futter dazu animieren, mit seiner Nase

- **FLEX**: zwischen die Karpalgelenke etwas nach kaudal zu folgen (**Abb. 4.3a**)
- **EXT**: geradeaus nach vorne in Verlängerung der horizontalen WS zu folgen (**Abb. 4.3b**)
- **LATFLEX/ROT**: Richtung Tuber coxae rechts und links zu folgen (**Abb. 4.3c**)

Achten auf:

- BewA, BewAusf/AWB, insbes. Ausfallen der HiHa
- immobile Segmente

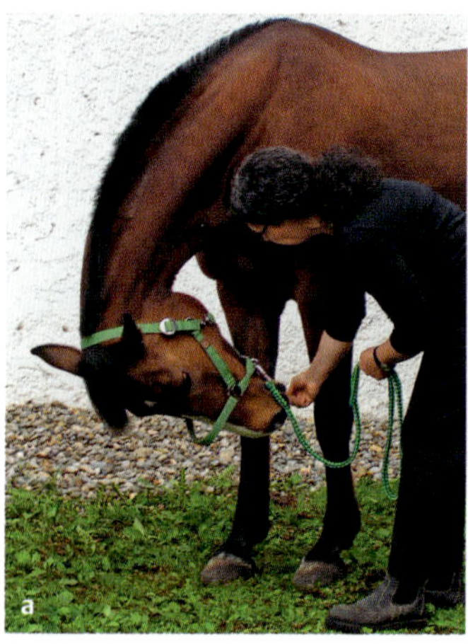

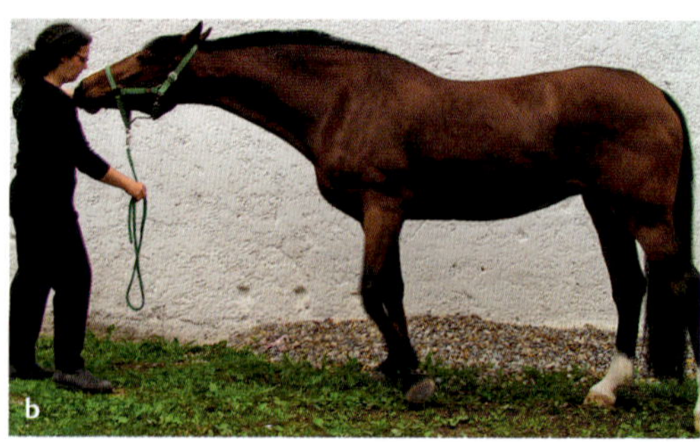

Abb. 4.3 Große Halsdehnung.
a FLEX C 0 – C 7
b EXT C 0 – C 7

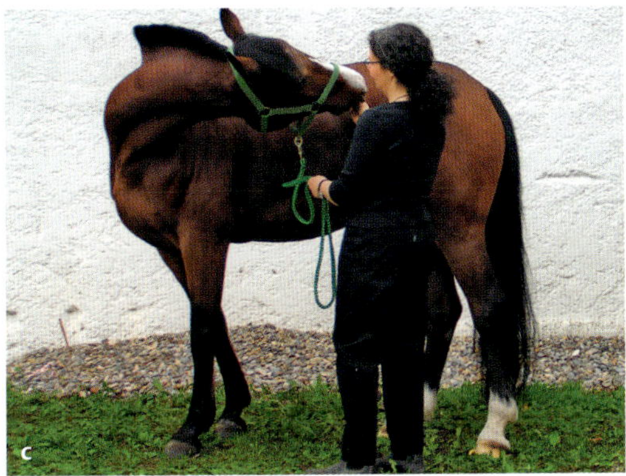

Fortsetzung
c LATFLEX/ROT C 0 – C 7

4.6.1.3 Thoraxhebung

= FLEX CTÜ und BWS kranialer Anteil

ASTE Therapeut: seitlich neben dem Rumpf

Handgriff 1: Am Proc. xiphoideus mit einem Finger festen Druck Richtung dorsal geben (**Abb. 4.4**).

Handgriff 2: Mit einem Finger mit festem Druck die Linea alba vom Nabel her Richtung Proc. xiphoideus ausstreichen.

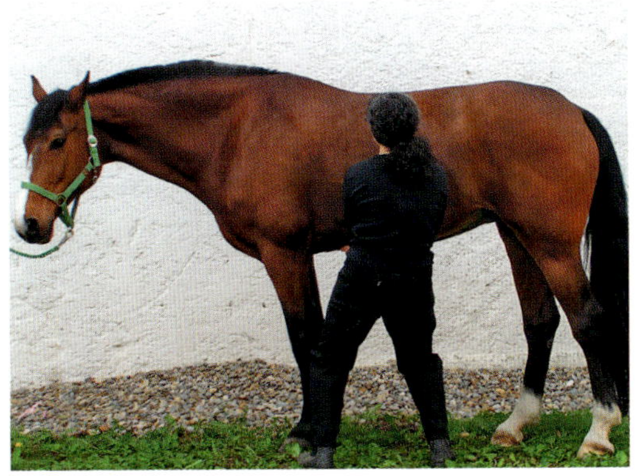

Abb. 4.4 Thoraxhebung.

Reaktion Pferd: Anheben und Beugen der BWS aus dem Widerrist heraus

Achten auf:
- Gleichmäßigkeit der FLEX der einzelnen Segmente
- Symmetrie der Bauchmuskelaktivität, AWB, Schmerzäußerung
- Spasmus der Muskulatur (Agonist oder Antagonist!)

4.6.1.4 Wirbelsäulenflexion

= FLEX BWS kaudaler Anteil bis Sakrum

ASTE Therapeut: hinter der Kruppe

Handgriff: Mit festem Druck beidseitig von kaudal der Tubera sacralia in Richtung Tubera ischiadica streichen (**Abb. 4.5**).

Reaktion Pferd: Beugen von BWS, LWS und Sakrum

Achten auf:
- Gleichmäßigkeit der FLEX der einzelnen Segmente
- Symmetrie der Bauchmuskelaktivität, AWB, Schmerzäußerung
- Spasmus der Muskulatur (Agonist oder Antagonist!)

Abb. 4.5 Wirbelsäulenflexion.

4.6.1.5 Wirbelsäulenextension

= EXT BWS bis Sakrum

ASTE Therapeut: seitlich neben dem Pferd

Handgriff: Mit festem Druck beidseitig entlang der WS vom Widerrist bis kranial der Tubera sacralia streichen (**Abb. 4.6**).

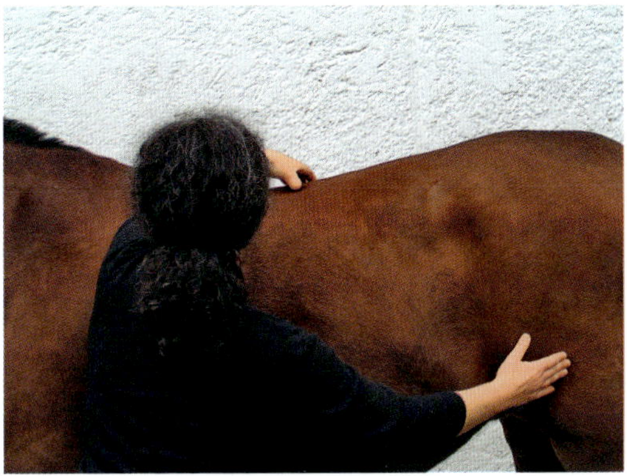

Abb. 4.6 Wirbelsäulenextension.

Reaktion Pferd: Strecken erst der BWS, dann der LWS mit Sakrum

Achten auf:

- Gleichmäßigkeit der EXT der einzelnen Segmente
- Symmetrie der Rückenmuskelaktivität, AWB, Schmerzäußerung
- Spasmus der Muskulatur (Agonist oder Antagonist!)

4.6.1.6 Wirbelsäulenbiegung

= LATFLEX/ROT BWS bis Sakrum

ASTE Therapeut: seitlich neben dem Pferd

Handgriff 1: Mit festem Druck in einem Halbkreis vom Tuber sacrale zum Tuber ischiadicum streichen (**Abb. 4.7**).

Reaktion Pferd: kontralaterale Biegung (= vom Th. weg) mit LATFLEX/ROT ipsilateral (S. 36)

Handgriff 2: Mit einer Hand den Widerrist stabilisieren, während die andere Hand am Tuber coxae diesen sanft zur Gegenseite schiebt (**Abb. 4.7**).

Reaktion Pferd: kontralaterale Biegung (= vom Th. weg) mit LATFLEX/ROT ipsilateral (S. 36)

Achten auf:

- BewA im SeitV (ca. 20 – 30°), AWB, Schmerzäußerung
- immobile Segmente

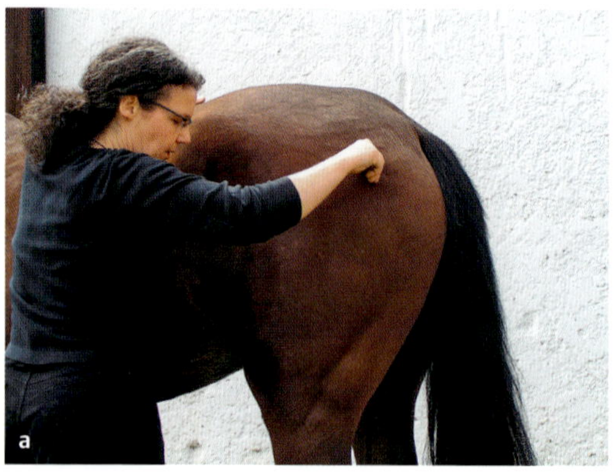

Abb. 4.7
a Wirbelsäulenbiegung Handgriff 1.
b Wirbelsäulenbiegung Handgriff 2.

4.6.2 Vorhand

4.6.2.1 Subskapulartechnik

ASTE Therapeut: seitlich neben der Schulter des Pferdes

ASTE Pferd: leicht in Richtung Therapeut gebogen

Handgriff: Flächig mit den Händen wechselnd mit den Handkanten entlang der Margo cranialis scapulae vom Cartilago scapulae Richtung Buggelenk fahren (**Abb. 4.8**). Bei jedem weiteren Ausstreichen versuchen, tiefer mit

Abb. 4.8 Subskapulartechnik.

den Handkanten profund der Scapula zu streichen. Zum Abschluss ventrales Ende der Scapula leicht nach lateral vom Pferd „abheben" und die profund liegenden Strukturen ca. 1 Minute sanft in der Dehnung halten.

Achten auf:

- mögliche Tiefe und Ausmaß der Ausstreichungen im SeitV, AWB, Schmerzäußerung

4.6.2.2 Vorhanddehnung kranial gebeugt

= FLEX Scapula, EXT Buggelenk, FLEX Ellenbogengelenk, FLEX Karpal- und Zehengelenke

ASTE Therapeut: links kranial der Schulter des Pferdes

Handgriff: Mit linker Hand am Karpalgelenk das Bein gebeugt anheben (Abb. 4.9). In dieser Stellung den Unterarm geradeaus nach kranial führen mit Unterstützung der rechten Hand am Olecranon. Die WS darf frühestens dann in EXT weiterlaufen (über M. latissimus dorsi vermittelt), wenn der Unterarm in der Horizontalen steht.

Achten auf:

- BewA im SeitV, AWB, Schmerzäußerung, EndG, Bal.
- vorzeitiges Weiterlaufen auf die WS

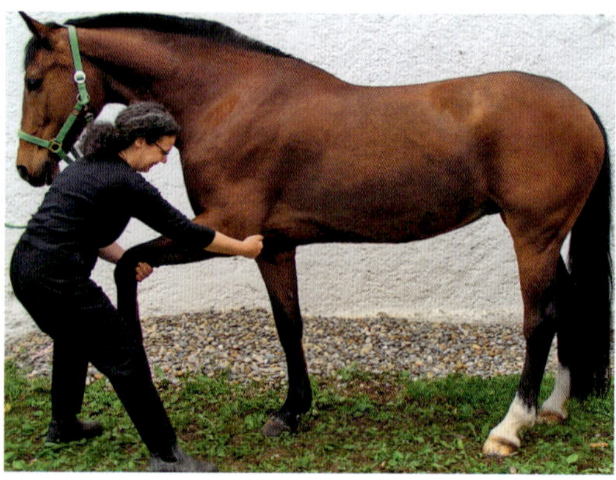

Abb. 4.9 Vorhanddehnung kranial gebeugt.

4.6.2.3 Vorhanddehnung kranial gestreckt

= FLEX Scapula, EXT Buggelenk, FLEX Ellenbogengelenk, EXT Karpal- und Zehengelenke

ASTE Therapeut: links kranial der Schulter des Pferdes

Handgriff: Vorderbein mit linker Hand am Fesselkopf und der rechten Hand am Karpalgelenk nach kranial gestreckt halten (**Abb. 4.10**). In dieser Stellung das Bein geradeaus so weit nach kranial führen, bis Aktivierung des Streckreflexes im Vorderbein spürbar und im Fesselgelenk sichtbar wird. Hierbei wird das Bein nicht soweit nach dorsal angehoben, dass die WS in die EXT weiterläuft.

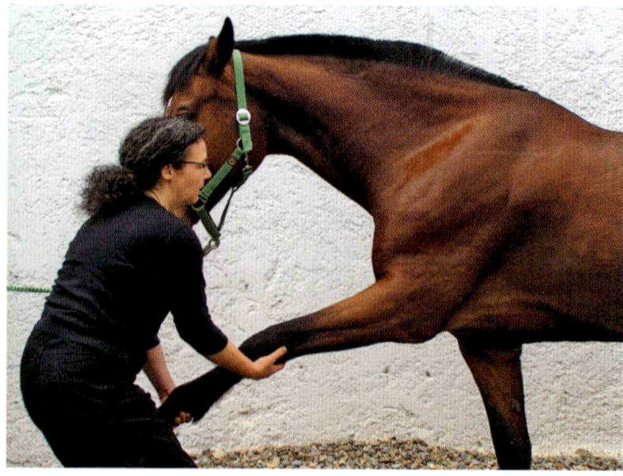

Abb. 4.10 Vorhanddehnung kranial gestreckt.

Reaktion Pferd: Streckreflex nach kranial

Achten auf:
- BewA im SeitV, EndG, AWB, Schmerzäußerung, Bal.
- Aktivierung des Streckreflexes

4.6.2.4 Vorhanddehnung kaudal

= EXT Scapula, FLEX Buggelenk, EXT Ellenbogengelenk, EXT Karpal- und Zehengelenke

ASTE Therapeut: links seitlich der Schulter des Pferdes

Handgriff: Vorderbein mit rechter Hand am Fesselkopf und der linken Hand am Karpalgelenk nach kaudal gestreckt halten (**Abb. 4.11**). In dieser Stellung das Bein so weit nach kaudal Richtung ipsilateralem Hinterbein führen, bis die Aktivierung des Streckreflexes im Vorderbein spürbar und im Fesselgelenk sichtbar wird.

Reaktion Pferd: Streckreflex nach kaudal

Achten auf:
- BewA im SeitV, EndG, AWB, Schmerzäußerung, Bal.
- Aktivierung des Streckreflexes

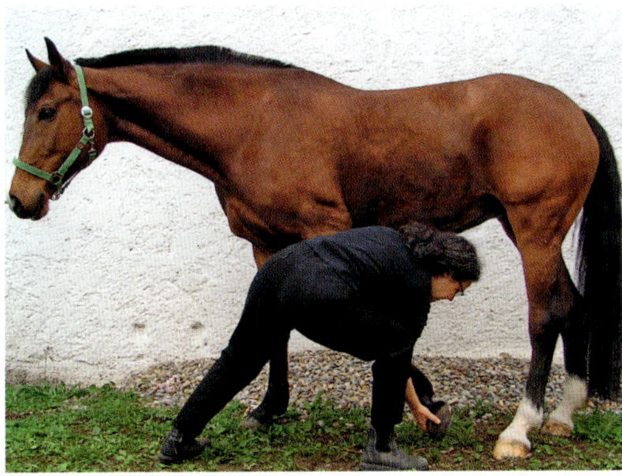

Abb. 4.11 Vorhanddehnung kaudal.

4.6.2.5 Vorhanddehnung in ABD gebeugt

= ABD Scapula, FLEX Bug-, Ellenbogen-, Karpal- und Zehengelenke

ASTE Therapeut: links neben der Schulter des Pferdes

Handgriff: Mit linker Hand am Fesselkopf das Vorderbein in Tripelflexion anbeugen. In dieser Stellung das Bein in ABD führen, während die rechte Hand an der Cartilago scapulae prüft, inwieweit sich die Scapula dem Widerrist annähert (**Abb. 4.12**).

Achten auf:

- BewA im SeitV, EndG, AWB, Schmerzäußerung, Bal.

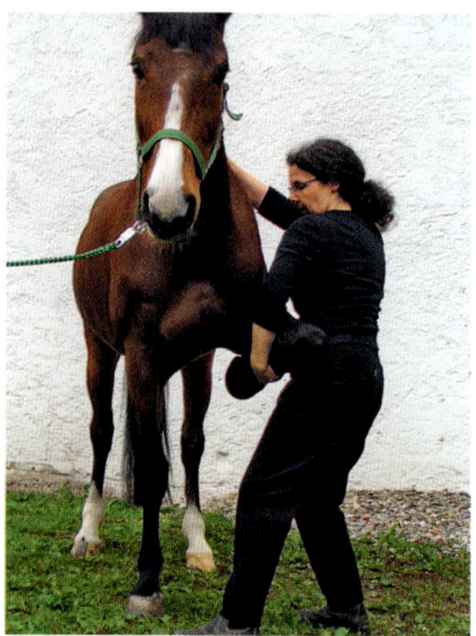

Abb. 4.12 Vorhanddehnung in ABD.

4.6.2.6 Vorhanddehnung in ADD mit Protraktion

= ADD und FLEX Scapula, EXT Buggelenk, FLEX Ellenbogengelenk, EXT Karpal- und Zehengelenke

ASTE Therapeut: vor dem Pferd

Handgriff: Vorderbein mit linker Hand am Fesselkopf und rechter Hand am Karpalgelenk nach kraniomedial strecken (**Abb. 4.13**). In dieser Stellung das Bein weiter so weit nach kraniomedial führen, bis Aktivierung des Streckreflexes im Vorderbein spürbar und im Fesselgelenk sichtbar wird.

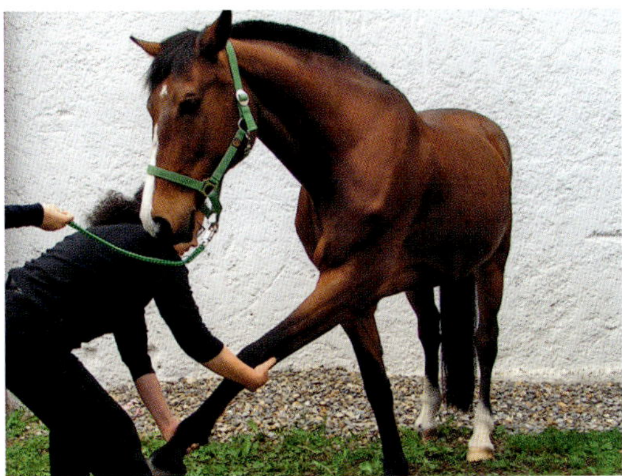

Abb. 4.13 Vorhanddehnung in ADD mit Protraktion.

Hierbei wird das Bein nicht soweit nach dorsal angehoben, dass die WS in die EXT weiterläuft.

Reaktion Pferd: Streckreflex nach kraniomedial

Achten auf:

- BewA im SeitV, EndG, AWB, Schmerzäußerung, Bal.
- Aktivierung des Streckreflexes

4.6.2.7 Vorhanddehnung in ADD mit Retraktion

= ADD und EXT Scapula, FLEX Buggelenk, EXT Ellenbogengelenk, EXT Karpal- und Zehengelenke

ASTE Therapeut: auf der kontralateralen Seite

Handgriff: Mit rechter Hand am Karpalgelenk und linker Hand am Fesselkopf das Vorderbein unter dem Bauch des Pferdes Richtung kontralateralem Hinterbein strecken (**Abb. 4.14**). Hierbei sollte der Hals des Pferdes gerade bleiben bzw. sich nicht zum gedehnten Bein biegen. Die Dehnung nach kaudomedial so weit führen, bis Aktivierung des Streckreflexes im Vorderbein spürbar und im Fesselgelenk sichtbar wird.

Reaktion Pferd: Streckreflex nach kaudomedial

Achten auf:

- BewA im SeitV, EndG, AWB, Schmerzäußerung, Bal.
- Aktivierung des Streckreflexes

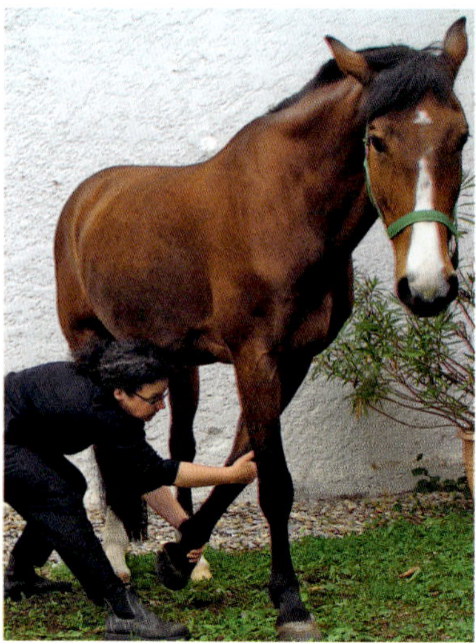

Abb. 4.14 Vorhanddehnung in ADD mit Retraktion.

4.6.3 Hinterhand

4.6.3.1 Hinterhanddehnung kranial

= FLEX Becken, FLEX Hüftgelenk, EXT Knie- und Sprunggelenk, FLEX > EXT Zehengelenke

ASTE Therapeut: links neben dem Rumpf

Handgriff: Hinterbein mit rechter Hand am Fesselkopf und der linken Hand am Sprunggelenk gestreckt nach kranial Richtung ipsilateralem Vorderbein führen (**Abb. 4.15**). Dehnung nach kranial so weit führen, bis Aktivierung des Streckreflexes im Hinterbein spürbar und im Fesselgelenk sichtbar wird. Hierbei wird das Bein nicht so weit nach dorsal angehoben, dass das Sakrum/LWS in die FLEX weiterläuft; die Dehnung soll nur bis zum ISG weiterlaufen.

Reaktion Pferd: Streckreflex nach kranial

Achten auf:

- BewA im SeitV, EndG, AWB, Schmerzäußerung, Bal.
- Aktivierung des Streckreflexes

Abb. 4.15 Hinterhanddehnung kranial.

4.6.3.2 Hinterhanddehnung kaudal

= EXT Becken, EXT Hüft-, Knie-, Sprung- und Zehengelenke

ASTE Therapeut: links neben der Kruppe

Handgriff: Hinterbein mit rechter Hand am Fesselkopf und linker Hand am Sprunggelenk geradeaus nach kaudal führen (**Abb. 4.16**). Dehnung nach kaudal so weit führen, bis Aktivierung des Streckreflexes im Hinterbein spürbar und im Knie-, Sprung- und Fesselgelenk sichtbar wird. Hierbei wird das Bein nicht soweit nach dorsal angehoben, dass das Sakrum/LWS in die EXT weiterläuft; die Dehnung soll nur bis zum ISG weiterlaufen.

Abb. 4.16 Hinterhanddehnung kaudal.

Reaktion Pferd: Streckreflex nach kaudal

Achten auf:

- BewA im SeitV, EndG, AWB, Schmerzäußerung, Bal.
- Aktivierung des Streckreflexes

4.6.3.3 Hinterhanddehnung in ABD

= FLEX und ROT Becken, FLEX und ABD Hüftgelenk, FLEX Knie-, Sprung-, Zehengelenke

ASTE Therapeut: links neben der Kruppe

Handgriff: Mit rechter Hand am Fesselkopf das Hinterbein in Tripelflexion anbeugen. In dieser Stellung das Bein in ABD führen, während die linke Hand am Trochanter major und am Tuber sacrale prüft, inwieweit die ABD im Hüftgelenk stattfindet bzw. ins ISG weiterläuft (**Abb. 4.17**).

Achten auf:

- BewA im SeitV, EndG, AWB, Schmerzäußerung, Bal.

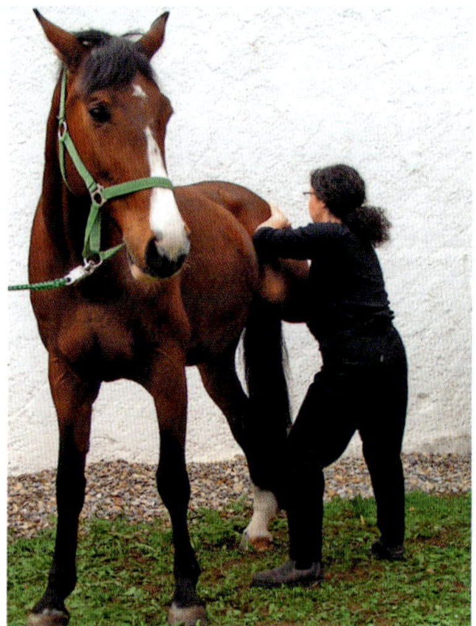

Abb. 4.17 Hinterhanddehnung in ABD.

4.6.3.4 Hinterhanddehnung in ADD

= FLEX und ROT Becken, FLEX und ADD Hüftgelenk, EXT Knie- und Sprunggelenk, FLEX Zehengelenke

ASTE Therapeut: auf der kontralateralen Seite (hier: rechts)

Handgriff: Hinterbein mit linker Hand am Fesselkopf und der rechten Hand am Sprunggelenk unter dem Bauch des Pferdes nach kraniomedial Richtung kontralateralem Vorderbein führen (**Abb. 4.18**). Dehnung nach kraniomedial so weit führen bis Aktivierung des Streckreflexes im Hinterbein spürbar und im Fesselgelenk sichtbar wird.

Achten auf:

- BewA im SeitV, EndG, AWB, Schmerzäußerung, Bal.
- Aktivierung des Streckreflexes

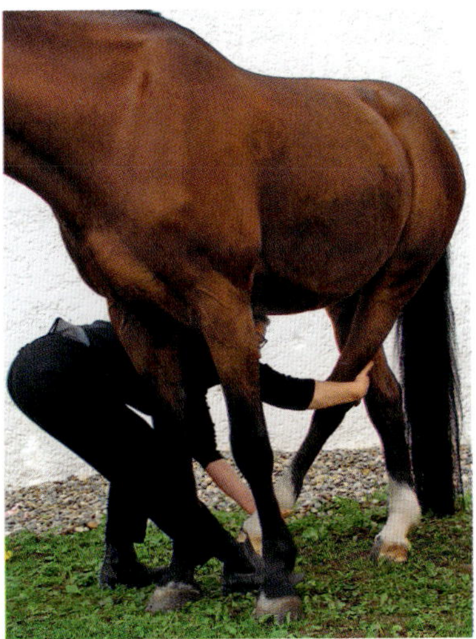

Abb. 4.18 Hinterhanddehnung in ADD.

4.6.3.5 „Schaukeln" des Pferdes

= globale Beurteilung bzgl. ISG, Becken und Hüftgelenke

ASTE Therapeut: durch Abklopfen der Kruppe Kontakt aufnehmen, dann von kaudal dicht gegen die Tubera ischiadica lehnen

Handgriff: Hände flächig von lateral an die Tubera coxae legen und das Pferd sanft langsam und mit kleiner Amplitude nach rechts und links schwingen (**Abb. 4.19**).

Reaktion Pferd: lässt die Schaukelbewegung zu, schwingt sich langsam ein

Achten auf:

- Zulassen dieses Griffes durch das Pferd
- BewA im SeitV, Restriktion der Bewegung auf einer Ebene

Schaukeln als Faszien- und globale Mobilisierungstechnik:
Th. vergrößert sanft die Amplitude des Schaukelns in einem dem Pferd angenehmen Tempo und Rhythmus und stellt sich dabei vor, wie die schwingende Bewegung durch die gesamte WS bis ins Genick läuft.

Hierdurch lösen sich von kaudal nach kranial die Fasciae glutae, thoracolumbalis, spinocostotransversalis und brachii, die Ligg. interspinale, supraspinale und nuchae sowie die Artt. costovertebrale.

Abb. 4.19 Schaukeln.

4.7 Lauschen (Listening-, Ecoute-Technik)

Die Technik des Lauschens kann bei allen Strukturen, Körperteilen und Organen angewandt werden, unabhängig davon, wie profund sich die zu untersuchende Struktur befindet.

ASTE Therapeut: Eine oder beide Hände auf die zu untersuchende Körperstelle legen.

Technik: Gedanklich mit der zu untersuchenden Struktur vereinen und mit den Händen lauschen, in welche Richtung(en) die betreffende Struktur die Hände führt. Die Läsion besteht in die Richtung, in die die Hände hingezogen werden.

Durch das Lauschen können nicht nur die Strukturen lokalisiert werden, die vordergründig eine Symptomatik aufweisen. Es wird auch spürbar, welche Strukturen dieser Symptomatik ursächlich zugrunde liegen. Dies kann sich darstellen als eine „Reise durch das Pferd“, die gleichzeitig eine „Reise durch die Vergangenheit dieses Pferdes“ sein kann: Alte Läsionen zeigen sich, die häufig vom Ort der Symptomatik weit entfernt und häufig auch auf anderen Strukturebenen liegen. Somit kann durch das Lauschen der gesamte osteopathische Befund auf der Grundlage der anatomischen, biomechanischen und physiologischen Verbindungen im Körper des Pferdes erhoben werden.

5 Allgemeine Behandlungstechniken

Im Folgenden werden die von mir bevorzugten Behandlungstechniken dargestellt, die sich im Laufe meiner Arbeit als besonders effektiv für die Pferde und kraftschonend für die Therapeutin bewährt haben. Die Behandlungsreihenfolge ergibt sich individuell aufgrund der Befunderhebung.

5.1 Grundlagen

5.1.1 Vorbereitung

Vor Beginn der Behandlung sollte sich der Therapeut entsprechend vorbereiten:

- Schaffung eines „therapeutischen Raumes", einer „energetischen Seifenblase", in der sich Pferd und Therapeut während der Behandlung befinden und vor äußeren, störenden Einflüssen geschützt sind.
- Konzentration des Therapeuten auf sein „Practitioner Fulkrum", d. h. Fokussierung auf das Pferd, auf die Wahrnehmungen in seinen Händen, auf die zu prüfende Struktur und die Verknüpfungen im Pferd.

5.1.2 Ziel

Das Ziel einer Behandlung besteht darin, jedem einzelnen Pferd mit seinem individuellen Problem zu ermöglichen, möglichst gesund und schmerzfrei alt zu werden. Dieser Ansatz äußerst sich darin, dass ein Osteopath dem Individuum als Ganzem lauscht und sich von diesem Lebewesen führen lässt

- an die **Stelle** oder **Struktur**, an der eine Läsion vorliegt,
- in der **Intensität und Dauer**, mit der eine Stelle oder Struktur **in diesem Moment** behandelt wird,
- in der **Technik**, die genau an dieser Stelle oder Struktur in diesem Moment angebracht ist.

Je nachdem, wie sich das Pferd körperlich, aber auch psychisch zeigt, beginnt man mit den Muskel- und Dehntechniken oder eher mit den osteopathischen bzw. kraniosakralen Techniken.

5.1.3 Behandlungsgrundsätze

Das Pferd zeigt dem Therapeuten den Weg, die Art und die Tiefe der Lösung, die das Pferd bei diesem momentanen Behandlungstermin sinnvoll verarbeiten kann!

Keine Gabe von Schmerz- oder Beruhigungsmitteln!

Die Untersuchung unter gleichzeitiger Schmerz- oder Beruhigungsmittelgabe ergibt keine authentische Befundung und verhindert somit eine sinnvolle, läsionsbezogene Behandlung.

Sanfte Arbeit!

Die sanfte Kraft, die über einen längeren Zeitraum auf eine Struktur einwirkt, hat tiefgreifendere und nachhaltigere Veränderungen im Körper zur Folge als eine große Kraft, die über eine kurzen Zeitraum einwirkt.

Keine Anwendung von schmerzhaften Techniken!

Das (auch nur kurzzeitige) Zufügen von Schmerzen führt zu einer reflektorischen Erhöhung des allgemeinen Muskeltonus, was eine sinnvolle und heilsame Mobilisierung äußerst erschwert bzw. unmöglich macht.

Bewegungsspielraum für das Pferd

Dem Pferd sollte stets die Möglichkeit gegeben werden, dem Th. zu zeigen, was eine bestimmte Technik bei ihm auslöst. Das Pferd sollte weichen können, wenn ihm eine bestimmte Technik/Behandlung Schmerzen bereitet. Andererseits helfen Pferde oft bei der Lösung einer Läsion mit durch einen Positionswechsel oder die Durchführung einer bestimmten Bewegung zur rechten Zeit.

5.2 Muskeltechniken

Ein gesunder Muskel muss **jederzeit** in der Lage sein, sich komplett zu kontrahieren, zu entspannen und sich dehnen zu lassen. Die Muskeltechniken bewirken je nach Zielsetzung eine **Tonusminderung** in hypertoner Muskulatur oder eine **Tonuserhöhung** in hypotoner Muskulatur.

Wichtig für die Entscheidung, welche Technik an welchem/er Muskel/gruppe angewandt wird, sind folgende Fragen:

- Kann die Bewegung nicht ausgeführt werden, weil der Agonist hypoton ist?
- Kann die Bewegung nicht ausgeführt werden, weil der Antagonist hyperton ist?
- Kann der Agonist keinen Tonus aufbauen, weil er eine andere Struktur schützt (= hypotontendomyotischer reaktiver Muskel)?
- Kann ein Antagonist nicht seinen Tonus abbauen, weil er eine andere Struktur schützt (= hypertontendomyotischer reaktiver Muskel)?

Reaktiver Muskel:

- Ist ein Muskel, der seinen Tonus erhöht oder vermindert, um einen anderen Muskel, ein Organ, Wirbelsegment oder Gelenk zu schützen.
- Liegt dann vor, wenn die korrekte Behandlung dieses Muskels nicht zu dessen Detonisierung bzw. Tonisierung führt. Erst die Behandlung der ursächlichen Läsion wird zur Normalisierung des Tonus des betreffenden Muskels führen.

Grundsätzlich kann jeder Muskel ein Reaktor sein, der zu einem reaktiven Muskel führt. Häufig ist ein Reaktor zu finden:

- in der synergistischen Muskelkette
- in der antagonistischen Muskelkette
- im gleichen Muskel auf der kontralateralen Körperseite

Hier gilt es, die möglichen Reaktoren zu identifizieren und zu behandeln und danach jeweils zu prüfen, ob der reaktive Muskel entsprechend seinen Tonus normalisiert hat.

5.2.1 Streichung (Effleurage)

Die Effleurage ist ein großflächiger, fließender Griff mit beiden Händen, der in der Längsrichtung der Muskulatur bzw. im Verlauf der Lymphgefäße durchgeführt wird.

5.2.1.1 Wirkung/Anwendung

Siehe Tab. 5.1.

Tab. 5.1 Ausführungsvarianten der Streichung und deren Anwendungsgebiete/Wirkung.

Ausführungsvarianten	Wirkung bzw. Anwendungsgebiet
langsame Ausführung	
sanfter Druck	• Kontaktaufnahme/Erholungspause zwischen stärkeren Griffen/Abschluss der Behandlung • Palpation/Erkundung der äußeren Körperoberfläche (Tab. 4.1) • Beruhigung des VNS • Detonisierung der Muskulatur • Unterstützung des venösen/lymphatischen Rückflusses
kräftiger Druck	• Hyperämisierung • Detonisierung der Muskulatur
schnelle Ausführung	
leichter bis fester Druck	• Anregung des VNS • Tonisierung der Muskulatur • Hyperämisierung
Richtung	
von kranial nach kaudal/ von proximal nach distal (fußwärts)	• Beruhigung des VNS • Detonisierung der Muskulatur
von kaudal nach kranial/ von distal nach proximal (herzwärts)	• Anregung des VNS • Tonisierung der Muskulatur • Unterstützung des venösen/lymphatischen Rückflusses
Sonderform	
Interkostaltechnik*	• Detonisierung der Interkostalmuskeln • Lösung des interkostalen Gewebes • Verbesserung und Vertiefung der Atemexkursion

* Die Interkostalräume werden mit gespreizten Fingern so sanft, aber auch so tief wie möglich ausgestrichen.

5.2.2 Klopfung (Tapotement)

Beim Tapotement werden kurze, schlagende Bewegungen mit der Handkante (= Hackung), den lockeren Fingern oder der flachen Hand (= Klatschung) bzw. der Hohlhand ausgeführt (Klopfung).

5.2.2.1 Wirkung/Anwendung

- Desensibilisierung (bei sehr berührungsempfindlichen Pferden)
- Hyperämisierung
- Harmonisierung des Muskeltonus
- Schleimlösung (bei sanfter (!) Hohlhandklopfung über der Lunge)

5.2.3 Knetung/Walkung (Petrissage)

- Bei der Petrissage werden ganze Muskeln, Muskelanteile oder ligamentäre Strukturen abgehoben, quer zur Faserrichtung gedehnt, unter Zug rhythmisch verformt oder ausgepresst.
- Je nach Größe der Struktur wird die Petrissage als Zweihand-, Einhand-, Fingerspitzen- oder Daumenknetung ausgeführt.
- **Knetung**:Der Muskelbauch wird mit beiden Händen/Fingern in sich verwrungen → Dehnungseffekt.
- **Walkung**:Der Muskelbauch wird gegen den profund liegenden Knochen verschoben → Auspresseffekt.

5.2.3.1 Wirkung/Anwendung

- Harmonisierung des Muskeltonus
- Lösung des Bindegewebes
- Hyperämisierung
- Abtransport von Stoffwechselprodukten (v. a. bei Walkung von distal nach proximal)
- Lockerung des Nacken- und Rückenbands (**Tab. 4.1**)
- Lösung von Faszien (**Tab. 4.1**)

5.2.4 Zirkelung (Friktion)

- Bei der Friktion werden kleine kreisförmige oder quer zur Faser verlaufende Bewegungen mit immer weiterem Vortasten in die Tiefe des Gewebes durchgeführt.
- Je nach Größe der Struktur wird die Friktion mit Fingerkuppe, Daumen- oder Handwurzelballen durchgeführt.

5.2.4.1 Wirkung/Anwendung

- Detonisierung der Muskulatur
- Querdehnung eines Muskels/einer Sehne
- Aktivierung an der Insertion
- Lösung von Myogelosen/von Verklebungen einzelner Gewebsschichten

Sonderform: Bindegewebiger Anhakstrich

Mittel- und Ringfinger werden mit den Fingerbeeren senkrecht auf das Gewebe gesetzt (**Abb. 5.1**) und ziehen die Muskelfasern oder das Gewebe entlang oder quer zum Verlauf aus. Wichtig ist hierbei, dass die Finger durch das Bindegewebe gezogen und nicht geschoben werden!

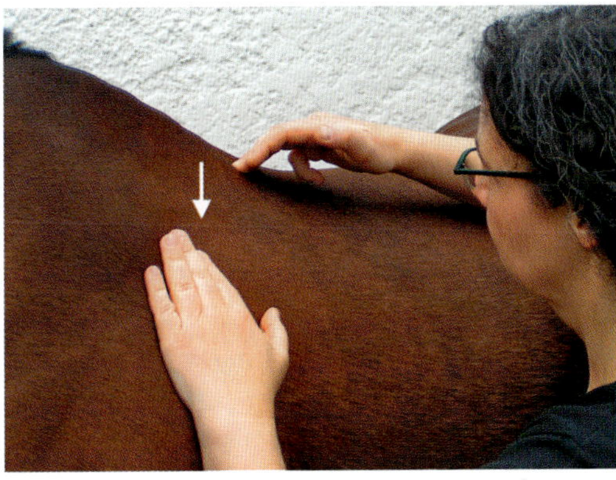

Abb. 5.1 Bindegewebiger Anhakstrich am Lig. supraspinale.

5.2.5 Spindelzelltechnik

Die Spindelzellen sind Rezeptoren im Muskelbauch, die die Länge des betreffenden Muskels messen.

5.2.5.1 Wirkung/Anwendung

Siehe **Abb. 5.2**.

- Sedierung eines Muskels: Zusammenschieben des Muskelbauchs >-<
- Tonisierung eines Muskels: Auseinanderschieben des Muskelbauchs ↔

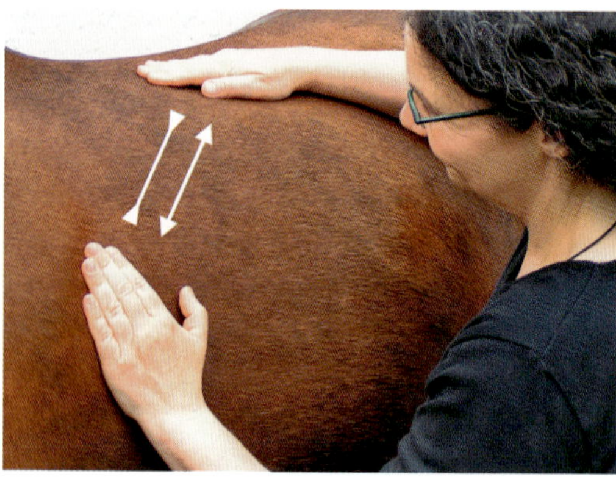

Abb. 5.2 Spindelzelltechnik.

5.2.6 Golgitechnik

Die GOLGI-Sehnenorgane sind Rezeptoren in den Sehnen-Muskel-Übergängen, die die Spannung des betreffenden Muskels messen.

5.2.6.1 Wirkung/Anwendung

- Sedierung eines Muskels: Auseinanderschieben der Sehnen-Muskel-Übergänge
- Tonisierung eines Muskels: Zusammenschieben der Sehnen-Muskel-Übergänge

5.2.7 Stresspunkt-Therapie

Die Funktionsweise der Stresspunkt-Therapie beruht auf den Golgirezeptoren innerhalb des Muskel-Sehnenansatzes: Der ohnehin bereits verspannte Muskel wird durch den Druck auf den Stresspunkt weiter massiv unter Spannung gesetzt, sodass der Muskel „befürchten" muss zu reißen. Um dies zu verhindern, kommt es über die rückenmarksgesteuerte Eigenregulation der Muskulatur zur Einstellung eines neuen Soll-Wertes, der dann zur Entspannung des Muskels führt.

5.2.7.1 Ausführung

Siehe Tab. 5.2.

Tab. 5.2 Schritt-für-Schritt-Anleitung der Stresspunkt-Therapie.

Durchführung	Ausführungs-dauer	Wirkung
1. Schritt		
direkter Druck mit dem Daumen, Fingerspitzen oder Ellenbogen genau auf den Stresspunkt	ca. 2 – 3 Minuten	tiefe und dauerhafte Hyperämisierung am Stresspunkt und Freisetzung von Histamin und Azetylcholin, wodurch die gesteigerte Durchblutung für mehrere Stunden anhält
2. Schritt		
Querfriktionen = unter Beibehaltung des Druckes wird mit dem Daumen oder der gesamten Handfläche der Muskelbauch quer zu seinem Faserverlauf ausmassiert	ca. 2 – 3 Minuten	Trennung verkrampfter Muskelfasern, um wieder eine physiologische Spannung und Entspannung zu ermöglichen
3. Schritt		
Ausmasssieren des gesamten Muskelbauchs	ca. 5 – 10 Minuten	Lösung des umliegenden Gewebes und Unterstützung der Drainage der mobilisierten Flüssigkeiten
4. Schritt		
Dehnung der mit Stresspunkttherapie und Massage gelockerten Muskulatur	30 – 60 Sekunden	Wiederherstellung des physiologischen Bewegungsausmaßes der Gelenke
5. Schritt		
physiologisches Training des Pferdes	5 – 10 Minuten, täglich steigernd bis zu 45 Minuten	(Wieder-)Erlernen des physiologischen Bewegungsablaufs

5.2.7.2 Dehnungen und physiologisches Training der einzelnen Stresspunkte

Siehe Tab. 5.3.

Tab. 5.3 Dehnungen und Gymnastizierung im Rahmen der Stresspunkt-Therapie.

Stresspunkt	Dehnung und physiologisches Training
SP 1 M. rectus capitis lateralis	• Kleine Halsdehnung (S. 165) kontralateral • leichtes Bewegen im vorwärts-abwärts
SP 2 M. brachio-cephalicus	• Subskapulartechnik (S. 170) ipsilateral • Große Halsdehnung (S. 166) kontralateral • Vorhanddehnung kaudal (S. 173) ipsilateral • Arbeiten auf großen Zirkeln, anfangs kleine Wendungen meiden
SP 3 Mm. multifidi cervicis	• Große Halsdehnung (S. 166) kontralateral • Arbeiten auf kleinen Zirkeln und Volten
SP 4 M. rhomboideus cervicis	• Vorhanddehnung kranial (S. 171), kaudal (S. 173), in ADD (S. 174) ipsilateral • Sattelkontrolle • fleißiges Vorwärtsreiten
SP 5 M. rhomboideus thoracis	• Vorhanddehnung kranial (S. 171), kaudal (S. 173), in ADD mit Protraktion (S. 174) und Retraktion (S. 175) ipsilateral • Sattelkontrolle • fleißiges Vorwärtsreiten
SP 6 M. trapezius	• Vorhanddehnung kranial (S. 171), kaudal (S. 173), in ADD mit Protraktion (S. 174) und Retraktion (S. 175) ipsilateral • Sattelkontrolle • fleißiges Vorwärtsreiten
SP 7 M. supraspinatus	• Vorhanddehnung kaudal (S. 173) und in ADD mit Retraktion (S. 175) ipsilateral • Sattelkontrolle • fleißiges Vorwärtsreiten
SP 8 M. infraspinatus	• Vorhanddehnung kranial (S. 171) und in ADD mit Protraktion (S. 174) ipsilateral • Sattelkontrolle • fleißiges Vorwärtsreiten
SP 9 M. serratus ventralis thoracis	• Große Halsdehnung (S. 166) kontralateral • Vorhanddehnung in ABD (S. 174) ipsilateral • Kontrolle des Sattelgurts und des Sattels • Arbeiten auf großen Zirkeln • Erarbeiten der Stützaktivität der Vorhand im Moment des Auffußens

Tab. 5.3 Fortsetzung.

Stresspunkt	Dehnung und physiologisches Training
SP 10 M. triceps brachii – Muskelbauch	• Vorhanddehnung kranial (S. 171) und in ADD mit Protraktion (S. 174) und Retraktion (S. 175) ipsilateral • fleißiges Vorwärtsreiten
SP 11 M. triceps brachii – Ansatz	• Vorhanddehnung kranial (S. 171) und in ADD mit Protraktion (S. 174) und Retraktion (S. 175) ipsilateral • fleißiges Vorwärtsreiten
SP 12 M. pectoralis profundus	• Vorhanddehnung kranial (S. 171) und in ABD (S. 174) • Kontrolle des Sattelgurtes und des Sattels • fleißiges Vorwärtsreiten • Erarbeiten der Stützaktivität der Vorhand im Moment des Auffußens
SP 13 M. longissimus – kranialer Anteil	• Thoraxhebung (S. 167) • Sattelkontrolle • Bodenarbeit/Longe/Doppellonge in Stellung und physiologischer WS-Rotation • Stangen- und Cavalettiarbeit
SP 14 M. longissimus – kaudaler Anteil	• Wirbelsäulenflexion (S. 168) • Wirbelsäulenbiegung (S. 169) kontralateral • Sattelkontrolle • Bodenarbeit/Longe/Doppellonge in Stellung und physiologischer WS-Rotation • Stangen- und Cavalettiarbeit
SP 15 Übergang von M. longissimus in den M. gluteus superficialis	• Wirbelsäulenflexion (S. 168) • Wirbelsäulenbiegung (S. 169) kontralateral • Bodenarbeit/Longe/Doppellonge in Stellung und physiologischer WS-Rotation • Stangen- und Cavalettiarbeit
SP 16 M. biceps femoris – Ursprung	• Hinterhanddehnung kranial (S. 176) ipsilateral • fleißiges Vorwärtsreiten
SP 17 M. biceps femoris – Bauch	• Hinterhanddehnung kranial (S. 176) ipsilateral • fleißiges Vorwärtsreiten
SP 18 M. gastrocnemius	• Hinterhanddehnung in ADD (S. 179) ipsilateral • fleißiges Vorwärtsreiten • kein Springen/versammelnde Arbeit
SP 19 M. semitendinosus	• Hinterhanddehnung kranial (S. 176) ipsilateral • fleißiges Vorwärtsreiten • kein Springen/versammelnde Arbeit

Tab. 5.3 Fortsetzung.

Stresspunkt	Dehnung und physiologisches Training
SP 20 M. semimembranosus	• Hinterhanddehnung kranial (S. 176) ipsilateral • fleißiges Vorwärtsreiten • kein Springen/versammelnde Arbeit
SP 21 M. tensor fasciae latae	• Hinterhanddehnung kaudal (S. 177) ipsilateral • fleißiges Vorwärtsreiten • keine engen Wendungen und Seitengänge
SP 22 M. iliopsoas	• Hinterhanddehnung kaudal (S. 177) ipsilateral • fleißiges Vorwärtsreiten • keine engen Wendungen und Seitengänge
SP 23 M. gluteus medius	• Hinterhanddehnung kranial (S. 176) und in ADD (S. 179) • fleißiges Vorwärtsreiten • kein Springen/versammelnde Arbeit
SP 24 M. obliquus externus abdominis – Ansatz am Tuber coxae	• Große Halsdehnung (S. 166) kontralateral • Wirbelsäulenbiegung (S. 169) kontralateral • Hinterhanddehnung kaudal ipsilateral • Arbeiten auf großen Zirkeln in Stellung und physiologischer WS-Rotation
SP 25 M. obliquus externus abdominis – Ansatz Rippen	• Große Halsdehnung (S. 166) kontralateral • Wirbelsäulenbiegung (S. 169) kontralateral • Hinterhanddehnung kaudal ipsilateral • Arbeiten auf großen Zirkeln in Stellung und physiologischer WS-Rotation

5.3 Globale Dehntechniken

Die ab dem Kapitel Globale Bewegungstests (S. 165) dargestellten globalen Bewegungstests werden in gleicher Weise und Ausführung als Dehntechniken angewandt.

BEACHTE

Nur bei **weichem Endgefühl** (S. 29) sind die folgenden globalen Dehntechniken indiziert, da diese darauf abzielen, **muskuläre** Verspannungen und Kontrakturen zu lösen. Bei **fest-elastischem bzw. hartem Endgefühl** (S. 29) sind die globalen Dehntechniken kontraindiziert. In diesen Fällen müssen **vor** Durchführung der globalen Dehntechniken die entsprechenden Läsionen in Bändern, Gelenken und Wirbelsegmenten osteopathisch gelöst werden!

5.3.1 Durchführung der Dehntechniken

5.3.1.1 Wirbelsäulendehnung

- Sie werden zum Teil über Reflexe ausgelöst. Die Aktivierung des Reflexes sollte vorsichtig, im Zeitlupentempo erfolgen, um eine ruckartige Durchführung durch das Pferd zu vermeiden und ihm den Eigenschutz verspannter/blockierter Segmente zu erhalten.
- Die unkontrollierte Aktivierung eines Reflexes kann kleinste Muskelfaserrisse nach sich ziehen; bei einer ruckartigen Wirbelsäulenflexion kann es zu Verklebungen im Bereich der Organe des Rumpfes oder des kleinen Beckens kommen.

Tab. 5.4 Dehnungstechniken der Wirbelsäule.

Dehnungstechnik	Wirkung			
	Detonisierung und Dehnung	Öffnung	Aktivierung	Mobilisierung
Kleine Halsdehnung (S. 165)				
• FLEX	• dorsale Genickmuskulatur • okzipitaler Anteil des Funiculus nuchae	• Facettengelenke (→ Forr. intervertebralia)	• ventrale Genickmuskeln	• Atlas/Okziput in FLEX
• LATFLEX/ROT	• laterale Genickmuskulatur der konvexen Seite	• Facettengelenke (→ Forr. intervertebralia) der konvexen Seite	• laterale Genickmuskulatur der konkaven Seite	• Okziput und Axis ROT kontralateral • Atlas ROT ipsilateral
Große Halsdehnung (S. 166)				
• FLEX	• kurze u. lange dorsale Nacken- u. Halsmuskeln (S. 134), **Tab. 3.1** • Ligg. nuchae und supraspinale	• Facettengelenke (→ Forr. intervertebralia)	• ventrale Nacken- und Halsmuskeln	• zervikale Wirbelsegmente in FLEX • Os hyoideum nach dorsal
• EXT	• kurze und lange ventrale Nacken- u. Halsmuskeln (S. 134), **Tab. 3.1**	• Ganasche und Kiefergelenk • Wirbelkörper	• dorsale Nacken- und Halsmuskeln	• Os hyoideum nach ventral • zervikale Wirbelsegmente in EXT
• LATFLEX/ROT	• laterale Nacken- und Halsmuskulatur der konvexen Seite (S. 134), **Tab. 3.1**	• Facettengelenke (→ Forr. intervertebralia) der konvexen Seite	• laterale Nacken- und Halsmuskulatur der konkaven Seite	• zervikale Wirbelsegmente LATFLEX/ROT kontralateral

Tab. 5.4 Fortsetzung.

Dehnungstechnik	Wirkung			
	Detonisierung und Dehnung	**Öffnung**	**Aktivierung**	**Mobilisierung**
Thoraxhebung (S. 167)	• Extensoren des Rückens (S. 134), **Tab. 3.1** • Lig. supraspinale • Fascia thoracolumbalis	• Facettengelenke (→ Forr. intervertebralia)	• Flexoren des Rumpfes • Spannung des Lig. supraspinale und der Fascia thoracolumbalis	• thorakale Wirbelsegmente in FLEX
Wirbelsäulenflexion (S. 168)	• Extensoren des Rückens • Flexoren der Hüfte (S. 134), **Tab. 3.1** • Fascia thoracolumbalis	• Facettengelenke (→ Forr. intervertebralia)	• Flexoren des Rumpfes • Spannung des Lig. supraspinale und der Fasciae thoracolumbalis und glutealis	• thorakolumbale Wirbelsegmente und Sakrum in FLEX
Wirbelsäulenextension (S. 168)	• Flexoren des Rumpfes • Extensoren der Hüfte (S. 134), **Tab. 3.1** • Linea alba	• Wirbelkörper	• Extensoren des Rückens • M. iliopsoas	• thorakolumbale Wirbelsegmente und Sakrum in EXT
Wirbelsäulenbiegung (S. 169)	• Rumpf- und Rückenmuskulatur der konvexen Seite (S. 134), **Tab. 3.1** • Fascia thoracolumbalis	• Facettengelenke (→ Forr. intervertebralia) der konvexen Seite	• Rumpf- und Rückenmuskulatur der konkaven Seite	• thorakolumbale Wirbelsegmente und Sakrum in LATFLEX/ROT ipsilateral/gleichsinnig

5.3.1.2 Gliedmaßendehnung

- Das Pferd langsam und sanft in die Endstellung der entsprechenden Dehnung hineinführen.
- Das Endgefühl wahrnehmen und sicherstellen, dass es sich um ein weiches Endgefühl (S. 29) handelt.
- Die maximal erreichbare Endstellung sanft halten für ca. 60 Sekunden, dabei das Pferd genau beobachten hinsichtlich etwaiger Anzeichen von Unbehagen.
- Die Gliedmaße wieder in die normale Ausgangsstellung zurückführen und abstellen.
- Das Zurücksetzen des Fußes in die ASTE durch das Pferd selbst sollte vermieden werden, da hierdurch die Muskulatur wieder aktiviert würde, die gerade entspannt und gedehnt wurde.

Tab. 5.5 Dehnungstechniken der Gliedmaßen.

Dehnungstechnik	Wirkung			
	Detonisierung und Dehnung	**Öffnung/Schließung**	**Aktivierung**	**Mobilisierung**
Subskapulartechnik (S. 170)	• subskapuläre und schulterumgebende Muskulatur • proximaler Anteil des M. brachiocephalicus	• Öffnung skapulothorakale Gleitfläche • Raumschaffung für den Plexus brachialis	–	• Scapula
Vorhanddehnung				
• kranial gebeugt (S. 171)	• Retraktoren der Vorhand (S. 139), **Tab. 3.2** • Extensoren von Karpal-, Fessel-, Kron- und Hufgelenk	• Öffnung: Buggelenk, dorsaler Gelenkspalt des Karpus • Schließen: Ellenbogengelenk	–	• Scapula, Ellenbogen-, Karpal- und Fesselgelenk in FLEX • Buggelenk in EXT • Thorax in EXT und Lunge
• kranial gestreckt (S. 172)	• Retraktoren der Vorhand (S. 139), **Tab. 3.2** • Flexoren von Karpal-, Fessel-, Kron- und Hufgelenk	• Öffnung: Buggelenk • Schließen: dorsaler Gelenkspalt des Karpus, Ellenbogengelenk	• Extensoren der Zehengelenke	• Scapula und Ellenbogengelenk in FLEX • Bug-, Karpal- und Fessel-, Kron- und Hufgelenk in EXT • Thorax in EXT und Lunge
• kaudal (S. 173)	• Protraktoren der Vorhand (S. 139), **Tab. 3.2** • Flexoren von Karpal-, Fessel-, Kron- und Hufgelenk	• Schließen: Buggelenk, dorsaler Gelenkspalt des Karpus • Öffnen: Ellenbogengelenk	• Extensoren der Zehengelenke	• Scapula, Ellenbogen-, Karpal- und Fesselgelenk in EXT • Buggelenk in FLEX

Tab. 5.5 Fortsetzung.

Dehnungstechnik	Wirkung			
	Detonisierung und Dehnung	Öffnung/Schließung	Aktivierung	Mobilisierung
• in ABD gebeugt (S. 174)	• Adduktoren der Vorhand (S. 139), **Tab. 3.2**	• Öffnen: scapulothorakale Gleitfläche ventral	• Abduktoren der Vorhand kontralateral	• Scapula nach dorsal auf der scapulothorakalen Gleitfläche • Thorax und Lunge
• in ADD mit Protraktion (S. 174)	• Retraktoren und Abduktoren der Vorhand (S. 139), **Tab. 3.2** • Flexoren von Karpal-, Fessel-, Kron- und Hufgelenk	• Öffnen: scapulothorakale Gleitfläche dorsal	• Extensoren der Zehengelenke • Adduktoren der Vorhand kontralateral	• Scapula in FLEX nach ventral • Ellenbogengelenk in FLEX • Bug-, Karpal- und Fessel-, Kron- und Hufgelenk in EXT • Thorax und Lunge
• in ADD mit Retraktion (S. 175)	• Protraktoren und Abduktoren der Vorhand (S. 139), **Tab. 3.2** • Flexoren von Karpal-, Fessel-, Kron- und Hufgelenk	• Öffnen: scapulothorakale Gleitfläche dorsal	• Adduktoren der Vorhand kontralateral • Extensoren der Zehengelenke	• Scapula in EXT nach ventral • Buggelenks in FLEX • Ellenbogen-, Karpal- und Fesselgelenk in EXT

Tab. 5.5 Fortsetzung.

Dehnungstechnik	Wirkung			
	Detonisierung und Dehnung	**Öffnung/Schließung**	**Aktivierung**	**Mobilisierung**
Hinterhanddehnung				
• kranial (S. 176)	• Retraktoren der Hinterhand (S. 147), **Tab. 3.4**	• kraniales Öffnen und kaudales Schließen des ISG	• Extensoren der Zehengelenke	• N. ischiadicus (+ Dehnung) • Becken, Hüfte in FLEX • Knie-, Sprung-, Zehengelenke in EXT
• kaudal (S. 177)	• Protraktoren der Hinterhand (S. 147), **Tab. 3.4** • M. iliopsoas	• kraniales Schließen/kaudales Öffnen des ISG	• Extensoren der Zehengelenke	• Becken, Hüfte, Knie-, Sprung-, Zehengelenke in EXT
• in ABD gebeugt (S. 178)	• Adduktoren der Hinterhand (S. 147), **Tab. 3.4**	• laterales Schließen des ISG ipsilateral	• Abduktoren der Hinterhand kontralateral	• Hüfte in ABD und FLEX • Knie-, Sprung- und Zehengelenke in FLEX
• in ADD (S. 179) (immer in Protraktion)	• Retraktoren und Abduktoren der Hinterhand (S. 147), **Tab. 3.4** • Extensoren des Hüftgelenks	• laterales Öffnen des ISG ipsilateral	• Extensoren der Zehengelenke • Adduktoren der Hinterhand kontralateral	• N. ischiadicus (+ Dehnung) • Becken, Hüfte in FLEX • Knie-, Sprung- und Zehengelenke in EXT

5.4 Faszientechniken

5.4.1 Strukturelle Techniken

5.4.1.1 Myofaszial Release

Ziele:

- Lösung der Faszien entsprechend der Platzierung der Kontaktaufnahme
- Lösung aller profund liegenden Strukturen
- Lösung der Organe

Technik

Siehe **Abb. 5.3**.

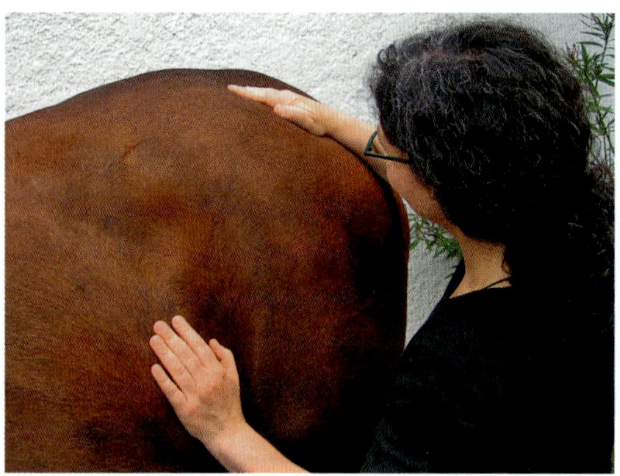

Abb. 5.3 Myofaszial Release.

Passive Variante

Der Therapeut legt seine Handfläche oder die Fingerkuppen auf die zu lösende Struktur mit gerade soviel Druck, dass er Struktur, Festigkeit und etwaige Verhärtungen/Verklebungen des Gewebes wahrnehmen kann. Dann lauscht er in das Gewebe hinein und beobachtet, wohin ihn das Gewebe zieht. Diese Restriktion begleitet er sanft bis zum Release des Gewebes. Der Release wird solange gehalten, bis die Finger/Handflächen ohne jegliche Gegenspannung Schicht für Schicht in die Tiefe einsinken können.

Aktive Variante

Der Therapeut legt seine Handfläche oder die Fingerkuppen auf die zu lösende Struktur und verbindet sich gedanklich mit dem tiefer liegenden Gewebe. Dort verschiebt er gedanklich das Gewebe in alle Richtungen und beobachtet, in welche Richtung die Verschieblichkeit reduziert bzw. vergrößert ist. Die Verziehung in die leichtere Richtung begleitet er sanft bis zum Release des Gewebes. Der Release wird solange gehalten, bis die Finger/Handfläche ohne jegliche Gegenspannung Schicht für Schicht in die Tiefe einsinken können.

Sonderform: Release der ventralen Kette: Bauchanheben
Der Therapeut steht mit aufrechter WS und leicht gebeugten Knien frontal zum linken Pferderumpf. Die linke Hand wird etwas kranial des Proc. xiphoideus, die rechte Hand am tiefsten Punkt des Bauches angelegt. Dabei sind die Hände geöffnet und locker. Durch Strecken seiner Knie hebt der Therapeut den Bauch des Pferdes sanft an.

5.4.1.2 Ausziehen der Faszie

Ziele:

- Lösung einzelner Muskel-/Faszienfasern entsprechend der Topographie der behandelten Körperstelle
- Dehnung des Gewebes

Technik
Therapeut streicht mit den Fingerknöcheln der locker geballten Faust den Muskel oder die Faszie in Faserrichtung aus, behält am Ende Kontakt zum Gewebe, bis die 2. Hand ebenfalls mit den Fingerknöcheln am Beginn der Struktur nachzieht (**Abb. 5.4**).

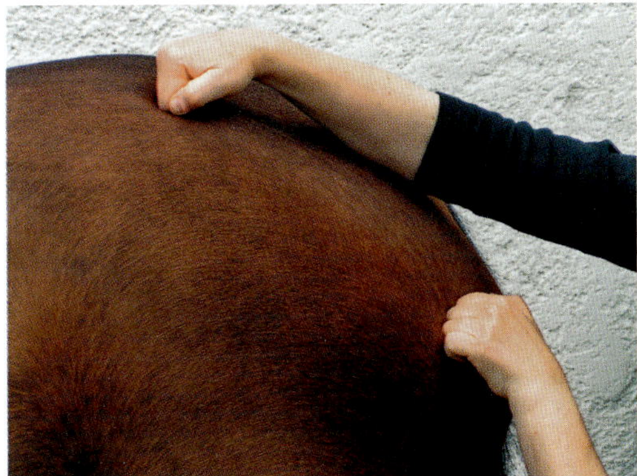

Abb. 5.4 Ausziehen der Faszie.

5.4.1.3 Knetung und Traktion des Nackenbandes nach dorsal

Siehe Kapitel Knetung/Walkung (S. 186).

Ziele:

- Lösung von
  - Funiculus und Lamina nuchae
  - Fascia cervicalis superficialis u. profundus
  - M. cutaneus colli
  - SDL, LL, FLPL, FLRL, SL

5.4.1.4 Bindegewebige Anhakstriche

Siehe Kapitel Sonderform: Bindegewebiger Anhakstrich (S. 187) und **Abb. 5.1**.

Ziele:

- Lösung von
  - Fascia trunci superficialis
  - Fascia thoracolumbalis
  - Fascia spinotransversalis
  - Fascia glutea
  - M. cutaneus trunci
  - SDL, FL, FLRL

5.4.1.5 Hautrollungen

Siehe **Abb. 5.5**.

ASTE Therapeut: beginnend an einer Körperstelle, an der die oberflächlichen Faszien gut abhebbar sind

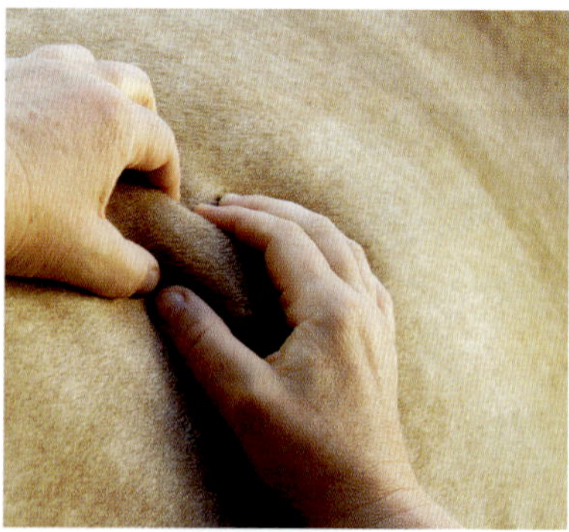

Abb. 5.5 Hautrollung.

Handposition: Th. hebt an einer lockeren Körperstelle mit beiden Daumen und Zeigefingern eine Gewebsrolle/Hautrolle ab.

Ausführung: Th. rollt von der lockeren Stelle beginnend die Hautrolle in die verfestigten Körperareale und löst dabei die oberen Haut- und Unterhautschichten.

Achten auf: Qualität und Quantität der Gewebsverschieblichkeit an der gesamten Körperoberfläche.

5.4.1.6 Subskapulartechnik

Siehe Kapitel Subskapulartechnik (S. 170) und **Abb. 4.8.**

Ziele:

- Lösung von
  - Mm. brachiocephalicus und omotransversarius
  - Mm. subclavius und sternomandibularis
  - Fascia cervicalis superficialis
  - Fascia endothoracica
  - Fascia omobrachilialis
  - Plexi cervicalis und brachialis
  - SVL, LL, FLPL

5.4.1.7 Traktion des TLÜ

Siehe Kapitel Traktion des TLÜ (S. 214) und **Abb. 5.14.**

Ziele:

- Lösung von
  - Mm. spinalis, longissimus und iliocostalis
  - Mm. obliquus externus und transversus abdominis
  - Fascia thoracolumbalis
  - Fascia glutae
  - Fascia transversalis
  - SDL, LL, SL, FL

5.4.1.8 Allgemeine Traktion der WS und der ISG

Siehe Kapitel Allgemeine Traktion der WS und der ISG (S. 213) und **Abb. 5.13.**

Ziele:

- Lösung von
  - allen Faszien, s. Traktion des TLÜ (S. 201)
  - Zusätzlich lassen sich auch weiter kranial liegende und verlaufende Strukturen (Faszien, Muskeln, Organe) lösen, soweit sich der Th. hineinspüren kann.

5.4.2 Diaphragmentechniken

5.4.2.1 Tentorium cerebelli

Siehe Kapitel Prüfung Falx/Tentorium/Fulkrum (S. 313), **Abb. 6.69** und das Kapitel Ear-pull (S. 214).

Ziele:

- Lösung von
  - Tentorium cerebelli mit Klein- und Großhirn
  - Ossa temporale
  - Foramina jugulare
  - Fasciae masseterica u. cervicis superficialis
- Energiefluss zwischen Großhirn („Bewußtsein, Lernen") und Kleinhirn („Unterbewusstsein, Routine")

5.4.2.2 Atlas/Okziput

Siehe Kapitel Prüfung Atlas/Okziput (S. 315) und **Abb. 6.70**.

Ziele:

- Lösung von
  - Lig. nuchae
  - Membranae atlantooccipitalis dorsalis und ventralis
  - Ligg. laterale atlantooccipitale
  - Fascia cervicalis superficialis
- Energiefluss zwischen Kopf und Hals von dorsal („Denken und Bewegung")

5.4.2.3 Kiefergelenk/hyoidale Aufhängung

Siehe Kapitel Prüfung Kiefergelenk/hyoidale Aufhängung (S. 316) und **Abb. 6.71**.

Ziele:

- Lösung von
  - Fascia capitis profundus
  - Fascia pharyngobasilaris
  - Fascia cervicalis profundus (1.Rippe, Sternum)
- Energiefluss zwischen Kopf und Hals von ventral („Denken und Bewegung")

5.4.2.4 Thoraxapertur

Siehe Kapitel Prüfung Thoraxapertur (S. 317) und **Abb. 6.9**.

Ziele:

- Lösung von
  - Funiculus und Lamina nuchae
  - Fascia cervicalis superficialis u. profundus
  - Fascia endothoracica
  - Fascia omobrachialis
  - Fascia spinocostotransversalis
- Energiefluss zwischen der mobilen HWS und der stabileren BWS

5.4.2.5 Schwerpunkt

Siehe **Abb. 5.6**.

ASTE Therapeut: Th. steht links neben der Schulter des Pferdes.

Handposition: Der Th. legt die Fingerspitzen der linken Hand von kaudal mittig zwischen den Vorderbeinen ans Sternum, die rechte Hand flächig auf die Procc. spinosi des Widerrists. Der anatomische Schwerpunkt des Pferdes liegt zwar weiter kaudal, lässt sich aber durch diese Handposition besser erspüren und lösen.

Abb. 5.6 Schwerpunkt.

Ausführung: Der Th. spürt, wohin ihn das Gewebe und die knöchernen Strukturen zwischen seinen Händen ziehen und folgt diesen bis zum Release.

Achten auf: mittige oder aber asymmetrische Platzierung des schwersten Punktes zwischen den Vorderbeinen.

Ziele:

- Lösung von
  - Herz und Lunge
  - Fasciae cervicalis u. trunci superficialis
  - Fasciae endothoracica u. spinocostotransversalis
- „Schweben" des Schwerpunktes des Pferdes zwischen den Vorderbeinen in der Schale des Sternums

5.4.2.6 Diaphragma

Siehe Kapitel Prüfung Diaphragma (S. 318) und **Abb. 6.72**.

Ziele:

- Lösung von
  - Diaphragma
  - Ein- und Ausatemexkursion
  - Verschieblichkeit der Lunge (kranial -) und des Verdauungstraktes (kaudal des Zwerchfells)
  - M. rectus abdominis mit Tunica flava abdominis und Linea alba
  - M. iliacus
  - Fasciae spinocostotransversalis, thoracolumbalis u. glutea
- Energiefluss zwischen dem atmenden und nährenden Rumpfbereich

5.4.2.7 Gürtelgefäß

Siehe **Abb. 5.7**.

ASTE Therapeut: Der Th. steht links neben der Flanke des Pferdes.

Handposition: Die linke Hand liegt am Nabel, die rechte Hand auf dem TLÜ, wahlweise LSÜ.

Ausführung: Der Th. spürt, wohin ihn das Gewebe und die knöchernen Strukturen zwischen seinen Händen ziehen und folgt diesen bis zum Release.

Abb. 5.7 Gürtelgefäß.

Achten auf: wellenförmiges „Aufeinanderzufließen" der Hände, Restriktionen der Strukturen, Kälte/Wärme/Lebendigkeit des Nabels und/oder des TLÜ/LSÜ.

Ziele:

- Lösung von
  - Leber, Niere, Blase
  - TLÜ und LSÜ
- Energiefluss zwischen der Hinterhand und dem Rumpf

5.4.2.8 Beckendiaphragma

Siehe Kapitel Prüfung Beckendiaphragma (S. 319), **Abb. 6.73** und **Abb. 5.8**.

ASTE Therapeut: hinter dem Becken des Pferdes

Handposition: Rechter und linker Daumen schieben sich ventral der Schweifrübe und dorsal des Afters vorsichtig in die 3-schichtige Beckenbodenmuskulatur.

Ausführung: Der Th. gibt mit den Daumen einen sanften Druck ins Gewebe in Richtung der Ligg. sacrotuberale latum (dorsolateral) und spürt, auf welcher Seite/in welche Richtung er besser ins Gewebe eindringen kann bzw. eingeladen wird.

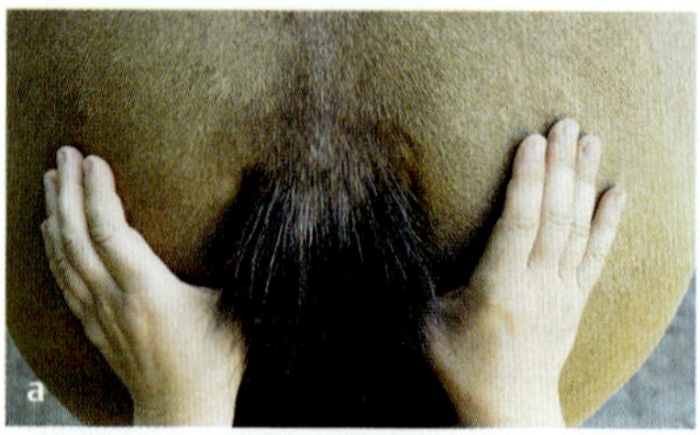

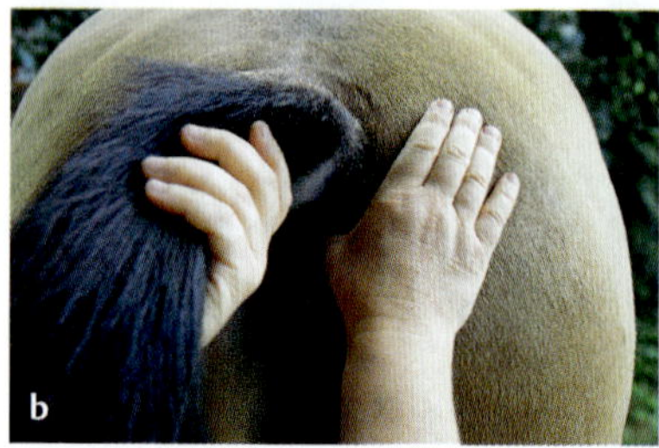

Abb. 5.8 Beckendiaphragma von kaudal.
a Beidhändig, gleichzeitig.
b Einhändig, nacheinander.

Achten auf: Symmetrie des Gewebszuges, Restriktionen der Strukturen.

Ziele:

- Lösung von
  - Eierstöcken, Blase, Dickdarm, Blinddarm
  - LSÜ mit Ligg. sacroiliaca ventrale und dorsale
  - Ligg. sacrotuberale latum
- Energiefluss zwischen nährendem und empfangenden Beckenbereich

5.4.3 Lösung des Faszienkontinuums

5.4.3.1 Am stehenden Bein

Siehe **Abb. 5.9**.

ASTE Therapeut: etwas seitlich am Vorderbein oder Hinterbein

Handposition: beginnend mit beiden Händen flächig am Kronrand

Abb. 5.9 Am stehenden Bein.

Ausführung: Der Th. spürt sich in die Gewebezüge am Kronbein hinein und lässt sich mitnehmen in die spiraligen oder linearen Faserzüge in Richtung Rumpf. Am Ort einer Läsion kommt es meist zu einem Stillpoint, in dem sich die unphysiologischen Faszienzüge lösen. Das Gewebe wird weiter begleitet, bis es sich an allen Stellen in alle Richtungen entspannt und harmonisch anfühlt.

5.4.3.2 Am aufgehobenen Bein

Siehe **Abb. 5.10**.

ASTE Therapeut: etwas seitlich vor dem Vorder- oder Hinterbein

Handposition (Bsp. linke Vorhand): Der Th. hält mit der linken Hand den Fesselkopf, mit der rechten Hand stützt er das Karpalgelenk.

Abb. 5.10 Am aufgehobenen Bein (hier: Release des Pferdes in einer hohen kranialen Vorhandhaltung).

Ausführung: Der Th. hebt das Bein gerade soviel an, dass er spürt, dass das Gewebe mit ihm Kontakt aufnimmt. Er lässt sich absichtslos vom Pferd in die Richtungen und Gelenksbewegungen führen, die ihm helfen, etwaige Restriktionen zu lösen. Die dabei entstehenden Bein- und evtl. auch Rumpfbewegungen werden so lange verfolgt und unterstützt, bis das Gewebe und das Pferd zur Ruhe und in die Entspannung kommen.

5.4.3.3 Am M. masseter

Siehe **Abb. 5.11**.

An M. masseter und Proc. mastoideus ossis temporalis verbinden sich viele wichtige und lange Faszienketten, sodass eine lokale Lösung einen weitreichende Effekt im ganzen Pferd bewirkt.

Wirkung auf die Fasciae capitis u. cervicalis superficialis, capitis profundus, SDL, SVL, LL, SL.

ASTE Therapeut: seitlich links vor dem Kopf des Pferdes

Abb. 5.11 Masseter.

Handposition: Der rechte Daumen liegt an der rostralen Kante der Crista facialis.

Ausführung: Der Th. arbeitet sich mit dem Daumen mit weichem, aber bestimmten Druck millimeterweise von der Kante an der Insertionslinie des Masseter bis zum Arcus zygomaticus vor. Der Druck passt sich dem Wohlbefinden des Pferdes an; häufig drücken die Pferde selber mit großem Druck dagegen, wenn sie spüren, dass sich dadurch die Faszien lösen.

Achten auf: Release der Insertionsflächen vom Masseter und den Faszien entlang des Knochens mit folgender Lösung der weiterlaufenden Faszien.

> **BEACHTE**
> Dieser Griff mit starkem stetigen langsamen Druck kann auch angewendet werden, um fasziale Strukturen wieder miteinander zu verbinden, sollten sich einzelne Fasern voneinander gelöst haben (S. 96), z. B. genau lotrecht von dorsal entlang des Lig. supraspinale.

5.4.3.4 Am Becken

Durch „Schaukeln" des Pferdes, s. Kapitel „Schaukeln des Pferdes" (S. 180) und **Abb. 4.19**.

5.5 Osteopathische Techniken

5.5.1 Direkte Technik

Bei der direkten Technik wird nach Prüfung der Läsion die Struktur in die Richtung mobilisiert, die eingeschränkt ist, in die die Struktur ihre Beweglichkeit verloren hat.

Die direkte Technik wird in **3 Stufen** ausgeführt:

1. **Slack**: Herausnehmen des Druckes aus dem Gelenk durch gelenknahes Umgreifen der jeweiligen Gelenkpartner.
2. **Straffen**: Gelenkskopf und Gelenkspfanne werden entsprechend ihrer Gelenksachse gerade soweit voneinander entfernt, dass die Gelenkskapsel gespannt, aber die Elastizität noch gegeben ist.
3. **Dehnen**: Sanftes, aber nachhaltiges Aufdehnen der Gelenkskapsel im 90°-Winkel zur Bewegungsachse.

BEACHTE
Erst das Gleiten, dann das Rollen mobilisieren; vgl. Konvex-konkav-Regel (S. 30).

Diese Technik bewährt sich bei relativ **jungen/akuten Läsionen**, bei denen die umliegenden Muskeln und Strukturen noch **keine kompensatorischen Dysbalancen** aufgebaut haben.

5.5.2 Indirekte Technik

Bei der indirekten Technik wird nach Prüfung der Läsion die Struktur zunächst in die dreidimensionale Richtung der Läsion begleitet.

- Am Ende des vergrößerten Bewegungsausmaßes des pathologischen PoB (S. 32) wird gerade soviel Druck in das Gewebe ausgeübt, dass die Struktur beginnt, weich zu werden und ein Release in die bisher eingeschränkte Richtung erfolgt.
- Gegebenenfalls Technik wiederholen, bis der physiologische PoB (S. 32) zuverlässig erreicht ist.
- Anschließend wird die Struktur über einige Zyklen des KSR in die neu gewonnene Beweglichkeit begleitet.

Diese Technik bewährt sich bei **älteren/chronischen Läsionen**, bei denen die umliegenden Muskeln und Strukturen bereits **kompensatorische Dysbalancen** aufgebaut haben.

5.5.3 Kompression-Traktion

- Bei der Kompression-Traktion werden die beiden Gelenkpartner zunächst sanft entsprechend ihrer Gelenksachse aufeinander zu bewegt und so die Blockierung verstärkt, bis ein Release spürbar ist (**Abb. 5.12**).
- Dann werden die Gelenkpartner voneinander sanft gelöst und in den neu gewonnenen Bewegungsraum geführt.

Diese Technik bewährt sich bei **komplexen Gelenken** mit **mehreren Bewegungsachsen** und/oder **mehreren Gelenkpartnern**, so z. B. am Karpal- und Tarsalgelenk, außerdem bei den Schädelsuturen.

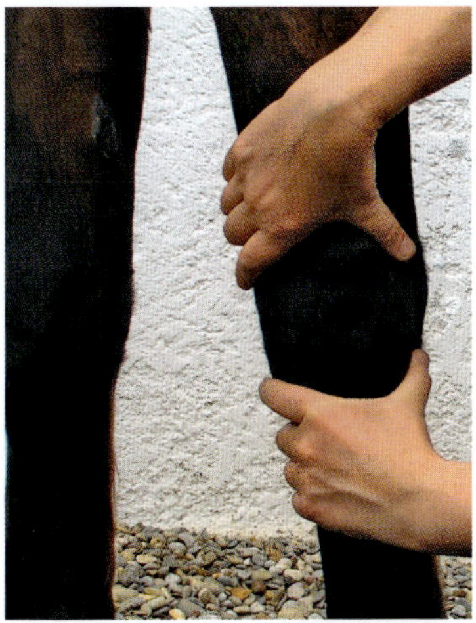

Abb. 5.12 Kompression-Traktion.

5.5.3.1 Sonderformen

Allgemeine Traktion der WS und der ISG

ASTE Therapeut: tritt von kaudal an das Pferd heran

Handgriff: Der Therapeut legt seine Hände beidseitig von kranial an die Tubera coxae und zieht diese zu sich heran, bis ein Release spürbar wird (**Abb. 5.13**). Danach die Hände langsam aus der Traktion lösen.

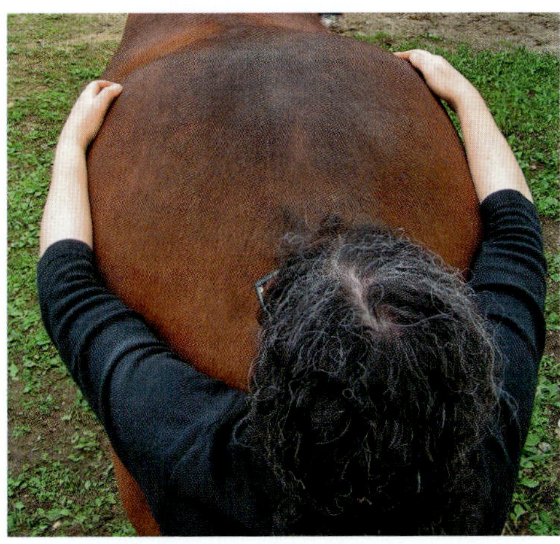

Abb. 5.13 Allgemeine Traktion der WS und der ISG.

Traktion des TLÜ

ASTE Therapeut: seitlich neben der Flanke

Handgriff: Der Therapeut legt eine Hand von kaudal an die letzte Rippe und die andere Hand überkreuzt von kranial an den Tuber coxae (**Abb. 5.14**). Beide Hände sanft auseinander schieben, bis ein Release spürbar wird. Danach die Hände langsam aus der Traktion lösen.

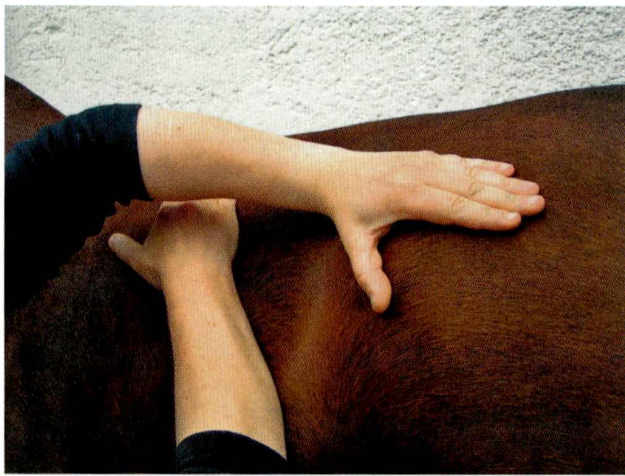

Abb. 5.14 Traktion des TLÜ.

Temporal-Lift (Ear-pull)

ASTE Therapeut: unter dem Hals des Pferdes, das seinen Kopf auf der Schulter des Therapeut ablegen kann.

Durchführung: Der Therapeut umgreift von kaudal die Ohrtüten möglichst dicht an der Ohrwurzel. Zunächst übt er eine sanfte Kompression des Os temporale nach ventromedial aus bis zum Release, um dann eine leichte Traktion nach dorsolateral (in Verlängerung der freundlich stehenden Ohrtüten) auszuführen. Danach die Hände langsam aus der Traktion lösen.

Parietal-Lift

ASTE Therapeut: vgl. **Abb. 6.69**

Durchführung: Der Therapeut legt seine rechte Hand locker auf das Genick des Pferdes, die linke Hand flächig auf die Ossa parietalia und übt hier eine sanfte Kompression nach ventrokaudal aus, bis ein Release spürbar wird. Dann führt er mit der linken Handfläche eine Traktion der Ossa parietalia nach dorsokranial aus. Danach die linke Hand langsam aus der Traktion lösen.

Frontal-Lift

ASTE Therapeut: vgl. **Abb. 6.69**

Durchführung: Der Therapeut legt sein linke Hand flächig auf das Os frontale; Ausführung siehe Parietal-Lift (s. oben).

Occipital-Lift

ASTE Therapeut: frontal vor dem Pferd

Durchführung: Der Therapeut legt die Finger beider Hände flächig auf die Crista nuchae. Zunächst lässt er sanft die Fingerbeeren in das Gewebe zwischen Crista nuchae und dorsalen Bogen des Atlas sinken, bis er einen Release verspürt (→ Release Atlas-Okziput).

Ohne den Kontakt zur Crista nuchae zu lösen führen die Hände eine sanfte Traktion nach lateral aus. Dabei wird gedanklich das Tentorium cerebelli gestrafft und dann gelöst. Danach die Hände langsam aus der Traktion lösen.

5.5.4 V-Spread

Beim V-Spread wird Energie durch das Gewebe bzw. ein Gelenk geschickt, um diese Struktur zu lösen. Bei Anwendung am Kopf zur Lösung der Suturen wird eine „Welle" durch das Gehirnwasser geschickt.

ASTE Therapeut: Der Therapeut steht seitlich neben der zu behandelnden Struktur

Durchführung: Eine Hand liegt gelenksnah mit dem Zeigefinger auf dem Gelenkskopf, mit dem Mittelfinger auf der Gelenkspfanne (daraus ergibt sich das „V" zwischen den Fingern, **Abb. 5.15**). Zeige- und Mittelfinger der anderen Hand liegen geschlossen genau gegenüber und schicken Energie durch die Struktur hindurch in das „V", bis der Release spürbar wird und sich das „V" öffnet.

Diese Technik bewährt sich bei **komplexen Gelenken** mit **mehreren Bewegungsachsen** und/oder **mehreren Gelenkpartnern**, so z. B. am Karpal- und Tarsalgelenk, Kniescheibengelenk, außerdem bei den Schädelsuturen.

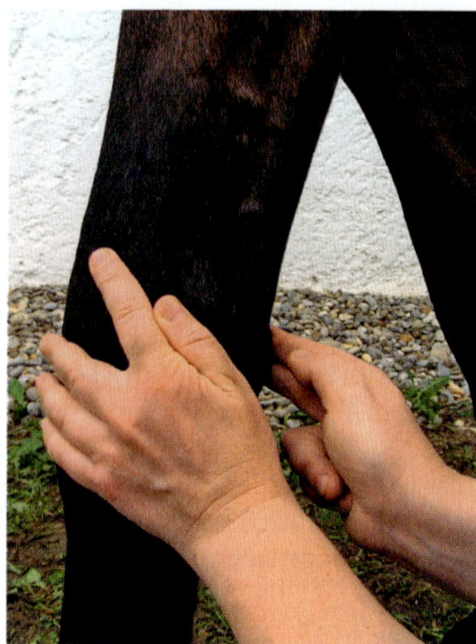

Abb. 5.15 V-Spread.

5.5.5 Release der Diaphragmen

ASTE Therapeut: Abb. 6.9, Abb. 6.69, Abb. 6.70, Abb. 6.71, Abb. 6.72, Abb. 6.73

Durchführung: Der Therapeut legt seine rechte Hand auf den dorsalen Bestandteil des betreffenden Diaphragmas, die linke Hand auf den ventralen Bestandteil und spürt zwischen seinen Händen, wohin ihn das Gewebe zieht.

Zusätzlich übt er gerade soviel Druck auf das Gewebe aus, bis es anfängt, sich zu bewegen. Er beobachtet und begleitet diese Motilität, die in die Läsion hineinführt, um dort den Fixierungspunkt sanft festzuhalten, bis der Release spürbar ist. Der Release ist dann erfolgreich, wenn die Hände ungehindert durch das Gewebe aufeinander zustreben.

Danach begleitet er das wellenförmige Aufeinanderzufließen des Gewebes in seinem physiologischen PoB (S. 32) und beobachtet noch einige kraniosakrale Zyklen bis zum vollständigen Release, die Hände „fliegen“ auseinander.

5.6 Kraniosakrale Techniken

5.6.1 Unwinding

Das Unwinding ist eine Einladung an das Pferd, die es annehmen oder ablehnen kann. Diese Technik wird nicht vom Therapeuten, sondern vom Pferd initiiert.

Grundlage des Unwinding ist neben den körperlichen Dysbalancen u.a. das Zellgedächtnis, das jegliche Erfahrungen speichert, die ein Körper zeitlebens erfährt; s. Kap. Kraniosakrale Osteopathie (S.26). Während des Unwinding erinnern sich die Zellen an eine bestimmte traumatische Situation, die auslösend für den momentanen Schmerzzustand war. Der Körper versucht nun, genau diese körperliche Stellung wieder einzunehmen, um die Gewebsspannungen aufzulösen und die durch das Trauma an dieser Körperstelle gebundene Energie (Energiezyste) freizusetzen = Release.

Im Idealfall sollte das Pferd generell, beim Unwinding aber insbesondere, die Möglichkeit haben, sich frei zu bewegen, um tatsächlich völlig frei die Körperhaltungen/-bewegungen einnehmen zu können, bei der die betreffende Läsion entstanden ist. Die Bewegungen der Struktur und/oder des ganzen Pferdes werden vom Therapeuten begleitet, bis das Pferd insgesamt zur Ruhe kommt und die Behandlung beendet.

Durchführung: Ähnlich dem passivem Myofaszial Release spürt sich der Therapeut gedanklich in die betreffende Struktur ein und übt gerade soviel Druck auf das Gewebe aus, bis es anfängt, sich zu bewegen. Er beobachtet und begleitet diese Motilität, die in die Läsion hinein führt, um dort den Fixierungspunkt sanft festzuhalten, bis der Release spürbar wird.

Beim Unwinding kann es neben der Motilität auch zu spontaner arthrokinematischer Aktivität kommen, wenn z.B. eine Gliedmaße eine Bewegung ausführt, die der Lösung der Läsion dient oder die z.B. aufgrund eines Traumas abrupt beendet wurde und nun zu Ende geführt wird.

Anwendung:
- sehr alte/komplexe Läsionen
- Energiezysten

5.6.2 Still-Point

Bei dieser nach A.T. Still benannten Technik kommt der KSR zum Stillstand, wodurch der Körper die Gelegenheit erhält, besser wahrzunehmen, wo die wichtigen „Baustellen" im Körper sind und sich daraufhin neu zu organisieren. Prinzipiell kann der Still-Point an jedem Punkt des Körpers und an jeder Struktur initiiert werden.

Durchführung: Der Therapeut begleitet an der betreffenden Struktur einige Zyklen des KSR in FLEX/EXT oder AROT/IROT und nimmt wahr, welche Richtung besser geht. Er folgt diesem größeren Bewegungsausmaß und „hält" es dort fest, verhindert also ein Zurückschwingen in die Gegenrichtung. Dies wird sehr sanft ausgeführt und wird sooft wiederholt, bis der KSR zum Stillstand kommt.

Während dieser „Einladung" zum Still-Point kann es dazu kommen, dass der KSR zunächst unrhythmisch wird, das Pferd etwas nervös wird oder sich die Atmung verändert. Sobald der Still-Point eingetreten ist, kommt es zu einer tiefen Entspannung und Lösung des Pferdes.

Der Still-Point wird vom Therapeuten solange gehalten, bis der KSR von selbst wieder einsetzt. Diesen begleitet er, bis der physiologische PoB erreicht ist. Je nach Pferd und Läsion kann ein Still-Point einige Sekunden bis Minuten dauern.

Anwendung:

- multiple und/oder sehr alte Läsionen, bei denen zunächst die Prioritäten der Läsionen geklärt werden sollen
- osteopathische Prophylaxe

5.6.3 CV4

CV4 beschreibt eine Kompression des 4. Ventrikels innerhalb des Schädels (**Abb. 2.20**).

Durchführung: Der Therapeut folgt den Procc. paracondylares in AROT und IROT und hält diese in der IROT fest, indem er mit sanftem Druck die AROT verhindert (**Abb. 5.16**). Dies wird sooft wiederholt, bis ein Still-Point einsetzt.

Aufgrund des Still-Points in der IROT kommt es nun zu einem langsamen und weichen intrakranialen Druckanstieg, da nun auch der lymphatische Abfluss aus dem Schädel für einen Moment zum Stillstand kommt. Wenn ein bestimmter Druck erreicht ist, „sprengt" dieser die Suturen auf und Blockierungen des Schädels können sich lösen. Damit beginnt der KSR wieder zu laufen. Diesen begleitet der Therapeut bis der physiologische PoB erreicht ist.

Anwendung:

- Lösung von Suturen und des Sakrums
- Stimulation der Hirnnerven
- Behandlung bei Lymph- und Stoffwechselproblemen
- Harmonisierung des Liquorflusses

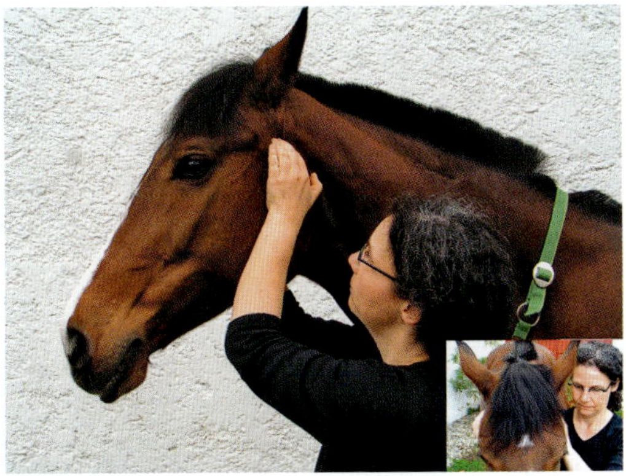

Abb. 5.16 CV4.

BEACHTE

Vor Anwendung des CV4 immer die **Thoraxapertur** (S. 317) öffnen, damit die aufgrund des CV4 vermehrt anfallende Lymphe bis zum Venenwinkel ins Herz abfließen kann.

CAVE

Kontraindikationen des CV4:

- **frische Kopfverletzungen/Hirntumoren/Gefäßveränderungen im Gehirn (Arteriosklerose, Aneurysma)**
- **Trächtigkeit ab dem 8. Monat**

5.6.4 Dural tube

Diese Technik gibt Aufschluss über etwaige Restriktionen oder Verbackungen der Dura mater innerhalb oder mit dem Foramen vertebrale und somit auch über pathologische Fluktuationen innerhalb des Liquorsystems.

ASTE Therapeut: Abb. 6.68

Durchführung: s. Kap. Dura mater und Liquor (S. 311)

6 Spezifische Prüf- und Behandlungsgriffe

Hier werden die spezifischen Griffe für die einzelnen Körperregionen dargestellt. Die kompletten Behandlungskonzepte für eine jeweilige Körperregion inkl. der Behandlung etwaiger fortgeleiteter oder kompensatorischer Dysbalancen und Läsionen werden im Teil III beschrieben.

Die Behandlungsgriffe für die Läsionen entsprechen den Prüfgriffen. Sie sind nachfolgend der Darstellung der Prüfgriffe jeweils der entsprechenden Technik (direkt oder indirekt) zugeordnet.

6.1 Wirbelsäule

6.1.1 Obere Halswirbelsäule (Okziput–C 2)

6.1.1.1 Prüfung FLEX

= **Behandlungsgriff für:**

- direkte Technik (S. 211) bei Läsion in EXT (S. 327) und (**Tab. 7.2**)
- indirekte Technik (S. 212) bei Läsion in FLEX (S. 327) und (**Tab. 7.2**)

Handgriff 1

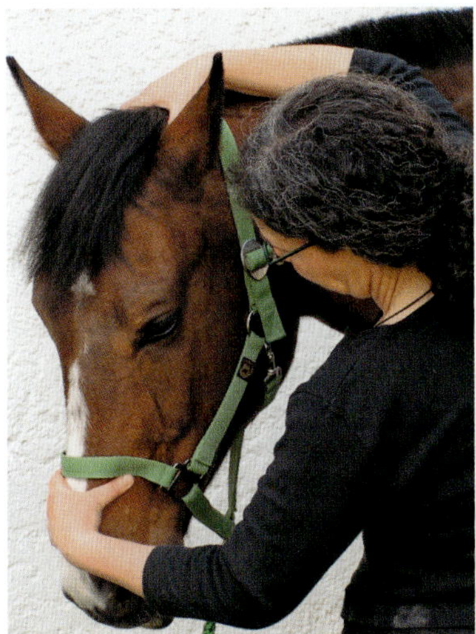

Abb. 6.1 Prüfung FLEX Atlas – Okziput Handgriff 1.

ASTE Therapeut: links neben dem Kopf (**Abb. 6.1**)

Handposition:

- rechts: Daumen-Zeigefinger-Schwimmhaut zwischen Crista occipitalis und dem kranialen dorsalen Bogen des Atlas
- links: auf dem Nasenrücken

Ausführung:

- durch Druck auf den Nasenrücken von dorsal nach kaudoventral das Genick in FLEX führen

Handgriff 2

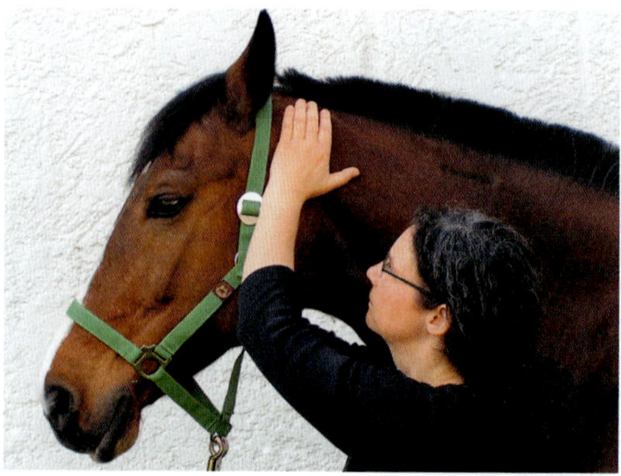

Abb. 6.2 Prüfung FLEX Atlas – Okziput Handgriff 2.

ASTE Therapeut: unter dem Hals des Pferdes (**Abb. 6.2**)

Handposition:

- rechts und links: flächig auf Alae atlantis

Ausführung:

- mit den Handflächen einen beidseitigen leichten Impuls auf Foveae articulares craniales atlantis nach ventral geben (→ Condyli occipitales in Relation dorsal)

Achten auf:

- Biomechanik der Gelenkpartner (S. 39) und (**Tab. 2.1**)
- AWB, Schmerzäußerung (Handgriff 1: zusätzlich EndG)

6.1.1.2 Prüfung EXT

= **Behandlungsgriff für:**
- direkte Technik (S. 211) bei Läsion in FLEX (S. 327) und (**Tab. 7.2**)
- indirekte Technik (S. 212) bei Läsion in EXT (S. 327) und (**Tab. 7.2**)

Handgriff 1

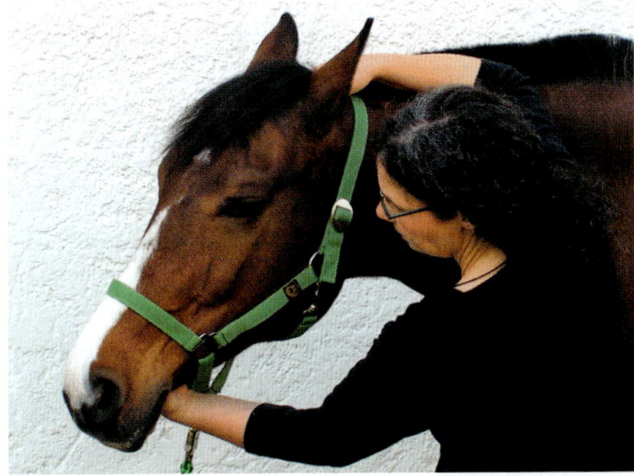

Abb. 6.3 Prüfung EXT Atlas – Okziput Handgriff 1.

ASTE Therapeut: links neben dem Kopf (**Abb. 6.3**)

Handposition:
- rechts: Daumen-Zeigefinger-Schwimmhaut zwischen Crista occipitalis und dem kranialen dorsalen Bogen des Atlas
- links: rostral unter dem Kinn

Ausführung:
- durch Druck gegen den Unterkiefer nach dorsal das Genick in EXT führen

Handgriff 2

ASTE Therapeut: unter dem Hals (**Abb. 6.2**)

Handposition:
- rechts und links: flächig auf Alae atlantis

Ausführung:
- mit den Handballen einen beidseitigen leichten Impuls auf die Foveae articulares craniales atlantis nach dorsal geben (→ Condyli occipitales in Relation ventral)

Achten auf:

- Biomechanik der Gelenkpartner (S. 39) und (**Tab. 2.1**)
- AWB, Schmerzäußerung (Handgriff 1: zusätzlich EndG)

6.1.1.3 Prüfung LATFLEX/ROT

= **Behandlungsgriff für:**

- direkte (S. 211) und indirekte Technik (S. 212) bei Läsion in LATFLEX/ROT ipsilateral und kontralateral (S. 327) und (**Tab. 7.2**)

CAVE

- Bei übermäßiger **FLEX** dieser Wirbelsegmente kann es lokal zu einer Dehnung der A. vertebralis kommen. Dies ist während der Mobilisierung unbedingt zu vermeiden.
- Bei übermäßiger **EXT** und/oder ROT dieses Wirbelsegments kommt es zu beid- oder einseitiger Konvergenz der Facettengelenke, sodass der Bewegungsspielraum für eine Mobilisierung sehr begrenzt wird.
- Prüfung und Mobilisierung von LATFLEX/ROT immer in Neutralstellung!

Handgriff 1

Abb. 6.4 Prüfung LATFLEX/ROT Atlas – Okziput Handgriff 1.

ASTE Therapeut: links neben dem Kopf (**Abb. 6.4**)

Handposition für LATFLEX/ROT links:

- rechts: flächig auf linker Ala atlantis mit Kontakt zum Condylus occipitalis
- links: auf dem Nasenrücken

Ausführung:
- durch sanftes Heranziehen des Nasenrückens das Genick in LATFLEX/ROT links führen

Handgriff 2

ASTE Therapeut: unter dem Hals (**Abb. 6.2**)

Handposition:
- rechts und links: flächig auf Alae atlantis

Ausführung:
- mit dem Handballen nacheinander einseitigen leichten Impuls auf die Fovea articulares cranialis atlantis rechts und links nach dorsal geben (→ Condylus occipitalis in Relation ventral)

Achten auf:
- Biomechanik der Gelenkpartner (S. 39) und (**Tab. 2.2**)
- AWB, Schmerzäußerung (Handgriff 1: zusätzlich BewA im SeitV, EndG)

6.1.1.4 Prüfung Translation des Atlas

= **Behandlungsgriff für:**
- direkte (S. 211) und indirekte Technik (S. 212) bei Läsion in Translation (S. 327) und (**Tab. 7.3**)

Handgriff

ASTE Therapeut: unter dem Hals (**Abb. 6.2**)

Handposition:
- rechts und links: flächig auf Alae atlantis

Ausführung:
- mit dem Handballen nacheinander einseitigen leichten Impuls auf die Fovea articulares cranialis atlantis nach lateral rechts und lateral links geben

Achten auf:
- AWB, Schmerzäußerung

6.1.1.5 Prüfung ROT des Axis

= **Behandlungsgriff für:**

- direkte (S. 211) und indirekte Technik (S. 212) bei Läsion in ROT (S. 327) und (**Tab. 7.3**)

Handgriff

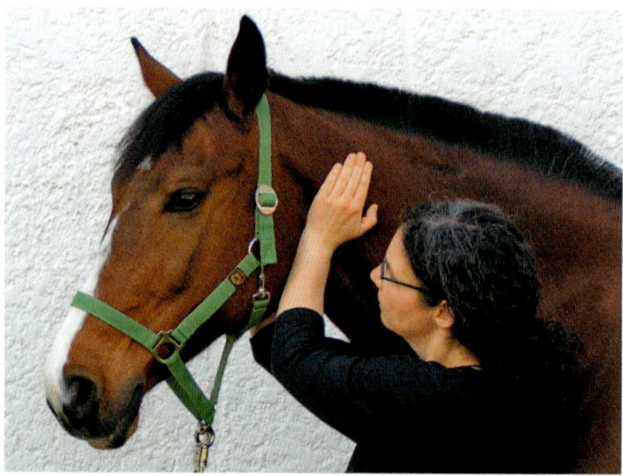

Abb. 6.5 Prüfung ROT Axis.

ASTE Therapeut: unter dem Hals (**Abb. 6.5**)

Handposition für ROT rechts:

- rechts: flächig auf der rechten Ala atlantis
- links: auf dem linken (rudimentären) Proc. transversus des Axis

Ausführung:

- leichten Impuls mit den geschlossenen Fingern von dorsal her in ROT rechts (vom Th. weg) geben, während die rechte Hand den Atlas kontrolliert

Achten auf:

- frühzeitiges Mitlaufen des Atlas auf dem Axis im Seitenvergleich
- BewA im SeitV, AWB, Schmerzäußerung

Behandlungskonzept obere HWS: s. Kap. Behandlungskonzept (S. 329)

6.1.2 Untere Halswirbelsäule (C 3 – C 6)

6.1.2.1 Prüfung FLEX

= **Behandlungsgriff für:**

- direkte Technik (S. 211) bei Läsion in EXT (S. 332) und (**Tab. 7.6**)
- indirekte Technik (S. 212) bei Läsion in FLEX (S. 332) und (**Tab. 7.6**)

Handgriff 1

Abb. 6.6 Prüfung FLEX HWS – Handgriff 1.

ASTE Therapeut: links neben dem Pferd (**Abb. 6.6**)

Handposition:

- rechts: auf C 2, wobei der Daumen Kontakt zur Ala atlantis und der kleine Finger zu C 3 hat
- links: dorsal am Nasenrücken

Ausführung:

- mit der linken Hand HWS segmental in FLEX führen
- auf diese Weise alle Wirbelsegmente prüfen

Handgriff 2

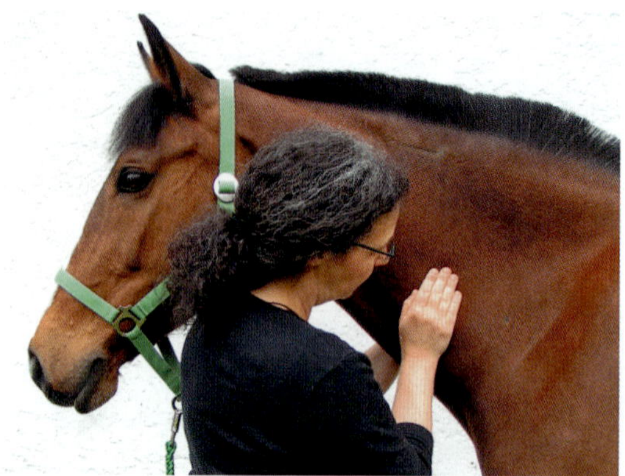

Abb. 6.7 Prüfung FLEX HWS Handgriff 2.

ASTE Therapeut: unter dem Hals, Pferd kann seinen Kopf auf der Schulter des Th. ablegen (**Abb. 6.7**)

Handposition:

- rechts und links: flächig auf die Procc. transversi

Ausführung:

- leichten Flexionsimpuls (nach ventral) auf das jeweils zu prüfende Wirbelsegment geben
- auf diese Weise alle Wirbelsegmente prüfen

Achten auf:

- Biomechanik der Gelenkpartner (S. 44) und (**Tab. 2.3**)
- Zeitpunkt, ab dem die FLEX des C1 auf C2/des C2 auf C3 weiterläuft usw.
- AWB, Schmerzäußerung (Handgriff 1: zusätzlich EndG)

6.1.2.2 Prüfung EXT

= **Behandlungsgriff für:**

- direkte Technik (S. 211) bei Läsion in FLEX (S. 332) und (**Tab. 7.6**)
- indirekte Technik (S. 212) bei Läsion in EXT (S. 332) und (**Tab. 7.6**)

Handgriff 1

ASTE Therapeut: links neben dem Pferd (**Abb. 6.6**)

Handposition:
- rechts: auf C2, wobei der Daumen Kontakt zur Ala atlantis und der kleine Finger zu C3 hat
- links: am Halfter oder unter dem Kinn

Ausführung:
- mit der linken Hand HWS segmental in EXT führen
- auf diese Weise alle Wirbelsegmente prüfen

Handgriff 2

ASTE Therapeut: unter dem Hals, Pferd kann seinen Kopf auf der Schulter des Th. ablegen (**Abb. 6.7**)

Handposition:
- rechts und links: flächig auf die Procc. transversi

Ausführung:
- leichten Extensionsimpuls (nach dorsal) auf das jeweils zu prüfende Wirbelsegment geben
- auf diese Weise alle Wirbelsegmente prüfen

Achten auf:
- Biomechanik der Gelenkpartner (S. 44) und (**Tab. 2.3**)
- Zeitpunkt, ab dem die EXT des C1 auf C2/des C2 auf C3 weiterläuft usw.
- AWB, Schmerzäußerung (Handgriff 1: zusätzlich EndG)

6.1.2.3 Prüfung LATFLEX/ROT

= **Behandlungsgriff für:**
- direkte (S. 211) und indirekte Technik (S. 212) bei Läsion in LATFLEX/ROT kontralateral und ipsilateral (S. 332) und (**Tab. 7.7**)

CAVE
- Bei übermäßiger **FLEX** dieser Wirbelsegmente kann es lokal zu einer Dehnung der A. vertebralis kommen, die unbedingt während der Mobilisierung zu vermeiden ist.
- Bei einer übermäßigen **EXT** und/oder ROT dieses Wirbelsegments kommt es zu einer Konvergenz der Facettengelenke beidseits oder einseitig, sodass der Bewegungsspielraum für eine Mobilisierung sehr begrenzt wird.
- Prüfung und Mobilisierung von LATFLEX/ROT immer in Neutralstellung!

Handgriff 1

Abb. 6.8 Prüfung LATFLEX/ROT der HWS Handgriff 1.

ASTE Therapeut: links neben dem Pferd (**Abb. 6.8**)

Handposition für LATFLEX/ROT kontralateral:

- rechts: flächig auf den (rudimentären) Proc. transversus des Axis, wobei der Daumen Kontakt zur Ala atlantis und der kleine Finger zu C 3 hat
- links: dorsal am Nasenrücken

Ausführung:

- mit linker Hand HWS segmental in LATFLEX führen
- dabei die HWS bzgl. FLEX/EXT in physiologischer Neutralstellung halten
- auf diese Weise alle Wirbelsegmente prüfen

Handgriff 2

ASTE Therapeut: unter dem Hals, Pferd kann seinen Kopf auf der Schulter des Th. ablegen (**Abb. 6.7**)

Handposition:

- rechts und links: flächig auf die Procc. transversi

Ausführung:

- leichten Rotationsimpuls auf das jeweils zu prüfende Wirbelsegment ausüben
- auf diese Weise alle Wirbelsegmente prüfen

Achten auf:

- Biomechanik der Gelenkpartner (S. 44) und (**Tab. 2.4**)
- Zeitpunkt, ab dem die LATFLEX/ROT des C 2 auf C 3/des C 3 auf C 4 weiterläuft usw.
- AWB, Schmerzäußerung (Handgriff 1: zusätzlich BewA im SeitV, EndG)

Behandlungskonzept untere HWS: s. Kap. Behandlungskonzept (S. 333)

6.1.3 Zervikothorakaler Übergang (C 7 / Th 1, CTÜ)

6.1.3.1 Prüfung FLEX

= **Behandlungsgriff für:**

- direkte Technik (S. 211) bei Läsion in EXT (S. 336) und (**Tab. 7.10**)
- indirekte Technik (S. 212) bei Läsion in FLEX (S. 336) und (**Tab. 7.10**)

Handgriff

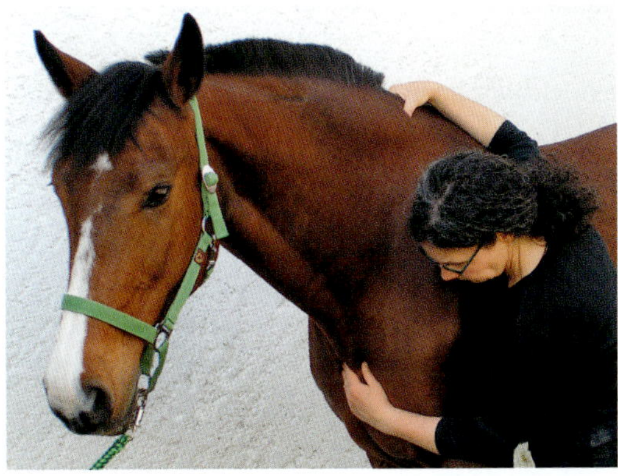

Abb. 6.9 Prüfung FLEX C 7.

ASTE Therapeut: neben der linken Schulter (**Abb. 6.9**)

Handposition:

- rechts: auf dem Widerrist
- links: flächig von kranioventral am Wirbelkörper C 7

Ausführung:

- mit rechter Hand leichten Impuls auf C 7 Richtung Halsbasis geben

Achten auf:
- Gefühl, als wollte der C 7 nach kranioventral gleiten
- Fließen oder Widerstand des Impulses aus der rechten bis in die linke Hand
- AWB, Schmerzäußerung

6.1.3.2 Prüfung EXT

= **Behandlungsgriff für:**
- direkte Technik (S. 211) bei Läsion in FLEX (S. 336) und (**Tab. 7.10**)
- indirekte Technik (S. 212) bei Läsion in EXT (S. 336) und (**Tab. 7.10**)

Handgriff

ASTE Therapeut: neben der linken Schulter (**Abb. 6.9**)

Handposition:
- rechts: auf dem Widerrist
- links: flächig von kranioventral am Wirbelkörper C 7

Ausführung:
- mit linker Hand einen leichten Impuls auf den C 7 Richtung Widerrist geben

Achten auf:
- Gefühl, als wollte der C 7 nach kaudodorsal ansteigen
- Fließen oder Widerstand des Impulses aus der linken bis in die rechte Hand
- AWB, Schmerzäußerung

6.1.3.3 Prüfung LATFLEX/ROT

= **Behandlungsgriff für:**
- direkte (S. 211) und indirekte Technik (S. 212) bei Läsion in LATFLEX/ROT kontralateral bzw. ipsilateral (S. 336) und (**Tab. 7.11**)

Handgriff

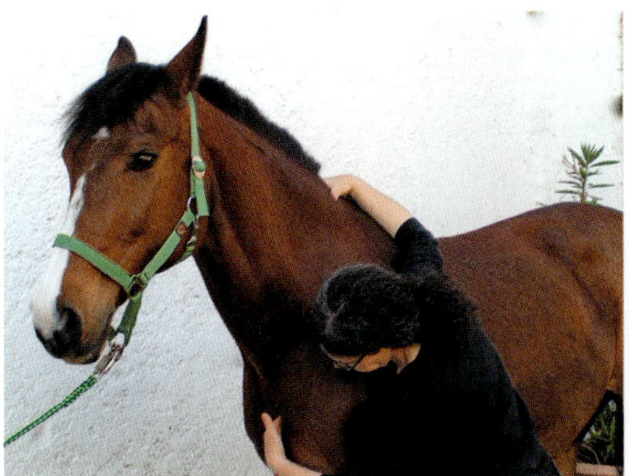

Abb. 6.10 Prüfung LATFLEX/ROT des C 7.

ASTE Therapeut: neben der linken Schulter (**Abb. 6.10**)

Handposition:

- rechts: auf dem Widerrist
- links: Fingerspitzen lateral des Wirbelkörpers des C 7

Ausführung:

- Der Th. schiebt die Fingerspitzen der linken Hand nacheinander jeweils rechts und links direkt lateral des C 7 sanft, aber tief ins Gewebe Richtung Sternum.

Achten auf:

- mögliche Eindringtiefe bis zum Kontakt am Wirbelkörper des C 7 im SeitV
- Tonus des C 7-umgebenden Gewebes
- AWB, Schmerzäußerung

6.1.3.4 Provokationstest CTÜ

= **Behandlungsgriff für:**

- direkte Technik (S. 211) bei Läsion in LATFLEX/ROT kontralateral links (S. 336) und (**Tab. 7.11**)

Handgriff

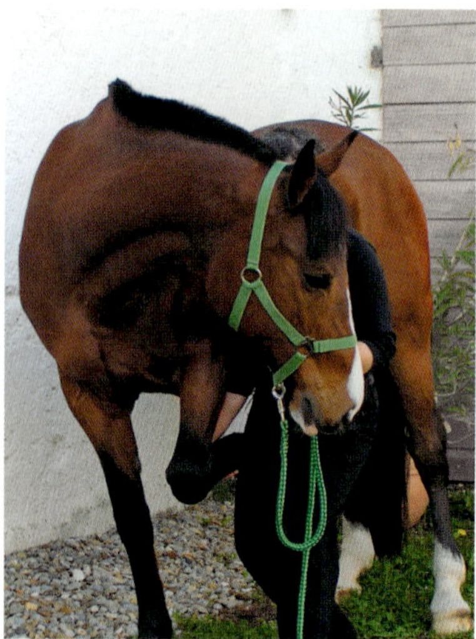

Abb. 6.11 Provokationstest CTÜ links.

ASTE Therapeut: neben der linken Schulter mit Blick nach kranial (**Abb. 6.11**)

Handposition für Provokation des CTÜ links:
- rechts: am linken Fesselgelenk
- links: am Halfter oder Nasenrücken

Ausführung:
- Der Th. hebt mit der rechten Hand die linke Vorhand in Tripelflexion mit leichter ADD an, gleichzeitig führt er die HWS in LATFLEX links.

Achten auf:
- physiologische Faltenbildung im Halsdreieck in Endstellung
- BewA im SeitV, AWB, Schmerzäußerung, Bal., EndG

> **BEACHTE**
> Nur bei gleitfähigen Facettengelenken links ist zusätzlich zum Anheben der Vorhand eine ipsilaterale LATFLEX der HWS möglich.

Behandlungskonzept CTÜ: s. Kap. Behandlungskonzept (S. 337)

6.1.4 Th 2 – Th 10 (Widerrist)

6.1.4.1 Prüfung FLEX

= **Behandlungsgriff für:**
- direkte Technik (S. 211) bei Läsion in EXT (S. 340) und (**Tab. 7.14**)
- indirekte Technik (S. 212) bei Läsion in FLEX (S. 340) und (**Tab. 7.14**)

Handgriff

ASTE Therapeut: links neben dem Pferd (**Abb. 6.12**)

Handposition:
- rechts: Mittelfinger auf dem Proc. spinosus des zu prüfenden Wirbels, Zeige- und Ringfinger jeweils auf den benachbarten Procc. spinosi
- links: am Fesselkopf links

Ausführung:
- Der Th. führt das Bein in Tripelflexion mit der linken Hand nach kaudal.

Achten auf:
- Biomechanik der Gelenkpartner (S. 44) und (**Tab. 2.3**)
- Bal. im SeitV, BewA, Schmerzäußerung, EndG

6.1.4.2 Prüfung EXT

= **Behandlungsgriff für:**

- direkte Technik (S. 211) bei Läsion in FLEX (S. 340) und (**Tab. 7.14**)
- indirekte Technik (S. 212) bei Läsion in EXT (S. 340) und (**Tab. 7.14**)

Handgriff

Abb. 6.12 Prüfung EXT Widerrist.

ASTE Therapeut: links neben dem Pferd (**Abb. 6.12**)

Handposition:

- rechts: Mittelfinger auf dem Proc. spinosus des zu prüfenden Wirbels, Zeige- und Ringfinger jeweils auf den benachbarten Procc. spinosi
- links: am Fesselkopf links

Ausführung:

- Der Th. führt das Bein in Tripelflexion mit der linken Hand nach kranial.

Achten auf:

- Biomechanik der Gelenkpartner (S. 44) und (**Tab. 2.3**)
- Bal. im SeitV, BewA, Schmerzäußerung, EndG

6.1.4.3 Prüfung LATFLEX/ROT

= **Behandlungsgriff für:**

- direkte (S. 211) und indirekte Technik (S. 212) bei Läsion in LATFLEX/ROT kontralateral bzw. ipsilateral (S. 340) und (**Tab. 7.15**)

Handgriff 1

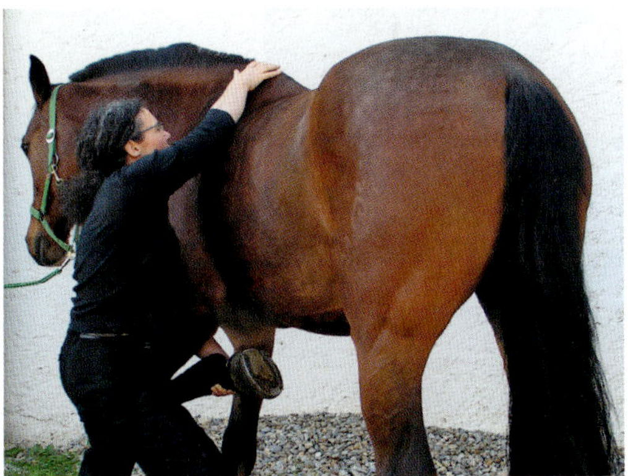

Abb. 6.13 Prüfung LATFLEX/ROT Widerrist Handgriff 1.

ASTE Therapeut: links neben dem Pferd (**Abb. 6.13**)

Handposition für LATFLEX/ROT kontralateral:

- rechts: Mittelfinger auf dem Proc. spinosus des zu prüfenden Wirbels, Zeige- und Ringfinger jeweils auf den benachbarten Procc. spinosi
- links: am Fesselkopf links

Ausführung:

- Der Therapeut hebt mit der linken Hand das Bein in Tripelflexion mit leichter ADD an = LATFLEX links mit ROT rechts (in Bewegung, Bein ist Punctum mobile).

Achten auf:

- Biomechanik der Gelenkpartner (S. 44) und (**Tab. 2.4**)
- Bal. im SeitV, BewA, Schmerzäußerung, EndG

Handgriff 2

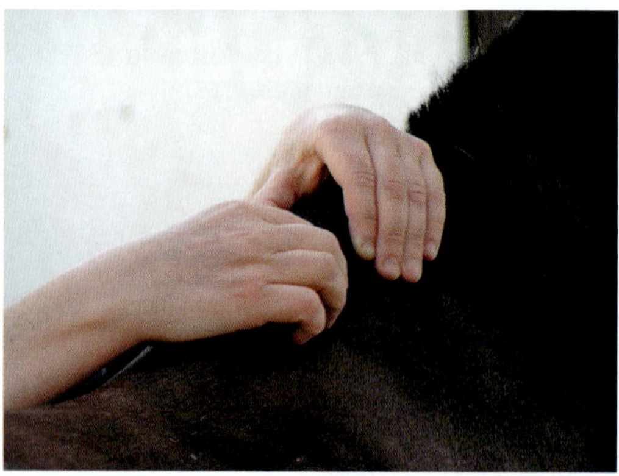

Abb. 6.14 Prüfung LATFLEX/ROT Widerrist Handgriff 2.

ASTE Therapeut: seitlich neben dem Pferd (**Abb. 6.14**)

Handposition für LATFLEX/ROT ipsilateral:

- rechts und links: Daumen und Zeigefinger paravertebral neben 2 benachbarten Procc. spinosi

Ausführung:

- Der Therapeut bringt den Proc. spinosus des betreffenden Wirbels sanft nach rechts bzw. links zum Schwingen unter gleichzeitiger Fixierung des benachbarten Proc. spinosus = LATFLEX und ROT ipsilateral (im Stand, Beine sind Puncta fixa).

Achten auf:

- Biomechanik der Gelenkpartner (S. 44) und (**Tab. 2.4**)
- etwaige Restriktion der Schwingung segmental, AWB, Schmerzäußerung

Behandlungskonzept Th 2 – TH 10: s. Kap. Behandlungskonzept (S. 341)

6.1.5 Th 11 – L 6 (mit TLÜ)

6.1.5.1 Prüfung FLEX

= **Behandlungsgriff für:**

- direkte Technik (S. 211) bei Läsion in EXT (S. 344) und (**Tab. 7.18**)
- indirekte Technik (S. 212) bei Läsion in FLEX (S. 344) und (**Tab. 7.18**)

Handgriff

Abb. 6.15 Prüfung FLEX BWS/LWS.

ASTE Therapeut: links neben dem Pferd (**Abb. 6.15**)

Handposition:

- rechts: Mittelfinger auf dem zu prüfenden Proc. spinosus, Zeige- und Ringfinger liegen jeweils auf den kranial und kaudal benachbarten Procc. spinosi
- links: lotrecht ventral des zu prüfenden Proc. spinosus

Ausführung:

- linke Hand gibt lotrecht ventral punktuell einen Reiz nach dorsal zur Aktivierung der Bauchmuskulatur

Achten auf:

- Biomechanik der Gelenkpartner (S. 44) und (**Tab. 2.3**)
- etwaiger Spasmus der Rücken- oder Bauchmuskulatur, AWB, Schmerzäußerung

6.1.5.2 Prüfung EXT/Prüfung auf ventralisierten L 6

= **Behandlungsgriff für:**

- direkte Technik (S. 211) bei Läsion in FLEX (S. 344) und (**Tab. 7.18**)
- indirekte Technik (S. 212) bei Läsion in EXT (S. 344) und (**Tab. 7.18**)

Handgriff

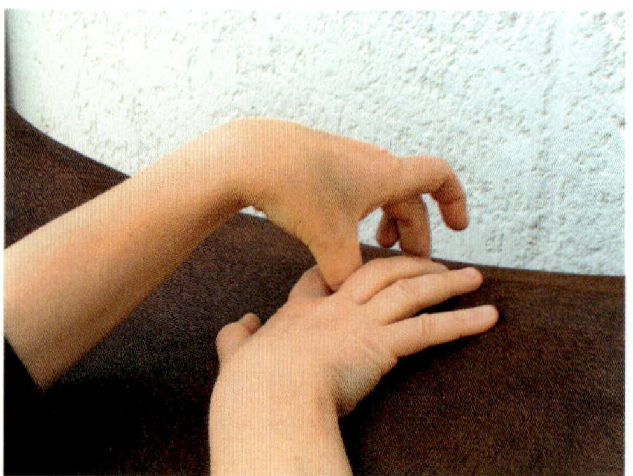

Abb. 6.16 Prüfung EXT BWS/LWS.

ASTE Therapeut: links neben dem Pferd (**Abb. 6.16**)

Handposition:

- rechts: Mittelfinger auf dem zu prüfenden Proc. spinosus, Zeige- und Ringfinger liegen jeweils auf den kranial und kaudal benachbarten Procc. spinosi
- links: Daumen und Mittelfinger paravertebral des zu prüfenden Proc. spinosus

Ausführung:

- linke Hand gibt punktuell paravertebral einen Reiz nach ventral zur Aktivierung des M. erector spinae

Achten auf:

- Biomechanik der Gelenkpartner (S. 44) und (**Tab. 2.3**)
- etwaiger Spasmus der Rücken- oder Bauchmuskulatur, AWB, Schmerzäußerung

BEACHTE

EXT des L 6 geht bei Ventralisierung des L 6 nicht, da von dorsal her Kontakt mit der Sakrumbasis (S. 47).

6.1.5.3 Prüfung LATFLEX/ROT

= **Behandlungsgriff für:**

- direkte (S. 211) und indirekte Technik (S. 212) bei Läsion in LATFLEX/ ROT kontralateral bzw. ipsilateral (S. 344) und (**Tab. 7.19**)
- **Bsp.:**
  - Lösung einer Läsion L 2 in LATFLEX links/ROT rechts = im Verhältnis zu L 3 besteht eine Konvergenz des Facettengelenks links. Lösung dieser Konvergenz durch:
  - LATFLEX rechts/ROT rechts des L 3 unter Fixierung des L 2
  - LATFLEX links/ROT links des L 2 unter Fixierung des L 3

Handgriff

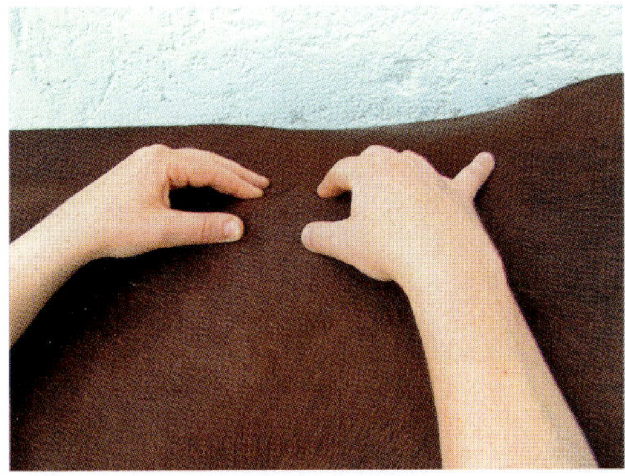

Abb. 6.17 Prüfung LATFLEX/ROT BWS/LWS.

ASTE Therapeut: seitlich neben dem Pferd (**Abb. 6.17**)

Handposition für LATFLEX/ROT ipsilateral:

- rechts und links: Daumen und Zeigefinger paravertebral neben 2 benachbarten Procc. spinosi

Ausführung:

- Der Th. bringt den Proc. spinosus des betreffenden Wirbels sanft nach rechts bzw. links zum Schwingen unter gleichzeitiger Fixierung des benachbarten Proc. spinosus = LATFLEX und ROT ipsilateral (im Stand).

Achten auf:

- Biomechanik der Gelenkpartner (S. 44) und (**Tab. 2.4**)
- etwaige Restriktion der Schwingung segmental, AWB, Schmerzäußerung

Behandlungskonzept Th 11 – L 6: s. Kap. Behandlungskonzept (S. 346)

6.2 Kreuzbein

6.2.1 Prüfung FLEX/Gegennutation

= **Behandlungsgriff für:**
- direkte Technik (S. 211) bei Läsion in EXT (S. 350) und (**Tab. 7.22**)
- indirekte Technik (S. 212) bei Läsion in FLEX (S. 350) und (**Tab. 7.22**)

6.2.1.1 Handgriff

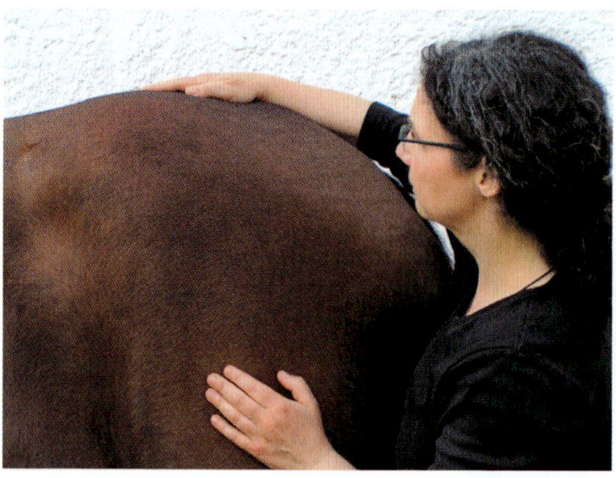

Abb. 6.18 Prüfung FLEX des Sakrums.

ASTE Therapeut: links neben der Kruppe (**Abb. 6.18**)

Handposition:
- rechts: in Sagitalebene auf dem Sakrum
- links: locker am Pferd zum Energieschluss

Ausführung:
- Der Th. lauscht, wohin ihn das Sakrum zieht, zusätzlich kann er einen leichten Impuls auf die Sakrumspitze nach ventral geben.

Achten auf:
- Biomechanik der Gelenkpartner (S. 48) und (**Tab. 2.5**)
- BewA, BewQual, Restriktion in eine Richtung
- etwaiges Anheben des L 6, Fließen des KSR

6.2.2 Prüfung EXT/Nutation

= **Behandlungsgriff für:**
- direkte Technik (S. 211) bei Läsion in FLEX (S. 350) und (**Tab. 7.22**)
- indirekte Technik (S. 212) bei Läsion in EXT (S. 350) und (**Tab. 7.22**)

6.2.2.1 Handgriff

ASTE Therapeut: links neben der Kruppe (**Abb. 6.18**)

Handposition:
- rechts: in Sagitalebene auf dem Sakrum
- links: locker am Pferd zum Energieschluss

Ausführung:
- Der Th. lauscht, wohin ihn das Sakrum zieht, zusätzlich kann er einen leichten Impuls auf die Sakrumbasis nach ventral geben.

Achten auf:
- Biomechanik der Gelenkpartner (S. 48) und (**Tab. 2.5**)
- BewA, BewQual., Restriktion in eine Richtung
- etwaiges Absinken des L 6, Fließen des KSR

6.2.3 Prüfung LATFLEX/ROT

= **Behandlungsgriff für:**
- direkte (S. 211) und indirekte Technik (S. 212) bei Läsion in LATFLEX/ROT kontralateral bzw. ipsilateral (S. 350) und (**Tab. 7.22**)

6.2.3.1 Handgriff

ASTE Therapeut: links neben der Kruppe (**Abb. 6.18**)

Handposition:
- rechts: in Sagitalebene auf dem Sakrum
- links: locker am Pferd zum Energieschluss

Ausführung:
- Der Th. lauscht, wohin ihn das Sakrum zieht, zusätzlich kann er einen leichten Impuls in LATFLEX mit ipsilateraler/kontralateraler ROT geben.

Achten auf:
- Biomechanik der Gelenkpartner (S. 48) und (**Tab. 2.6**)
- BewA im SeitV, Restriktion in eine Richtung

6.2.4 Prüfung Torsion/Wobbel

= **Behandlungsgriff für:**

- direkte (S. 211) und indirekte Technik (S. 212) bei Läsion in Torsion/Wobbel (S. 350) und (**Tab. 7.22**)

6.2.4.1 Handgriff

ASTE Therapeut: links neben der Kruppe (**Abb. 6.18**)

Handposition:

- rechts: in Sagitalebene auf dem Sakrum
- links: locker am Pferd zum Energieschluss

Ausführung:

- Der Th. lauscht, wohin ihn das Sakrum zieht, zusätzlich kann er einen leichten Impuls in ROT (→ Torsion) und ROT mit FLEX (→ Wobbel) geben.

Achten auf:

- Biomechanik der Gelenkpartner (S. 48) und (**Tab. 2.6**)
- BewA im SeitV, Restriktion in eine Richtung

Behandlungskonzept Sakrum: s. Kap. Behandlungskonzept (S. 351)

6.3 SCÜ und Schwanzwirbel

6.3.1 Testung der globalen Schweifrübenbeweglichkeit

6.3.1.1 Handgriff

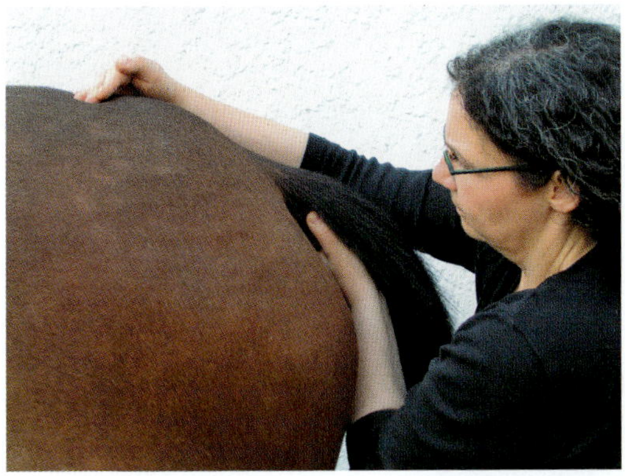

Abb. 6.19 Prüfung Schweifrübenbeweglichkeit.

ASTE Therapeut: direkt hinter dem Pferd (**Abb. 6.19**)

Handposition:
- rechts: flächig mit der Handkante am SCÜ
- links: umgreift die Schweifrübe möglichst proximal

Ausführung:
- Schweifrübe in alle Richtungen bewegen

Achten auf:
- BewA im SeitV, AWB, Schmerzäußerung, EndG
- Tonus der Schweifrübe

6.3.2 Testung der einzelnen Schwanzwirbel

= **Behandlungsgriff für:**
- Läsion in FLEX (S. 355) und (**Tab. 7.25**)
- Läsion in EXT (S. 355) und (**Tab. 7.25**)
- Läsion in LATFLEX/ROT (S. 355) und (**Tab. 7.26**)
- Kompression-Traktion (S. 212) Cg1 auf Sakrum bzgl.
- Läsion abgesunkener SCÜ (S. 355) und (**Tab. 7.27**)
- Läsion angehobener SCÜ (S. 355) und (**Tab. 7.27**)

6.3.2.1 Handgriff

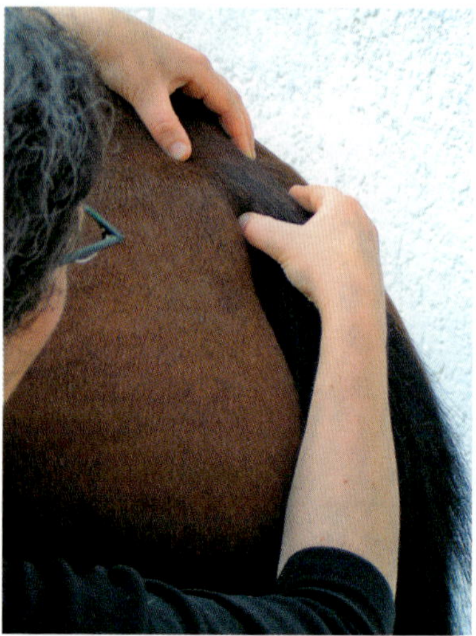

Abb. 6.20 Testung der Schwanzwirbel.

ASTE Therapeut: seitlich neben dem Pferd (**Abb. 6.20**)

Handposition:

- rechts und links: Daumen und Zeigefinger umgreifen jeweils ein benachbartes Schwanzwirbelsegment

Ausführung:

- Der Th. mobilisiert jeweils die einzelnen Schwanzwirbelsegmente in FLEX, EXT und LATFLEX/ROT.
- auf diese Weise jeden einzelnen Schwanzwirbel prüfen

Achten auf:

- Biomechanik der Gelenkpartner (S. 44) und (**Tab. 2.3** und **Tab. 2.4**)
- BewA im SeitV, AWB, Schmerzäußerung, EndG
- Restriktion durch Stellung des Sakrums

Behandlungskonzept SCÜ und Schwanzwirbel: s. Kap. Behandlungskonzept (S. 356)

6.4 Becken

6.4.1 Prüfung FLEX/Nutation

= **Behandlungsgriff für:**

- direkte Technik (S. 211) bei Läsion in EXT (S. 359) und (**Tab. 7.30**)
- indirekte Technik (S. 212) bei Läsion in FLEX (S. 359) und (**Tab. 7.30**)

6.4.1.1 Handgriff 1

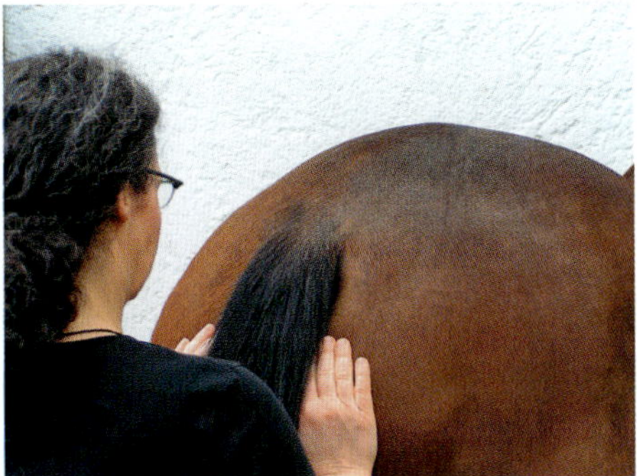

Abb. 6.21 Prüfung FLEX Becken Handgriff 1.

ASTE Therapeut: hinter dem Pferd (**Abb. 6.21**)

Handposition:

- rechts und links: auf die Tubera ischiadica

Ausführung:

- Der Th. lauscht, wohin ihn das Becken zieht, zusätzlich kann er mit den Fingerspitzen beidseitig gleichzeitig einen gleich starken leichten Impuls nach ventral geben.

6.4.1.2 Handgriff 2

Abb. 6.22 Prüfung FLEX Becken Handgriff 2.

ASTE Therapeut: links neben der Kruppe

Handposition:

- rechts: von kaudal am linken Tuber ischiadicum
- links: lateral am linken Tuber coxae

Ausführung:

- Der Th. lauscht, wohin ihn das Becken zieht, zusätzlich kann er einen leichten Impuls auf das Tuber coxae nach dorsal und das Tuber ischiadicum nach ventral geben.

Achten auf:

- Biomechanik der Gelenkpartner (S. 51) und (**Tab. 2.7**)
- BewA im SeitV, Restriktion in einer Ebene

6.4.2 Prüfung EXT/Gegennutation

= **Behandlungsgriff für:**

- direkte Technik (S. 211) bei Läsion in FLEX (S. 359) und (**Tab. 7.30**)
- indirekte Technik (S. 212) bei Läsion in EXT (S. 359) und (**Tab. 7.30**)

6.4.2.1 Handgriff 1

ASTE Therapeut: hinter dem Pferd (**Abb. 6.21**)

Handposition:

- rechts und links: auf die Tubera ischiadica

Ausführung:

- Der Th. lauscht, wohin ihn das Becken zieht, zusätzlich kann er mit dem Handballen beidseitig gleichzeitig einen gleich starken leichten Impuls nach dorsal geben.

6.4.2.2 Handgriff 2

ASTE Therapeut: links neben der Kruppe (**Abb. 6.22**)

Handposition:

- rechts: von kaudal am linken Tuber ischiadicum
- links: lateral am linken Tuber coxae

Ausführung:

- Der Th. lauscht, wohin ihn das Becken zieht, zusätzlich kann er einen leichten Impuls auf das Tuber coxae nach ventral und das Tuber ischiadicum nach dorsal geben.

Achten auf:

- Biomechanik der Gelenkpartner (S. 51) und (**Tab. 2.7**)
- BewA im SeitV, Restriktion in einer Ebene

6.4.3 Prüfung LATFLEX/ROT

= **Behandlungsgriff für:**

- direkte (S. 211) und indirekte Technik (S. 212) bei Läsion in LATFLEX/ROT kontralateral und ipsilateral (S. 359) und (**Tab. 7.31**)

6.4.3.1 Handgriff 1

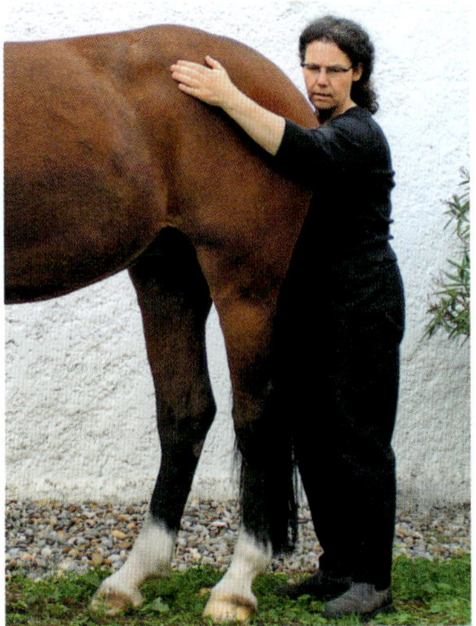

Abb. 6.23 Prüfung LATFLEX/ROT kontralateral des Beckens.

ASTE Therapeut: Pferd wird mit Schrittstellung der Hinterhand gerade hingestellt, der Th. der lehnt sich mit seiner Brust gegen die Tubera ischiadica (**Abb. 6.23**)

Handposition:

- rechts und links: auf Tubera coxae

Ausführung:

- Der Th. lauscht, wohin ihn das Becken zieht.

Achten auf:
- Biomechanik der Gelenkpartner (S. 51) und (**Tab. 2.7**)

6.4.3.2 Handgriff 2

ASTE Therapeut: links neben der Kruppe (**Abb. 6.22**)

Handposition für LATFLEX/ROT ipsilateral:
- rechts: von kaudal am linken Tuber ischiadicum
- links: lateral am linken Tuber coxae

Ausführung:
- Der Th. lauscht, wohin ihn das Becken zieht, zusätzlich kann er einen leichten Impuls auf das Tuber coxae nach dorsal (→ ROT links) und das Tuber ischiadicum nach kranial (→ LATFLEX links) geben.

Achten auf:
- Biomechanik der Gelenkpartner (S. 51) und (**Tab. 2.7**)

6.4.4 Prüfung Torsion/Wobbel

= **Behandlungsgriff für:**
- direkte (S. 211) und indirekte Technik (S. 212) bei Läsion in Torsion/ Wobbel (S. 359) und (**Tab. 7.31**)

6.4.4.1 Handgriff

ASTE Therapeut: links neben der Kruppe (**Abb. 6.22**)

Handposition:
- rechts: von kaudal am linken Tuber ischiadicum
- links: lateral am linken Tuber coxae

Ausführung:
- Der Th. lauscht, wohin ihn das Becken zieht, zusätzlich kann er einen leichten Impuls auf beide Tubera links nach dorsal geben (→ Torsion) bzw. auf Tuber coxae links Impuls nach dorsal, auf Tuber ischiadicum rechts nach ventral (→ Wobbel) geben.

Achten auf:
- Biomechanik der Gelenkpartner (S. 51) und (**Tab. 2.7**)

6.4.5 Becken-Wirbelsäulen-Symmetrie

6.4.5.1 Handgriff

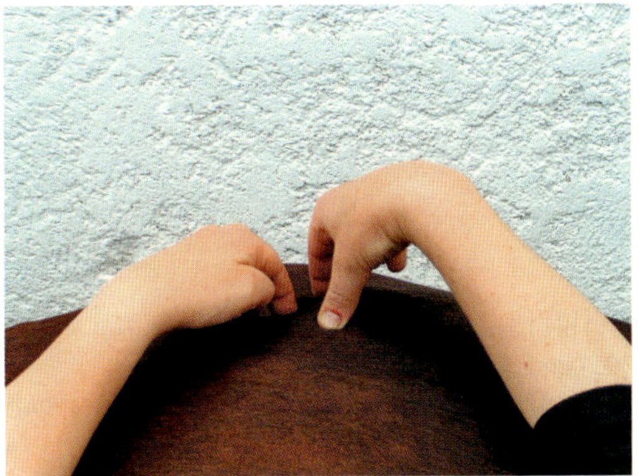

Abb. 6.24 Prüfung Becken-Wirbelsäulen-Symmetrie.

ASTE Therapeut: links neben dem Pferd (**Abb. 6.24**)

Handposition:

- rechts: Daumen und Zeigefinger auf die Tubera sacralia
- links: Fingerspitzen auf Procc. spinosi der LWS

Ausführung:

- Der Th. streicht mit den Fingern der linken Hand die Procc. spinosi der LWS nach kaudal bis zwischen die Tubera sacralia ab.

Achten auf:

- Endstellung der Finger zwischen Daumen und Zeigefinger
- Bsp. bzgl. Ausgangsstellung aus **Abb. 6.24**
  - Finger der linken Hand kommen näher am Daumen der rechten Hand an = ROT links und/oder LATFLEX rechts des Beckens

Behandlungskonzept Becken: s. Kap. Behandlungskonzept (S. 361)

6.5 ISG

BEACHTE

In der Inspektion unterschiedlich hoch erscheinende ISGs können hinweisen auf ISG-Blockierung, Sakrum- oder BWS-/LWS-Rotationsläsion oder von Natur aus unterschiedlich ausgeprägte knöcherne Struktur der Tubera sacrale.

6.5.1 ISG-Prüfgriff

= **Behandlungsgriff für:**

- direkte Technik (S. 211) bei Läsion in Kompression ventral/dorsal einseitig kontralateral (S. 365) und (**Tab. 7.35** und **Tab. 7.36**)
- indirekte Technik (S. 212) bei Läsion in Kompression ventral/dorsal einseitig ipsilateral (S. 365) und (**Tab. 7.35** und **Tab. 7.36**)

6.5.1.1 Handgriff

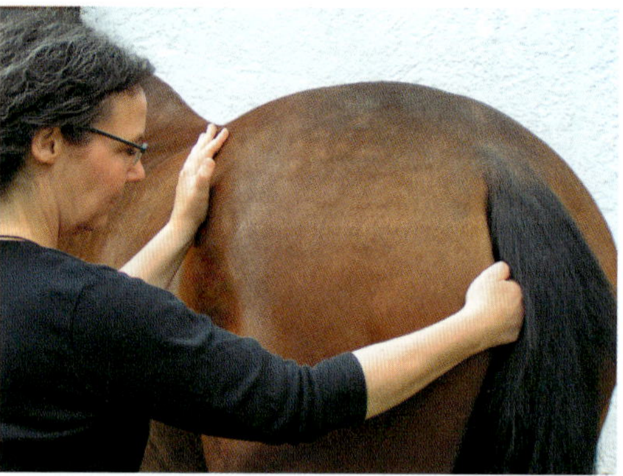

Abb. 6.25 ISG-Prüfgriff.

ASTE Therapeut: steht links neben der Kruppe (**Abb. 6.25**)

Handposition:

- rechts: den Tuber ischiadicum (den Knochen, nicht die Muskulatur!) umgreifen
- links: lateral am Tuber coxae

Ausführung:

- Der Th. zieht das Tuber ischiadicum sanft zu sich bei gleichzeitiger Fixierung der Tuber coxae mit der linken Hand.

Achten auf:

- leichte, federnde Bewegung zwischen den Händen
- BewA im SeitV, AWB, Schmerzäußerung, EndG

6.5.2 Lauschen des ISG

= **Behandlungsgriff für:**

- direkte (S. 211) und indirekte Technik (S. 212) bei Läsion Kompression ventral/dorsal einseitig (S. 365) und (**Tab. 7.35** und **Tab. 7.36**)

6.5.2.1 Handgriff

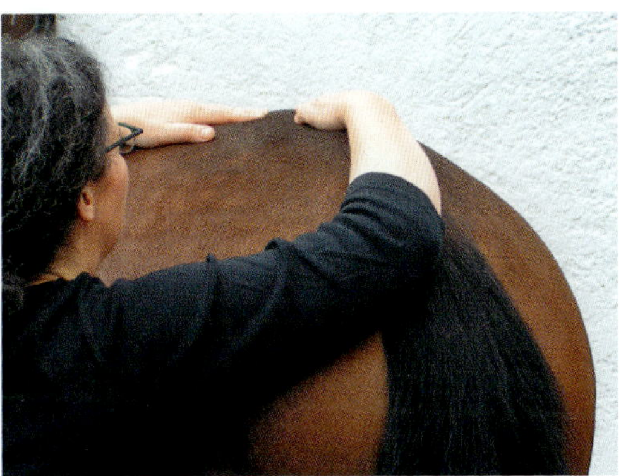

Abb. 6.26 Lauschen des ISG.

ASTE Therapeut: links neben der Kruppe (**Abb. 6.26**)

Handposition:

- rechts: in Sagitalebene auf das Sakrum
- links: Handfläche flächig am Tuber sacrale

Ausführung:

- Der Th. lauscht, wohin ihn das Tuber sacrale bzw. das Sakrum zieht.

Achten auf:

- Stellung der beiden Strukturen zueinander im SeitV
- Qualität des Kontakts der beiden Strukturen im SeitV

6.5.3 Prüfung ISG-Kompression einseitig

= **Behandlungsgriff für:**

- direkte Technik (S. 211) bei Läsion in Kompression dorsal einseitig (S. 365) und (**Tab. 7.35**)
- indirekte Technik (S. 212) bei Läsion Kompression ventral einseitig (S. 365) und (**Tab. 7.36**)

6.5.3.1 Handgriff

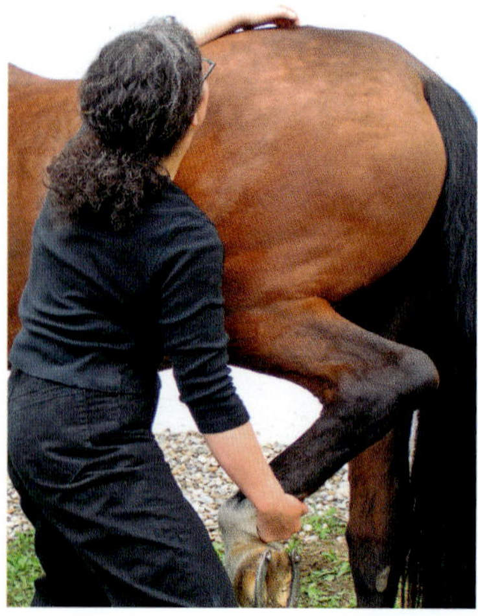

Abb. 6.27 Prüfung ISG-Kompression einseitig.

ASTE Therapeut: links neben der Kruppe (**Abb. 6.27**)

Handposition:

- rechts: am Fesselgelenk des linken Hinterbeins
- links: Fingerspitzen medial am linken Tuber sacrale

Ausführung:

- Der Th. hält das linke Hinterbein in Tripelflexion und hebt es in ABD nach dorsal an.

Achten auf:

- Dorsalgleiten des Tuber sacrale gegenüber Sakrum
- Ventralgleiten des Sakrums gegenüber Tuber sacrale
- BewA im SeitV, AWB, Bal., EndG
- Schmerzäußerung (→ Hinweis auf Arthrose des ISG)

6.5.4 Prüfung ISG-Traktion

= **Behandlungsgriff für:**

- direkte Technik (S. 211) bei Läsion in Kompression ventral einseitig (S. 365) und (**Tab. 7.36**)
- indirekte Technik (S. 212) bei Läsion in Kompression dorsal einseitig (S. 365) und (**Tab. 7.35**)

6.5.4.1 Handgriff

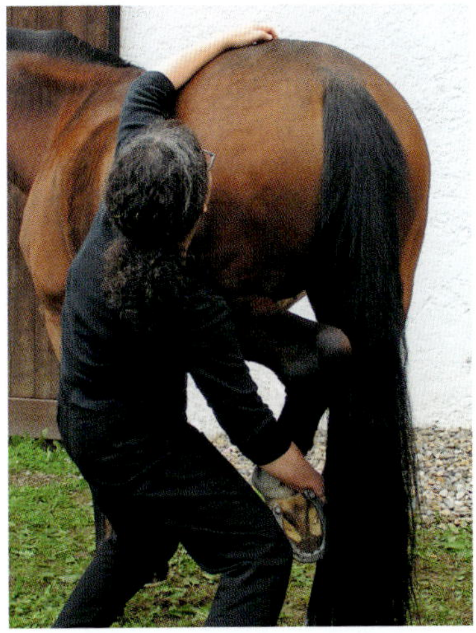

Abb. 6.28 Prüfung ISG-Traktion einseitig.

ASTE Therapeut: links neben der Kruppe (**Abb. 6.28**)

Handposition:

- rechts: am Fesselgelenk des linken Hinterbeins
- links: Fingerspitzen medial am linken Tuber sacrale

Ausführung:

- Der Th. hält das linke Hinterbein in Tripelflexion und senkt es in ADD nach ventral ab.

Achten auf:

- Ventralgleiten des Tuber sacrale gegenüber Sakrum
- Dorsalgleiten des Sakrums gegenüber Tuber sacrale
- BewA im SeitV, AWB, Bal., EndG
- Schmerzäußerung (→ Hinweis auf Entzündung des ISG oder Verletzung der Iliosakralbänder)

6.5.5 Prüfung ISG-Kompression beidseitig

= **Behandlungsgriff für:**

- indirekte Technik (S. 212) bei Läsion in Kompression ventral/dorsal beidseitig (S. 365) und (**Tab. 7.35** und **Tab. 7.36**)

6.5.5.1 Handgriff

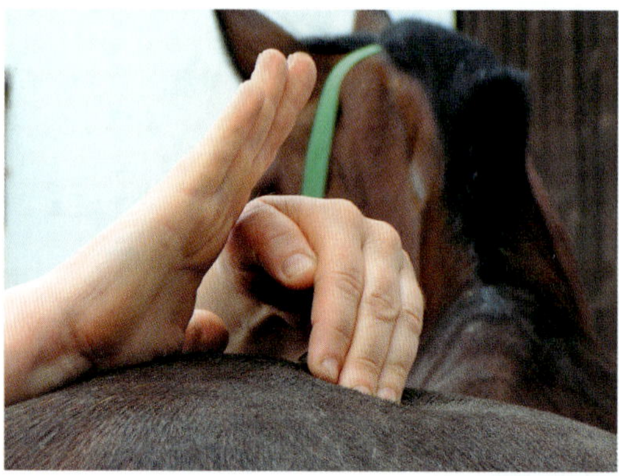

Abb. 6.29 Prüfung Kompression beidseitig.

ASTE Therapeut: an der linken Beckenseite (**Abb. 6.29**)

Handposition:

- rechts: Handballen lateral an Tuber sacrale links
- links: Fingerspitzen lateral an Tuber sacrale rechts

Ausführung:

- Der Th. übt auf beide Tubera sacralia gleichzeitig eine deutliche Kompression nach medial in die ISG aus.

Achten auf:

- Schmerzäußerung (→ Hinweis auf ISG-Blockierung oder Fraktur eines Iliumflügels)

6.5.6 Prüfung ISG-Provokationstest nach ventral

= **Behandlungsgriff für:**

- direkte Technik (S. 211) bei Läsion in Kompression dorsal beidseitig (S. 365) und (**Tab. 7.35**)
- indirekte Technik (S. 212) bei Läsion in Kompression ventral beidseitig (S. 365) und (**Tab. 7.36**)

6.5.6.1 Handgriff

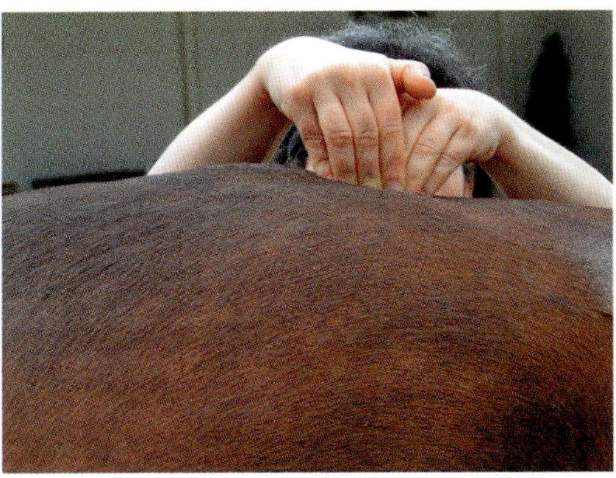

Abb. 6.30 Prüfung Provokationstest nach ventral.

ASTE Therapeut: neben dem linken Becken (evtl. auf einem Block) (**Abb. 6.30**)

Handposition:

- rechts und links: Fingerspitzen lotrecht auf der zu prüfenden Struktur (L 6/SCÜ)

Ausführung:

- Der Th. übt lotrecht einen rhythmischen Druck aus:
  - auf L 6 = Test der Ligg. sacroiliaca interossea
  - auf den SCÜ = Test der Ligg. sacroiliaca dorsalia

Achten auf:

- Ventralgleiten von L 6/SCÜ
- AWB, Schmerzäußerung (→ Hinweis auf Entzündung des ISG/Verletzung der Iliosakralbänder)

Behandlungskonzept ISG: s. Kap. Behandlungskonzept (S. 366)

6.6 Brustbein

6.6.1 Prüfung des Brustbeins

= **Behandlungsgriff für:**
- direkte (S. 211) und indirekte Technik (S. 212) bei:
  - Läsion in Inspiration/Exspiration (S. 370) und (**Tab. 7.39**)
  - Läsion in LATFLEX (S. 370) und (**Tab. 7.40**)
  - Läsion in Inspiration/Exspiration mit LATFLEX (S. 370) und (**Tab. 7.40**)

6.6.1.1 Handgriff

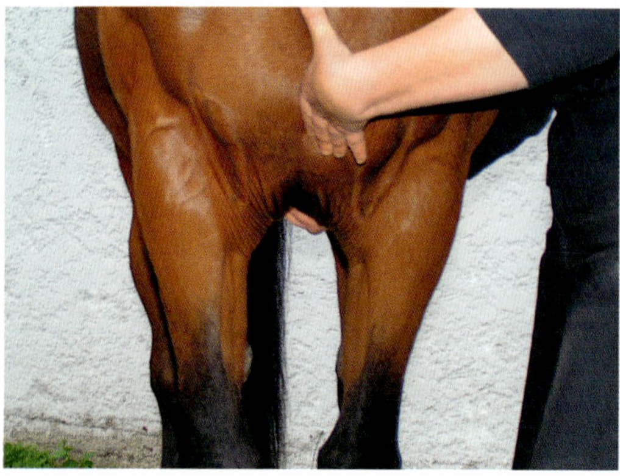

Abb. 6.31 Prüfung des Brustbeins.

ASTE Therapeut: links neben der Schulter (**Abb. 6.31**)

Handposition:
- rechts: am Xyphoid
- links: Daumen-Zeigefinger-Gabel entlang der Knochenkante des Manubriums

Ausführung:
- Der Th. palpiert mit den Fingern der rechten Hand das Xyphoid und lauscht, wohin ihn das Sternum zieht, zusätzlich kann er einen leichten Impuls geben in LATFLEX rechts/links und EXT/FLEX des Sternums und beobachten, welche Richtung leichter geht.

Achten auf:

- Biomechanik der Gelenkpartner (S. 56) und (**Tab. 2.8**)
- Symmetrie der Muskelwülste der Mm. pectorales parasternal
- Stellung des Sternums im Verhältnis zu den Buggelenken/Vorderbeinen/ Linea alba

Behandlungskonzept Brustbein: s. Kap. Behandlungskonzept (S. 371)

6.7 Brustkorb

= **Behandlungsgriff:**

- in kaudomedialer Richtung für:
  - direkte Technik (S. 211) bei Läsion in Inspiration (S. 374) und (**Tab. 7.43**)
  - indirekte Technik (S. 212) bei Läsion in Exspiration (S. 374) und (**Tab. 7.43**)
- in kraniolateraler Richtung für:
  - direkte Technik (S. 211) bei Läsion in Exspiration (S. 374) und (**Tab. 7.43**)
  - indirekte Technik (S. 212) bei Läsion in Inspiration (S. 374) und (**Tab. 7.43**)

6.7.1 Prüfung Rippenstellung 1

6.7.1.1 Handgriff

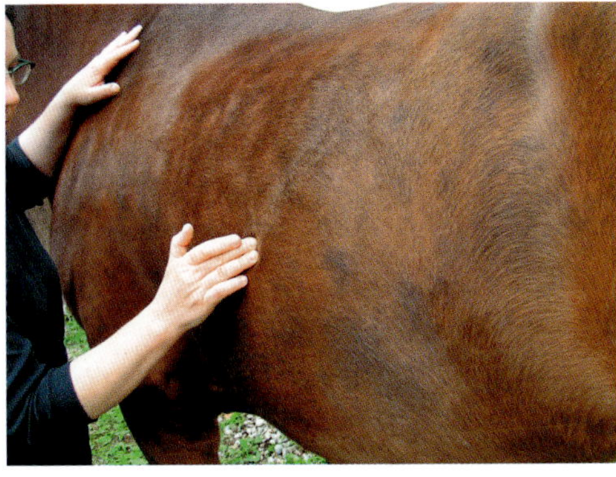

Abb. 6.32 Prüfung der Rippenstellung – Handgriff 1.

ASTE Therapeut: links neben dem Brustkorb (**Abb. 6.32**)

Handposition:

- Fingerspitzen von Mittel- und Ringfinger an den Rippen

Ausführung:

- Der Th. fährt mit den Fingerspitzen die Rippen von kaudal nach kranial ab.

Achten auf:

- prominente oder eingesunkene Rippen

6.7.2 Prüfung Rippenstellung 2

6.7.2.1 Handgriff

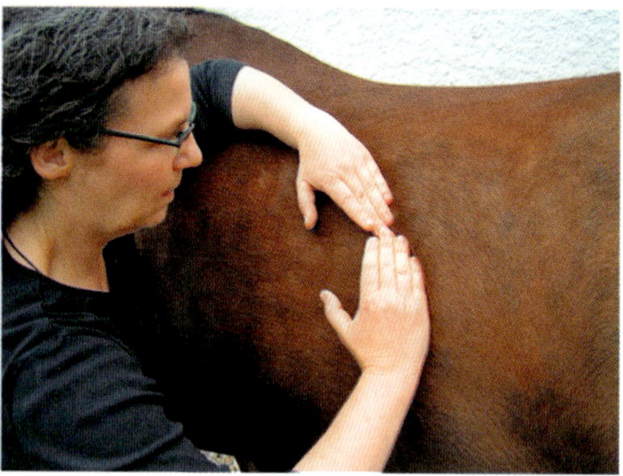

Abb. 6.33 Prüfung der Rippenstellung – Handgriff 2.

ASTE Therapeut: neben dem Brustkorb (**Abb. 6.33**)

Handposition:

- rechts und links: entlang der zu prüfenden Rippe

Ausführung:

- Der Th. verfolgt die Atembewegungen des Pferdes und lauscht, ob sich die Rippe besser in die Inspiration (nach kraniolateral) oder Exspiration (kaudomedial) bewegt.

Achten auf:

- Biomechanik der Gelenkpartner (S. 56) und (**Tab. 2.8**)
- Symmetrie der Atemexkursion im Seitenvergleich
- Tonus der Interkostalmuskulatur im SeitV, AWB, Schmerzäußerung

Behandlungskonzept Brustkorb: s. Kap. Behandlungskonzept (S. 375)

6.8 1. Rippe

6.8.1 Prüfung der 1. Rippe

= **Behandlungsgriff für:**

- direkte (S. 211) und indirekte Technik (S. 212) bei Läsion in Exspiration und Inspiration (S. 379) und (**Tab. 7.46**)

6.8.1.1 Handgriff

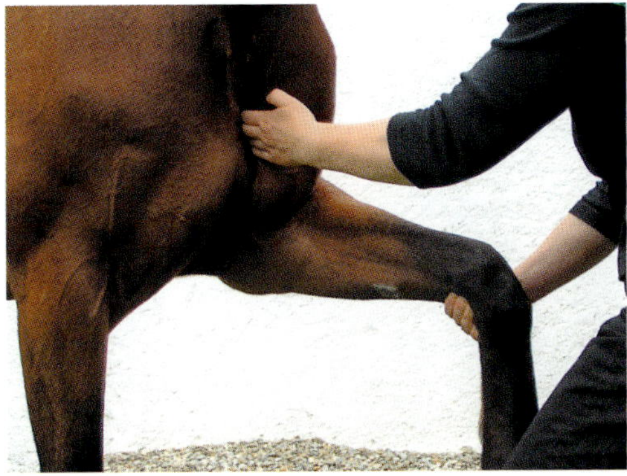

Abb. 6.34 Prüfung der 1. Rippe.

ASTE Therapeut: kranial an der linken Schulter (**Abb. 6.34**)

Handposition:

- rechts: am Karpalgelenk
- links: Fingerspitzen medial des Buggelenks von kranioventral Richtung Sternum bis zum Kontakt mit 1. Rippe

Ausführung:

- Der Th. führt mit rechter Hand das linke Vorderbein in Protraktion mit leichter ABD.
- Mobilisierung der 1. Rippe
  - nach kranial = in Inspiration durch Kreisen des Vorderbeins nach außen/lateral
  - nach kaudal = in Exspiration durch Kreisen des Vorderbeins nach innen/medial

Achten auf:

- Biomechanik der Gelenkpartner (S. 56) und (**Tab. 2.8**)
- BewA im SeitV, Schmerzäußerung, Bal., EndG

Behandlungskonzept 1. Rippe: s. Kap. Behandlungskonzept (S. 380)

6.9 Vorhand

6.9.1 Schulterblatt

6.9.1.1 Prüfung FLEX/ROT nach kaudal

= **Behandlungsgriff für:**

- direkte Technik (S. 211) bei Läsion in EXT (S. 383) und (**Tab. 7.49**)
- indirekte Technik (S. 212) bei Läsion in FLEX (S. 383) und (**Tab. 7.49**)

Handgriff 1

Abb. 6.35 Prüfung der Scapula in Bewegung – Handgriff 1.

ASTE Therapeut: neben der Schulter (**Abb. 6.35**)

Handposition:

- rechts: an der Cartilago scapulae
- links: am Fesselkopf

Ausführung:

- Der Th. führt das Bein mit der linken Hand in Tripelflexion in die Protraktion, die rechte Hand prüft das Bewegungsausmaß nach kaudoventral.

Handgriff 2

Abb. 6.36 Prüfung der Scapula im Lauschen – Handgriff 2.

ASTE Therapeut: links neben der Schulter (**Abb. 6.36**)

Handposition:
- rechts: an der Cartilago scapulae
- links: am Tuberculum supraglenoidale scapulae

Ausführung:
- Der Th. lauscht, wohin ihn die Scapula zieht, zusätzlich kann er mit der rechten Hand einen leichten Impuls in die FLEX geben.

Achten auf:
- Biomechanik der Gelenkpartner (S. 58) und (**Tab. 2.9**)
- BewA im SeitV, Bal., AWB, Schmerzäußerung

6.9.1.2 Prüfung EXT/ROT nach kranial

= **Behandlungsgriff für:**
- direkte Technik (S. 211) bei Läsion in FLEX (S. 383) und (**Tab. 7.49**)
- indirekte Technik (S. 212) bei Läsion in EXT (S. 383) und (**Tab. 7.49**)

Handgriff 1

ASTE Therapeut: links neben der Schulter (**Abb. 6.35**)

Handposition:
- rechts: an der Cartilago scapulae
- links: am Fesselkopf

Ausführung:
- Der Th. führt das tripelflektierte Bein mit der linken Hand in die Retraktion, rechte Hand prüft das Bewegungsausmaß nach kraniodorsal.

Handgriff 2

ASTE Therapeut: links neben der Schulter (**Abb. 6.36**)

Handposition:
- rechts: an der Cartilago scapulae
- links: am Tuberculum supraglenoidale scapulae

Ausführung:
- Der Th. lauscht, wohin ihn die Scapula zieht, zusätzlich kann er mit der rechten Hand einen leichten Impuls in die EXT geben.

Achten auf:
- Biomechanik der Gelenkpartner (S. 58) und (**Tab. 2.9**)
- BewA im SeitV, Bal., AWB, Schmerzäußerung

6.9.1.3 Prüfung Dorsalgleiten/ABD

= **Behandlungsgriff für:**
- direkte Technik (S. 211) bei Läsion in ADD (S. 383) und (**Tab. 7.50**)
- indirekte Technik (S. 212) bei Läsion in ABD (S. 383) und (**Tab. 7.50**)

Handgriff 1

ASTE Therapeut: links neben der Schulter (**Abb. 6.35**)

Handposition:
- rechts: an der Cartilago scapulae
- links: am Fesselkopf

Ausführung:
- Der Th. führt das tripelflektierte Bein mit der linken Hand nach dorsal und in ABD, die rechte Hand prüft an der Cartilago scapulae das Bewegungsausmaß nach dorso-kaudo-medial (= Verkleinerung des Abstands der Cartilago scapulae zu den Procc. spinosi des Widerrists).

Handgriff 2

ASTE Therapeut: links neben der Schulter (**Abb. 6.36**)

Handposition:

- rechts: an der Cartilago scapulae
- links: am Tuberculum supraglenoidale scapulae

Ausführung:

- Der Th. lauscht, wohin ihn die Scapula zieht, zusätzlich kann er einen leichten Impuls nach dorsal in die ABD geben.

Achten auf:

- Biomechanik der Gelenkpartner (S. 58) und (**Tab. 2.9**)
- BewA im SeitV, Bal., AWB, Schmerzäußerung

6.9.1.4 Prüfung Ventralgleiten/ADD

= **Behandlungsgriff für:**

- direkte Technik (S. 211) bei Läsion in ABD (S. 383) und (**Tab. 7.50**)
- indirekte Technik (S. 212) bei Läsion in ADD (S. 383) und (**Tab. 7.50**)

Handgriff 1

ASTE Therapeut: links neben der Schulter (**Abb. 6.35**)

Handposition:

- rechts: an der Cartilago scapulae
- links: am Fesselkopf

Ausführung:

- Der Th. führt das tripelflektierte Bein mit der linken Hand nach ventral und in ADD, die rechte Hand prüft an der Cartilago scapulae das Bewegungsausmaß nach ventro-kranio-lateral (= Vergrößerung des Abstands der Cartilago scapulae zu den Procc. spinosi des Widerrists).

Handgriff 2

ASTE Therapeut: links neben der Schulter (**Abb. 6.36**)

Handposition:

- rechts: an der Cartilago scapulae
- links: am Tuberculum supraglenoidale scapulae

Ausführung:

- Der Th. lauscht, wohin ihn die Scapula zieht, zusätzlich kann er einen leichten Impuls nach ventral in die ADD geben.

Achten auf:
- Biomechanik der Gelenkpartner (S. 58) und (**Tab. 2.9**)
- BewA im SeitV, Bal., AWB, Schmerzäußerung

Behandlungskonzept Schulterblatt: s. Kap. Behandlungskonzept (S. 385)

6.9.2 Schultergelenk

6.9.2.1 Prüfung FLEX

= **Behandlungsgriff für:**
- direkte Technik (S. 211) bei Läsion in EXT (S. 383) und (**Tab. 7.49**)
- indirekte Technik (S. 212) bei Läsion in FLEX (S. 383) und (**Tab. 7.49**)

Handgriff 1

Abb. 6.37 Prüfung FLEX Schultergelenk – Handgriff 1.

ASTE Therapeut: links neben der Schulter (**Abb. 6.37**)

Handposition:
- rechts: am Fesselkopf
- links: am Karpalgelenk

Ausführung:
- rechte Hand beugt das Bein locker an, die linke Hand hebt das Karpalgelenk nach dorsokaudal an, ohne das Ellenbogengelenk/Schulterblatt in seiner Gelenkstellung zu verändern

Handgriff 2

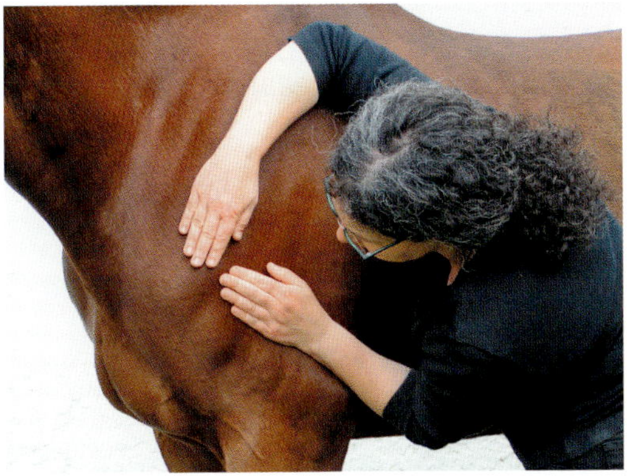

Abb. 6.38 Prüfung FLEX Schultergelenk – Handgriff 2.

ASTE Therapeut: links neben der Schulter (**Abb. 6.38**)

Handposition:

- rechts: mit den Fingerspitzen am Tuberculum supraglenoidale scapulae in Verlängerung der Scapula
- links: mit den Fingerspitzen am Tuberculum majus in Verlängerung des Humerus

Ausführung:

- Der Th. lauscht, wohin ihn das Schultergelenk zieht, zusätzlich kann er einen leichten Impuls in die FLEX geben.

Achten auf:

- Biomechanik der Gelenkpartner (S. 59) und (**Tab. 2.10**)
- BewA im SeitV, Bal., AWB, Schmerzäußerung, (Handgriff 1: zusätzlich EndG)

6.9.2.2 Prüfung EXT

= **Behandlungsgriff für:**

- direkte Technik (S. 211) bei Läsion in FLEX (S. 383) und (**Tab. 7.49**)
- indirekte Technik (S. 212) bei Läsion in EXT (S. 383) und (**Tab. 7.49**)

Handgriff 1

Abb. 6.39 Prüfung EXT Schultergelenk – Handgriff 1.

ASTE Therapeut: links neben der Schulter (**Abb. 6.39**)

Handposition:

- rechts: umgreift von kaudal das Olecranon
- links: am Fesselkopf

Ausführung:

- Die linke Hand beugt das Bein locker an, die rechte Hand führt den distalen Humerus nach ventrokranial, ohne das Ellenbogengelenk/Schulterblatt in seiner Gelenkstellung zu verändern. Th. kann bei Bedarf mit seiner linken Schulter das rechte Schultergelenk des Pferdes stabilisieren.

Handgriff 2

ASTE Therapeut: links neben der Schulter (**Abb. 6.38**)

Handposition:

- rechts: mit den Fingerspitzen am Tuberculum supraglenoidale scapulae in Verlängerung der Scapula
- links: mit den Fingerspitzen am Tuberculum majus in Verlängerung des Humerus

Ausführung:

- Der Th lauscht, wohin ihn das Schultergelenk zieht, zusätzlich kann er einen leichten Impuls in die EXT geben.

Achten auf:

- Biomechanik der Gelenkpartner (S. 59) und (**Tab. 2.10**)
- BewA im SeitV, Bal., AWB, Schmerzäußerung, (Handgriff 1: zusätzlich EndG)

6.9.2.3 Prüfung ABD/IROT

= **Behandlungsgriff für:**

- direkte Technik (S. 211) bei Läsion in ADD (S. 383) und (**Tab. 7.50**)
- indirekte Technik (S. 212) bei Läsion in ABD (S. 383) und (**Tab. 7.50**)

Handgriff 1

Abb. 6.40 Prüfung ABD/IROT Schultergelenk – Handgriff 1.

ASTE Therapeut: links neben der Schulter mit Kontakt seiner linken Schulter am Caput humeri des Pferdes (**Abb. 6.40**)

Handposition:

- rechts: umgreift den Humerus proximal des Olecranons
- links: am Fesselkopf

Ausführung:

- Der Th. beugt mit linker Hand das Bein locker an, die rechte Hand führt den distalen Humerusanteil nach laterokranial.

Handgriff 2

Abb. 6.41 Prüfung ABD/IROT Schultergelenk – Handgriff 2.

ASTE Therapeut: seitlich neben der Schulter (**Abb. 6.41**)

Handposition:

- rechts: umgreift den distalen Humerus
- links: mit den Fingerspitzen an das Tuberculum supraglenoidale scapulae und mit dem Handballen am Tuberculum majus

Ausführung:

- Der Th. lauscht, wohin ihn das Schultergelenk zieht, zusätzlich kann er mit rechter Hand einen leichten Impuls in die ABD/IROT geben (distaler Humerus nach laterokranial).

Achten auf:

- Biomechanik der Gelenkpartner (S. 59) und (**Tab. 2.10**)
- BewA im SeitV, Bal., AWB, Schmerzäußerung, (Handgriff 1: zusätzlich EndG)

6.9.2.4 Prüfung ADD/AROT

= **Behandlungsgriff für:**
- direkte Technik (S. 211) bei Läsion in ABD (S. 383) und (**Tab. 7.50**)
- indirekte Technik (S. 212) bei Läsion in ADD (S. 383) und (**Tab. 7.50**)

Handgriff 1

ASTE Therapeut: links neben der Schulter mit Kontakt der linken Schulter am Caput humeri des Pferdes (**Abb. 6.40**)

Handposition:
- rechts: umgreift den Humerus proximal des Olecranons
- links: am Fesselkopf

Ausführung:
- Der Th. beugt mit linker Hand das Bein locker an, die rechte Hand führt den distalen Humerusanteil nach mediokaudal (in die „Herzgrube").

Handgriff 2

ASTE Therapeut: links neben der Schulter (**Abb. 6.41**)

Handposition:
- rechts: umgreift den distalen Humerus
- links: mit den Fingerspitzen am Tuberculum supraglenoidale scapulae und die Handballen am Tuberculum majus

Ausführung:
- Der Th. lauscht, wohin ihn das Schultergelenk zieht, zusätzlich kann er mit rechter Hand einen leichten Impuls in die ADD/AROT geben (distaler Humerus nach mediokaudal).

Achten auf:
- Biomechanik der Gelenkpartner (S. 59) und (**Tab. 2.10**)
- BewA im SeitV, Bal., AWB, Schmerzäußerung, (Handgriff 1: zusätzlich EndG)

Behandlungskonzept Schultergelenk: s. Kap. Behandlungskonzept (S. 385)

6.9.3 Ellenbogengelenk

6.9.3.1 Prüfung FLEX/ABD

= **Behandlungsgriff für:**

- direkte Technik (S.211)
  - bei Läsion in EXT/ADD (S.388) und (**Tab. 7.53**)
  - bei Läsion in EXT/ABD (S.388) und (**Tab. 7.53**)
- indirekte Technik (S.212)
  - bei Läsion in FLEX/ABD (S.388) und (**Tab. 7.53**)
  - bei Läsion in FLEX/ADD (S.388) und (**Tab. 7.53**)

Handgriff 1

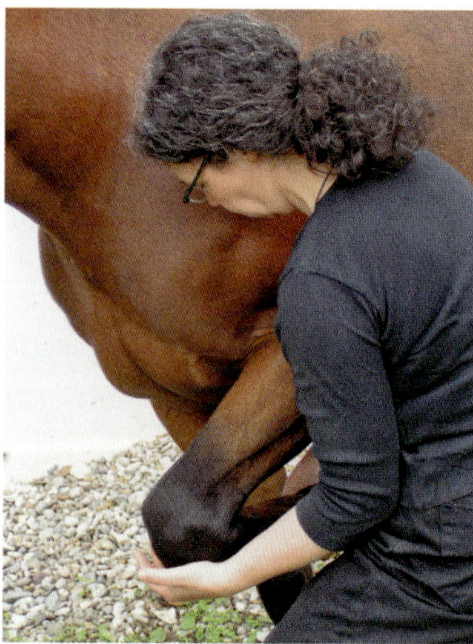

Abb. 6.42 Prüfung FLEX mit ABD Ellenbogengelenk.

ASTE Therapeut: links neben der Schulter mit Kontakt seines rechten Oberarms am Olecranon des Pferdes (**Abb. 6.42**)

Handposition:

- rechts: am Fesselkopf
- links: am Karpalgelenk

Ausführung:

- Der Th. hält mit rechter Hand das Bein in lockerer FLEX, die linke Hand führt das Karpalgelenk nach kraniodorsolateral.

Handgriff 2

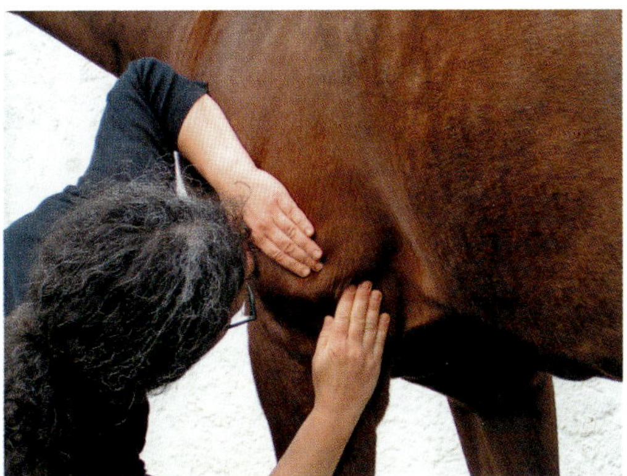

Abb. 6.43 Prüfung FLEX Ellenbogengelenk – Handgriff 2.

ASTE Therapeut: links neben der Schulter (**Abb. 6.43**)

Handposition:

- rechts: Fingerspitzen auf dem Olecranon, den rechten Arm in Verlängerung des Radius
- links: Fingerspitzen auf dem Epicondylus lateralis humeri, den linken Arm in Verlängerung des Humerus

Ausführung:

- Der Th. lauscht, wohin ihn das Ellenbogengelenk zieht, zusätzlich kann er einen leichten Impuls in die FLEX geben.

Achten auf:

- Biomechanik der Gelenkpartner (S. 61) und (**Tab. 2.11**)
- BewA im SeitV, Bal., AWB, Schmerzäußerung, (Handgriff 1: zusätzlich EndG)

6.9.3.2 Prüfung EXT/ADD

= **Behandlungsgriff für:**

- direkte Technik (S. 211)
  - bei Läsion in FLEX/ABD (S. 388) und (**Tab. 7.53**)
  - bei Läsion in FLEX/ADD (S. 388) und (**Tab. 7.53**)
- indirekte Technik (S. 212)
  - bei Läsion in EXT/ADD (S. 388) und (**Tab. 7.53**)
  - bei Läsion in EXT/ABD (S. 388) und (**Tab. 7.53**)

Handgriff 1

Abb. 6.44 Prüfung EXT mit ADD Ellenbogengelenk.

ASTE Therapeut: links neben der Schulter mit Kontakt seines rechten Oberarms am Olecranon des Pferdes (Abb. 6.44)

Handposition:
- rechts: am Fesselkopf
- links: am Karpalgelenk

Ausführung:
- Der Th. hält mit rechter Hand das Bein in lockerer FLEX und senkt mit der linken Hand das Karpalgelenk nach kaudoventral ab.

Handgriff 2

ASTE Therapeut: Abb. 6.43

Handposition:
- rechts: Fingerspitzen auf das Olecranon, den rechten Arm in Verlängerung des Radius
- links: Fingerspitzen auf dem Epicondylus lateralis humeri, den linken Arm in Verlängerung des Humerus

Ausführung:

- Der Th. lauscht, wohin ihn das Ellenbogengelenk zieht, zusätzlich kann er einen leichten Impuls in die EXT geben.

Achten auf:

- Biomechanik der Gelenkpartner (S. 61) und (**Tab. 2.11**)
- BewA im SeitV, Bal., AWB, Schmerzäußerung, (Handgriff 1: zusätzlich EndG)

6.9.3.3 Stabilitätstest

Handgriff

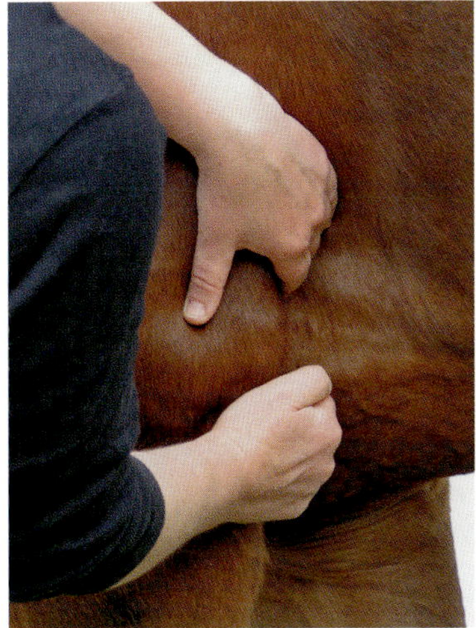

Abb. 6.45 Stabilitätstest Ellenbogengelenk.

ASTE Therapeut: links neben der Schulter (**Abb. 6.45**)

Handposition:

- rechts: am Olecranon
- links: am distalen Humerus

Ausführung:

- Der Th. fixiert mit linker Hand den distalen Humerus.
- Die rechte Hand mobilisiert das Olecranon nach lateral und medial.
- Danach legt sich der Th. die Röhre auf sein Knie, sodass es zu einer leichten Ellenbogenflexion kommt und mobilisiert nochmals das Olecranon nach lateral und medial gegenüber dem distalen Humerus.

Achten auf:

- Festigkeit der Ligg. collateralia im Seitenvergleich
- minimale Beweglichkeit im Standbein/leichte Beweglichkeit im Hangbein

Behandlungskonzept Ellenbogengelenk: s. Kap. Behandlungskonzept (S. 389)

6.9.4 Vorderfußwurzelgelenk

6.9.4.1 Prüfung FLEX/ABD

= **Behandlungsgriff für:**

- direkte Technik (S. 211)
  - bei Läsion in EXT/ADD (S. 392) und (**Tab. 7.56**)
  - bei Läsion in EXT/ABD (S. 392) und (**Tab. 7.56**)
- indirekte Technik (S. 212)
  - bei Läsion in FLEX/ABD (S. 392) und (**Tab. 7.56**)
  - bei Läsion in FLEX/ADD (S. 392) und (**Tab. 7.56**)

Handgriff

ASTE Therapeut: links neben der Schulter (**Abb. 6.46**)

Handposition:

- rechts: am Fesselkopf
- links: am Karpalgelenk: Zeigefinger auf dem Radius, Mittelfinger auf der proximalen Karpusreihe, Ringfinger auf der distalen Karpusreihe, kleiner Finger auf der Röhre, Daumen von lateral an das Os carpi accessorium

Ausführung:

- Der Th. beugt mit rechter Hand das Karpalgelenk an, die linke Hand verfolgt mit den Fingern die Bewegungen der einzelnen Karpalknochen.

Achten auf:

- Biomechanik der Gelenkpartner (S. 63) und (**Tab. 2.12**)
- BewA im SeitV, Bal., AWB, Schmerzäußerung, EndG

6.9.4.2 Prüfung EXT/ADD

= **Behandlungsgriff für:**
- direkte Technik (S. 211)
  - bei Läsion in FLEX/ABD (S. 392) und (**Tab. 7.56**)
  - bei Läsion in FLEX/ADD (S. 392) und (**Tab. 7.56**)
- indirekte Technik (S. 212)
  - bei Läsion in EXT/ADD (S. 392) und (**Tab. 7.56**)
  - bei Läsion in EXT/ABD (S. 392) und (**Tab. 7.56**)

Handgriff

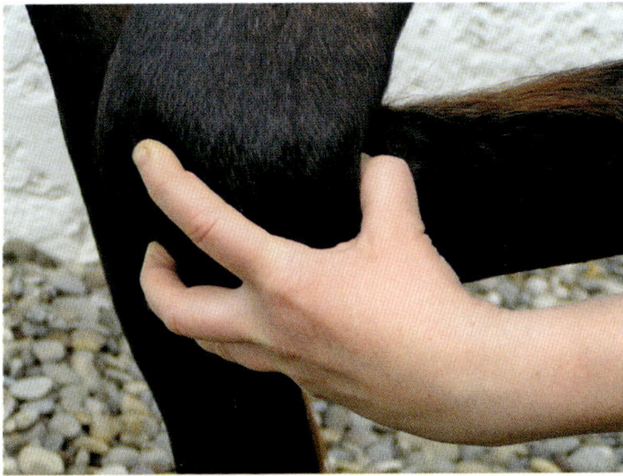

Abb. 6.46 Prüfung FLEX des Karpalgelenks.

ASTE Therapeut: links neben der Schulter (**Abb. 6.46**)

Handposition:
- rechts: am Fesselkopf
- links: am Karpalgelenk: Zeigefinger auf dem Radius, Mittelfinger auf der proximalen Karpusreihe, Ringfinger auf der distalen Karpusreihe, kleiner Finger auf der Röhre, Daumen von lateral am Os carpi accessorium

Ausführung:
- Der Th. streckt mit rechter Hand das Karpalgelenk, die linke Hand verfolgt mit den Fingern die Bewegungen der einzelnen Karpalknochen.

Achten auf:
- Biomechanik der Gelenkpartner (S. 63) und (**Tab. 2.12**)
- BewA im SeitV, Bal., AWB, Schmerzäußerung, EndG

Behandlungskonzept Vorderfußwurzelgelenk: s. Kap. Behandlungskonzept (S. 392)

6.9.5 Fesselgelenk

6.9.5.1 Prüfung FLEX und EXT

= **Behandlungsrichtung FLEX für:**
- direkte Technik (S. 211) bei Läsion in EXT (S. 395) und (**Tab. 7.59**)
- indirekte Technik (S. 212) bei Läsion in FLEX (S. 395) und (**Tab. 7.59**)

= **Behandlungrichtung EXT für:**
- direkte Technik (S. 211) bei Läsion in FLEX (S. 395) und (**Tab. 7.59**)
- indirekte Technik (S. 212) bei Läsion in EXT (S. 395) und (**Tab. 7.59**)

Handgriff

Abb. 6.47 Prüfung FLEX des Fesselgelenks.

ASTE Therapeut: links neben dem Vorder- bzw. Hinterbein des Pferdes (**Abb. 6.47**)

Handposition:
- rechts: mit der Handkante gelenksnah am Fesselbein
- links: gelenksnah am distalen Röhrbein

Ausführung:
- Die rechte Hand stützt das Fesselbein, übt eine leichte Traktion aus und führt das Fesselgelenk in FLEX, danach in EXT.

Achten auf:
- Biomechanik der Gelenkpartner (S. 66) und (**Tab. 2.13**)
- BewA im SeitV, Bal., AWB, Schmerzäußerung, EndG

6.9.5.2 Prüfung ABD und ADD

= **Behandlungsrichtung ABD für:**
- direkte Technik (S. 211) bei Läsion in ADD (S. 395) und (**Tab. 7.59**)
- indirekte Technik (S. 212) bei Läsion in ABD (S. 395) und (**Tab. 7.59**)

= **Behandlungsrichtung ABD für:**
- direkte Technik (S. 211) bei Läsion in ABD (S. 395) und (**Tab. 7.59**)
- indirekte Technik (S. 212) bei Läsion in ADD (S. 395) und (**Tab. 7.59**)

Handgriff

ASTE Therapeut: links neben dem Vorder- bzw. Hinterbein des Pferdes (**Abb. 6.47**)

Handposition:
- rechts: mit der Handkante gelenksnah am Fesselbein
- links: gelenksnah am distalen Röhrbein

Ausführung:
- Die rechte Hand umgreift das Fesselbein, übt eine leichte Traktion aus und führt das Fesselgelenk in ABD (gering), danach in ADD (sehr gering).

Achten auf:
- Biomechanik der Gelenkpartner (S. 66) und (**Tab. 2.13**)
- BewA im SeitV, Bal., AWB, Schmerzäußerung, EndG

Behandlungskonzept Fesselgelenk: s. Kap. Behandlungskonzept (S. 396)

6.9.6 Krongelenk

6.9.6.1 Prüfung FLEX und EXT

= **Behandlungsrichtung FLEX für:**
- direkte Technik (S. 211) bei Läsion in EXT (S. 398) und (**Tab. 7.62**)
- indirekte Technik (S. 212) bei Läsion in FLEX (S. 398) und (**Tab. 7.62**)

= **Behandlungsrichtung EXT für:**
- direkte Technik (S. 211) bei Läsion in FLEX (S. 398) und (**Tab. 7.62**)
- indirekte Technik (S. 212) bei Läsion in EXT (S. 398) und (**Tab. 7.62**)

Handgriff

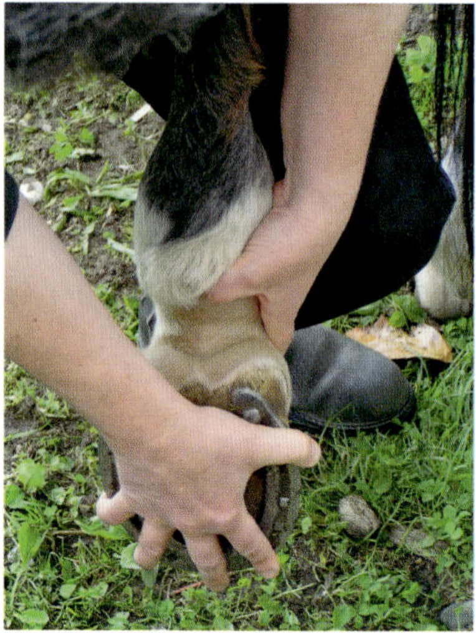

Abb. 6.48 Prüfung FLEX Krongelenk.

ASTE Therapeut: links neben dem Vorder- bzw. Hinterbein des Pferdes (**Abb. 6.48**)

Handposition:

- rechts: umgreift die Hufsohle
- links: gelenksnah am Fesselbein, mit dem Daumen palmar bzw. plantar am Gelenkspalt

Ausführung:

- Die rechte Hand macht eine leichte Traktion mit maximaler FLEX im Hufgelenk, um dieses zu verriegeln und führt so das Krongelenk in FLEX, danach in EXT.

Achten auf:

- Biomechanik der Gelenkpartner (S. 66) und (**Tab. 2.13**)
- BewA im SeitV, Bal., AWB, Schmerzäußerung, EndG

6.9.6.2 Prüfung ABD und ADD

= **Behandlungsrichtung ABD für:**
- direkte Technik (S. 211) bei Läsion in ADD (S. 398) und (**Tab. 7.62**)
- indirekte Technik (S. 212) bei Läsion in ABD (S. 398) und (**Tab. 7.62**)

= **Behandlungsrichtung ADD für:**
- direkte Technik (S. 211) bei Läsion in ABD (S. 398) und (**Tab. 7.62**)
- indirekte Technik (S. 212) bei Läsion in ADD (S. 398) und (**Tab. 7.62**)

Handgriff

ASTE Therapeut: links neben dem Vorder- bzw. Hinterbein des Pferdes (**Abb. 6.48**)

Handposition:
- rechts: umgreift die Hufsohle
- links: gelenksnah am Fesselbein, mit dem Daumen palmar bzw. plantar am Gelenkspalt

Ausführung:
- Die rechte Hand macht eine leichte Traktion mit maximaler FLEX im Hufgelenk, um dieses zu verriegeln, und führt so das Krongelenk in ABD (gering), danach in ADD (sehr gering).

Achten auf:
- Biomechanik der Gelenkpartner (S. 66) und (**Tab. 2.13**)
- BewA im SeitV, Bal., AWB, Schmerzäußerung, EndG

6.9.6.3 Prüfung AROT und IROT

= **Behandlungsrichtung AROT für:**
- direkte Technik (S. 211) bei Läsion in IROT (S. 398) und (**Tab. 7.63**)
- indirekte Technik (S. 212) bei Läsion in AROT (S. 398) und (**Tab. 7.63**)

= **Behandlungsrichtung IROT für:**
- direkte Technik (S. 211) bei Läsion in AROT (S. 398) und (**Tab. 7.63**)
- indirekte Technik (S. 212) bei Läsion in IROT (S. 398) und (**Tab. 7.63**)

Handgriff

ASTE Therapeut: links neben dem Vorder- bzw. Hinterbein des Pferdes (**Abb. 6.48**)

Handposition:
- rechts: umgreift die Hufsohle
- links: gelenksnah am Fesselbein, mit dem Daumen palmar bzw. plantar am Gelenkspalt

Ausführung:

- Die rechte Hand macht eine leichte Traktion mit maximaler FLEX im Hufgelenk, um dieses zu verriegeln, und führt so das Krongelenk in AROT, danach in IROT.

Achten auf:

- Biomechanik der Gelenkpartner (S. 66) und (**Tab. 2.13**)
- BewA im SeitV, Bal., AWB, Schmerzäußerung, EndG

Behandlungskonzept Krongelenk: s. Kap. Behandlungskonzept (S. 399)

6.9.7 Hufgelenk

6.9.7.1 Prüfung FLEX und EXT

= **Behandlungsrichtung FLEX für:**

- direkte Technik (S. 211) bei Läsion in EXT (S. 402) und (**Tab. 7.65**)
- indirekte Technik (S. 212) bei Läsion in FLEX (S. 402) und (**Tab. 7.65**)

= **Behandlungsrichtung EXT für:**

- direkte Technik (S. 211) bei Läsion in FLEX (S. 402) und (**Tab. 7.65**)
- indirekte Technik (S. 212) bei Läsion in EXT (S. 402) und (**Tab. 7.65**)

Handgriff

Abb. 6.49 Prüfung FLEX des Hufgelenks.

ASTE Therapeut: links neben dem Vorder- bzw. Hinterbein des Pferdes (**Abb. 6.45**)

Handposition:
- rechts: umgreift die Hufwand
- links: distales Kronbein gelenksnah mit dem Daumen palmar bzw. plantar am Gelenkspalt

Ausführung:
- Die rechte Hand führt das Hufgelenk in FLEX, danach in EXT.

Achten auf:
- Biomechanik der Gelenkpartner (S. 66) und (**Tab. 2.13**)
- BewA im SeitV, Bal., AWB, Schmerzäußerung, EndG

6.9.7.2 Prüfung Translation nach palmar bzw. plantar und dorsal

= **Behandlungsrichtung Translation palmar bzw. plantar für:**
- direkte Technik (S. 211) bei Läsion in Translation nach dorsal (S. 402) und (**Tab. 7.65**)
- indirekte Technik (S. 212) bei Läsion in Translation nach palmar bzw. plantar (S. 402) und (**Tab. 7.65**)

= **Behandlungrichtung Translation dorsal für**:
- direkte Technik (S. 211) bei Läsion in Translation nach palmar bzw. plantar (S. 402) und (**Tab. 7.65**)
- indirekte Technik (S. 212) bei Läsion in Translation nach dorsal (S. 402) und (**Tab. 7.65**)

Handgriff

ASTE Therapeut: links neben dem Vorder- bzw. Hinterbein des Pferdes (**Abb. 6.49**)

Handposition:
- rechts: umgreift die Hufwand
- links: distales Kronbein gelenksnah, mit dem Daumen palmar bzw. plantar am Gelenkspalt

Ausführung:
- Die rechte Hand führt das Hufgelenk in Translation nach palmar bzw. plantar, danach in Translation nach dorsal.

Achten auf:
- Biomechanik der Gelenkpartner (S. 66) und (**Tab. 2.13**)
- BewA im SeitV, Bal., AWB, Schmerzäußerung, EndG

6.9.7.3 Prüfung ABD und ADD

= **Behandlungsrichtung in ABD für:**
- direkte Technik (S. 211) bei Läsion in ADD (S. 402) und (**Tab. 7.65**)
- indirekte Technik (S. 212) bei Läsion in ABD (S. 402) und (**Tab. 7.65**)

= **Behandlungsrichtung in ADD für:**
- direkte Technik (S. 211) bei Läsion in ABD (S. 402) und (**Tab. 7.65**)
- indirekte Technik (S. 212) bei Läsion in ADD (S. 402) und (**Tab. 7.65**)

Handgriff

ASTE Therapeut: links neben dem Vorder- bzw. Hinterbein des Pferdes (**Abb. 6.49**)

Handposition:
- rechts: umgreift die Hufwand
- links: distales Kronbein gelenksnah mit dem Daumen palmar bzw. plantar am Gelenkspalt

Ausführung:
- Die rechte Hand führt das Hufgelenk in ABD, danach in ADD.

Achten auf:
- Biomechanik der Gelenkpartner (S. 66) und (**Tab. 2.13**)
- BewA im SeitV, Bal., AWB, Schmerzäußerung, EndG

6.9.7.4 Prüfung AROT und IROT

= **Behandlungsrichtung AROT für:**
- direkte Technik (S. 211) bei Läsion in IROT (S. 402) und (**Tab. 7.65**)
- indirekte Technik (S. 212) bei Läsion in AROT (S. 402) und (**Tab. 7.65**)

= **Behandlungsrichtung IROT für:**
- direkte Technik (S. 211) bei Läsion in AROT (S. 402) und (**Tab. 7.65**)
- indirekte Technik (S. 212) bei Läsion in IROT (S. 402) und (**Tab. 7.65**)

Handgriff

ASTE Therapeut: links neben dem Vorder- bzw. Hinterbein des Pferdes (**Abb. 6.49**)

Handposition:

- rechts: umgreift die Hufwand
- links: distales Kronbein gelenksnah, mit dem Daumen palmar bzw. plantar am Gelenkspalt

Ausführung:

- Die rechte Hand führt das Hufgelenk in AROT, danach in IROT.

Achten auf:

- Biomechanik der Gelenkpartner (S. 66) und (**Tab. 2.13**)
- BewA im SeitV, Bal., AWB, Schmerzäußerung, EndG

Behandlungskonzept Hufgelenk: s. Kap. Behandlungskonzept (S. 402)

6.9.8 Gleichbeine

6.9.8.1 Prüfung lateromediales Gleiten

= **Behandlungsrichtung laterodorsal für:**

- direkte Technik (S. 211) bei Läsion nach mediopalmar/-plantar (S. 404) und (**Tab. 7.67**)
- indirekte Technik (S. 212) bei Läsion nach laterodorsal (S. 404) und (**Tab. 7.67**)

= **Behandlungsrichtung mediopalmar/-plantar für:**

- direkte Technik (S. 211) bei Läsion nach laterodorsal (S. 404) und (**Tab. 7.67**)
- indirekte Technik (S. 212) bei Läsion nach mediopalmar/-plantar (S. 404) und (**Tab. 7.67**)

Handgriff

Abb. 6.50 Prüfung lateromediales Gleiten der Gleichbeine.

ASTE Therapeut: Th. kniet neben dem Pferd (**Abb. 6.50**)

Handposition:

- rechts und links: Daumen am lateralen, Zeigefinger am medialen Gleichbein

Ausführung:

- Der Th. legt sich die linke Röhre auf ein Knie, sodass das Fesselgelenk in leichter FLEX eingestellt ist.
- jeweils mit sanftem Druck der beiden Daumen (laterales Gleichbein) bzw. der beiden Zeigefinger (mediales Gleichbein) die Beweglichkeiten nach mediopalmar bzw. laterodorsal prüfen

Achten auf:

- Biomechanik der Gelenkpartner (S. 66) und (**Tab. 2.13**)
- BewA im SeitV, Bal., AWB, Schmerzäußerung, EndG

6.9.8.2 Prüfung superior-inferiores Gleiten

= **Behandlungsrichtung superior für:**

- direkte Technik (S. 211) bei Läsion nach inferior (S. 404) und (**Tab. 7.67**)
- indirekte Technik (S. 212) bei Läsion nach superior (S. 404) und (**Tab. 7.67**)

= **Behandlungsrichtung inferior für:**

- direkte Technik (S. 211) bei Läsion nach superior (S. 404) und (**Tab. 7.67**)
- indirekte Technik (S. 212) bei Läsion nach inferior (S. 404) und (**Tab. 7.67**)

Handgriff

Abb. 6.51 Prüfung superior-inferiores Gleiten der Gleichbeine.

ASTE Therapeut: Th. kniet neben dem Pferd (**Abb. 6.51**)

Handposition:

- rechts: an der Hufspitze
- links: mit der Daumen-Zeigefinger-Schwimmhaut von proximal her an den kranialen Polen der Gleichbeine

Ausführung:

- Der Th. hält mit rechter Hand das Fesselgelenk in leichter FLEX und palpiert mit der linken Hand von proximal her die kranialen Pole der beiden Gleichbeine.
- Die rechte Hand führt das Fesselgelenk in FLEX und EXT, die linke Hand beobachtet und begleitet die Bewegung der Gleichbeine.

Achten auf:

- Biomechanik der Gelenkpartner (S. 66) und (**Tab. 2.13**)
- BewA im SeitV, Bal., AWB, Schmerzäußerung, EndG

Behandlungskonzept Gleichbeine: s. Kap. Behandlungskonzept (S. 405)

6.10 Hinterhand

6.10.1 Hüftgelenk

6.10.1.1 Prüfung FLEX

= **Behandlungsgriff für:**

- direkte Technik (S. 211) bei Läsion in EXT (S. 407) und (**Tab. 7.69**)
- indirekte Technik (S. 212) bei Läsion in FLEX (S. 407) und (**Tab. 7.69**)

Handgriff 1

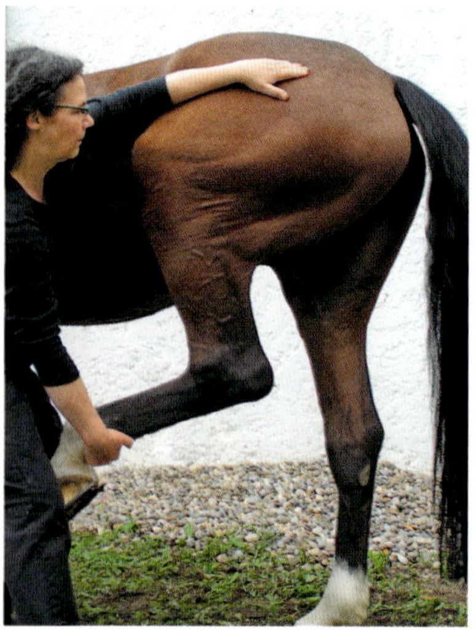

Abb. 6.52 Prüfung FLEX Hüftgelenk.

ASTE Therapeut: links neben der Hüfte (**Abb. 6.52**)

Handposition:

- rechts: am Fesselkopf
- links: am Trochanter major

Ausführung:

- Der Th. hebt mit der rechten Hand das Bein in Tripelflexion an und führt es nach kranial in maximale Hüftflexion, die linke Hand beobachtet und begleitet die Bewegung des Femurs.

Handgriff 2

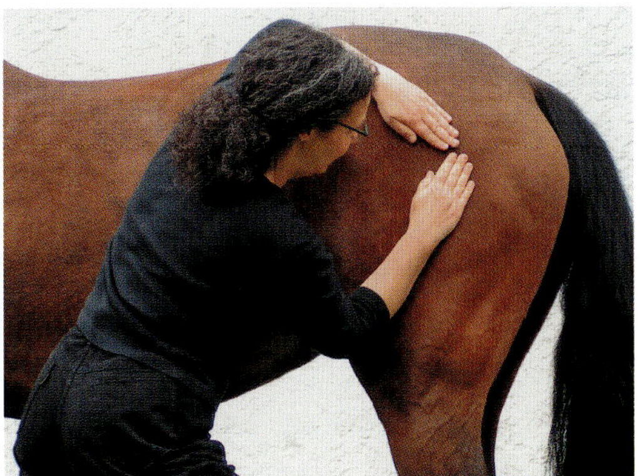

Abb. 6.53 Prüfung FLEX Hüftgelenk – Handgriff 2.

ASTE Therapeut: links neben der Hüfte mit Blick nach kaudal (**Abb. 6.53**)

Handposition:
- rechts: Fingerspitzen auf dem Trochanter major, rechter Arm in Verlängerung zum Kniegelenk
- links: Fingerspitzen auf dem Trochanter major, linker Arm in Verlängerung zum Tuber sacrale

Ausführung:
- Der Th. lauscht, wohin ihn das Hüftgelenk zieht, zusätzlich kann er einen leichten Impuls in die FLEX geben.

Achten auf:
- Biomechanik der Gelenkpartner (S. 69) und (**Tab. 2.14**)
- BewA im SeitV, Bal., AWB, Schmerzäußerung, (Handgriff 1: zusätzlich EndG)

6.10.1.2 Prüfung EXT

= **Behandlungsgriff für:**
- direkte Technik (S. 211) bei Läsion in FLEX (S. 407) und (**Tab. 7.69**)
- indirekte Technik (S. 212) bei Läsion in EXT (S. 407) und (**Tab. 7.69**)

Handgriff 1

ASTE Therapeut: links neben der Hüfte (**Abb. 6.52**)

Handposition:

- rechts: am Fesselkopf
- links: am Trochanter major

Ausführung:

- Der Th. hebt mit der rechten Hand das Bein in Tripelflexion an und führt es nach kaudal in maximale Hüftextension, die linke Hand beobachtet und begleitet die Bewegung des Femurs.

Handgriff 2

ASTE Therapeut: links neben der Hüfte mit dem Blick nach kaudal (**Abb. 6.53**)

Handposition:

- rechts: Fingerspitzen auf dem Trochanter major, rechter Arm in Verlängerung zum Kniegelenk
- links: Fingerspitzen auf dem Trochanter major, linker Arm in Verlängerung zum Tuber sacrale

Ausführung:

- Der Th. lauscht, wohin ihn das Hüftgelenk zieht, zusätzlich kann er einen leichten Impuls in die EXT geben.

Achten auf:

- Biomechanik der Gelenkpartner (S. 69) und (**Tab. 2.14**)
- BewA im SeitV, Bal., AWB, Schmerzäußerung, (Handgriff 1: zusätzlich EndG)

6.10.1.3 Prüfung ABD/AROT

= **Behandlungsgriff für:**
- direkte Technik (S. 211) bei Läsion in ADD (S. 407) und (**Tab. 7.70**)
- indirekte Technik (S. 212) bei Läsion in ABD (S. 407) und (**Tab. 7.70**)

Handgriff

Abb. 6.54 Prüfung ABD Hüftgelenk.

ASTE Therapeut: links neben der Hüfte (**Abb. 6.54**)

Handposition:
- rechts: am Fesselkopf
- links: am Trochanter major

Ausführung:
- Der Th. hebt mit der rechten Hand das Bein in Tripelflexion an und führt es nach lateral in maximale Hüftgelenks-ABD, die linke Hand beobachtet und begleitet die Bewegung des Femurs.
- Die ABD darf nur so weit erfolgen, dass die Bewegung nicht auf das Becken/ISG weiterläuft.

Achten auf:
- Biomechanik der Gelenkpartner (S. 69) und (**Tab. 2.14**)
- BewA im SeitV, Bal., AWB, Schmerzäußerung, EndG

6.10.1.4 Prüfung ADD/IROT

= **Behandlungsgriff für:**

- direkte Technik (S. 211) bei Läsion in ABD (S. 407) und (**Tab. 7.70**)
- indirekte Technik (S. 212) bei Läsion in ADD (S. 407) und (**Tab. 7.70**)

Handgriff

ASTE Therapeut: links neben der Hüfte (**Abb. 6.54**)

Handposition:

- rechts: am Fesselkopf
- links: am Trochanter major

Ausführung:

- Der Th. hebt mit rechter Hand das Bein in Tripelflexion an und führt es nach kraniomedial in maximale Hüftgelenks-ADD, die linke Hand beobachtet und begleitet die Bewegung des Femurs.
- Die ADD darf nur so weit erfolgen, dass die Bewegung nicht auf das Becken/ISG weiterläuft.

Achten auf:

- Biomechanik der Gelenkpartner (S. 69) und (**Tab. 2.14**)
- BewA im SeitV, Bal., AWB, Schmerzäußerung, EndG

Behandlungskonzept Hüftgelenk: s. Kap. Behandlungskonzept (S. 408)

6.10.2 Kniegelenk

6.10.2.1 Prüfung Kniescheibengelenk

= **Behandlungsrichtung EXT für:**

- direkte Technik (S. 211) bei Läsion Patella inferior/FLEX (S. 412) und (**Tab. 7.75**)
- indirekte Technik (S. 212) bei Läsion Patella superior/EXT (S. 412) und (**Tab. 7.75**)

= **Behandlungsrichtung FLEX für:**

- direkte Technik (S. 211) bei Läsion Patella superior/EXT (S. 412) und (**Tab. 7.75**)
- indirekte Technik (S. 212) bei Läsion Patella inferior/FLEX (S. 412) und (**Tab. 7.75**)

Handgriff

Abb. 6.55 Aktive Prüfung des Kniescheibengelenks.

ASTE Therapeut: links neben dem Knie (**Abb. 6.55**)

Handposition:

- rechts: am Fesselkopf
- links: umgreift flächig die Patella von kranial

Ausführung:

- Der Th. führt mit rechter Hand das Knie in FLEX bzw. EXT, die linke Hand begleitet die Bewegungen.

Achten auf:

- Biomechanik der Gelenkpartner (S. 72) und (**Tab. 2.15**)
- BewA im SeitV, Bal., AWB, Schmerzäußerung, EndG

6.10.2.2 Prüfung des Einrastens und Lösens der Kniescheibe

Handgriff

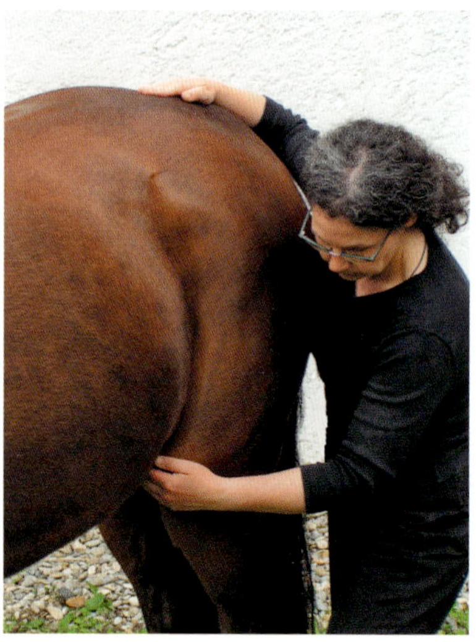

Abb. 6.56 Einrasten/Lösen der Patella.

ASTE Therapeut: links neben der Kruppe (**Abb. 6.56**)

Handposition:

- rechts: auf dem Sakrum
- links: umgreift flächig die Patella von kranial

Ausführung:

- Die rechte Hand bringt das Pferd sanft in ein Wiegen nach rechts und links.
- Die linke Hand beobachtet, wie die Patella entsprechend der jeweiligen Beinbelastung einrastet und sich wieder löst.

Achten auf:

- AWB, Schmerzäußerung, Bal.
- superiores Einrasten (EXT)/inferiores Lösen (FLEX)

6.10.2.3 Prüfung Kniekehlgelenk

= **Behandlungsrichtung EXT für:**

- direkte Technik (S. 211) bei Läsion in FLEX (S. 412) und (**Tab. 7.73**)
- indirekte Technik (S. 212) bei Läsion in EXT (S. 412) und (**Tab. 7.73**)

= **Behandlungsrichtung FLEX für:**

- direkte Technik (S. 211) bei Läsion in EXT (S. 412) und (**Tab. 7.73**)
- indirekte Technik (S. 212) bei Läsion in FLEX (S. 412) und (**Tab. 7.73**)

Handgriff 1

Abb. 6.57 FLEX/EXT Kniekehlgelenk.

ASTE Therapeut: links neben dem Knie (**Abb. 6.57**)

Handposition:

- rechts: am Fesselkopf, rechten Unterarm stabilisierend entlang der Röhre
- links: umgreift flächig von dorsal das Tibiaplateau

Ausführung:

- Der Th. führt mit der rechten Hand das Knie in FLEX, danach in EXT.
- Die linke Hand begleitet die Bewegungen.

Handgriff 2

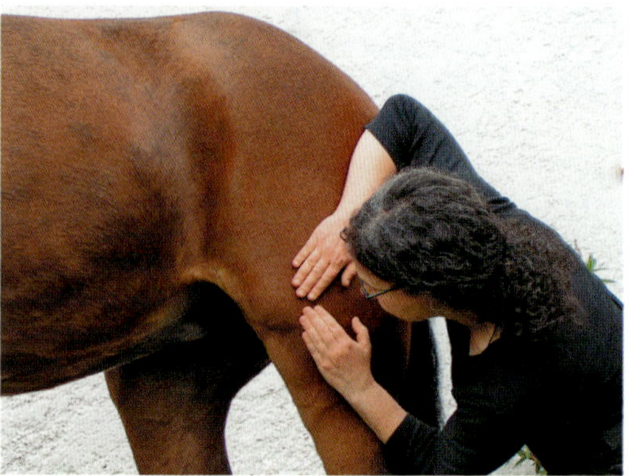

Abb. 6.58 FLEX/EXT Kniekehlgelenk – Handgriff 2.

ASTE Therapeut: links neben dem Knie (**Abb. 6.58**)

Handposition:

- rechts: Fingerspitzen auf dem Condylus lateralis des Femurs, rechten Arm in Verlängerung zum Trochanter major
- links: Fingerspitzen auf dem Caput fibulae, linken Arm in Verlängerung zum Tarsus

Ausführung:

- Der Th. lauscht, wohin ihn das Kniekehlgelenk zieht, zusätzlich kann er einen leichten Impuls in die FLEX bzw. EXT geben.

Achten auf:

- Biomechanik der Gelenkpartner (S. 72) und (**Tab. 2.15**)
- BewA im SeitV, Bal., AWB, Schmerzäußerung, (Handgriff 1: zusätzlich EndG)

6.10.2.4 Prüfung Menisken

= **Behandlungsrichtung EXT/AROT für:**
- direkte Technik (S. 211) bei Läsion in FLEX/IROT (S. 412) und (**Tab. 7.74**)
- indirekte Technik (S. 212) bei Läsion in EXT/AROT (S. 412) und (**Tab. 7.74**)

= **Behandlungsrichtung FLEX/IROT für:**
- direkte Technik (S. 211) bei Läsion in EXT/AROT (S. 412) und (**Tab. 7.74**)
- indirekte Technik (S. 212) bei Läsion in FLEX/IROT (S. 412) und (**Tab. 7.74**)

Handgriff

ASTE Therapeut: links neben dem Knie (**Abb. 6.57**)

Handposition:
- rechts: am Fesselkopf, rechten Unterarm stabilisierend entlang der Röhre
- links: flächig umgreift von dorsal das Tibiaplateau gelenknah

Ausführung:
- Der Th. hält mit der rechten Hand das Knie in leichter FLEX und führt mit dem rechten Arm über den Hebel der Röhre eine isolierte IROT/FLEX bzw. AROT/EXT im Kniekehlgelenk aus, was jeweils zu einem Vorspringen des Innen-/Außenmeniskus führt und durch die linke Hand palpiert wird.

Achten auf:
- kleinere Mobilität des Innenmeniskus bzw. größere Mobilität des Außenmeniskus
- Bal., AWB, Schmerzäußerung

Behandlungskonzept Kniegelenk: s. Kap. Behandlungskonzept (S. 413)

6.10.3 Sprunggelenk

6.10.3.1 Prüfung FLEX/ABD/AROT

= **Behandlungsgriff für:**

- direkte Technik (S. 211) bei Läsion in EXT (S. 415) und (**Tab. 7.78**)
- indirekte Technik (S. 212) bei Läsion in FLEX (S. 415) und (**Tab. 7.78**)

Handgriff

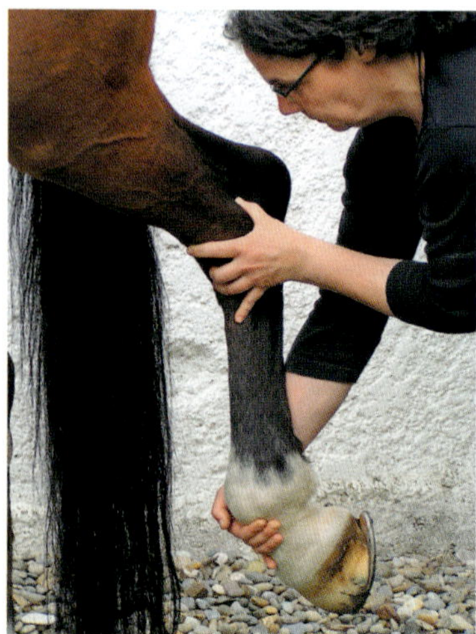

Abb. 6.59 Prüfung FLEX/EXT Sprunggelenk.

ASTE Therapeut: links neben dem Sprunggelenk (**Abb. 6.59**)

Handposition:

- rechts: am Fesselkopf
- links: am Sprunggelenk Zeigefinger auf der Tibia, Mittelfinger auf dem Talus, Ringfinger auf der distalen Tarsusreihe, kleiner Finger auf der Röhre, Daumen von lateral im Winkel des Calcaneus mit der Tibia

Ausführung:

- Der Th. führt mit rechter Hand das Bein in FLEX, die linke Hand verfolgt mit den Fingern die Bewegungen der einzelnen Tarsalknochen.

Achten auf:

- Biomechanik der Gelenkpartner (S. 74) und (**Tab. 2.16**)
- BewA im SeitV, Bal., AWB, Schmerzäußerung, EndG

6.10.3.2 Prüfung EXT/ADD/IROT

= **Behandlungsgriff für:**
- direkte Technik (S. 211) bei Läsion in FLEX (S. 415) und (**Tab. 7.78**)
- indirekte Technik (S. 212) bei Läsion in EXT (S. 415) und (**Tab. 7.78**)

Handgriff

ASTE Therapeut: links neben dem Sprunggelenk (**Abb. 6.59**)

Handposition:
- rechts: am Fesselkopf
- links am Sprunggelenk: Zeigefinger auf der Tibia, Mittelfinger auf dem Talus, Ringfinger auf der distalen Tarsusreihe, kleiner Finger auf der Röhre, Daumen von lateral im Winkel des Calcaneus mit der Tibia

Ausführung:
- Der Th. führt mit der rechten Hand das Bein in EXT, die linke Hand verfolgt mit den Fingern die Bewegungen der einzelnen Tarsalknochen.

Achten auf:
- Biomechanik der Gelenkpartner (S. 74) und (**Tab. 2.16**)
- BewA im SeitV, Bal., AWB, Schmerzäußerung, EndG

Behandlungskonzept Sprunggelenk: s. Kap. Behandlungskonzept (S. 416)

6.11 Schädel

6.11.1 Kiefergelenk

6.11.1.1 Palpation der Backenzähne

Handgriff

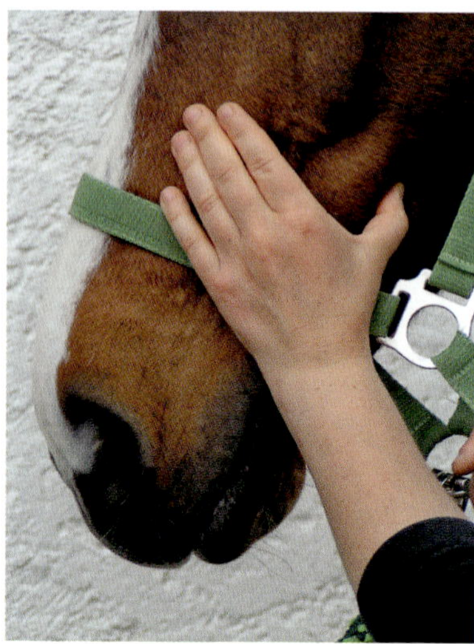

Abb. 6.60 Palpation der Backenzähne.

ASTE Therapeut: links neben dem Pferdekopf (**Abb. 6.60**)

Handposition:

- rechts: flächig an der rechten Kopfseite oder am Halfter
- links: Daumen der linken Hand an der Backenzahnreihe

Ausführung:

- Der Th. hält mit rechter Hand den Kopf ruhig und fährt mit dem Daumen der linken Hand mit nur minimalem Druck von außen die Ränder der Backenzähne des Oberkiefers ab.

Achten auf:

- Zahnlücken/Haken im SeitV, AWB, Schmerzäußerung

6.11.1.2 Prüfung Mahlbewegungen des Unterkiefers gegenüber Oberkiefer

Handgriff

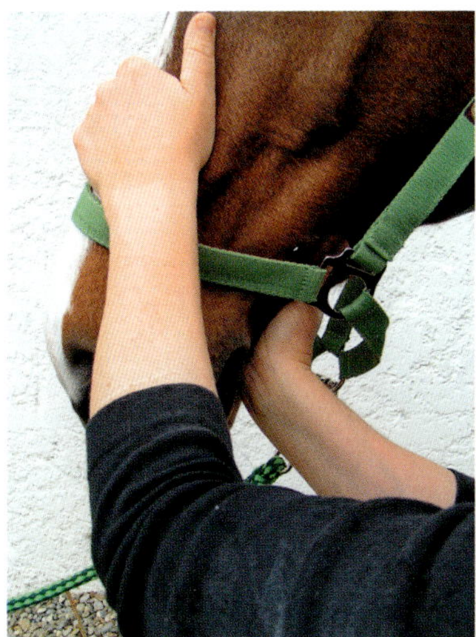

Abb. 6.61 Mahlbewegungen des Kiefergelenks.

ASTE Therapeut: links neben dem Pferdekopf (**Abb. 6.61**)

Handposition:
- rechts: an der Mandibula
- links: am Nasenrücken

Ausführung:
- Der Th. stabilisiert mit der linken Hand am Nasenrücken den Oberkiefer in seiner Position, die rechte Hand umgreift die Mandibula und schiebt diese nach lateral rechts und links.

Achten auf:
- EndG im SeitV (Bsp. früher und harter Stopp rechts, d. h. bei Lateralisierung nach rechts = Haken am rechten OK bukkal oder rechten UK oral)
- gleichmäßiges Reibegeräusch/BewA im SeitV, AWB, Schmerzäußerung

6.11.1.3 Prüfung Kiefergelenkspalt

= **Behandlungsrichtung Kompression für:**
- direkte Technik (S. 211) bei Läsion nach rostral (S. 419) und (**Tab. 7.81**)
- indirekte Technik (S. 212) bei Läsion nach kaudal (S. 419) und (**Tab. 7.81**)

= **Behandlungsrichtung Traktion für:**
- direkte Technik (S. 211) bei Läsion nach kaudal (S. 419) und (**Tab. 7.81**)
- indirekte Technik (S. 212) bei Läsion nach rostral (S. 419) und (**Tab. 7.81**)

Handgriff

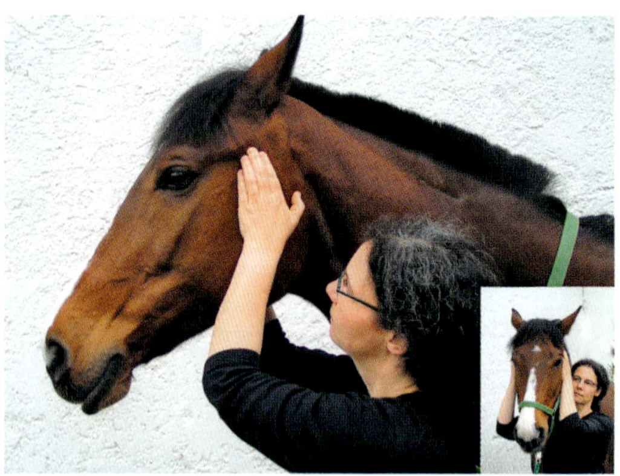

Abb. 6.62 Palpation des Kiefergelenkspalts.

ASTE Therapeut: unter dem Hals des Pferdes (**Abb. 6.62**)

Handposition:
- rechts und links: Zeige- und Mittelfinger jeweils an der Kiefergelenkspalte

Ausführung:
- Der Th. palpiert mit den Zeige- und Mittelfingern jeweils rechts und links den Kiefergelenkspalt.

Achten auf:
- Breite des Gelenkspalts/Palpationsschmerz im SeitV/Konsistenz und etwaige Wärme des umliegenden Gewebes
- BewA der Mahlbewegungen im SeitV, während das Pferd frisst

6.11.1.4 Prüfung Unterkieferstellung

= **Behandlungsrichtung AROT bzw. IROT für:**
- direkte Technik (S.211) bei Läsion in IROT bzw. AROT (S.419) und (**Tab. 7.83**)
- indirekte Technik (S.212) bei Läsion in AROT bzw. IROT (S.419) und (**Tab. 7.83**)

= **Behandlungsrichtung lateral rechts bzw. links für:**
- direkte Technik (S.211) bei Läsion nach lateral links bzw. rechts (S.419) und (**Tab. 7.82**)
- indirekte Technik (S.212) bei Läsion nach lateral rechts bzw. links (S.419) und (**Tab. 7.82**)

Handgriff

ASTE Therapeut: unter dem Hals des Pferdes (ähnlich **Abb. 6.62**)

Handposition:
- rechts und links: Hände flächig jeweils an den Kieferwinkeln mit Kontakt der Mittelfinger an das Caput mandibulae

Ausführung:
- Der Th. lauscht, wohin ihn die Unterkieferäste ziehen, zusätzlich kann er einen Impuls geben in laterolateraler Richtung, in Kompression, in AROT bzw. IROT und beobachten, welche Richtung leichter geht.

Achten auf:
- Biomechanik der Gelenkpartner (S.83) und (**Tab. 2.20**)
- BewA im SeitV, Restriktion einer Bewegungsebene

Behandlungskonzept Kiefergelenk: s. Kap. Behandlungskonzept (S.421)

6.11.2 Zungenbein

6.11.2.1 Prüfung Handgriff 1

= **Behandlungsrichtung ventrokranial für:**
- direkte Technik (S.211) bei Läsion nach dorsokaudal (S.423) und (**Tab. 7.86**)
- indirekte Technik (S.212) bei Läsion nach ventrokranial (S.423) und (**Tab. 7.86**)

= **Behandlungsrichtung dorsokaudal für:**

- direkte Technik (S. 211) bei Läsion nach ventrokranial (S. 423) und (**Tab. 7.86**)
- indirekte Technik (S. 212) bei Läsion nach dorsokaudal (S. 423) und (**Tab. 7.86**)

Handgriff

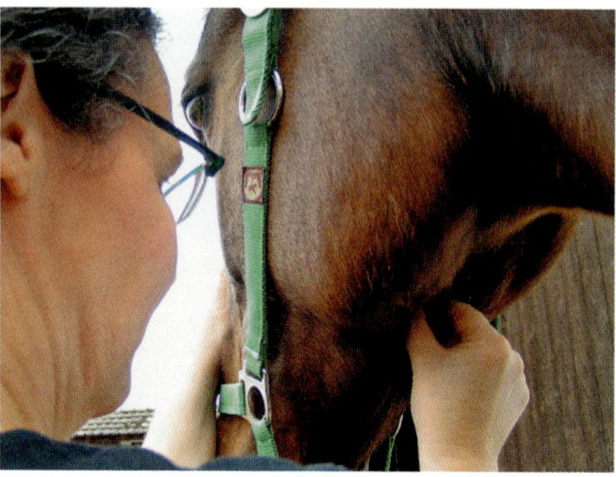

Abb. 6.63 Prüfung des Zungenbeins – Handgriff 1.

ASTE Therapeut: neben dem Pferd (**Abb. 6.63**)

Handposition:

- rechts: Daumen und Zeigefinger am Basihyoideum
- links: am Nasenrücken

Ausführung:

- Der Th. hält mit der linken Hand den Kopf ruhig, mit den Fingern der rechten Hand lauscht er, wohin ihn das Zungenbein zieht, zusätzlich kann er einen Impuls nach ventrokranial, dorsokaudal bzw. laterolateral geben.

6.11.2.2 Prüfung Handgriff 2

= **Behandlungsrichtung lateral rechts bzw. links für:**

- direkte (S. 211) bzw. indirekte Technik (S. 212) bei Läsion nach lateral rechts bzw. links (S. 423) und (**Tab. 7.86**)

Handgriff

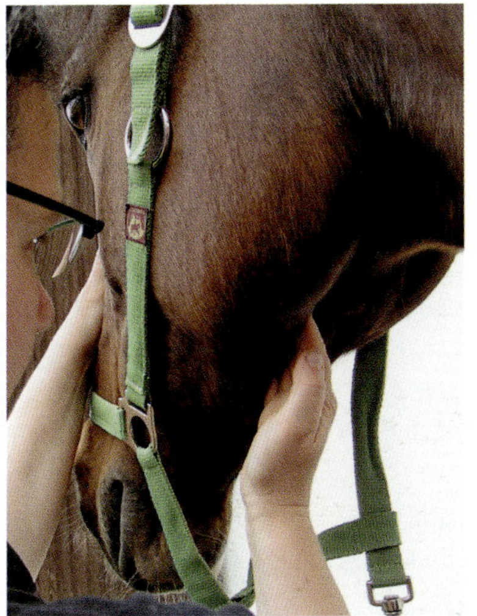

Abb. 6.64 Prüfung des Zungenbeins – Handgriff 2.

ASTE Therapeut: neben dem Pferd (**Abb. 6.64**)

Handposition:

- rechts: flächig an der medialen Seite des linken Unterkieferasts
- links: am Nasenrücken

Ausführung:

- Der Th. hält mit der linken Hand den Kopf ruhig und schiebt die rechte Hand flächig vom Kieferwinkel Richtung Kehlkopf.
- Seitenwechsel

Achten auf:

- Biomechanik der Gelenkpartner (S. 85) und (**Tab. 2.21**)
- Konsistenz des Gewebes zwischen den Unterkieferästen
- Stellung des Os hyoideum zwischen den Unterkieferästen
- AWB, Schmerzäußerung

Behandlungskonzept Zungenbein: s. Kap. Behandlungskonzept (S. 424)

6.11.3 Synchondrosis sphenobasilaris (SSB)

= **Behandlungsrichtung FLEX für:**
- direkte Technik (S. 211) bei Läsion in EXT (S. 427) und (**Tab. 7.88**)
- indirekte Technik (S. 212) bei Läsion in FLEX (S. 427) und (**Tab. 7.88**)

= **Behandlungsrichtung EXT für:**
- direkte Technik (S. 211) bei Läsion in FLEX (S. 427) und (**Tab. 7.88**)
- indirekte Technik (S. 212) bei Läsion in EXT (S. 427) und (**Tab. 7.88**)

= **Behandlungsrichtung Torsion für:**
- direkte (S. 211) und indirekte Technik (S. 212) bei Torsion (S. 427) und (**Tab. 7.88**)

= **Behandlungsrichtung Sidebendig-ROT für:**
- direkte (S. 211) und indirekte Technik (S. 212) bei Sidebending-ROT (S. 427) und (**Tab. 7.88**)

= **Behandlungsrichtung Lateral Strain für:**
- direkte (S. 211) und indirekte Technik (S. 212) bei Lateral Strain (S. 427) und (**Tab. 7.89**)

= **Behandlungsrichtung Vertical Strain superior für:**
- direkte Technik (S. 211) bei Läsion in Vertical Strain inferior (S. 427) und (**Tab. 7.89**)
- indirekte Technik (S. 212) bei Läsion in Vertical Strain superior (S. 427) und (**Tab. 7.89**)

= **Behandlungsrichtung Vertical Strain inferior für:**
- direkte Technik (S. 211) bei Läsion in Vertical Strain superior (S. 427) und (**Tab. 7.89**)
- indirekte Technik (S. 212) bei Läsion in Vertical Strain inferior (S. 427) und (**Tab. 7.89**)

= **Behandlungsrichtung Traktion für:**
- direkte Technik (S. 211) bei Läsion in Kompression (S. 427) und (**Tab. 7.89**)

= **Behandlungsrichtung Kompression für:**
- indirekte Technik (S. 212) bei Läsion in Kompression (S. 427) und (**Tab. 7.89**)

6.11.3.1 Prüfung SSB Handgriff 1

Handgriff

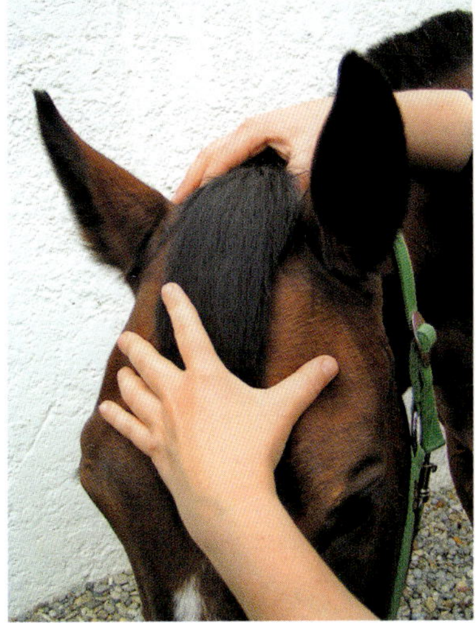

Abb. 6.65 Prüfung der SSB – Handgriff 1 (FLEX/EXT).

ASTE Therapeut: links neben dem Kopf (**Abb. 6.65**)

Handposition:

- rechts: Daumen und Zeigefinger auf der Crista nuchae (direkter Kontakt zum Os occipitale)
- links: flächig auf dem Os frontale mit Daumen und Ringfinger auf den Ossa parietalia in den „Augengruben" (indirekter Kontakt zum Os sphenoidale)

Ausführung:

- Der Th. lauscht, wohin ihn die Knochen ziehen, zusätzlich kann er leichte Impulse in FLEX und EXT geben und beobachten, welche Richtung leichter geht.

6.11.3.2 Prüfung SSB Handgriff 2

Handgriff

Abb. 6.66 Prüfung der SSB – Handgriff 2 (AROT/IROT).

ASTE Therapeut: unter dem Hals des Pferdes (**Abb. 6.66**)

Handposition:

- rechts und links: jeweils mit den Daumen an die Procc. paracondylares (direkter Kontakt zum Os occipitale) und den Ringfinger auf die Ossa parietalia in den „Augengruben" (indirekter Kontakt zum Os sphenoidale)

Ausführung:

- Der Th. lauscht, wohin ihn die Knochen ziehen, zusätzlich kann er leichte Impulse geben in AROT und IROT und beobachten, welche Richtung leichter geht.

Achten auf:

- Biomechanik der Gelenkpartner (S. 77) und (**Tab. 2.17**)
- Fließen des KSR
- BewA in FLEX/EXT, im SeitV, Restriktion in einer Ebene, AWB

6.11.3.3 Korrelation der SSB-Phasen mit dem KSR an Vor- und Hinterhand

- SSB-FLEX korreliert mit AROT von Vor- und Hinterhand
- SSB-EXT korreliert mit IROT der Vor- und Hinterhand

Handgriff

ASTE Therapeut: unter dem Hals des Pferdes mit Blickrichtung kaudal bzw. an die Kruppe des Pferdes gelehnt (ähnlich **Abb. 4.19**)

Handposition:

- Vorhand: rechts und links auf den Schulterblättern
- Hinterhand: rechts und links auf den Oberschenkeln

Ausführung:

- Der Th. beobachtet die AROT/IROT der Vor- bzw. Hinterhand entsprechend der FLEX/EXT der SSB.
- Die Beurteilung kann durch Kontakt an jedem Gelenk der Vor- bzw. Hinterhand durchgeführt werden.

Achten auf:

- Korrelation der Bewegung der SSB mit der AROT bzw. IROT der Extremitäten

Behandlungskonzept SSB: s. Kap. Behandlungskonzept (S. 432)

6.11.4 Suturen und periphere Schädelknochen

6.11.4.1 Prüfung Suturen

= **Behandlungsrichtung Traktion für:**

- direkte Technik (S. 211) bei Läsion in Kompression (S. 435) und (**Tab. 7.92**)

= **Behandlungsrichtung Kompression für:**

- indirekte Technik (S. 212) bei Läsion in Kompression (S. 435) und (**Tab. 7.92**)

= **Behandlungsrichtung AROT für:**

- direkte Technik (S. 211) bei Läsion in IROT (S. 435) und (**Tab. 7.92**)
- indirekte Technik (S. 212) bei Läsion in AROT (S. 435) und (**Tab. 7.92**)

= **Behandlungsrichtung IROT für:**

- direkte Technik (S. 211) bei Läsion in AROT (S. 435) und (**Tab. 7.92**)
- indirekte Technik (S. 212) bei Läsion in IROT (S. 435) und (**Tab. 7.92**)

Handgriff

Abb. 6.67 Prüfung der Suturen (hier Bsp.: Sutura internasalis).

ASTE Therapeut: entsprechend der zu prüfenden Sutur stellt sich der Th. einmal neben, vor oder unter den Hals des Pferdes (**Abb. 6.67**)

Handposition:

- rechts und links: Finger jeweils flächig an den Rändern der Suturen

Ausführung:

- Zur Beurteilung der Suturen und damit auch der peripheren Schädelknochen prüfen die Finger, ob die Sutur dem KSR folgt und sich entsprechend rhythmisch öffnet und schließt.

Achten auf:

- Biomechanik der Gelenkpartner (S. 82)
- Fließen des KSR
- Palpationsschmerz an der Sutur, BewA im SeitV, AWB

Behandlungskonzept SSB: s. Kap. Behandlungskonzept (S. 436)

6.11.5 Dura mater und Liquor

= **Behandlungsgriff für:**
- Restriktion der Dura mater (S. 438) und (**Tab. 7.95**)
- Verbackung der Dura mater (S. 438) und (**Tab. 7.95**)

6.11.5.1 Handgriff

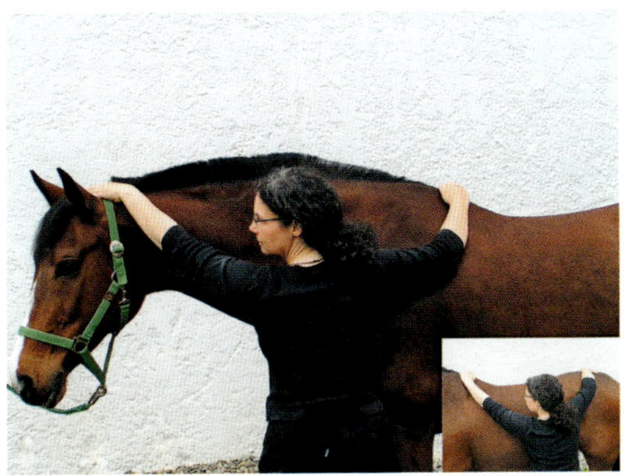

Abb. 6.68 Dural tube.

ASTE Therapeut: seitlich neben dem Pferd (**Abb. 6.68**)

Handposition:
- rechts: auf dem Sakrum
- links: auf Crista nuchae
- Bei großen Pferden erfolgt die Prüfung des Dural tube in 2 Positionen: zwischen Crista nuchae und Widerrist/zwischen Widerrist und Sakrum. Bei kleinen Pferden kann zwischen Crista nuchae und Sakrum geprüft werden.

Ausführung:

- Der Th. lauscht zwischen seinen Händen, wie der KSR innerhalb der Dura mater wellenförmig von kranial nach kaudal nach kranial fließt.
- Hierbei gehen das Os occipitale und das Sakrum nicht zeitgleich jeweils in FLEX/EXT, sondern leicht versetzt entsprechend der Zeit, die die Welle braucht, um von einem Ort zum anderen zu fließen.
- Zusätzlich kann er einen leichten Impuls in die jeweilige Fließrichtung geben und beobachten, welche Richtung leichter geht bzw. ob der Fluss an einer Stelle behindert/unterbrochen wird.

Achten auf:

- Fließen des KSR/des Liquors
- Restriktionen/Verbackungen der Dura mater, AWB

Behandlung:

Nach Lokalisierung einer Restriktion/Verbackung der Dura mater wird die rechte Hand kaudal davon platziert, die linke Hand kranial davon auf einem Wirbelsegment, durch das der Liquor noch frei fließt und die Dura mater noch frei schwingt.

Mit beiden Händen werden die FLEX und EXT der Dura mater einige Zyklen begleitet und nach und nach in der FLEX sanft festgehalten. Die Hände nehmen wahr, wie die Dura mater langsam beginnt, sich unter der leichten Traktion zu lösen und freizuwinden, bis der KSR auch an dieser Stelle wieder frei schwingt und der Liquor frei fließt. Danach die Hände langsam aus der Traktion lösen.

Behandlungskonzept Dura mater und Liquor: s. Kap. Behandlungskonzept (S. 439)

6.11.6 Falx/Tentorium/Fulkrum

Siehe **Abb. 6.69**.

6.11.6.1 Prüfung Falx cerebri und cerebelli

= **Behandlungsgriff für:**

- indirekte Technik (S. 212) bei Restriktion (S. 441) und (**Tab. 7.97**)

Handgriff

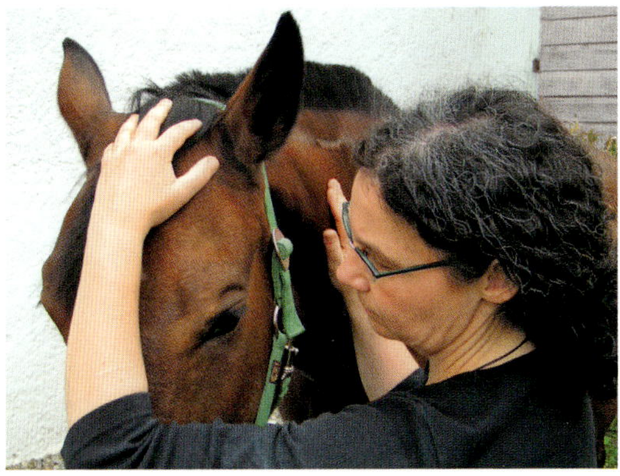

Abb. 6.69 Prüfung aller intrakranialen Dura-Anteile.

ASTE Therapeut: links neben dem Kopf (**Abb. 6.69**)

Handposition:

- rechts: locker am Hals zum Energieschluss
- links: flächig auf den Ossa frontalia und parietale mit Kontakt der gespreizten Zeige- bis Ringfinger auf den lateralen Kanten der Crista nuchae

Ausführung:

- Der Th. stellt sich die Falx bildlich zwischen den Gehirnhälften aufgespannt vor, lauscht zwischen seinen Handballen und Mittelfinger und beobachtet, wohin ihn die Falx zieht.
- Zusätzlich kann er einen leichten Impuls geben Richtung rostral bzw. nuchal und beobachten, welche Richtung leichter geht.

Achten auf:

- Fließen des KSR
- Restriktionen der Falx cerebri/der Falx cerebelli

6.11.6.2 Prüfung Tentorium cerebelli

= **Behandlungsgriff für:**
- indirekte Technik (S. 212) bei Restriktion (S. 441) und (**Tab. 7.97**)

Handgriff

ASTE Therapeut: links neben dem Kopf (**Abb. 6.69**)

Handposition:
- rechts: locker am Hals zum Energieschluss
- links: flächig auf den Ossa frontalia und parietale mit Kontakt der gespreizten Zeige- bis Ringfinger auf den lateralen Kanten der Crista nuchae

Ausführung:
- Der Th. stellt sich das Tentorium bildlich zwischen Groß- und Kleinhirn aufgespannt vor, lauscht zwischen seine Zeige- bis Ringfinger und beobachtet, wohin ihn das Tentorium zieht.
- Zusätzlich kann er einen leichten Impuls geben Richtung latero-lateral und beobachten, welche Richtung leichter geht.

Achten auf:
- Fließen des KSR
- Restriktionen des Tentorium cerebelli

6.11.6.3 Prüfung Fulkrum

= **Behandlungsgriff für:**
- indirekte Technik (S. 212) bei Restriktion (S. 441) und (**Tab. 7.97**)

Handgriff

ASTE Therapeut: links neben dem Kopf (**Abb. 6.69**)

Handposition:
- rechts: locker am Hals zum Energieschluss
- links: flächig auf den Ossa frontalia und parietale mit Kontakt der gespreizten Zeige- bis Ringfinger auf den lateralen Kanten der Crista nuchae

Ausführung:
- Der Th. stellt sich das verbindende Zentrum von Falx und Tentorium bildlich vor, lauscht in die Mitte seiner Handfläche und beobachtet, wohin ihn das Fulkrum zieht, zusätzlich kann er einen leichten Impuls geben Richtung latero-lateral und rostral/nuchal und beobachten, welche Richtung leichter geht.

Achten auf:

- Fließen des KSR
- Restriktionen des Fulkrum

Behandlungskonzept Falx/Tentorium/Fulkrum: s. Kap. Behandlungskonzept (S.442)

6.12 Diaphragmen

6.12.1 Prüfung Tentorium cerebelli

= **Behandlungsgriff für:**

- indirekte Technik (S.212) bei Restriktion (S.445) und (**Tab. 7.99**)

Prüfung: s. Kap. Prüfung Tentorium cerebelli (S.314)

Behandlungskonzept Tentorium cerebelli: s. Kap. Behandlungskonzept (S.445)

6.12.2 Prüfung Atlas/Okziput

= **Behandlungsgriff für:**

- indirekte Technik (S.212) bei Restriktion (S.447) und (**Tab. 7.101**)

6.12.2.1 Handgriff

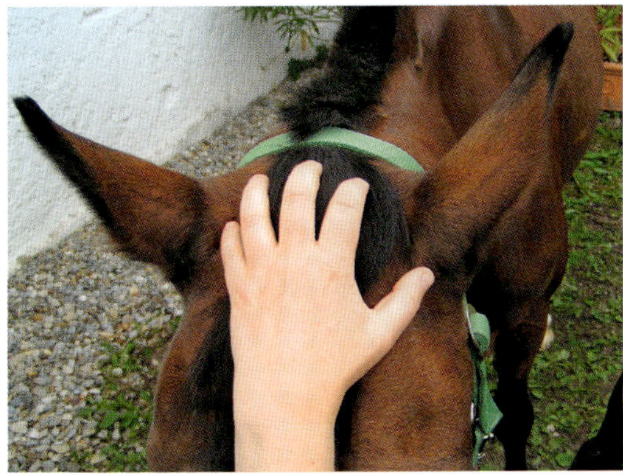

Abb. 6.70 Prüfung Atlas/Okziput.

ASTE Therapeut: neben dem Pferdekopf (**Abb. 6.70**)

Handposition:

- rechts locker am Hals zum Energieschluss
- links: flächig auf den Ossa frontalia und parietale, mit Zeige- bis Ringfinger kaudal der Crista nuchae und kranial des Atlasbogens sanft einhaken

Ausführung:

- Der Th. übt mit der linken Hand eine leichte Traktion nach kranial aus.

Achten auf:

- Symmetrie/Qualität der Traktion (EndG)

Behandlungskonzept Diaphragma Atlas/Okziput: s. Kap. Behandlungskonzept (S. 448)

6.12.3 Prüfung Kiefergelenk/hyoidale Aufhängung

= **Behandlungsgriff für:**

- indirekte Technik (S. 212) bei Restriktion (S. 450) und (**Tab. 7.103**)

6.12.3.1 Handgriff

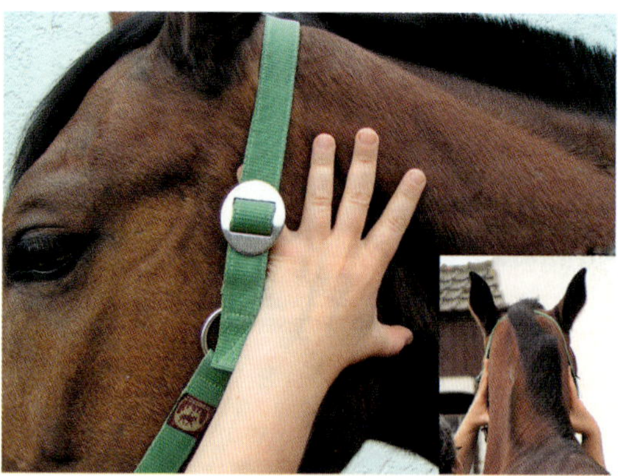

Abb. 6.71 Prüfung Kiefergelenk/hyoidale Aufhängung.

ASTE Therapeut: unter dem Hals des Pferdes (**Abb. 6.71**)

Handposition:

- rechts und links: jeweils mit den kleinen Finger auf das Kiefergelenk und mit dem Daumen Richtung Kehle/Zungenbein

Ausführung:
- Der Th. legt seine Hände auf und spürt, wohin ihn das Gewebe zwischen seinen Händen zieht.

Achten auf:
- wellenförmiges „Aufeinanderzufließen" der Hände, Restriktionen der Strukturen

Behandlungskonzept Diaphragma Kiefergelenk/hyoidale Aufhängung: s. Kap. Behandlungskonzept (S. 451)

6.12.4 Prüfung Thoraxapertur

= **Behandlungsgriff für:**
- indirekte Technik (S. 212) bei Restriktion (S. 453) und (**Tab. 7.105**)

6.12.4.1 Handgriff

ASTE Therapeut: links neben der Schulter (**Abb. 6.9**)

Handposition:
- rechts: flächig auf dem Widerrist
- links: von ventral her flächig auf dem CTÜ

Ausführung:
- Der Th. spürt, wohin ihn das Gewebe und die knöchernen Strukturen zwischen seinen Händen ziehen. Release entsprechend Release der Diaphragmen (S. 216).

Achten auf:
- wellenförmiges „Aufeinanderzufließen" der Hände, Restriktionen der Strukturen

Behandlungskonzept Diaphragma Thoraxapertur: s. Kap. Behandlungskonzept (S. 454)

6.12.5 Prüfung Diaphragma

= **Behandlungsgriff für:**

- indirekte Technik (S. 212) bei Restriktion (S. 457) und (**Tab. 7.107**)

6.12.5.1 Handgriff

ASTE Therapeut: links neben dem Rumpf (**Abb. 6.72**)

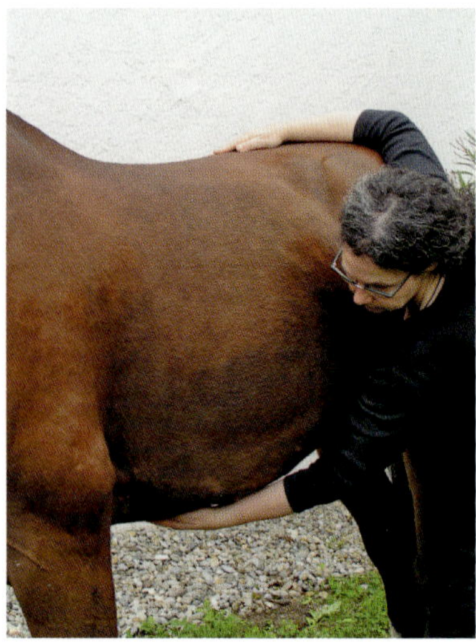

Abb. 6.72 Prüfung Diaphragma.

Handposition:

- rechts: flächig auf der LWS
- links: von ventral her flächig auf dem Xyphoid

Ausführung:

- Der Th. spürt, wohin ihn das Gewebe (insbesondere das Zwerchfell) und die knöchernen Strukturen zwischen seinen Händen ziehen. Release entsprechend Release der Diaphragmen (S. 216).

Achten auf:

- wellenförmiges „Aufeinanderzufließen" der Hände, Restriktionen der Strukturen

Behandlungskonzept Diaphragma: s. Kap. Behandlungskonzept (S. 458)

6.12.6 Prüfung Beckendiaphragma

= **Behandlungsgriff für:**

- indirekte Technik (S. 212) bei Restriktion (S. 461) und (**Tab. 7.109**)

6.12.6.1 Handgriff

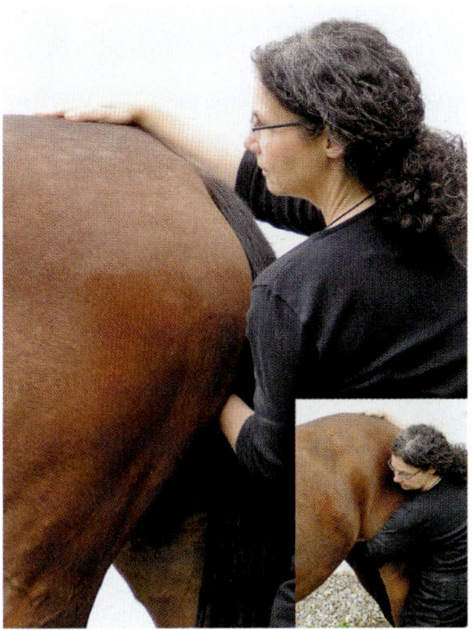

Abb. 6.73 Prüfung Beckendiaphragma.

ASTE Therapeut: links neben dem Becken (**Abb. 6.73**)

Handposition:

- rechts: flächig auf dem SCÜ
- links: von kranial oder kaudal her in Richtung Schambein (kaudal von Euter/Schlauch möglichst weit dorsal zwischen den Leisten)

Ausführung:

- Der Th. spürt, wohin ihn das Gewebe und die knöchernen Strukturen zwischen seinen Händen ziehen. Release entsprechend Release der Diaphragmen (S. 216).

Achten auf:

- wellenförmiges „Aufeinanderzufließen“ der Hände, Restriktionen der Strukturen

Behandlungskonzept Beckendiaphragma: s. Kap. Behandlungskonzept (S. 461)

6.13 Nachbereitung der Behandlung

Auch nach einer erfolgreichen physiotherapeutischen und osteopathischen Behandlung, bei der im Idealfall sowohl alle Läsionen als auch alle kompensatorischen Dysbalancen gefunden und behoben werden konnten, hat das Pferd (je nach Erkrankungsdauer) eine Schonhaltung oder ein Vermeidungsverhalten als unphysiologisches Körperbild im Gehirn abgespeichert.

Dem Pferd muss nach erfolgter Behandlung genug Zeit gegeben werden (Tage bis manchmal Wochen), bis es sich an sein gesundes Körperbild erinnert und seinen Körper losgelassen und angstfrei bewegt.

In dieser Zeit muss bei der Gymnastizierung des Pferdes besonders streng darauf geachtet werden, die präzise Ausführung der physiologischen Bewegungsmuster immer wieder zu fordern, ohne das Pferd zu überfordern.

Zur Nachbereitung wird mit dem Pferdebesitzer ein genauer Trainingsplan bzgl. der nachfolgenden Gymnastizierung an der Hand und unter dem Sattel erarbeitet, inklusive etwaiger Hausaufgaben in Form von einzelnen Massagegriffen und/oder Dehnungsübungen.

Sollte eine handwerklich korrekt durchgeführte osteopathische Behandlung nicht oder jeweils nur kurzzeitig helfen, könnten dem Zustand des Pferdes neben osteopathischer Läsionen noch weitere Ursachen zugrunde liegen, an die dann immer auch gedacht werden sollte.

Weitere mögliche Ursachen für physische Störungen oder Verhaltensauffälligkeiten können z. B. sein:

- Übersäuerung des Gewebes
- Belastung mit Pilzen, Schwermetallen, Medikamenten (Wurmkur, Impfung!)
- Wasseradern, Elektrosmog
- physische „Schiefe" und/oder psychische Belastungen des Reiters u. a.

Teil 3
Befunde und Behandlungskonzepte

7 Befund- und Behandlungskonzepte nach Körperregionen

In diesem Teil werden bezüglich der einzelnen Körperregionen die Befund- und Behandlungstechniken zusammengefasst und mögliche assoziierte Befunde und Behandlungskonzepte vorgestellt.

Alle bzgl. **Anamnese, Adspektion, Ganganalyse, Palpation, Stresspunkt, globale Bewegungstests** und der einzelnen **Läsionen** aufgeführten Befunde sind **mögliche** Befunde. Die hier erfolgte umfassende Darstellung dieser möglichen Befunde kann dazu dienen, in der Befunderhebung spezifischer, aber auch ganzheitlicher zu suchen und zu beobachten.

Im Rahmen der **Behandlungskonzepte** werden die Techniken zusammengetragen, mit denen auf den muskulären, osteopathischen und kraniosakralen Ebenen die diagnostizierten Läsionen behandelt werden.

Um die Nachhaltigkeit einer derartigen Behandlung zu gewährleisten und dem Pferd das (Wieder-)Erlernen seines physiologischen Bewegungsablaufs zu ermöglichen, werden außerdem Hinweise für **Hausaufgabenfür den Pferdebesitzer** und die **Gymnastizierung des Pferdes** gegeben. Der Pferdebesitzer kann und soll sich aktiv in die Genesung seines Pferdes einbringen und die Grundlagen für das physiologische Training seines Pferdes kennenlernen. Für eine dauerhafte Beschwerdefreiheit des Pferdes kann darüber hinaus die **Gymnastizierung des Reiters** erforderlich sein.

Die **möglichen assoziierten Befunde** sind Läsionen, die häufig mit den unter der jeweiligen Körperregion angesprochenen Läsionen vergesellschaftet sind. Hierbei gilt es zu unterscheiden, ob ein Befund eine Primärläsion oder eine Sekundärläsion darstellt, d. h.: Welche Läsion ist die Ursache (= primär aufgetreten)? Welche Läsion ist die Fortleitung oder Kompensation (= sekundär aufgetreten)?

Solange die Primärläsion nicht gefunden und behoben ist, werden die Sekundärläsionen immer wieder auftreten. Insofern ist es bei chronischen,

„alten“ Fällen häufig nicht möglich, innerhalb einer einzelnen Behandlung alle Läsionen zu finden und zu behandeln, weil in diesen Fällen die Primärläsion häufig hinter vielen Sekundärläsionen verborgen ist. Das schrittweise Aufarbeiten der vorgefundenen Läsionen wird nach und nach die Primärläsion deutlich machen, mit deren Behandlung das Pferd dann endgültig in seine physiologische Balance (zurück-)finden kann.

Dic hier aufgeführten Assoziationen treten erfahrungsgemäß am häufigsten auf. Prinzipiell können sich Sekundärläsionen jedoch überall im Körper und in jeglichen Strukturen entwickeln. Das jeweilige gemeinsame Auftreten dieser Befunde rührt aus der Weiterleitung unphysiologischer Spannungen entsprechend der:

- Faszien, die diese Strukturen miteinander verbinden,
- Muskeln, die agonistisch/synergistisch in einer Muskelkette zusammenarbeiten,
- Muskeln, die antagonistisch in einer Muskelkette zusammenarbeiten,
- SSB, die das Bewegungszentrum des KSR ist,
- Dura mater, die den KSR in den gesamten Körper weiterleitet,
- Nerven, die segmental oder peripher Primär- und Sekundärläsion miteinander verbinden
- Organe, Blutgefäße, Lymphgefäße entsprechend des Wirbelsegments der Läsion

7.1 Obere Halswirbelsäule (Okziput – C 2)

7.1.1 Befunde

7.1.1.1 Anamnese

- schlechte Stellung einseitig/beidseitig, Verwerfen im Genick
- Zügel aus der Hand reißen/Verkriechen hinter dem Zügel/über dem Zügel gehen
- extrem tiefe Kopfhaltung in Ruhe/in der Bewegung
- Kauprobleme, Zähneknirschen
- Verdauungsstörungen
- Verhaltensauffälligkeiten (z. B. Headshaking, in der Box Kopf gegen die Wand lehnen, Scheuen bei veränderten Lichtverhältnissen)
- rezidivierende Lahmheiten, Kurztrittigkeit
- Stolpern der Vorhand bei aufgenommenem Zügel („Zügellahmheit“)

7.1.1.2 Adspektion/Ganganalyse

- asymmetrische Stellung des Atlas/der Ohren
- Fellveränderungen, Stichelhaare, Scheuerstellen an Atlas oder Ohren
- Hypertrophie/Atrophie im Bereich der kurzen Genickmuskeln
- Aufquellung/Verengung/Asymmetrie im Bereich der Ganasche im SeitV
- unharmonischer Übergang der kurzen Genickmuskeln in die Oberlinie
- Missverhältnis zwischen Ober- und Unterlinie des Halses
- beidseitige/einseitige Kurztrittigkeit
- reduzierte/keine/übermäßige Nickbewegung entsprechend des Gangtakts
- Bewegung in Außenstellung/Stellung nur zu einer Seite

7.1.1.3 Palpation und Stresspunkte

- Hypersensibilität der Ohren/des Genicks (kopfscheu)
- lokale Wärme/Kälte des Gewebes
- Hypertonus der Kaumuskulatur
- Palpationsschmerz an der Insertion des Nackenbands an der Crista nuchae
- Verbackungen des Unterhautgewebes
- Asymmetrie von Okziput/Atlas/Axis
- Stresspunkte (S. 163): SP 1, 2 (**Tab. 4.2**)

7.1.1.4 Globale Bewegungstests

- Kleine Halsdehnung (S. 165)

7.1.1.5 Läsionen

Siehe **Tab. 7.1**.

Tab. 7.1 Übersicht Läsionen der oberen HWS.

Läsion	**Funktionsprüfung**	**Biomechanik**
FLEX	Prüfung FLEX (S. 220)	physiologisch: Beugung des Genicks
EXT	Prüfung EXT (S. 223)	physiologisch: Streckung des Genicks
LATFLEX/ROT Atlas		
• Atlas ipsilateral	Prüfung LATFLEX/ROT (S. 224)	physiologisch: Stellung Genick
• kontralateral	Prüfung LATFLEX/ROT (S. 224)	pathologisch
Translation des Atlas	Prüfung Translation des Atlas (S. 225)	pathologisch
ROT des Axis	Prüfung ROT des Axis (S. 226)	physiologisch: Biegung HWS

Biomechanik der Läsionen

Siehe **Tab. 7.2** und **Tab. 7.3**.

Tab. 7.2 Biomechanik von C0/C1 bei Läsion in FLEX, EXT und LATFLEX/ROT (vgl. **Tab. 2.1** und **Tab. 2.2**).

Struktur	**FLEX**	**EXT**	**LATFLEX/ROT ipsilateral***		**LATFLEX/ROT kontralateral****	
Knochen						
–	**beidseitig**	**beidseitig**	**links**	**rechts**	**links**	**rechts**
Condyli occipitales	dorsal	ventral	dorsal[2]	ventral[1]	ventral[1]	dorsal[2]
Alae atlantis	ventral	dorsal	ventral[2]	dorsal[1]	dorsal[1]	ventral[2]
kraniodorsaler Bogen des Atlas und der Crista occipitalis	Divergenz	Konvergenz	Divergenz	Konvergenz	Konvergenz	Divergenz
Procc. paracondylares und kranialer Rand der Alae atlantis	Konvergenz[3]	Divergenz[4]	Konvergenz[3]	Divergenz[4]	Divergenz[4]	Konvergenz[3]
Muskeln						
Hypertonus/-trophie	ventrale kurze Genickmuskeln	dorsale kurze Genickmuskeln	laterale, häufig auch die dorsalen kurzen Genickmuskeln auf der Rotationsseite	–	–	laterale, häufig auch die dorsalen kurzen Genickmuskeln auf der Rotationsseite

* hier Bsp.: LATFLEX links mit ROT links des Okziput im Atlas bzw. LATFLEX links mit ROT rechts des Atlas unter dem Okziput; ** hier Bsp.: LATFLEX links mit ROT rechts des Okziput im Atlas bzw. LATFLEX links mit ROT links des Atlas unter dem Okziput. [1] = EXT; [2] = FLEX; [3] = Ganaschenfreiheit ist kleiner; [4] = Ganaschenfreiheit ist größer

Tab. 7.3 Biomechanik der Läsionen in Translation Atlas und ROT Axis.

Struktur	**Translation des Atlas**[1]	**ROT des Axis**[2]	
–	–	links	rechts
Knochen			
Atlas gegenüber der Condyli occipitales	Translation nach links in FLEX, EXT oder ROT	–	–
(rudimentärer) Proc. transversus des Axis	–	ventral	dorsal
kaudale Facettengelenke C 2 auf C 3	–	Konvergenz	Divergenz
Muskeln			
Hypertonus/-trophie	laterale kurze Genickmuskeln auf der Gegenseite der Translation (hier: rechts)	kurze und lange Halsmuskeln auf der konkaven Seite	

[1] hier Bsp.: Translation nach links; [2] hier Bsp.: ROT rechts des Axis unter C 1 auf C 3

7.1.2 Mögliche assoziierte Befunde

- Sakrum (S. 348) (häufig: Ipsirotation mit Atlas)
- C 7 (S. 334) (häufig: Kontrarotation gegen Atlas)
- Unterkiefer/Kiefergelenk (S. 418) (häufig: kontralateral der Atlasläsion)
- Zungenbein (S. 422) (häufig: ipsilateral der Atlasläsion)
- SSB (S. 425) → Hormonsystem
- Sternum (S. 368)
- Zehengelenke (Fessel- (S. 394), Kron- (S. 397), Hufgelenk (S. 400)) (Vorhand)
- Augenprobleme, Sehstörungen
- „Kopfschmerzen“
- parasympathisches Nervensystem (S. 113)
- N. vagus (X. Hirnnerv)

7.1.3 Behandlungskonzept

7.1.3.1 Muskulär

Siehe **Tab. 7.4**.

Tab. 7.4 Muskeltechniken zur Behandlung der oberen Halswirbelsäule.

Struktur	Streichung (S. 184)	Klopfung (S. 186)	Friktionen (S. 186)	Knetung (S. 186)	Spindelzell-Technik (S. 187)	SP-Behandlung (S. 188)
Nackenband	–	–	–	x	–	–
Mm. obliquus/ rectus capitis	–	–	x	–	x	SP 1
M. masseter	x	–	x	–	x	–
Mm. brachio-cephalicus, splenius	x	x	–	x	x	SP 2

- Kleine Halsdehnung (S. 194) und (**Tab. 5.4**)

7.1.3.2 Osteopathisch

- Behandlung Läsionen
  - FLEX: indirekt (S. 220) und direkt (S. 223)
  - EXT: indirekt (S. 223) und direkt (S. 220)
  - LATFLEX/ROT (S. 224): indirekt und direkt
  - Translation Atlas (S. 225): indirekt und direkt
  - ROT Axis (S. 226): indirekt und direkt
- Release (S. 216)
  - des Diaphragmas Atlas/Okziput (S. 315)
  - des Diaphragmas Kiefergelenk/Zungenbein (S. 316)
- Lösung der Faszienketten, s. Kap. Faszientechniken (S. 200), Gürtelgefäß (S. 206), Beckendiaphragma (S. 207), Faszienkontinuum (S. 208), Am M. masseter (S. 210)
  - SDL, SVL, LL, SL, FLPL, FLRL

7.1.3.3 Kraniosakral

- Unwinding (S. 217) von Okziput, Atlas und/oder Axis

7.1.3.4 Hausaufgaben für den Pferdebesitzer/Gymnastizierung

- Passgenauigkeit von Reithalfter/Gebiss/Sattel prüfen, evtl. Stellungskorrektur der Hufe
- osteopathischer Befund des Reiters
- kräftiges und langsames Ausstreichen (S. 185) vor dem Reiten/Training (**Tab. 5.1**) von: dorsale kurze Genickmuskeln, Kaumuskeln
- Kleine Halsdehnung (S. 165)
- Handarbeit/Longe mit Kappzaum in lockerer Stellung
- Reiten vorwärts-abwärts in lockerer Stellung
- evtl. vorübergehend gebissloses Reiten, um stereotype Anlehnungsschwierigkeiten zu durchbrechen und die Ganaschenöffnung neu zu erarbeiten
- keine Versammlung

7.2 Untere Halswirbelsäule (C 3 – C 6)

7.2.1 Befunde

7.2.1.1 Anamnese

- schlechte Stellung/Biegung einseitig/beidseitig, Verwerfen im Genick
- Widersetzlichkeitund Steifigkeit in Wendungen
- Kauprobleme, Zähneknirschen
- Verdauungsstörungen
- Leistungsabfall, Atemnot
- Verhaltensauffälligkeiten (z. B. Headshaking)
- breitbeiniges Stehen beim Fressen vom Boden
- rezidivierende Lahmheiten, Kurztrittigkeit, Stolpern der Vorhand

7.2.1.2 Adspektion/Ganganalyse

- Fall der Mähne, Wirbel entlang des Mähnenkamms
- Prominenz einzelner Halswirbelkörper
- stellenweise Fellveränderungen, Stichelhaare, Haarverlust
- Hypertrophie/Atrophie im Bereich der kurzen und langen Halsmuskeln
- unharmonischer Übergang der kurzen Genickmuskeln in die Oberlinie
- Missverhältnis zwischen Ober- und Unterlinie des Halses
- Atrophie des M. trapezius mit schlechter Sattellage
- Bewegung in Außenstellung/Stellung nur zu einer Seite
- beidseitige/einseitige Kurztrittigkeit

- Koordinationsstörungen der Vorhand, Stolpern, Greifen
- reduzierte/keine/übemäßige Nickbewegung entsprechend des Gangtakts

7.2.1.3 Palpation und Stresspunkte

- Hypersensibilität des Genicks bzw. bestimmter Stellen des Halses
- lokale Wärme/Kälte des Gewebes
- Hypertonus des Nackenbands
- Verbackungen des Unterhautgewebes
- Prominenz/Absinken einzelner Halswirbelkörper
- Stresspunkte (S. 163): SP 1 – 6 (**Tab. 4.2**)

7.2.1.4 Globale Bewegungstests

- Kleine Halsdehnung (S. 165)
- Große Halsdehnung (S. 166)
- Subskapulartechnik (S. 170)
- Vorhanddehnung
  - kranial gebeugt (S. 171)
  - kaudal (S. 173)

7.2.1.5 Läsionen

Siehe **Tab. 7.5**.

Tab. 7.5 Übersicht Läsionen der unteren HWS.

Läsion	Funktionsprüfung	Biomechanik
FLEX	Prüfung FLEX (S. 227)	physiologisch: HWS-FLEX
EXT	Prüfung EXT (S. 228)	physiologisch: HWS-EXT
LATFLEX/ROT kontralateral	Prüfung LATFLEX/ ROT (S. 229)	physiologisch: HWS-Biegung von kranial oder kaudal aktiv, Kopf p.m.
LATFLEX/ROT ipsilateral	Prüfung LATFLEX/ ROT (S. 229)	physiologisch: HWS-Biegung von kranial oder kaudal passiv, Kopf p.f.

Biomechanik der Läsionen

Siehe **Tab. 7.6** und **Tab. 7.7**.

Tab. 7.6 Biomechanik der unteren HWS bei Läsion in FLEX und EXT (vgl. **Tab. 2.3**).

Struktur	FLEX	EXT
Wirbelkörper	ventrokranial	dorsokaudal
Procc. spinosi von betr. Wirbel und dessen kaudalen Wirbel	Divergenz	Konvergenz
Wirbelkörper von betr. Wirbel und dessen kaudalen Wirbel	Konvergenz	Divergenz
kaudale Facettengelenke	beidseitig Divergenz	beidseitig Konvergenz

Tab. 7.7 Biomechanik der unteren HWS bei Läsion in LATFLEX/ROT (vgl. **Tab. 2.4**).

Struktur	LATFLEX/ROT kontralateral*		LATFLEX/ROT ipsilateral**	
–	**links**	**rechts**	**links**	**rechts**
Proc. spinosus	zeigt in LATFLEX hinein		zeigt aus LATFLEX heraus	
Proc. transversus	ventral	dorsal	dorsal	ventral
kaudales Facettengelenk	Konvergenz[1]	Divergenz[2]	Divergenz[2]	Konvergenz[1]
* LATFLEX links mit ROT rechts C4 auf C5; ** LATFLEX links mit ROT links C4 auf C5; [1] EXT, [2] FLEX				

7.2.2 Mögliche assoziierte Befunde

- C 1 (S. 325) > C 3 > C 7 (S. 334) > Sakrum (S. 348)
- Unterkiefer/Kiefergelenk (S. 418)
- Zungenbein (S. 422)
- Th 18/L 1 (S. 343)
- Diaphragma (S. 455)
- vegetatives/peripheres Nervensystem (S. 111)

7.2.3 Behandlungskonzept

7.2.3.1 Muskulär

Siehe **Tab. 7.8**.

Tab. 7.8 Muskeltechniken zur Behandlung der unteren Halswirbelsäule.

Struktur	**Anhakstriche (S. 187)**	**Streichung (S. 184)**	**Klopfung (S. 186)**	**Friktionen (S. 186)**	**Knetung (S. 186)**	**Spindelzell-Technik (S. 187)**	**SP-Behandlung (S. 188)**
Nackenband	–	–	–	–	x	–	–
Mm. obliquus/ rectus capitis	–	–	–	x	–	x	SP 1
M. masseter	–	–	–	x	–	x	–
Mm. brachiocephalicus, splenius	–	x	x	–	x	x	SP 2
Mm. multifidi cervicis	–	–	–	–	–	–	SP 3
M. serratus ventralis cervicis	–	–	–	x	–	–	–
M. subclavius	x[1]	–	–	–	–	–	–
Mm. rhomboideus und trapezius	–	x	x	x	–	x	SP 4, 5, 6

[1] am kranialen Rand der Scapula von dorsal nach ventral

- Kleine Halsdehnung (S. 194) und (**Tab. 5.4**)
- Große Halsdehnung (S. 194) und (**Tab. 5.4**)
- Subskapulartechnik (S. 197) und (**Tab. 5.5**)

7.2.3.2 Osteopathisch

- Behandlung Läsion
  - FLEX: indirekt (S. 227) und direkt (S. 228)
  - EXT: indirekt (S. 228) und direkt (S. 227)
  - LATFLEX/ROT (S. 229): indirekt und direkt
- Release (S. 216) der Thoraxapertur (S. 317)

- Lösung der Faszienketten, s. Kap. Faszientechniken (S. 200), Gürtelgefäß (S. 206), Beckendiaphragma (S. 207), Faszienkontinuum (S. 208), Am M. masseter (S. 210)
  - SDL, SVL, LL, SL, FLPL, FLRL

7.2.3.3 Kraniosakral

- Dural tube (S. 219) der HWS; s. a. Kap. Dura mater und Liquor (S. 311)
- Unwinding (S. 217) der einzelnen Wirbelkörper

7.2.3.4 Hausaufgaben für den Pferdebesitzer/Gymnastizierung

- Passgenauigkeit von Reithalfter/Gebiss/Sattel prüfen, evtl. Stellungskorrektur der Hufe
- osteopathischer Befund des Reiters
- kräftiges und langsames Ausstreichen (S. 185) vor dem Reiten/Training (**Tab. 5.1**) von: Mm. brachiocephalicus, trapezius
- Kleine Halsdehnung (S. 165)
- Große Halsdehnung (S. 166)
- Handarbeit/Longe mit Kappzaum in Stellung und physiologischer WS-Rotation
- Reiten vorwärts-abwärts in Stellung und physiologischer WS-Rotation auf großen bis kleinen Zirkeln
- evtl. vorübergehend gebissloses Reiten, um stereotype Anlehnungsschwierigkeiten zu durchbrechen und die Ganaschenöffnung neu zu erarbeiten

7.3 Zervikothorakaler Übergang (CTÜ; C 7 / Th 1)

7.3.1 Befunde

7.3.1.1 Anamnese

- schlechte Stellung/Biegung einseitig/beidseitig
- Überbiegen/Ausbrechen der Hinterhand auf der kontralateralen Seite der Blockierung
- Widersetzlichkeit und Steifigkeit in Wendungen
- breitbeiniges Stehen beim Fressen vom Boden
- Zähneknirschen beim Reiten
- Stolpern der Vorhand bei aufgenommenem Zügel
- rezidivierende Lahmheiten, Kurztrittigkeit
- Herzbeschwerden

7.3.1.2 Adspektion/Ganganalyse

- „Axthieb“ = abgesunkener Übergang des Halses in den Widerrist
- Hypertrophie/Atrophie im Bereich der langen Halsmuskeln und schulterumgebenden Muskulatur
- Missverhältnis zwischen Ober- und Unterlinie des Halses
- Atrophie des M. trapezius mit schlechter Sattellage
- Bewegung in Außenstellung/Stellung nur zu einer Seite
- beidseitige/einseitige Kurztrittigkeit
- Koordinationsstörungen der Vorhand, Stolpern, Greifen
- reduzierte/keine/übermäßige Nickbewegung entsprechend des Gangtakts
- reduzierte Bascule
- Ödeme im Kopfbereich

7.3.1.3 Palpation und Stresspunkte

- lokale Wärme/Kälte des Gewebes
- Hypertonus des Nackenbands
- Atrophie/Hypertonus des M. trapezius
- Verbackungen des Unterhautgewebes am Widerrist
- Stresspunkte (S. 163): SP 2 – 6, SP 9, SP 12 (**Tab. 4.2**)

7.3.1.4 Globale Bewegungstests

- Große Halsdehnung (S. 166)
- Thoraxhebung (S. 167)

7.3.1.5 Läsionen

Siehe **Tab. 7.9**.

Tab. 7.9 Übersicht Läsionen des zervikothorakalen Übergangs.

Läsion	Funktionsprüfung	Biomechanik
FLEX	Prüfung FLEX (S. 231)	physiologisch: Beugung CTÜ
EXT	Prüfung EXT (S. 232)	physiologisch: Streckung CTÜ
LATFLEX/ROT kontralateral	Prüfung LATFLEX/ROT (S. 232), Provokationstest CTÜ (S. 233)	physiologisch: Biegung CTÜ in Bewegung
LATFLEX/ROT ipsilateral	Prüfung LATFLEX/ROT (S. 232), Provokationstest CTÜ (S. 233)	physiologisch: Biegung CTÜ im Stand

Biomechanik der Läsionen

Siehe Tab. 7.10.

Tab. 7.10 Biomechanik des zervikothorakalen Übergangs bei Läsion in FLEX und EXT (vgl. Tab. 2.3).

Struktur	FLEX	EXT
Wirbelkörper C 7	ventrokranial	dorsokaudal
Procc. spinosi von C 7 und Th 1	Divergenz	Konvergenz
Wirbelkörper von C 7 und Th 1	Konvergenz	Divergenz
kaudale Facettengelenke	beidseitig Divergenz	beidseitig Konvergenz

BEACHTE

In sehr schweren Fällen einer Läsion in EXT kann der Wirbelkörper C 7 nicht mehr nach dorsal gleiten, sondern rutscht in dorsokaudaler Stellung nach ventral ab (häufig!). Differenzialdiagnose zur Läsion in FLEX über den Prüfgriff.

Tab. 7.11 Biomechanik des zervikothorakalen Übergangs bei Läsion in LATFLEX/ROT (vgl. Tab. 2.4).

Struktur	LATFLEX/ROT kontralateral*		LATFLEX/ROT ipsilateral**	
–	links	rechts	links	rechts
Proc. spinosus	zeigt in LATFLEX hinein		zeigt aus LATFLEX heraus	
Proc. transversus	ventral	dorsal	dorsal	ventral
kaudales Facettengelenk	Konvergenz[1]	Divergenz[2]	Divergenz[2]	Konvergenz[1]
* LATFLEX links mit ROT rechts C 7 auf Th 1; ** LATFLEX links mit ROT links C 7 auf Th 1; [1] EXT, [2] FLEX				

7.3.2 Mögliche assoziierte Befunde

- C 1 (S. 325) (häufig: Kontrarotation gegen C 7)
- Kreuzbein (S. 348) (häufig: Kontrarotation gegen C 7)
- Unterkiefer/Kiefergelenk (S. 418) (häufig: ipsilateral der ROT des C 7)
- Zungenbein (S. 422) (häufig: Lateralisierung kontralateral der Lateralisierung des Unterkiefers)

- Sternum (S. 368)
- 1. Rippe (S. 378)
- Scapulafixierung (S. 382) mit möglichen Folgeerscheinungen im gesamten Vorderbein
- Diaphragma (S. 455)
- Funktionsstörungen von: Herz, lymphatische Stauungen im Kopfbereich

7.3.3 Behandlungskonzept

7.3.3.1 Muskulär

Siehe **Tab. 7.12.**

Tab. 7.12 Muskeltechniken zur Behandlung des zervikothorakalen Übergangs.

Struktur	Anhakstriche (S. 187)	Streichung (S. 184)	Klopfung (S. 186)	Friktionen (S. 186)	Knetung (S. 186)	Spindelzell-Technik (S. 187)	SP-Behandlung (S. 188)
Nackenband	–	–	–	–	x	–	–
Mm. brachiocephalicus, splenius	–	x	x	–	x	x	SP 2
Mm. multifidi cervicis	–	–	–	–	–	–	SP 3
M. subclavius	x [1]	–	–	–	–	–	–
Mm. rhomboideus und trapezius	–	x	x	x	–	x	SP 4, 5, 6
M. serratus ventralis thoracis	–	x	–	x	–	–	SP 9
Mm.pectorales	Release[2]						SP 12

[1] am kranialen Rand der Scapula von dorsal nach ventral; [2] die Hand flächig zwischen ventrolateralen Brustkorb und Ellenbogen schieben und warten bis zum Release

- Große Halsdehnung (S. 194) und (**Tab. 5.4**)
- Thoraxhebung (S. 195) und (**Tab. 5.4**)
- Subskapulartechnik (S. 197) und (**Tab. 5.5**)
- Vorhanddehnung (S. 197) und (**Tab. 5.5**)
  - kranial gebeugt
  - kaudal
- Bauchanheben (S. 201)

7.3.3.2 Osteopathisch

- Behandlung Läsion
  - FLEX: indirekt (S. 231) und direkt (S. 232)
  - EXT: indirekt (S. 232) und direkt (S. 231)
  - LATFLEX/ROT (S. 232): indirekt und direkt
- Release (S. 216) der Thoraxapertur (S. 317)
- Lösung der Faszienketten, s. Kap. Faszientechniken (S. 200), Gürtelgefäß (S. 206), Beckendiaphragma (S. 207), Faszienkontinuum (S. 208), Am M. masseter (S. 210)
  - SDL, SVL, LL, SL, FLPL, FLRL

7.3.3.3 Kraniosakral

- Dural tube (S. 219); s. a. Kap. Dura mater und Liquor (S. 311)
- Unwinding (S. 217) der einzelnen Wirbelkörper

7.3.3.4 Hausaufgaben für den Pferdebesitzer/Gymnastizierung

- Passgenauigkeit von Reithalfter/Gebiss/Sattel prüfen, evtl. Stellungskorrektur der Hufe
- osteopathischer Befund des Reiters
- kräftiges und langsames Ausstreichen (S. 184) vor dem Reiten/Training (**Tab. 5.1**) von: Mm. brachiocephalicus, trapezius, serratus ventralis thoracis
- Große Halsdehnung (S. 166)
- Bauchanheben (S. 201)
- Handarbeit/Longe mit Kappzaum in Stellung und physiologischer WS-Rotation
- Reiten vorwärts-abwärts in Stellung und physiologischer WS-Rotation auf großen bis kleinen Zirkeln
- keine aktive Aufrichtung
- Stangen- und Cavalettitraining mit großen Abständen

7.4 Widerrist (Th 2 – Th 10)

7.4.1 Befunde

7.4.1.1 Anamnese

- schlechte Stellung/Biegung einseitig/beidseitig
- Widersetzlichkeit und Steifigkeit in Wendungen
- Sattelzwang, Gurtzwang
- häufiges Verrutschen des Sattels auf eine Seite
- Ausweichen über die Schulter bei engen Wendungen
- rezidivierende Lahmheiten, Kurztrittigkeit, häufiges Stolpern
- sehr heftiges Ziehen zum Sprung mit mangelhafter Bascule
- Herzprobleme
- Lungenprobleme/Husten

7.4.1.2 Adspektion/Ganganalyse

- „Axthieb“ = abgesunkener Übergang des Halses in den Widerrist
- Prominenz/Absinken einzelner Procc. spinosi thoracis
- Hypertrophie/Atrophie im Bereich der langen Halsmuskeln und der schulterumgebenden Muskulatur
- Missverhältnis zwischen Ober- und Unterlinie des Halses
- Atrophie des M. trapezius mit schlechter Sattellage
- Ausweichen über die Schulter bei engeren Wendungen
- beidseitige/einseitige Kurztrittigkeit, insbesondere nach dem Nachgurten
- Koordinationsstörungen/Taktunreinheit der Vorhand, Stolpern, Greifen
- reduzierte Bascule
- Umspringen im Galopp, falsches Angaloppieren

7.4.1.3 Palpation und Stresspunkte

- lokale Wärme/Kälte des Gewebes des Widerrist
- Hypertonus des Nackenbands
- Verbackungen des Unterhautgewebes
- Stresspunkte (S. 163): SP 2, SP 4 – 6, SP 9, SP 12 (**Tab. 4.2**)

7.4.1.4 Globale Bewegungstests

- Große Halsdehnung (S. 166)
- Thoraxhebung (S. 167)
- Subskapulartechnik (S. 170)
- Vorhanddehnung
  - kranial gebeugt (S. 171)
  - kaudal (S. 173)

7.4.1.5 Läsionen

Siehe Tab. 7.13.

Tab. 7.13 Übersicht Läsionen des Widerrists.

Läsion	Funktionsprüfung	Biomechanik
FLEX	Prüfung FLEX (S. 235)	physiologisch: Wirbelsäulenflexion
EXT	Prüfung EXT (S. 236)	physiologisch: Wirbelsäulenextension
LATFLEX/ROT kontralateral	Prüfung LATFLEX/ROT (S. 237)	physiologisch: Wirbelsäulenbiegung in Bewegung
LATFLEX/ROT ipsilateral	Prüfung LATFLEX/ROT (S. 237)	physiologisch: Wirbelsäulenbiegung im Stand

Biomechanik der Läsionen

Siehe Tab. 7.14 und Tab. 7.15.

Tab. 7.14 Biomechanik des Widerrists bei Läsion in FLEX und EXT (vgl. Tab. 2.3).

Struktur	FLEX	EXT
Wirbelkörper/Proc. spinosus	ventrokranial	dorsokaudal
Procc. spinosi von betr. Wirbel und dessen kaudalen Wirbel	Divergenz	Konvergenz
Wirbelkörper von betr. Wirbel und dessen kaudalen Wirbel	Konvergenz	Divergenz
kaudale Facettengelenke	beidseitig Divergenz	beidseitig Konvergenz
evtl. entsprechendes Rippenpaar	Exspiration (S. 261)	Inspiration (S. 261)

Tab. 7.15 Biomechanik des Widerrists bei Läsion in LATFLEX/ROT (vgl. Tab. 2.4).

Struktur	LATFLEX/ROT kontralateral*		LATFLEX/ROT ipsilateral**	
–	links	rechts	links	rechts
Proc. spinosus	zeigt in LATFLEX hinein		zeigt aus LATFLEX heraus	
Proc. transversus	ventral	dorsal	dorsal	ventral
kaudales Facettengelenk	Konvergenz[1]	Divergenz[2]	Divergenz[2]	Konvergenz[1]

* LATFLEX links mit ROT rechts; ** LATFLEX links mit ROT links; [1] EXT, [2] FLEX

7.4.2 Mögliche assoziierte Befunde

- Sternum (S. 368)
- Thorax (S. 373)
- 1. Rippe (S. 378)
- Scapulafixierung (S. 382) mit möglichen Folgeerscheinungen im gesamten Vorderbein
- vegetatives/peripheres Nervensystem (S. 111)
- Funktionsstörungen von: Herz, Lunge, Magen

7.4.3 Behandlungskonzept

7.4.3.1 Muskulär

Siehe Tab. 7.16.

Tab. 7.16 Muskeltechniken zur Behandlung des Widerrists.

Struktur	Anhakstriche (S. 187)	Streichung (S. 184)	Klopfung (S. 186)	Friktionen (S. 186)	Knetung (S. 186)	Spindelzell-Technik (S. 187)	SP-Behandlung (S. 188)
Lig. supraspinale	x	–	–	–	–	–	–
Mm. brachiocephalicus, splenius	–	x	x	–	x	x	SP 2
M. serratus ventralis cervicis	–	–	–	x	–	–	–
M. subclavius	x[1]	–	–	–	–	–	–
Mm. rhomboideus und trapezius	–	x	x	x	–	x	SP 4, 5, 6
Mm. pectorales	Release[2]						SP 12
M. serratus ventralis thoracis	–	x	–	x	–	–	SP 9

[1] am kranialen Rand der Scapula von dorsal nach ventral; [2] die Hand flächig zwischen ventrolateralen Brustkorb und Ellenbogen schieben und warten bis zum Release

- Große Halsdehnung (S. 194) und (**Tab. 5.4**)
- Thoraxhebung (S. 195) und (**Tab. 5.4**)
- Subskapulartechnik (S. 197) und (**Tab. 5.5**)
- Vorhanddehnung (S. 197) und (**Tab. 5.5**)
  - kranial gebeugt
  - kaudal
- Bauchanheben (S. 201)

7.4.3.2 Osteopathisch

- Behandlung Läsion
  - FLEX (S. 235): indirekt und direkt
  - EXT (S. 236): indirekt und direkt
  - LATFLEX/ROT (S. 237): indirekt und direkt
- Release (S. 216) der Thoraxapertur (S. 317)
- Traktion der gesamten WS und der ISG (S. 213)
- Lösung der Faszienketten, s. Kap. Faszientechniken (S. 200), Gürtelgefäß (S. 206), Beckendiaphragma (S. 207), Faszienkontinuum (S. 208), Am M. masseter (S. 210)
  - SDL, SVL, LL, SL, FLPL, FLRL

7.4.3.3 Kraniosakral

- Dural tube (S. 219); s. a. Kap. Dura mater und Liquor (S. 311)
- Unwinding (S. 217) der einzelnen Wirbelkörper

7.4.3.4 Hausaufgaben für den Pferdebesitzer/Gymnastizierung

- Passgenauigkeit von Reithalfter/Gebiss/Sattel prüfen, evtl. Stellungskorrektur der Hufe
- osteopathischer Befund des Reiters
- kräftiges und langsames Ausstreichen (S. 184) vor dem Reiten/Training (**Tab. 5.1**) von: Mm. brachiocephalicus, trapezius, pectorales
- Große Halsdehnung (S. 166)
- Bauchanheben (S. 201)
- Handarbeit/Longe mit Kappzaum in Stellung und physiologischer WS-Rotation
- Reiten vorwärts-abwärts in Stellung und physiologischer WS-Rotation auf großen bis kleinen Zirkeln
- keine Versammlung
- Stangen- und Cavalettitraining mit großen Abständen

7.5 Kaudale Brust- bis Lendenwirbelsäule (Th 11 – L 6)

7.5.1 Befunde

7.5.1.1 Anamnese

- festgehaltener, steifer Rücken ohne Schwung
- schlechte Biegung einseitig/beidseitig mit Laufen auf 2 Hufschlägen
- Widersetzlichkeitund Steifigkeit in Wendungen/nach dem Nachgurten
- Sattelzwang, Gurtzwang
- häufiges Verrutschen des Sattels auf eine Seite
- schlechter Schub/keine Tragkraft der Hinterhand
- Stolpern der Hinterhand
- Anzackeln Schritt – Trab
- Koliken/Verdauungsstörungen
- Unfähigkeit, während des Laufens/unter dem Reiter zu äpfeln

7.5.1.2 Adspektion/Ganganalyse

- Prominenz/Absinkeneinzelner Procc. spinosi thoracis/lumbalis
- Hypertrophie/Atrophie/Asymmetrie im Bereich der Rücken-, Bauch- und Hinterhandmuskulatur
- unharmonischer Übergang des Rückens in die Kruppe
- Atrophie des M. trapezius mit schlechter Sattellage
- Ausweichen über die Schulter bei engeren Wendungen
- beidseitige/einseitige Kurztrittigkeit, insbesondere nach dem Nachgurten
- Taktunreinheit, Stolpern der Hinterhand
- schlechter Schub aus der Hinterhand
- Widersetzlichkeit bei der Versammlung, keine Hankenbeugung, kein Untertreten
- Umspringen im Galopp, falsches Angaloppieren, Kreuzgalopp
- reduzierte Bascule
- ventralisierter L 6: deutlich eingesunkenes Gewebe kranial der Sakrumbasis

7.5.1.3 Palpation und Stresspunkte

- lokale Wärme/Kälte des Gewebes
- Hypertonus des Lig. supraspinale/Fascia thoracolumbalis
- Verbackungen des Unterhautgewebes
- ventralisierte L 6: Proc. spinosus L 6 steht ventrokranial der Sakrumbasis
- Stresspunkte (S. 163): SP 4 – 6, SP 9, SP 12 – 16, SP 22, SP 24 – 25 (Tab. 4.2)

7.5.1.4 Globale Bewegungstests

- Thoraxhebung (S. 167)
- Wirbelsäule:
  - Flexion (S. 168)
  - Extension (S. 168)
  - Biegung (S. 169)
- Hinterhanddehnung
  - kranial (S. 176)
  - kaudal (S. 177)

7.5.1.5 Läsionen

Siehe **Tab. 7.17.**

Tab. 7.17 Übersicht Läsionen der kaudalen BWS und LWS.

Läsion	Funktionsprüfung	Biomechanik
FLEX	Prüfung FLEX (S. 239)	physiologisch: Wirbelsäulenflexion
EXT	Prüfung EXT (S. 240)	physiologisch: Wirbelsäulenextension
LATFLEX/ROT kontralateral	Prüfung LATFLEX/ROT (S. 241)	physiologisch: Wirbelsäulenbiegung in Bewegung
LATFLEX/ROT ipsilateral	Prüfung LATFLEX/ROT (S. 241)	physiologisch: Wirbelsäulenbiegung im Stand
ventralisierter L 6	Prüfung auf ventralisierten L 6 (S. 240)	pathologisch: keine EXT möglich

Biomechanik der Läsionen

Siehe **Tab. 7.18** und **Tab. 7.19.**

Tab. 7.18 Biomechanik der kaudalen BWS und LWS bei Läsion in FLEX und EXT (vgl. Tab. 2.3).

Struktur	FLEX	EXT
Wirbelkörper/Proc. spinosus	ventrokranial	dorsokaudal
Procc. spinosi von betr. Wirbel und dessen kaudalen Wirbel	Divergenz	Konvergenz
Wirbelkörper von betr. Wirbel und dessen kaudalen Wirbel	Konvergenz	Divergenz
kaudale Facettengelenke	beidseitig Divergenz	beidseitig Konvergenz

Tab. 7.19 Biomechanik der kaudalen BWS und LWS bei Läsion in LATFLEX/ROT (vgl. Tab. 2.4).

Struktur	LATFLEX/ROT kontralateral*		LATFLEX/ROT ipsilateral**	
–	**links**	**rechts**	**links**	**rechts**
Proc. spinosus	zeigt in LATFLEX hinein		zeigt aus LATFLEX heraus	
Proc. transversus	ventral	dorsal	dorsal	ventral
kaudales Facettengelenk	Konvergenz[1]	Divergenz[2]	Divergenz[2]	Konvergenz[1]

* LATFLEX links mit ROT rechts; ** LATFLEX links mit ROT links; [1] EXT, [2] FLEX

7.5.2 Mögliche assoziierte Befunde

- Sternum (S. 368)
- Thorax (S. 373)
- 1. Rippe (S. 378)
- C 0 (S. 325) > Sakrum (S. 348)
- Kniegelenk/Kniescheibe (S. 410) (insbesondere bei Läsion L 3)
- vegetatives/peripheres Nervensystem (S. 111)
- Läsionen mit Kontrakturen links, Funktionsstörungen von: Lunge, Magen, Leber (Lobus hepatis sinister), Milz, Darm (Jejunum, Colon descendens, Colon ascendens), Niere links, Gebärmutter, Eierstöcke, Eileiter, Hoden/Penis
- Läsionen mit Kontrakturen rechts, Funktionsstörungen von: Lunge, Leber (Lobus hepatis dexter und Lobus quadratus), Bauchspeicheldrüse, Darm (Duodenum, Caecum, Colon ascendens), Niere rechts, Gebärmutter, Eierstöcke, Eileiter, Hoden/Penis

7.5.3 Behandlungskonzept

7.5.3.1 Muskulär

Siehe Tab. 7.20.

Tab. 7.20 Muskeltechniken zur Behandlung der kaudalen Brust- und Lendenwirbelsäule.

Struktur	Anhakstriche (S. 187)	Streichung (S. 184)	Klopfung (S. 186)	Friktionen (S. 186)	Knetung (S. 186)	Ausziehen der Faszie (S. 201)	Spindelzell-Technik (S. 187)	SP-Behandlung (S. 188)
Lig. supraspinale	x	–	–	–	–	–	–	–
Mm. rhomboideus und trapezius	–	x	x	x	–	–	x	SP 4 – 6
Mm. pectorales	Release[1]							SP 12
M. serratus ventralis thoracis	–	x	–	x	–	–	–	SP 9
M. erector spinae	–	x	x	x (sanft!)	–	–	x	SP 13 – 15
M. latissimus dorsi	–	x	x	–	–	–	x	–
M. iliopsoas	–	–	–	–	–	–	–	SP 22
M. gluteus med. u. supf.	–	x	x	x	x	x	x	SP 15
M. biceps femoris	–	x	x	–	x	x	x	SP 16, 17
Mm. abdominales	–	x	x	–	–	x	x	SP 24, 25

[1] die Hand flächig zwischen ventrolateralen Brustkorb und Ellenbogen schieben und warten bis zum Release

- Thoraxhebung (S. 195) und (**Tab. 5.4**)
- Wirbelsäule (S. 195) und (**Tab. 5.4**)
  - Flexion
  - Extension
  - Biegung
- Bauchanheben (S. 201)
- Vorhanddehnung kranial und kaudal (S. 197) und (**Tab. 5.5**)
- Hinterhanddehnung kranial und kaudal (S. 199) und (**Tab. 5.5**)

7.5.3.2 Osteopathisch

- Behandlung Läsion
  - FLEX: indirekt (S. 239) und direkt (S. 240)
  - EXT: indirekt (S. 240) und direkt (S. 220)
  - LATFLEX/ROT (S. 241): indirekt und direkt
  - ventralisierter L 6: Kompression-Traktion (S. 212)
- Release (S. 216)
  - der Thoraxapertur (S. 317)
  - des Diaphragmas (S. 318)
  - des Beckendiaphragmas (S. 319), s. auch Diaphragmentechniken (S. 207)
- Traktion
  - des TLÜ (S. 214)
  - der gesamten WS und der ISG (S. 213)
- Lösung der Faszienketten, s. Kap. Faszientechniken (S. 200), Gürtelgefäß (S. 206), Beckendiaphragma (S. 207), Faszienkontinuum (S. 208), Am M. masseter (S. 210)
  - SDL, SVL, LL, SL, FL

7.5.3.3 Kraniosakral

- Dural tube (S. 219); s. a. Kap. Dura mater und Liquor (S. 311)
- Unwinding (S. 217) der einzelnen Wirbelkörper
- Still-Point (S. 217) bei multiplen Läsionen

7.5.3.4 Hausaufgaben für den Pferdebesitzer/Gymnastizierung

- Passgenauigkeit von Reithalfter/Gebiss/Sattel prüfen, evtl. Stellungskorrektur der Hufe
- osteopathischer Befund des Reiters
- kräftiges und langsames Ausstreichen (S. 184) vor dem Reiten/Training (**Tab. 5.1**) von: M. brachiocephalicus, M. trapezius, Mm. pectorales, M. erector spinae, ischiokrurale Muskeln

- Interkostaltechnik (S. 185) und (**Tab. 5.1**)
- Bauchanheben (S. 201)
- Handarbeit/Longe mit Kappzaum in Stellung und physiologischer WS-Rotation
- Reiten vorwärts-abwärts in Stellung und physiologischer WS-Rotation auf großen bis kleinen Zirkeln
- keine Versammlung
- Stangen- und Cavalettitraining (halbe bis ganze Höhe)
- Seitengänge im fleißigen Vorwärts-abwärts

7.6 Kreuzbein

7.6.1 Befunde

7.6.1.1 Anamnese

- festgehaltener, steifer Rücken ohne Schwung
- schlechte Biegung/schlechtes Untertreten einseitig/beidseitig
- Widersetzlichkeit und Steifigkeit in Wendungen
- schlechter Schub/keine Tragkraft der Hinterhand
- schlechte Seitengänge
- Widersetzlichkeit bei der Versammlung
- Stolpern der Hinterhand
- Anzackeln Schritt – Trab
- häufige Entlastung immer desselben Beines

7.6.1.2 Adspektion/Ganganalyse

- Prominenz/Absinken der Sakrumbasis/Sakrumspitze
- Prominenz/Absinken eines Tuber sacrale
- Hypertrophie/Atrophie/Asymmetrie im Bereich der Rücken-, Bauch- und Hinterhandmuskulatur
- unharmonischer Übergang des Rückens in die Kruppe (Lumbosakralgelenk!)
- schiefstehender Schweif/Schweifschlagen
- unterschiedlich abgelaufene Hinterhufe
- beidseitige/einseitige Kurztrittigkeit der Hinterhand
- Taktunreinheit, Stolpern der Hinterhand
- schlechter Schub/keine Tragkraft der Hinterhand

- Widersetzlichkeit bei der Versammlung, keine Hankenbeugung, kein Untertreten
- Umspringen im Galopp, falsches Angaloppieren bzw. „Kleben“ der Vorhand am Boden beim Angaloppieren, Kreuzgalopp
- reduzierte Bascule
- schlechte Seitengänge

7.6.1.3 Palpation und Stresspunkte

- lokale Wärme/Kälte des Gewebes auf dem Sakrum
- Verbackungen des Unterhautgewebes
- Stresspunkte (S. 163): SP 14 – 16, SP 22 – 25 (**Tab. 4.2**)

7.6.1.4 Globale Bewegungstests

- Wirbelsäule
  - Flexion (S. 168)
  - Extension (S. 168)
  - Biegung (S. 169)
- Hinterhanddehnung
  - kranial (S. 176)
  - kaudal (S. 177)
- „Schaukeln“ des Pferdes (S. 180)

7.6.1.5 Läsionen

Siehe **Tab. 7.21**.

Tab. 7.21 Übersicht Läsionen des Sakrums.

Läsion	Funktionsprüfung	Biomechanik
FLEX	Prüfung FLEX (S. 242)	physiologisch: Sakrumflexion
EXT	Prüfung EXT (S. 243)	physiologisch: Sakrumextension
LATFLEX/ROT kontralateral	Prüfung LATFLEX/ROT (S. 243)	physiologisch: Biegung Sakrum/LWS in Bewegung
LATFLEX/ROT ipsilateral	Prüfung LATFLEX/ROT (S. 243)	physiologisch: Biegung Sakrum/LWS im Stand
Torsion	Prüfung Torsion (S. 244)	pathologisch
Wobbel	Prüfung Wobbel (S. 244)	pathologisch

Biomechanik der Läsionen

Siehe Tab. 7.22.

Tab. 7.22 Biomechanik des Sakrums bei Läsion in FLEX, EXT, LATFLEX/ROT, Torsion und Wobbel (vgl. Tab. 2.5 und Tab. 2.6).

Struktur	FLEX (Gegennutation)	EXT (Nutation)	LATFLEX/ROT kontralateral*	LATFLEX/ROT ipsilateral**	Torsion***	Wobbel****
Sakrumbasis	dorsal	ventral	linke Sakrumbasis steht ventrokranial, rechte Sakrumbasis steht dorsokaudal	linke Sakrumbasis steht dorsokranial, rechte Sakrumbasis steht ventrokaudal	linke Sakrumbasis steht dorsal, rechte Sakrumbasis steht ventral	linke Sakrumbasis steht dorsomedial
Sakrumspitze	ventral	dorsal	lateral links	lateral links	mittig	rechte Sakrumspitze steht ventromedial
Nierengegend	aufgewölbt	eingesunken	rechts aufgewölbt	links aufgewölbt	links aufgewölbt	links aufgewölbt
Schweif	eingeklemmt	hochgestellt	schief	schief	verdreht	verdreht
Hinterhand	reduzierter Schub	reduzierter Raumgriff bds.	rechts reduzierter Raumgriff, rechts höhere Aktion	rechts reduzierter Raumgriff, links höhere Aktion	links höhere Aktion	links höhere Aktion
Rückwärtsrichten	übereilt	schlecht/schleppend	schief	schief	schief	schief

* LATFLEX links mit ROT rechts; ** LATFLEX links mit ROT links; *** Torsion links; **** Wobbel links

7.6.2 Mögliche assoziierte Befunde

- C 1 (S. 325) (häufig: Ipsirotation mit Sakrum)
- C 7 (S. 334) (häufig: Kontrarotation gegen Sakrum)
- Kiefergelenk (S. 418) (häufig: kontralateral der ROT des Sakrums)
- Zungenbein (S. 422) (häufig: Lateralisierung kontralateral der Lateralisierung des Unterkiefers)
- ISG (S. 363)
- SSB (S. 425) (häufig: gegenläufig der Läsion des Sakrums)
- Sternum (S. 368) (häufig: gegenläufig der Läsion des Sakrums)
- Funktionsstörungen von: Nieren, Harnblase, Hoden, Gebärmutter, Eierstöcke, Eileiter, lymphatische Stauungen im kleinen Becken, lymphatische Stauungen in den Hinterbeinen

7.6.3 Behandlungskonzept

7.6.3.1 Muskulär

Siehe Tab. 7.23.

Tab. 7.23 Muskeltechniken zur Behandlung des Kreuzbeins.

Struktur	Anhakstriche (S. 187)	Streichung (S. 184)	Klopfung (S. 186)	Friktionen (S. 186)	Ausziehen der Faszie (S. 201)	Spindelzell-Technik (S. 187)	SP-Behandlung (S. 188)
Lig. supraspinale	x	–	–	–	–	–	–
M. erector spinae	–	x	x	x (sanft!)	–	x	SP 14
M. latissimus dorsi	–	x	x	–	–	x	–
M. iliopsoas	–	–	–	–	–	–	SP 22
M. gluteus med. und supf.	–	x	x	x	x	x	SP 15
M. biceps femoris	–	x	x	–	x	x	SP 16, 17
Mm. adductores	–	x	x	x	–	x	–
Mm. abdominales	–	x	x	–	x	x	SP 24, 25

- Thoraxhebung (S. 195) und (**Tab. 5.4**)
- Wirbelsäule (S. 195) und (**Tab. 5.4**)
  - Flexion
  - Extension
  - Biegung
- Bauchanheben (S. 201)
- Hinterhanddehnung (S. 199) und (**Tab. 5.5**)
  - kranial
  - kaudal

7.6.3.2 Osteopathisch

- Behandlung Läsion
  - FLEX: indirekt (S. 242) und direkt (S. 243)
  - EXT: indirekt (S. 243) und direkt (S. 242)
  - LATFLEX/ROT (S. 243): indirekt und direkt
  - Torsion/Wobbel (S. 244): indirekt und direkt
- Release (S. 216)
  - des Diaphragmas (S. 318)
  - des Beckendiaphragmas (S. 319), s. auch Diaphragmentechniken (S. 207)
- Traktion
  - des TLÜ (S. 214)
  - der gesamten WS und der ISG (S. 213)
- Lösung der Faszienketten, s. Kap. Faszientechniken (S. 200), Gürtelgefäß (S. 206), Beckendiaphragma (S. 207), Faszienkontinuum (S. 208), Am M. masseter (S. 210)
  - SDL, SVL, SL, FL

7.6.3.3 Kraniosakral

- Dural tube (S. 219); s. a. Kap. Dura mater und Liquor (S. 311)
- Unwinding (S. 217)
  - des Sakrums
  - der Kastrationsnarbe

7.6.3.4 Hausaufgaben für den Pferdebesitzer/Gymnastizierung

- Passgenauigkeit von Reithalfter/Gebiss/Sattel prüfen, evtl. Stellungskorrektur der Hufe
- osteopathischer Befund des Reiters
- kräftiges und langsames Ausstreichen (S. 184) vor dem Reiten/Training (**Tab. 5.1**) von: M. erector spinae, Kruppe, ischiokrurale Muskeln
- Bauchanheben (S. 201)
- Handarbeit/Longe mit Kappzaum in Stellung und physiologischer WS-Rotation
- Reiten vorwärts-abwärts in Stellung und physiologischer WS-Rotation auf gerader Strecke und großen Zirkeln
- keine Versammlung
- keine Seitengänge (bis ca. 2 Wochen nach der Behandlung)
- Stangen- und Cavalettitraining (kleine bis mittlere Höhe)

7.7 SCÜ und Schwanzwirbel

7.7.1 Befunde

7.7.1.1 Anamnese

- häufig anamestisch keine Auffälligkeiten; evtl.:
  - festgehaltener, steifer Rücken ohne Schwung
  - schlechter Schub/keine Tragkraft der Hinterhand
  - schlechte Seitengänge
  - Stolpern der Hinterhand
  - Anzackeln Schritt – Trab
  - häufige Entlastung immer desselben Beins

7.7.1.2 Adspektion/Ganganalyse

- Prominenz/Absinken des SCÜ
- Prominenz/Absinken einzelner Procc. spinosi coccygeale
- Hypertrophie/Atrophie/Asymmetrie im Bereich der Rücken- und Hinterhandmuskulatur
- schiefstehender Schweif/Schweifschlagen
- unterschiedlich abgelaufene Hinterhufe
- Taktunreinheit, Stolpern der Hinterhand
- schlechter Schub/keine Tragkraft der Hinterhand

- Widersetzlichkeit bei der Versammlung, keine Hankenbeugung, kein Untertreten
- Umspringen im Galopp, falsches Angaloppieren, Kreuzgalopp
- reduzierte Bascule
- schlechte Seitengänge

7.7.1.3 Palpation und Stresspunkte

- lokale Wärme/Kälte des Gewebes der Schweifwurzel
- Verbackungen des Unterhautgewebes des SCÜ und der Schweifwurzel
- Stresspunkte (S. 163): SP 14 – 16, SP 22 – 25 (**Tab. 4.2**)

7.7.1.4 Globale Bewegungstests

- Wirbelsäule:
  - Flexion (S. 168)
  - Extension (S. 168)
  - Biegung (S. 169)

7.7.1.5 Läsionen

Siehe **Tab. 7.24**.

Tab. 7.24 Übersicht Läsionen von SCÜ und Schwanzwirbeln.

Läsion	Funktionsprüfung	Biomechanik
FLEX	Prüfung FLEX (S. 245)	physiologisch: FLEX/Hängenlassen des Schweifes
EXT	Prüfung EXT (S. 245)	physiologisch: EXT/Aufstellen des Schweifes
LATFLEX/ROT kontralateral	Prüfung LATFLEX/ROT (S. 245)	physiologisch: Schwanzwirbelbiegung
LATFLEX/ROT ipsilateral	Prüfung LATFLEX/ROT (S. 245)	pathologisch (physiologisch bei best. Rassen, z. B. Araber beim Aufstellen des Schweifes)
abgesunkener SCÜ	Prüfung abgesunkener SCÜ (S. 245)	pathologisch
angehobener SCÜ	Prüfung angehobener SCÜ (S. 245)	pathologisch

Biomechanik der Läsionen

Siehe **Tab. 7.25**, **Tab. 7.26** und **Tab. 7.27**.

Tab. 7.25 Biomechanik von SCÜ und Schwanzwirbeln bei Läsion in FLEX und EXT (vgl. **Tab. 2.3**).

Struktur	FLEX	EXT
Wirbelkörper/Proc. spinosus	ventrokranial	dorsokaudal
Procc. spinosi von betr. Wirbel und dessen kaudalen Wirbel	Divergenz	Konvergenz
Wirbelkörper von betr. Wirbel und dessen kaudalen Wirbel	Konvergenz	Divergenz
kaudale Facettengelenke	beidseitig Divergenz	beidseitig Konvergenz

Tab. 7.26 Biomechanik von SCÜ und Schwanzwirbeln bei Läsion in LATFLEX/ROT (vgl. **Tab. 2.4**).

Struktur	LATFLEX/ROT kontralateral*		LATFLEX/ROT ipsilateral**	
–	**links**	**rechts**	**links**	**rechts**
Proc. spinosus	zeigt in LATFLEX hinein		zeigt aus LATFLEX heraus	
Proc. transversus	ventral	dorsal	dorsal	ventral
kaudales Facettengelenk	Konvergenz[1]	Divergenz[2]	Divergenz[2]	Konvergenz[1]
* LATFLEX links mit ROT rechts; ** LATFLEX links mit ROT links; [1] EXT, [2] FLEX				

Tab. 7.27 Biomechanik von LSÜ und Schwanzwirbeln bei Läsion abgesunkener/angehobener SCÜ.

Struktur	abgesunkener SCÜ	angehobener SCÜ
Sakrum	FLEX	EXT
und/oder Cg1	FLEX	EXT

7.7.2 Mögliche assoziierte Befunde

s. Os sacrum (S. 351)

7.7.3 Behandlungskonzept

7.7.3.1 Muskulär

Siehe **Tab. 7.28**.

Tab. 7.28 Muskeltechniken zur Behandlung des SCÜ und der Schwanzwirbel.

Struktur	Anhakstriche (S. 187)	Streichung (S. 184)	Klopfung (S. 186)	Friktionen (S. 186)	Ausziehen der Faszie (S. 201)	Spindelzell-Technik (S. 187)	SP-Behandlung (S. 188)
Lig. supraspinale	x	–	–	–	–	–	–
M. erector spinae	–	x	x	x (sanft!)	–	x	SP 13 – 15
M. iliopsoas	–	–	–	–	–	–	SP 22
M. gluteus med. und supf.	–	x	x	x	x	x	SP 15
Mm. sacrocaudales	–	x	x	x	x	x	–
M. biceps femoris	–	x	x	–	x	x	SP 16, 17

- Wirbelsäule (S. 195) und (**Tab. 5.4**)
  - Flexion
  - Extension
  - Biegung
- Bauchanheben (S. 201)

7.7.3.2 Osteopathisch

- Behandlung Läsion
  - FLEX (S. 245): indirekt und direkt
  - EXT (S. 245): indirekt und direkt
  - LATFLEX/ROT (S. 245): indirekt und direkt
  - abgesunkener/angehobener SCÜ (S. 245): indirekt und direkt

- Schweifrübenmobilisierung (S. 245): Schweifrübe mit einer Hand ganz dicht am Ansatz fest umgreifen und langsam und zart mit der Schweifrübe eine liegende Acht beschreiben, wobei medial der Zug immer nach ventral erfolgt (analog **Abb. 6.19**)
- Release (S. 216)
  - des Diaphragmas (S. 318)
  - des Beckendiaphragmas (S. 319), s. auch Diaphragmentechniken (S. 207)
- Lösung der Faszienketten, s. Kap. Faszientechniken (S. 200), Gürtelgefäß (S. 206), Beckendiaphragma (S. 207), Faszienkontinuum (S. 208), Am M. masseter (S. 210)
  - SDL, SVL

7.7.3.3 Kraniosakral

- Unwinding (S. 217)
  - der einzelnen Schwanzwirbel
  - der Kastrationsnarbe

7.7.3.4 Hausaufgaben für den Pferdebesitzer/Gymnastizierung

- Passgenauigkeit von Reithalfter/Gebiss/Sattel prüfen, evtl. Stellungskorrektur der Hufe
- osteopathischer Befund des Reiters
- kräftiges und langsames Ausstreichen (S. 184) vor dem Reiten/Training (**Tab. 5.1**) von: M. erector spinae, ischiokrurale Muskeln, sakrokokzygeale Muskeln
- Bauchanheben (S. 201)
- Handarbeit/Longe mit Kappzaum in Stellung und physiologischer WS-Rotation
- Reiten vorwärts-abwärts in Stellung und physiologischer WS-Rotation auf großen bis kleinen Zirkeln
- keine Versammlung
- Stangen- und Cavalettitraining
- Seitengänge im fleißigen Vorwärts-abwärts

CAVE

Seitgänge nicht ausführen, wenn bei abgesunkenem bzw. angehobenem SCÜ das Sakrum betroffen ist.

7.8 Becken

7.8.1 Befunde

7.8.1.1 Anamnese

- festgehaltener, steifer Rücken ohne Schwung
- schlechte Biegung einseitig/beidseitig
- Widersetzlichkeit und Steifigkeit in Wendungen
- schlechter Schub/keine Tragkraft der Hinterhand
- schlechte Seitengänge
- Stolpern der Hinterhand
- Anzackeln = Schritt – Trab
- häufige Entlastung immer desselben Beines
- ständiges Wechseln des entlasteten Beines

7.8.1.2 Adspektion/Ganganalyse

- Prominenz/Absinken der Sakrumbasis/Sakrumspitze
- Prominenz/Absinken eines Tuber sacrale
- Prominenz/Absinken eines Tuber coxae im Stand/in der Bewegung
- Hypertrophie/Atrophie/Asymmetrie im Bereich der Rücken-, Bauch- und Hinterhandmuskulatur
- unharmonischer Übergang des Rückens in die Kruppe
- schiefstehender Schweif/Schweifschlagen
- unterschiedlich abgelaufene Hinterhufe
- beidseitige/einseitige Kurztrittigkeit der Hinterhand
- Taktunreinheit, Stolpern der Hinterhand
- schlechter Schub/keine Tragkraft der Hinterhand
- Widersetzlichkeit bei der Versammlung, keine Hankenbeugung, kein Untertreten
- Umspringen im Galopp, falsches Angaloppieren, Kreuzgalopp
- reduzierte Bascule
- schlechte Seitengänge

7.8.1.3 Palpation und Stresspunkte

- lokale Wärme/Kälte des Gewebes um die Tubera coxae
- Verbackungen des Unterhautgewebes um die Tubera coxae
- Stresspunkte (S. 163): SP 14 – 16, SP 19 – 25 (**Tab. 4.2**)

7.8.1.4 Globale Bewegungstests

- Wirbelsäule
  - Flexion (S. 168)
  - Extension (S. 168)
  - Biegung (S. 169)
- Hinterhanddehnung
  - kranial (S. 176)
  - kaudal (S. 177)
  - in ABD (S. 178)
  - in ADD (S. 179)
- „Schaukeln" des Pferdes (S. 180)

7.8.1.5 Läsionen

Siehe **Tab. 7.29.**

Tab. 7.29 Übersicht Läsionen des Beckens.

Läsion	Funktionsprüfung	Biomechanik
FLEX	Prüfung FLEX (S. 247)	physiologisch: Protraktion
EXT	Prüfung EXT (S. 248)	physiologisch: Retraktion
LATFLEX/ROT kontralateral	Prüfung LATFLEX/ROT (S. 249)	physiologisch: Seitengänge
LATFLEX/ROT ipsilateral	Prüfung LATFLEX/ROT (S. 249)	physiologisch: Biegung im Stand
Torsion	Prüfung Torsion (S. 250)	pathologisch
Wobbel	Prüfung Wobbel (S. 250)	pathologisch

Biomechanik der Läsionen

Siehe **Tab. 7.30**, **Tab. 7.31** und **Tab. 7.32.**

Tab. 7.30 Biomechanik des Beckens bei Läsion in FLEX und EXT (vgl. **Tab. 2.7**).

Struktur	FLEX	EXT
Tubera coxae	beidseitig dorsal	beidseitig ventral
Tubera ischiadica	beidseitig ventral	beidseitig dorsal

Tab. 7.31 Biomechanik des Beckens bei Läsion in LATFLEX/ROT (vgl. **Tab. 2.7**).

Struktur	**LATFLEX/ROT kontralateral***		**LATFLEX/ROT ipsilateral****	
–	**links**	**rechts**	**links**	**rechts**
Tuber coxae	ventrokranial	dorsokaudal	dorsokranial	ventrokaudal
Tuber ischiadicum	ventrokranial	dorsokaudal	dorsokranial	ventrokaudal
Tuber sacrale	lateral der Medianlinie	dicht bei der Medianlinie	dicht bei der Medianlinie	lateral der Medianlinie
* LATFLEX links mit ROT rechts; ** LATFLEX links mit ROT links				

Tab. 7.32 Biomechanik des Beckens bei Läsion in Torsion und Wobbel (vgl. **Tab. 2.7**).

Torsion*		**Wobbel****	
links	**rechts**	**links**	**rechts**
dorsal	ventral	dorsokaudal	ventral
dorsal	ventral	dorsal	ventrokranial
dicht bei der Medianlinie	lateral der Medianlinie	dicht bei der Medianlinie	lateral der Medianlinie
* Torsion links; ** Wobbel links			

7.8.2 Mögliche assoziierte Befunde

- Beckendiaphragma (S. 460)
- Kiefergelenk (S. 418), Zähne
- Sternum (S. 368)
- Scapula (S. 382) kontralateral
- Funktionsstörungen von: Nieren, Harnblase, Hoden, Gebärmutter, Eierstöcke, Eileiter, lymphatische Stauungen im kleinen Becken, lymphatische Stauungen in den Hinterbeinen

7.8.3 Behandlungskonzept

7.8.3.1 Muskulär

Siehe Tab. 7.33.

Tab. 7.33 Muskeltechniken zur Behandlung des Beckens.

Struktur	Anhakstriche (S. 187)	Streichung (S. 184)	Klopfung (S. 186)	Friktionen (S. 186)	Ausziehen der Faszie (S. 201)	Spindelzell-Technik (S. 187)	SP-Behandlung (S. 188)
Lig. supraspinale	x	–	–	–	–	–	–
M. erector spinae	–	x	x	x (sanft!)	–	x	SP 13 – 15
M. latissimus dorsi	–	x	x	–	–	x	–
M. iliopsoas	–	–	–	–	–	–	SP 22
M. gluteus med. und supf.	–	x	x	x	x	x	SP 15
M. biceps femoris	–	x	x	–	x	x	SP 16, 17
Mm. semimembranosus u. semitendinosus	–	x	x	–	x	x	SP 19, 20
M. tensor fasciae latae	–	x	x	–	x	x	SP 21
M. quadriceps femoris	–	x	x	–	x	x	–
Mm. adductores	–	x	x	x	–	x	–

- Wirbelsäule (S. 195) und (Tab. 5.4)
  - Flexion
  - Extension
  - Biegung
- Bauchanheben (S. 201)

- Hinterhanddehnung (S. 199) und (**Tab. 5.5**)
  - kranial
  - kaudal
  - in ABD
  - in ADD

7.8.3.2 Osteopathisch

- Behandlung Läsion
  - FLEX: indirekt (S. 247) und direkt (S. 248)
  - EXT: indirekt (S. 248) und direkt (S. 247)
  - LATFLEX/ROT (S. 249): indirekt und direkt
  - Torsion/Wobbel (S. 250): indirekt und direkt
- Release (S. 216)
  - des Diaphragmas (S. 318)
  - Diaphragma Kiefergelenk/Zungenbein (S. 316)
  - des Beckendiaphragmas (S. 319), s. auch Diaphragmentechniken (S. 207)
- Traktion
  - des TLÜ (S. 214)
  - der gesamten WS und der ISG (S. 213)
- Lösung der Faszienketten, s. Kap. Faszientechniken (S. 200), Gürtelgefäß (S. 206), Beckendiaphragma (S. 207), Faszienkontinuum (S. 208), Am M. masseter (S. 210)
  - SDL, SVL, SL, LL, FL

7.8.3.3 Kraniosakral

- Unwinding (S. 217)
  - des Beckens
  - der Kastrationsnarbe
- Still-Point (S. 217) bei komplexen Läsionen

7.8.3.4 Hausaufgaben für den Pferdebesitzer/Gymnastizierung

- Passgenauigkeit von Reithalfter/Gebiss/Sattel prüfen, evtl. Stellungskorrektur der Hufe
- osteopathischer Befund des Reiters
- kräftiges und langsames Ausstreichen (S. 184) vor dem Reiten/Training (**Tab. 5.1**) von: M. erector spinae, Kruppe, ischiokrurale Muskeln
- Bauchanheben (S. 201)

- Handarbeit/Longe mit Kappzaum in Stellung und physiologischer WS-Rotation
- Reiten vorwärts-abwärts in Stellung und physiologischer WS-Rotation auf gerader Strecke und großen Zirkeln
- keine Versammlung
- kein Galopp (bis ca. 2 Wochen nach der Behandlung)
- Stangentraining in Schritt und Trab
- keine Seitengänge (bis ca. 2 Wochen nach der Behandlung)

7.9 Iliosakralgelenk

7.9.1 Befunde

7.9.1.1 Anamnese

BEACHTE:

Sehr häufig werden alle Symptome schlechter unter dem Sattel.

- festgehaltener, steifer Rücken ohne Schwung
- schlechte Biegung einseitig/beidseitig
- Widersetzlichkeit und Steifigkeit in Wendungen
- schlechter Schub/keine Tragkraft der Hinterhand
- schlechte Seitengänge
- Stolpern der Hinterhand
- häufige Entlastungimmer desselben Beines
- dauerndes Wechseln des entlasteten Hinterbeines bzw. stetige Entlastung desselben Hinterbeines

7.9.1.2 Adspektion/Ganganalyse

BEACHTE

Sehr häufig werden alle Symptome schlechter unter dem Sattel.

- Prominenz/Absinken eines Tuber sacrale
- Prominenz/Absinken eines Tuber coxae im Stand/in der Bewegung, (häufig: übermäßiges Absinken des Tuber coxae in Bewegung auf der Seite des blockierten ISG)
- Hypertrophie/Atrophie/Asymmetrie im Bereich der Rücken- und Kruppenmuskulatur

- unharmonischer Übergang des Rückens in die Kruppe
- schiefstehender Schweif/Schweifschlagen
- unterschiedlich abgelaufene Hinterhufe
- beidseitige/einseitige Kurztrittigkeit der Hinterhand
- Taktunreinheit, Stolpern der Hinterhand
- schlechter Schub/keine Tragkraft der Hinterhand
- Widersetzlichkeit bei der Versammlung, keine Hankenbeugung, kein Untertreten
- Umspringen im Galopp, falsches Angaloppieren bzw. „Kleben" der Vorhand am Boden beim Angaloppieren, Kreuzgalopp
- Angaloppieren statt Trabverstärkung
- schlechte Seitengänge
- reduzierte Bascule

7.9.1.3 Palpation und Stresspunkte

- lokale Wärme/Kälte um die Tubera sacralia
- Verbackungen des Unterhautgewebes um die Tubera sacralia
- Palpationsschmerz bei Kompressionstest einseitig (S. 254) und beidseitig (S. 256)
- positiver Provokationstest (S. 257)
- Stresspunkte (S. 163): SP 14 – 15, SP 19 – 25 (**Tab. 4.2**)

7.9.1.4 Globale Bewegungstests

- Wirbelsäule:
  - Flexion (S. 168)
  - Extension (S. 168)
  - Biegung (S. 169)
- Hinterhanddehnung
  - in ABD (S. 178)
  - in ADD (S. 179)
- „Schaukeln" des Pferdes (S. 180)

7.9.1.5 Läsionen

Siehe **Tab. 7.34.**

Tab. 7.34 Übersicht Läsionen des ISG.

Läsion	Funktionsprüfung	Biomechanik
Kompression dorsal beidseitig	Prüfung ISG einseitig (S. 254) und beidseitig (S. 256), ISG-Prüfgriff (S. 252), Lauschen des ISG (S. 253)	pathologisch
Kompression dorsal einseitig	Prüfung ISG einseitig (S. 254), ISG-Prüfgriff (S. 252), Lauschen des ISG (S. 253)	pathologisch
Kompression ventral beidseitig	Prüfung ISG-Provokationstest nach ventral (S. 257), ISG-Prüfgriff (S. 252), Lauschen des ISG (S. 253), Prüfung ISG-Traktion (S. 255)	pathologisch
Kompression ventral einseitig	ISG-Prüfgriff (S. 252), Lauschen des ISG (S. 253), Prüfung ISG-Traktion (S. 255)	pathologisch

Biomechanik der Läsionen

Siehe **Tab. 7.35** und **Tab. 7.36.**

Tab. 7.35 Biomechanik des ISG bei Läsion in Kompression dorsal.

Struktur	Kompression dorsal beidseitig	Kompression dorsal einseitig*
Sakrum	FLEX	LATFLEX rechts/ROT links, LATFLEX links/ROT links oder Torsion links oder Wobbel links
und/oder Becken	EXT	LATFLEX links/ROT rechts, LATFLEX rechts/ROT rechts oder Torsion rechts oder Wobbel rechts
Tuber sacrale gegenüber dem Sakrum	beidseitig nach ventral abgesunken	links nach ventral abgesunken

* Kompression links

Tab. 7.36 Biomechanik des ISG bei Läsion in Kompression ventral.

Struktur	Kompression ventral beidseitig	Kompression ventral einseitig*
Sakrum	EXT	LATFLEX links/ROT rechts, LATFLEX rechts/ROT rechts oder Torsion rechts oder Wobbel rechts
und/oder Becken	FLEX	LATFLEX rechts/ROT links, LATFLEX links/ROT links oder Torsion links oder Wobbel links
Tuber sacrale gegenüber dem Sakrum	beidseitig nach dorsal angehoben	links nach dorsal angehoben
* Kompression links		

7.9.2 Mögliche assoziierte Befunde

- Kiefergelenk (S. 418), Zähne
- Sternum (S. 368)
- Scapula (S. 382) kontralateral
- Sakrum (S. 348) > C 7 (S. 334) > C 0 (S. 325)
- Funktionsstörungen von: Nieren, Harnblase, Hoden, Gebärmutter, Eierstöcke, Eileiter, lymphatische Stauungen im kleinen Becken, lymphatische Stauungen in den Hinterbeinen

7.9.3 Behandlungskonzept

7.9.3.1 Muskulär

Siehe **Tab. 7.37**.

- Wirbelsäule (S. 195) und (**Tab. 5.4**)
  - Flexion
  - Extension
  - Biegung
- Bauchanheben (S. 201)
- Hinterhanddehnung (S. 199) und (**Tab. 5.5**)
  - kranial
  - kaudal
  - in ABD
  - in ADD

Tab. 7.37 Muskeltechniken zur Behandlung des Iliosakralgelenks.

Struktur	Anhakstriche (S. 187)	Streichung (S. 184)	Klopfung (S. 186)	Friktionen (S. 186)	Ausziehen der Faszie (S. 201)	Spindelzell-Technik (S. 187)	SP-Behandlung (S. 188)
Lig. supraspinale	x	–	–	–	–	–	–
M. erector spinae	–	x	x	x (sanft!)	–	x	SP 13 – 15
M. iliopsoas	–	–	–	–	–	–	SP 22
M. gluteus med. und supf./Fascia glutea	–	x	x	x	x	x	SP 15
M. tensor fasciae latae	–	x	x	–	x	x	SP 21
Mm. semimembranosus und semitendinosus	–	x	x	–	x	x	SP 19, 20

7.9.3.2 Osteopathisch

- Behandlung Läsion
  - Kompression dorsal: indirekt (S. 252) und direkt (S. 254)
  - Kompression ventral: indirekt (S. 252) und direkt (S. 255)
- Release (S. 216)
  - des Diaphragmas (S. 318)
  - des Beckendiaphragmas (S. 319), s. auch Diaphragmentechniken (S. 207)
- Traktion der gesamten WS und der ISG (S. 213)
- Lösung der Faszienketten, s. Kap. Faszientechniken (S. 200), Gürtelgefäß (S. 206), Beckendiaphragma (S. 207), Faszienkontinuum (S. 208), Am M. masseter (S. 210)
  - SDL, SVL, SL, FL, LL

7.9.3.3 Kraniosakral

- Dural tube (S. 219); s. a. Kap. Dura mater und Liquor (S. 311)
- Unwinding (S. 217) der ISG
- Still-Point (S. 217) bei komplexen Läsionen

7.9.3.4 Hausaufgaben für den Pferdebesitzer/Gymnastizierung

- Passgenauigkeit von Reithalfter/Gebiss/Sattel prüfen, evtl. Stellungskorrektur der Hufe
- osteopathischer Befund des Reiters
- kräftiges und langsames Ausstreichen (S. 184) vor dem Reiten/Training (**Tab. 5.1**) von: M. erector spinae, Kruppenmuskulatur
- Bauchanheben (S. 201)
- Handarbeit/Longe mit Kappzaum in Stellung und physiologischer WS-Rotation
- Reiten vorwärts-abwärts in Stellung und physiologischer WS-Rotation auf geraden Strecken und Zirkeln
- keine Versammlung
- kein Galopp (bis ca. 2 Wochen nach der Behandlung)
- Stangentraining in Schritt und Trab
- keine Seitengänge (bis ca. 2 Wochen nach der Behandlung)

7.10 Brustbein

7.10.1 Befunde

7.10.1.1 Anamnese

- schlechte Stellung/Biegung einseitig oder beidseitig
- Sattelzwang, Gurtzwang
- Lumbalgien, steifer Rücken
- Koordinationsstörungen
- Atemnot, starkes Schwitzen, Leistungsabfall
- Verdauungsstörungen
- Gesichtsödem
- rezidivierende Lahmheiten der Vorhand

7.10.1.2 Adspektion/Ganganalyse

- „Axthieb“ = abgesunkener Übergang des Halses in den Widerrist
- Prominenz/Absinken einzelner Procc. spinosi thoracis
- Bemuskelung der Mm. pectorales von kranial
- Stellung des Thorax/des Sternums zwischen den Vorderbeinen
- Atrophie des M. trapezius mit schlechter Sattellage
- (asymmetrische) Hypertrophie der Mm. intercostales
- asymmetrische Atemexkursionen

- beidseitige/einseitige Kurztrittigkeit
- Koordinationsstörungen der Vorhand, Stolpern
- reduzierte Bascule

7.10.1.3 Palpation und Stresspunkte

- lokale Wärme/Kälte des interkostalen Gewebes
- Verbackungen des interkostalen Unterhautgewebes
- Atrophie/Hypertonus des M. trapezius
- Atrophie/Asymmetrie der Mm. pectorales
- (asymmetrischer) Hypertonus der Mm. intercostales
- Stresspunkte (S. 163): SP 2 – 6, SP 9, SP 12 – 14 (**Tab. 4.2**)

7.10.1.4 Globale Bewegungstests

- Thoraxhebung (S. 167)
- Wirbelsäule:
  - Flexion (S. 168)
  - Extension (S. 168)
  - Biegung (S. 169)
- Subskapulartechnik (S. 170)

7.10.1.5 Läsionen

Siehe **Tab. 7.38**.

Tab. 7.38 Übersicht Läsionen des Sternums.

Läsion	Funktionsprüfung	Biomechanik
Inspiration	Prüfung des Sternums (S. 258)	physiologisch: Einatmung
Exspiration		physiologisch: Ausatmung
LATFLEX		physiologisch: Wirbelsäulen-biegung
Inspiration mit LATFLEX		pathologisch
Exspiration mit LATFLEX		pathologisch

Biomechanik der Läsionen

Siehe **Tab. 7.39** und **Tab. 7.40**.

Tab. 7.39 Biomechanik des Sternums bei Läsion in Inspiration, Exspiration und LATFLEX (vgl. **Tab. 2.8**).

Struktur	Inspiration	Exspiration	LATFLEX
Manubrium	dorsokranial in der Medianlinie	ventrokaudal in der Medianlinie	in der Medianlinie oder lateral links
Xyphoid	ventrokranial in der Medianlinie	dorsokaudal in der Medianlinie	lateral rechts
* LATFLEX links			

Tab. 7.40 Biomechanik des Sternums bei Läsion in LATFLEX (vgl. **Tab. 2.8**).

Struktur	Inspiration mit LATFLEX*	Exspiration mit LATFLEX*
Manubrium	dorsokranial in der Medianlinie oder lateral links	ventrokaudal in der Medianlinie oder lateral links
Xyphoid	ventrokranial lateral rechts	dorsokaudal lateral rechts
* LATFLEX links		

7.10.2 Mögliche assoziierte Befunde

- Diaphragma (S. 455)
- Thorax (S. 373)
- 1. Rippe (S. 378)
- Zungenbein (S. 422)
- Kiefergelenk (S. 418)
- Becken (S. 358)
- SSB (S. 425) (häufig: entsprechend der Läsion des Sternums)
- Sakrum (S. 348) (häufig: gegenläufig der Läsion des Sternums)
- Funktionsstörungen von: Kehlkopf, Vena jugularis, Herz, Lunge, Magen, Darm, Leber, Bauchspeicheldrüse, Niere

7.10.3 Behandlungskonzept

7.10.3.1 Muskulär

Siehe Tab. 7.41.

Tab. 7.41 Muskeltechniken zur Behandlung des Sternums.

Struktur	Anhakstriche (S. 187)	Streichung (S. 184)	Klopfung (S. 186)	Friktionen (S. 186)	Knetung (S. 186)	Spindelzell-Technik (S. 187)	SP-Behandlung (S. 188)
Nackenband/ Lig. supraspinale	x	–	–	–	x	–	–
Mm. intercostales	Interkostaltechnik (S. 185) und (Tab. 5.1)						
Mm. pectorales	Release[1]						SP 12
M. serratus ventralis thoracis	–	x	–	x	–	–	SP 9
Mm. brachiocephalicus, splenius	–	x	x	–	x	x	SP 2
M. subclavius	x[2]	–	–	–	–	–	–
Mm. rhomboideus und trapezius	–	x	x	x	–	x	SP 4 – 6
M. erector spinae	–	x	x	x (sanft!)	–	x	SP 13 – 15

[1] Hand flächig zwischen den ventrolateralen Brustkorb und den Ellenbogen schieben und bis zum Release warten; [2] am kranialen Rand der Scapula von dorsal nach ventral

- Thoraxhebung (S. 195) und (Tab. 5.4)
- Wirbelsäule (S. 195) und (Tab. 5.4)
  - Flexion
  - Extension
  - Biegung
- Bauchanheben (S. 201)
- Subskapulartechnik (S. 197) und (Tab. 5.5)

7.10.3.2 Osteopathisch

- Behandlung Läsion
  - Inspiration/Exspiration (S. 258): indirekt und direkt
  - LATFLEX (S. 258): indirekt und direkt
  - Inspiration/Exspiration mit LATFLEX (S. 258): indirekt und direkt
- Release (S. 216)
  - der Thoraxapertur (S. 317)
  - des Diaphragmas (S. 318)
  - Diaphragma Kiefergelenk/Zungenbein (S. 316)
  - Beckendiaphragma (S. 319), s. auch Diaphragmentechniken (S. 207)
- Lösung der Faszienketten, s. Kap. Faszientechniken (S. 200), Gürtelgefäß (S. 206), Beckendiaphragma (S. 207), Faszienkontinuum (S. 208), Am M. masseter (S. 210)
  - SDL, SVL, SL, LL

7.10.3.3 Kraniosakral

- Dural tube (S. 219); s. a. Kap. Dura mater und Liquor (S. 311)
- Unwinding (S. 217) des Brustbeins

7.10.3.4 Hausaufgaben für den Pferdebesitzer/Gymnastizierung

- Passgenauigkeit von Reithalfter/Gebiss/Sattel prüfen, evtl. Stellungskorrektur der Hufe
- osteopathischer Befund des Reiters
- kräftiges und langsames Ausstreichen (S. 184) vor dem Reiten/Training (**Tab. 5.1**) von: Mm. pectorales, intercostales, serratus ventralis thoracis
- Interkostaltechnik (S. 185) und (**Tab. 5.1**)
- Große Halsdehnung (S. 166)
- Bauchanheben (S. 201)
- Handarbeit/Longe mit Kappzaum in Stellung und physiologischer WS-Rotation
- Reiten vorwärts-abwärts in Stellung und physiologischer WS-Rotation auf gerader Strecke und großen Zirkeln
- keine Versammlung
- Stangen- und Cavalettitraining (kleine bis große Höhe)

7.11 Brustkorb

7.11.1 Befunde

7.11.1.1 Anamnese

- Sattelzwang, Gurtzwang
- schlechte Biegung deutlich einseitig
- Widersetzlichkeit und Steifigkeit in Wendungen/nach dem Nachgurten
- Gesichtsödem
- Konzentrationsstörungen
- Atemnot, starkes Schwitzen, Leistungsabfall
- rezidivierende Lahmheiten Vorhand

7.11.1.2 Adspektion/Ganganalyse

- „Axthieb" = abgesunkener Übergang des Halses in den Widerrist
- Prominenz/Absinken einzelner Procc. spinosi thoracis
- Prominenz/Absinken einzelner Rippen
- Hypertrophie/Atrophie im Bereich der Rückenmuskeln
- (asymmetrische) Hypertrophie der Mm. intercostales
- Bemuskelung der Mm. pectorales von kranial
- Stellung des Thorax/des Sternums zwischen den Vorderbeinen
- Atrophie des M. trapezius mit schlechter Sattellage
- asymmetrische Atemexkursionen
- beidseitige/einseitige Kurztrittigkeit
- Koordinationsstörungen der Vorhand, Stolpern
- reduzierte Bascule

7.11.1.3 Palpation und Stresspunkte

- lokale Wärme/Kälte des interkostalen Gewebes
- Hypertonus des Nackenbands
- (asymmetrischer) Hypertonus der Mm. intercostales
- Verbackungen des Unterhautgewebes
- Stresspunkte (S. 163): SP 2 – 6, SP 9, SP 12 – 14 (**Tab. 4.2**)

7.11.1.4 Globale Bewegungstests

- Große Halsdehnung (S. 166)
- Thoraxhebung (S. 167)
- Wirbelsäule:
  - Flexion (S. 168)
  - Extension (S. 168)
  - Biegung (S. 169)

- Subskapulartechnik (S. 170)
- Vorhanddehnung
  - kranial gebeugt (S. 171)
  - kaudal (S. 173)
  - in ABD gebeugt (S. 174)
  - in ADD mit Protraktion (S. 174)
  - in ADD mit Retraktion (S. 175)

7.11.1.5 Läsionen

Siehe **Tab. 7.42**.

Tab. 7.42 Übersicht Läsionen des Thorax.

Läsion	Funktionsprüfung	Biomechanik
Inspiration beidseitig	Prüfung Rippenstellung 1 und 2 (S. 259)	physiologisch: Einatmung
Inspiration einseitig	Prüfung Rippenstellung 1 und 2 (S. 259)	pathologisch
Exspiration beidseitig	Prüfung Rippenstellung 1 und 2 (S. 259)	physiologisch: Ausatmung
Exspiration einseitig	Prüfung Rippenstellung 1 und 2 (S. 259)	pathologisch

Biomechanik der Läsionen

Siehe **Tab. 7.43**.

Tab. 7.43 Biomechanik des Thorax bei Läsion in Inspiration und Exspiration (vgl. **Tab. 2.8**).

Struktur	Inspiration beidseitig	Inspiration einseitig*	Exspiration beidseitig	Exspiration einseitig**
Rippen	beidseitig kraniolateral	links kraniolateral	beidseitig kaudomedial	links kaudomedial
evtl. entsprechender Brustwirbel	EXT	LATFLEX links/ ROT links	FLEX	LATFLEX links/ ROT rechts
* Inspiration links; ** Exspiration links				

7.11.2 Mögliche assoziierte Befunde

- entsprechender Brustwirbel (Widerrist (S. 339), kaudale Brust- bis Lendenwirbelsäule (S. 343))
- Zungenbein (S. 422)
- Scapulafixierung (S. 382) mit möglichen Folgeerscheinungen im gesamten Vorderbein
- LWS (S. 343)
- Funktionsstörungen von: Herz, Lunge, Magen, Darm, Leber, Bauchspeicheldrüse, Niere

7.11.3 Behandlungskonzept

7.11.3.1 Muskulär

Siehe **Tab. 7.44**.

- Große Halsdehnung (S. 194) und (**Tab. 5.4**)
- Thoraxhebung (S. 195) und (**Tab. 5.4**)
- Wirbelsäule (S. 195) und (**Tab. 5.4**)
  - Flexion
  - Extension
  - Biegung
- Bauchanheben (S. 201)
- Subskapulartechnik (S. 197) und (**Tab. 5.5**)
- Vorhanddehnung (S. 197) und (**Tab. 5.5**)
  - kranial gebeugt
  - kaudal
  - in ABD gebeugt
  - in ADD mit Protraktion
  - in ADD mit Retraktion

Tab. 7.44 Muskeltechniken zur Behandlung des Thorax.

Struktur	Anhakstriche (S. 187)	Streichung (S. 184)	Klopfung (S. 186)	Friktionen (S. 186)	Knetung (S. 186)	Spindelzell-Technik (S. 187)	SP-Behandlung (S. 188)
Nackenband/ Lig. supraspinale	x	–	–	–	x	–	–
Mm. intercostales	Interkostaltechnik (S. 185) und (**Tab. 5.1**)						
Mm. pectorales	Release[1]						SP 12
M. serratus ventralis thoracis	–	x	–	x	–	–	SP 9
Mm. brachiocephalicus, splenius	–	x	x	–	x	x	SP 2
M. subclavius	x[2]	–	–	–	–	–	–
Mm. rhomboideus und trapezius	–	x	x	x	–	x	SP 4 – 6
M. erector spinae	–	x	x	x (sanft!)	–	x	SP 13 – 15
M. latissimus dorsi	–	x	x	–	–	x	–

[1] Hand flächig zwischen den ventrolateralen Brustkorb und den Ellenbogen schieben und bis zum Release warten; [2] am kranialen Rand der Scapula von dorsal nach ventral

7.11.3.2 Osteopathisch

- Behandlung Läsion
  - Inspiration einseitig/beidseitig (S. 260): indirekt und direkt
  - Exspiration einseitig/beidseitig (S. 260): indirekt und direkt
- Release (S. 216)
  - der Thoraxapertur (S. 317)
  - des Diaphragmas (S. 318)
  - Diaphragma Kiefergelenk/Zungenbein (S. 316)
  - Beckendiaphragma (S. 319), s. auch Diaphragmentechniken (S. 207)
- Lösung der Faszienketten, s. Kap. Faszientechniken (S. 200), Gürtelgefäß (S. 206), Beckendiaphragma (S. 207), Faszienkontinuum (S. 208), Am M. masseter (S. 210)
  - SDL, SVL, SL, FL, LL, FLPL, FLRL

7.11.3.3 Kraniosakral

- Dural tube (S. 219); s. a. Kap. Dura mater und Liquor (S. 311)
- Unwinding (S. 217) der einzelnen Rippe
- Still-Point (S. 217) bei komplexen Läsionen

7.11.3.4 Hausaufgaben für den Pferdebesitzer/Gymnastizierung

- Passgenauigkeit von Reithalfter/Gebiss/Sattel prüfen, evtl. Stellungskorrektur der Hufe
- osteopathischer Befund des Reiters
- kräftiges und langsames Ausstreichen (S. 184) vor dem Reiten/Training (**Tab. 5.1**) von: Mm. pectorales, intercostales, serratus ventralis thoracis
- Interkostaltechnik (S. 185) und (**Tab. 5.1**)
- Große Halsdehnung (S. 166)
- Bauchanheben (S. 201)
- Handarbeit/Longe mit Kappzaum in Stellung und physiologischer WS-Rotation
- Reiten vorwärts-abwärts in Stellung und physiologischer WS-Rotation auf gerader Strecke und großen Zirkeln
- keine Versammlung
- Stangen- und Cavalettitraining (kleine bis große Höhe)

7.12 1. Rippe

7.12.1 Befunde

7.12.1.1 Anamnese

- schlechte Biegung deutlich einseitig
- Sattelzwang, Gurtzwang
- Widersetzlichkeit und Steifigkeit in Wendungen/nach dem Nachgurten
- Konzentrationsstörungen
- Gesichtsödem
- rezidivierende Lahmheiten Vorhand

7.12.1.2 Adspektion/Ganganalyse

- „Axthieb" = abgesunkener Übergang des Halses in den Widerrist
- (asymmetrische) Hypertrophie der Mm. intercostales
- Bemuskelung der Mm. pectorales von kranial
- Stellung des Thorax/des Sternums zwischen den Vorderbeinen
- Atrophie des M. trapezius mit schlechter Sattellage
- asymmetrische Atemexkursionen
- beidseitige/einseitige Kurztrittigkeit
- Koordinationsstörungen der Vorhand, Stolpern

7.12.1.3 Palpation und Stresspunkte

- lokale Wärme/Kälte des interkostalen Gewebes und des Widerrists
- Verbackungen des Unterhautgewebes des Widerrists
- Hypertonus des Nackenbandes
- Atrophie/Hypertonus des M. trapezius
- Atrophie/Asymmetrie der Mm. pectorales
- (asymmetrischer) Hypertonus der Mm. intercostales
- Stresspunkte (S. 163): SP 2 – 6, SP 9, SP 12 – 13 (**Tab. 4.2**)

7.12.1.4 Globale Bewegungstests

- Große Halsdehnung (S. 166)
- Thoraxhebung (S. 167)
- Subskapulartechnik (S. 170)
- Vorhanddehnung
  - in ABD gebeugt (S. 174)
  - in ADD mit Protraktion (S. 174)
  - in ADD mit Retraktion (S. 175)

7.12.1.5 Läsionen

Siehe **Tab. 7.45**.

Tab. 7.45 Übersicht Läsionen der 1. Rippe.

Läsion	Funktionsprüfung	Biomechanik
kranial beidseitig	Prüfung der 1. Rippe (S. 261)	physiologisch: Einatmung
kranial einseitig	Prüfung der 1. Rippe (S. 261)	pathologisch
kaudal beidseitig	Prüfung der 1. Rippe (S. 261)	physiologisch: Ausatmung
kaudal einseitig	Prüfung der 1. Rippe (S. 261)	pathologisch

Biomechanik der Läsionen

Siehe **Tab. 7.46**.

Tab. 7.46 Biomechanik der 1. Rippe bei Läsion in Inspiration und Exspiration (vgl. **Tab. 2.8**).

Struktur	Inspiration beidseitig	Inspiration einseitig*	Exspiration beidseitig	Exspiration einseitig**
Rippen	beidseitig kranial	links kranial	beidseitig kaudal	links kaudal
evtl. Th 1	EXT	LATFLEX/ ROT links	FLEX	LATFLEX/ROT rechts

* Inspiration links; ** Exspiration links

7.12.2 Mögliche assoziierte Befunde

- Zungenbein (S. 422)
- Scapulafixierung (S. 382) mit möglichen Folgeerscheinungen im gesamten Vorderbein
- Funktionsstörungen von: Herz, Lunge, Speiseröhre

7.12.3 Behandlungskonzept

7.12.3.1 Muskulär

Siehe Tab. 7.47.

Tab. 7.47 Muskeltechniken zur Behandlung der 1.Rippe.

Struktur	Anhakstriche (S. 187)	Streichung (S. 184)	Klopfung (S. 186)	Friktionen (S. 186)	Knetung (S. 186)	Spindelzell-Technik (S. 187)	SP-Behandlung (S. 188)
Nackenband/ Lig. supraspinale	x	–	–	–	x	–	–
Mm. intercostales	Interkostaltechnik (S. 185) und (Tab. 5.1)						
Mm. pectorales	Release[1]						SP 12
M. serratus ventralis thoracis	–	x	–	x	–	–	SP 9
Mm. brachiocephalicus, multifidi cervicalis	–	x	x	–	x	x	SP 2, 3
M. subclavius	x[2]	–	–	–	–	–	–
Mm. rhomboideus und trapezius	–	x	x	x	–	x	SP 4 – 6

[1] Hand flächig zwischen den ventrolateralen Brustkorb und den Ellenbogen schieben und bis zum Release warten; [2] am kranialen Rand der Scapula von dorsal nach ventral

- Große Halsdehnung (S. 194) und (**Tab. 5.4**)
- Thoraxhebung (S. 195) und (**Tab. 5.4**)
- Bauchanheben (S. 201)
- Subskapulartechnik (S. 197) und (**Tab. 5.5**)
- Vorhanddehnung (S. 197) und (**Tab. 5.5**)
  - in ABD gebeugt
  - in ADD mit Protraktion
  - in ADD mit Retraktion

7.12.3.2 Osteopathisch

- Behandlung Läsion
  - Inspiration beidseitig/einseitig (S. 261): indirekt und direkt
  - Läsion Exspiration beidseitig/einseitig (S. 261): indirekt und direkt
- Release (S. 216)
  - der Thoraxapertur (S. 317)
  - des Diaphragmas (S. 318)
  - Diaphragma Kiefergelenk/Zungenbein (S. 316)
- Lösung der Faszienketten, s. Kap. Faszientechniken (S. 200), Gürtelgefäß (S. 206), Beckendiaphragma (S. 207), Faszienkontinuum (S. 208), Am M. masseter (S. 210)
  - SDL, SVL, FLPL

7.12.3.3 Kraniosakral

- Dural tube (S. 219); s. a. Kap. Dura mater und Liquor (S. 311)
- Unwinding (S. 217) der 1. Rippe

7.12.3.4 Hausaufgaben für den Pferdebesitzer/Gymnastizierung

- Passgenauigkeit von Reithalfter/Gebiss/Sattel prüfen, evtl. Stellungskorrektur der Hufe
- osteopathischer Befund des Reiters
- kräftiges und langsames Ausstreichen (S. 184) vor dem Reiten/Training (**Tab. 5.1**) von: Mm. brachiocephalicus, intercostales, pectorales, subclavius
- Große Halsdehnung (S. 166)
- Bauchanheben (S. 201)
- Handarbeit/Longe mit Kappzaum in Stellung und physiologischer WS-Rotation
- Reiten vorwärts-abwärts in Stellung und physiologischer WS-Rotation auf großen Zirkeln
- Stangen- und Cavalettitraining (kleine Höhe)

7.13 Schulterblatt und Schultergelenk

7.13.1 Befunde

7.13.1.1 Anamnese

- „Kleben" der Vorhand am Boden
- Verlust der Schulterfreiheit, Kurztrittigkeit
- Taktstörung, Stolpern der Vorhand
- (rezidivierende) Lahmheiten
- stampfendes Auffußen
- Widersetzlichkeit und Steifigkeit in den Wendungen

7.13.1.2 Adspektion/Ganganalyse

- Übergang Hals – Widerrist/Sattellage
- Hypertrophie/Asymmetrie des M. brachiocephalicus
- Atrophie/Asymmetrie von Mm. rhomboideus und trapezius
- Atrophie/Asymmetrie von Mm. supraspinatus, infraspinatus, deltoideus, triceps brachii
- Klarheit und Winkelung der Gliedmaßengelenke
- Klarheit der Sehnen
- Hufstellung/Achsen von Zehe – Fessel – Röhre
- asymmetrisch abgelaufene Hufe der Vorhand
- Verlust der Schulterfreiheit, Kurztrittigkeit
- stampfendes Auffußen
- Taktstörung, Stolpern der Vorhand, Lahmheit
- Zügellahmheit
- Bruch der Diagonalen im Trab/in der Trabverstärkung
- schlechte Seitengänge

7.13.1.3 Palpation und Stresspunkte

- lokale Wärme/Kälte der schulterumgebenden Muskulatur
- Verbackungen des Unterhautgewebes
- Hypertonus des Lig. supraspinale am Widerrist
- Atrophie/Hypertonus von M. brachiocephalicus, M. trapezius und M. biceps brachii
- Stresspunkte (S. 163): SP 2 – 11 (**Tab. 4.2**)

7.13.1.4 Globale Bewegungstests

- Große Halsdehnung (S. 166)
- Thoraxhebung (S. 167)
- Subskapulartechnik (S. 170)

- Vorhanddehnung
  - kranial gebeugt (S. 171)
  - kaudal (S. 173)
  - in ABD gebeugt (S. 174)
  - in ADD mit Protraktion (S. 174)
  - in ADD mit Retraktion (S. 175)

7.13.1.5 Läsionen

Siehe **Tab. 7.48**.

Tab. 7.48 Übersicht Läsionen des Schultergelenks.

Läsion	**Funktionsprüfung**	**Biomechanik**
FLEX Scapula und EXT Schultergelenk	Prüfung FLEX/ROT nach kaudal (S. 262), Prüfung EXT (S. 268)	physiologisch: Protraktion
EXT Scapula und FLEX Schultergelenk	Prüfung EXT/ROT nach kranial (S. 263), Prüfung FLEX (S. 266)	physiologisch: Retraktion
ABD/IROT	Prüfung Dorsalgleiten/ABD (S. 264), Prüfung ABD/IROT (S. 269)	physiologisch: Seitengänge
ADD/AROT	Prüfung Ventralgleiten/ADD (S. 265), Prüfung ADD/AROT (S. 271)	physiologisch: Seitengänge

Biomechanik der Läsionen

Siehe **Tab. 7.49** und **Tab. 7.50**.

Tab. 7.49 Biomechanik von Scapula und Schultergelenk bei Läsion in FLEX und EXT (vgl. **Tab. 2.9** und **Tab. 2.10**).

Struktur	**FLEX Scapula und EXT Schultergelenk**	**EXT Scapula und FLEX Schultergelenk**
Cartilago scapulae	ventro-kaudo-lateral	dorso-kranio-medial
Abstand zwischen Cartilago scapulae und Widerrist	vergrößert	verkleinert
Abstand zwischen Tuberculum supraglenoidale und Tuberculum majus humeri	vekleinert	vergrößert
Caput humeri	dorsokaudal in der Cavitas glenoidalis	ventrokranial in der Cavitas glenoidalis
Vorhand	vorständig	rückständig

Tab. 7.50 Biomechanik von Scapula und Schultergelenk bei Läsion in ABD/IROT und ADD/AROT (vgl. **Tab. 2.9** und **Tab. 2.10**).

Struktur	ABD/IROT	ADD/AROT
Cartilago scapulae	dorso-kaudo-medial	ventro-kranio-lateral
Abstand zwischen Cartilago scapulae und Widerrist	verkleinert	vergrößert
Abstand zwischen Tuberculum supraglenoidale und Tuberculum majus humeri	–	–
Caput humeri	medial in der Cavitas glenoidalis	lateral in der Cavitas glenoidalis
Vorhand	eingedreht	ausgedreht

7.13.2 Mögliche assoziierte Befunde

- Diaphragma Kiefergelenk/Zungenbein (S. 449) (!)
- Beckendiaphragma (S. 460) (!)
- Hüftgelenk (S. 405) (häufig: kontralateral)
- Kiefergelenk (S. 418) (häufig: ipsilateral)
- C 7 / Th 1 (S. 334)
- Thorax (S. 373)
- Funktionsstörungen von: Herz, Lunge, Magen, Leber, Kieferhöhlen

7.13.3 Behandlungskonzept

7.13.3.1 Muskulär

Siehe Tab. 7.51.

Tab. 7.51 Muskeltechniken zur Behandlung des Schultergelenks.

Struktur	Anhakstriche (S. 187)	Streichung (S. 184)	Klopfung (S. 186)	Friktionen (S. 186)	Knetung (S. 186)	Spindelzell-Technik (S. 187)	SP-Behandlung (S. 188)
Nackenband/ Lig. supraspinale	x	–	–	–	x	–	–
M. brachiocephalicus	–	x	x	–	x	x	SP 2
Mm. rhomboideus und trapezius	–	x	x	x	–	x	SP 4 – 6
M. latissimus dorsi	–	x	x	–	–	x	–
M. biceps brachii	–	–	–	x	–	–	–
Mm. pectorales	Release[1]						SP 12
M. serratus ventralis thoracis	–	x	–	x	–	–	SP 9
Mm. supra- und infraspinatus	–	x	x	x	–	x	SP 7, 8
M. triceps brachii	–	x	x	x	x	x	SP 10, 11

[1] Hand flächig zwischen den ventrolateralen Brustkorb und den Ellenbogen schieben und bis zum Release warten

- Große Halsdehnung (S. 194) und (**Tab. 5.4**)
- Subskapulartechnik (S. 197) und (**Tab. 5.5**)
- Vorhanddehnung (S. 197) und (**Tab. 5.5**)
  - kranial gebeugt
  - kaudal
  - in ABD gebeugt
  - in ADD mit Protraktion
  - in ADD mit Retraktion

7.13.3.2 Osteopathisch

- Behandlung Läsion
  - FLEX Scapula und EXT Schultergelenk: indirekt (Prüfung FLEX/ROT nach kaudal (S. 262) mit Prüfung EXT (S. 268)) und direkt (Prüfung EXT/ROT nach kranial (S. 263) mit Prüfung FLEX (S. 266))
  - EXT Scapula und FLEX Schultergelenk: indirekt (Prüfung EXT/ROT nach kranial (S. 263) mit Prüfung FLEX (S. 266)) und direkt (Prüfung FLEX/ROT nach kaudal (S. 262) mit Prüfung EXT (S. 268))
  - ABD mit IROT: indirekt (Prüfung Dorsalgleiten/ABD (S. 264) mit Prüfung ABD/IROT (S. 269)) und direkt (Prüfung Ventralgleiten/ADD (S. 265) mit Prüfung ADD/AROT (S. 271))
  - ADD mit AROT: indirekt (Prüfung Ventralgleiten/ADD (S. 265) mit Prüfung ADD/AROT (S. 271)) und direkt (Prüfung Dorsalgleiten/ABD (S. 264) mit Prüfung ABD/IROT (S. 269))
- Release (S. 216)
  - der Thoraxapertur (S. 317)
- Lösung der Faszienketten, s. Kap. Faszientechniken (S. 200), Gürtelgefäß (S. 206), Beckendiaphragma (S. 207), Faszienkontinuum (S. 208), Am M. masseter (S. 210)
  - LL, FLPL, FLRL

7.13.3.3 Kraniosakral

- Unwinding (S. 217)
  - der Scapula
  - des Schultergelenks

7.13.3.4 Hausaufgaben für den Pferdebesitzer/Gymnastizierung

- Passgenauigkeit von Reithalfter/Gebiss/Sattel prüfen, evtl. Stellungskorrektur der Hufe
- osteopathischer Befund des Reiters

- kräftiges und langsames Ausstreichen (S. 184) vor dem Reiten/Training (**Tab. 5.1**) von: Mm. brachiocephalicus, latissimus dorsi, trapezius, deltoideus
- Große Halsdehnung (S. 166)
- Handarbeit/Longe mit Kappzaum in Stellung und physiologischer WS-Rotation
- fleißiges Reiten vorwärts-abwärts in Stellung und physiologischer WS-Rotation auf großen bis kleinen Zirkeln
- Stangen- und Cavalettitraining mit großen Abständen
- Cavalettitraining im Schritt über mittlere Höhe

7.14 Ellenbogengelenk

7.14.1 Befunde

7.14.1.1 Anamnese

- „Kleben" der Vorhand am Boden
- Kurztrittigkeit
- Taktstörung, Stolpern der Vorhand
- stampfendes Auffußen
- (rezidivierende) Lahmheiten
- „Hängenlassen" der Vorhand über dem Sprung

7.14.1.2 Adspektion/Ganganalyse

- Übergang Hals – Widerrist/Sattellage
- Atrophie/Asymmetrie von Mm. rhomboideus und trapezius
- Atrophie/Asymmetrie von Mm. supraspinatus, infraspinatus, deltoideus, triceps brachii
- Klarheit und Winkelung der Gliedmaßengelenke
- Klarheit der Sehnen
- Hufstellung/Achsen von Zehe – Fessel – Röhre
- asymmetrisch abgelaufene Hufe der Vorhand
- Taktstörung, Stolpern der Vorhand, Lahmheit
- stampfendes Auffußen
- Bruch der Diagonalen im Trab/in der Trabverstärkung
- „Hängenlassen" der Vorhand über dem Sprung
- schlechtes Landen bzw.Einknicken nach dem Sprung

7.14.1.3 Palpation und Stresspunkte

- Hypertonus M. biceps und M. triceps brachii
- schmerzhafte/aufgetriebene Ligg. collateralia
- laterale Instabilität des Ellenbogengelenks (S. 275)
- Stresspunkte (S. 163): SP 2 – 11 (**Tab. 4.2**)

7.14.1.4 Globale Bewegungstests

- Subskapulartechnik (S. 170)
- Vorhanddehnung
  - kranial gebeugt (S. 171)
  - kaudal (S. 173)

7.14.1.5 Läsionen

Siehe **Tab. 7.52**.

Tab. 7.52 Übersicht Läsionen des Ellenbogengelenks.

Läsion	Funktionsprüfung	Biomechanik
FLEX/ABD	Prüfung FLEX/ABD (S. 272)	physiologisch: Abfußen, Protraktion
EXT/ADD	Prüfung EXT/ADD (S. 273)	physiologisch: Retraktion
FLEX/ADD	Prüfung FLEX/ABD (S. 272)	pathologisch
EXT/ABD	Prüfung EXT/ADD (S. 273)	pathologisch

Biomechanik der Läsionen

Siehe **Tab. 7.53**.

Tab. 7.53 Biomechanik des Ellenbogengelenks bei Läsion in FLEX/ABD, EXT/ADD, FLEX/ADD und EXT/ABD (vgl. **Tab. 2.11**).

Struktur	FLEX/ABD	EXT/ADD	FLEX/ADD	EXT/ABD
Fovea capitis radii auf den Condylen des Humerus	dorsokranio-lateral	ventrokaudo-medial	dorsokranio-medial	ventrokaudo-lateral
Abstand zwischen Fossa olecrani und Tuber olecrani	vergrößert	verkleinert	vergrößert	verkleinert
Olecranon	medial	lateral	lateral	medial
Radius im Verhältnis zum Humerus	lateral	medial	medial	lateral

7.14.2 Mögliche assoziierte Befunde

- Kiefergelenk (S. 418)
- Sternum (S. 368)
- Kniegelenk (S. 410) (häufig: kontralateral)
- Hufrolle ipsilateral
- Störung des Molaren 3 (häufig: kontralateral)

7.14.3 Behandlungskonzept

7.14.3.1 Muskulär

Siehe **Tab. 7.54**.

Tab. 7.54 Muskeltechniken zur Behandlung des Ellenbogengelenks.

Struktur	Anhakstriche (S. 187)	Streichung (S. 184)	Klopfung (S. 186)	Friktionen (S. 186)	Knetung (S. 186)	Spindelzell-Technik (S. 187)	SP-Behandlung (S. 188)
Mm. brachiocephalicus	–	x	x	–	x	x	SP 2
Mm. rhomboideus und trapezius	–	x	x	x	–	x	SP 4 – 6
M. latissimus dorsi	–	x	x	–	–	x	–
M. biceps brachii	–	–	–	x	–	–	–
Mm. supra- und infraspinatus	–	x	x	x	–	x	SP 7, 8
M. triceps brachii	–	x	x	x	x	x	SP 10, 11

- Subskapulartechnik (S. 197) und (**Tab. 5.5**)
- Vorhanddehnung (S. 197) und (**Tab. 5.5**)
  - kranial gebeugt
  - kaudal

7.14.3.2 Osteopathisch

- Behandlung Läsion
  - FLEX/ABD und FLEX/ADD: indirekt (S. 272) und direkt (S. 273)
  - EXT/ADD und EXT/ABD: indirekt (S. 273) und direkt (S. 272)
- V-Spread (S. 215) medio-lateral entlang des Ellenbogengelenkspalts
- Kompression-Traktion (S. 212) proximodistal
- Lösung der Faszienketten, s. Kap. Faszientechniken (S. 200), Gürtelgefäß (S. 206), Beckendiaphragma (S. 207), Faszienkontinuum (S. 208), Am M. masseter (S. 210)
  - LL, FLPL, FLRL

7.14.3.3 Kraniosakral

- Unwinding (S. 217) des Olecranon

7.14.3.4 Hausaufgaben für den Pferdebesitzer/Gymnastizierung

- Passgenauigkeit von Reithalfter/Gebiss/Sattel prüfen, evtl. Stellungskorrektur der Hufe
- osteopathischer Befund des Reiters
- kräftiges und langsames Ausstreichen (S. 184) vor dem Reiten/Training (**Tab. 5.1**) von: Mm. triceps brachii, trapezius, latissimus dorsi, brachiocephalicus
- Handarbeit/Longe mit Kappzaum in Stellung und physiologischer WS-Rotation
- fleißiges Reiten vorwärts-abwärts in Stellung und physiologischer WS-Rotation auf großen Zirkeln
- kein Springen (bis ca. 2 Wochen nach der Behandlung)

7.15 Vorderfußwurzelgelenk

7.15.1 Befunde

7.15.1.1 Anamnese

- „Kleben" der Vorhand am Boden
- Taktstörung, Stolpern der Vorhand
- (rezidivierende) Lahmheiten
- „Hängenlassen" der Vorhand über dem Sprung
- häufiges Stehen mit „lockerem Knie" = leicht angebeugtem, evtl. etwas zitterndem Karpalgelenk

7.15.1.2 Adspektion/Ganganalyse

- Atrophie/Asymmetrie von Mm. supraspinatus, infraspinatus, deltoideus, triceps brachii
- Hyper-/Atrophie der Karpalgelenksflexoren und/oder -extensoren
- Klarheit und Winkelung der Gliedmaßengelenke
- Klarheit der Sehnen
- Hufstellung/Achsen von Zehe – Fessel – Röhre
- asymmetrisch abgelaufene Hufe der Vorhand
- Taktstörung, Stolpern der Vorhand, Lahmheit
- Bruch der Diagonalen im Trab/in der Trabverstärkung
- „Hängenlassen" der Vorhand über dem Sprung

7.15.1.3 Palpation und Stresspunkte

- Hypertonus
  - M. biceps brachii
  - Karpalgelenksflexoren und/oder -extensoren
- schmerzhafte/aufgetriebene Ligg. collateralia des Karpalgelenks/des Os carpi accessorium
- Stresspunkte (S. 163): SP 7 – 11 (**Tab. 4.2**)

7.15.1.4 Globale Bewegungstests

- Subskapulartechnik (S. 170)
- Vorhanddehnung
  - kranial gestreckt (S. 172)
  - kaudal (S. 173)

7.15.1.5 Läsionen

Siehe **Tab. 7.55.**

Tab. 7.55 Übersicht Läsionen des Karpalgelenks.

Läsion	Funktionsprüfung	Biomechanik
FLEX/ABD	Prüfung FLEX/ABD (S. 276)	physiologisch: Abfußen
EXT/ADD	Prüfung EXT/ADD (S. 277)	physiologisch: Protraktion, Auffußen
FLEX/ADD	Prüfung FLEX/ABD (S. 276)	pathologisch
EXT/ABD	Prüfung EXT/ADD (S. 277)	pathologisch

Biomechanik der Läsionen

Siehe **Tab. 7.56**.

Tab. 7.56 Biomechanik des Karpalgelenks bei Läsion in FLEX, EXT, ABD/IROT und ADD/AROT (vgl. **Tab. 2.12**).

Struktur	FLEX/ABD	EXT/ADD	FLEX/ADD	EXT/ABD
Os carpi accessorium	medial	lateral	medial	lateral
dorsale Gelenkspalten	geöffnet	geschlossen	geöffnet	geschlossen
beide Karpusreihen	lateropalmar	mediodorsal	mediopalmar	laterodorsal
MC III im Verhältnis zum Antebrachium	in Translation lateral	in Translation medial	in Translation medial	in Translation lateral

7.15.2 Mögliche assoziierte Befunde

- Hufrolle ipsilateral
- Sprunggelenk (S. 414) (häufig: kontralateral)
- Kiefergelenk (S. 418)
- Störung des Prämolaren 2 (häufig: kontralateral)

7.15.3 Behandlungskonzept

7.15.3.1 Muskulär

Siehe **Tab. 7.57**.

Tab. 7.57 Muskeltechniken zur Behandlung des Karpalgelenks.

Struktur	Streichung (S. 184)	Klopfung (S. 186)	Friktionen (S. 186)	Knetung (S. 186)	Spindelzell-Technik (S. 187)	SP-Behandlung (S. 188)
Mm. supra- und infraspinatus	x	x	x	–	x	SP 7, 8
M. triceps brachii	x	x	x	x	x	SP 10, 11
Karpalgelenksflexoren (palmar)	x	x	x	x	x	–
Karpalgelenksextensoren (dorsal)	x	x	x	x	x	–

- Subskapulartechnik (S. 197) und (**Tab. 5.5**)
- Vorhanddehnung (S. 197) und (**Tab. 5.5**)
  - kranial gestreckt
  - kaudal

7.15.3.2 Osteopathisch

- Behandlung Läsion
  - FLEX/ABD bzw. FLEX/ADD: indirekt (S. 276) und direkt (S. 277)
  - EXT/ADD bzw. EXT/ABD: indirekt (S. 277) und direkt (S. 276)
- V-Spread (S. 215)
  - mediolateral entlang der Karpalgelenksachsen
  - dorsopalmar entlang der Karpalgelenksachsen
- Kompression-Traktion (S. 212) proximodistal und dorsopalmar
- Lösung der Faszienketten, s. Kap. Faszientechniken (S. 200), Gürtelgefäß (S. 206), Beckendiaphragma (S. 207), Faszienkontinuum (S. 208), Am M. masseter (S. 210)
  - FLPL, FLRL

7.15.3.3 Kraniosakral

- Unwinding (S. 217) bzgl. der einzelnen Karpalgelenksknöchelchen
- Unwinding (S. 217) bzgl. des Os carpi accessorium
- Still-Point (S. 217) bei komplexen Läsionen

7.15.3.4 Hausaufgaben für den Pferdebesitzer/Gymnastizierung

- Passgenauigkeit von Reithalfter/Gebiss/Sattel prüfen, evtl. Stellungskorrektur der Hufe
- osteopathischer Befund des Reiters
- kräftiges und langsames Ausstreichen (S. 184) vor dem Reiten/Training (**Tab. 5.1**) von: Mm. triceps brachii, trapezius, latissimus dorsi, brachiocephalicus
- Handarbeit/Longe mit Kappzaum in Stellung und physiologischer WS-Rotation
- fleißiges Reiten vorwärts-abwärts in Stellung und physiologischer WS-Rotation auf großen Zirkeln
- Stangentraining mit großen Abständen im Schritt
- kein Springen (bis ca. 2 Wochen nach der Behandlung)

7.16 Fesselgelenk

7.16.1 Befunde

7.16.1.1 Anamnese

- häufiges Stolpern der Vorhand oder Hinterhand
- (rezidivierende) Lahmheiten
- häufiges Stehen mit „lockerem Knie“ = leicht angebeugtem, evtl. etwas zitterndem Karpalgelenk

7.16.1.2 Adspektion/Ganganalyse

- Durchtrittigkeit/Winkelung der Gliedmaßengelenke
- Hyper-/Atrophie der Karpalgelenksflexoren und/oder -extensoren
- Hypertrophie/Atrophie der Sprunggelenksflexoren und -extensoren
- Klarheit der Sehnen
- Hufstellung/Achsen von Zehe – Fessel – Röhre
- asymmetrisch abgelaufene Hufe der Vorhand oder Hinterhand
- Stolpern der Vorhand oder Hinterhand, Lahmheit

7.16.1.3 Palpation und Stresspunkte

- Hypertonus von M. biceps brachii, M. triceps brachii, Karpalgelenksflexoren und/oder -extensoren
- Hypertonus vom M. gastrocnemius, Sprunggelenksflexoren und/oder -extensoren
- schmerzhafte/aufgetriebene Ligg. collateralia des Fesselgelenks
- Stresspunkte (S. 163): SP 10 – 11, SP 18 (**Tab. 4.2**)

7.16.1.4 Globale Bewegungstests

- Subskapulartechnik (S. 170)
- Vorhanddehnung
  - kranial gestreckt (S. 172)
  - kaudal (S. 173)
- Hinterhanddehnung
  - kranial (S. 176)
  - kaudal (S. 177)

7.16.1.5 Läsionen

Siehe **Tab. 7.58**.

Tab. 7.58 Übersicht Läsionen des Fesselgelenks.

Läsion	Funktionsprüfung	Biomechanik
FLEX	Prüfung FLEX und EXT (S. 278)	physiologisch
EXT	Prüfung FLEX und EXT (S. 278)	physiologisch
ABD	Prüfung ABD und ADD (S. 279)	physiologisch
ADD	Prüfung ABD und ADD (S. 279)	physiologisch

Biomechanik der Läsionen

Siehe **Tab. 7.59**.

Tab. 7.59 Biomechanik des Fesselgelenks bei Läsion in FLEX, EXT, ABD und ADD (vgl. **Tab. 2.13**).

Struktur	FLEX	EXT	ABD	ADD
Fesselbein (P1) unter dem Caput von MC III/MT III	palmar/plantar	dorsal	lateral	medial
Fesselbein im Stand	steil	flach	–	–
evtl. Gleichbeine	superior	inferior	laterodorsal	mediopalmar/ medioplantar

7.16.2 Mögliche assoziierte Befunde

- Hufrolle ipsilateral
- Scapula (S. 382)
- Becken (S. 358)
- ISG (S. 363)
- Störung des Incisivum 3

7.16.3 Behandlungskonzept

7.16.3.1 Muskulär

Siehe **Tab. 7.60**.

Tab. 7.60 Muskeltechniken zur Behandlung des Fesselgelenks.

Struktur	Streichung (S. 184)	Klopfung (S. 186)	Friktionen (S. 186)	Knetung (S. 186)	Spindelzell-Technik (S. 187)	SP-Behandlung (S. 188)
Mm. supra- und infraspinatus	x	x	x	–	x	SP 7, 8
M. triceps brachii	x	x	x	x	x	SP 10, 11
Karpalgelenks-flexoren (palmar)	x	x	x	x	x	–
Karpalgelenks-extensoren (dorsal)	x	x	x	x	x	–
M. gastrocnemius	x	x	–	x	x	SP 18
Sprunggelenks-flexoren (dorsal)	x	x	–	x	x	–
Sprunggelenks-extensoren (plantar)	x	x	–	x	x	–

- Subskapulartechnik (S. 197) und (**Tab. 5.5**)
- Vorhanddehnung (S. 197) und (**Tab. 5.5**)
  - kranial gestreckt
  - kaudal
- Hinterhanddehnung (S. 199) und (**Tab. 5.5**)
  - kranial
  - kaudal

7.16.3.2 Osteopathisch

- Behandlung Läsion
  - FLEX bzw. EXT (S. 278): indirekt und direkt
  - ABD bzw. ADD (S. 279): indirekt und direkt
- V-Spread (S. 215) medio-lateral entlang der Fesselgelenksachse

- Kompression-Traktion (S. 212) proximo-distal und dorso-palmar bzw. dorso-plantar
- Lösung der Faszienketten, s. Kap. Faszientechniken (S. 200), Gürtelgefäß (S. 206), Beckendiaphragma (S. 207), Faszienkontinuum (S. 208), Am M. masseter (S. 210)
  - Vorhand: FLPL, FLRL
  - Hinterhand: SDL, SVL, LL

7.16.3.3 Kraniosakral

- Unwinding (S. 217) bzgl. des MC/MT III und Phalanx proximalis
- Unwinding (S. 217) bzgl. der Gleichbeine

7.16.3.4 Hausaufgaben für den Pferdebesitzer/Gymnastizierung

- Passgenauigkeit von Reithalfter/Gebiss/Sattel prüfen, evtl. Stellungskorrektur der Hufe
- osteopathischer Befund des Reiters
- kräftiges und langsames Ausstreichen (S. 184) vor dem Reiten/Training (**Tab. 5.1**) von: Mm. triceps brachii, trapezius, latissimus dorsi, brachiocephalicus, gluteus, ischiocrurales, gastrocnemius
- Handarbeit/Longe mit Kappzaum in Stellung und physiologischer WS-Rotation
- fleißiges Reiten vorwärts-abwärts in Stellung und physiologischer WS-Rotation auf großen Zirkeln
- kein Springen (bis ca. 2 Wochen nach der Behandlung)

7.17 Krongelenk

7.17.1 Befunde

7.17.1.1 Anamnese

- häufiges Stolpern der Vorhand oder Hinterhand
- (rezidivierende) Lahmheiten

7.17.1.2 Adspektion/Ganganalyse

- Hyper-/Atrophie:
  - Karpalgelenksflexoren und/oder -extensoren
  - Sprunggelenksflexoren und/oder -extensoren
- Klarheit der Sehnen

- Hufstellung/Achsen von Zehe – Fessel – Röhre
- asymmetrisch abgelaufene Hufe der Vorhand oder Hinterhand
- Kurztrittigkeit
- Stolpern der Vorhand oder Hinterhand, Lahmheit

7.17.1.3 Palpation und Stresspunktdiagnostik

- Hypertonus
  - M. biceps brachii
  - Karpalgelenksflexoren und/oder -extensoren
  - Sprunggelenksflexoren und/oder -extensoren
- Stresspunkte (S. 163): SP 10 – 11, SP 18 (**Tab. 4.2**)

7.17.1.4 Globale Bewegungstests

- Subskapulartechnik (S. 170)
- Vorhanddehnung
  - kranial gestreckt (S. 172)
  - kaudal (S. 173)
- Hinterhanddehnung
  - kranial (S. 176)
  - kaudal (S. 177)

7.17.1.5 Läsionen

Siehe **Tab. 7.61**.

Tab. 7.61 Übersicht Läsionen des Krongelenks.

Läsion	Funktionsprüfung	Biomechanik
FLEX	Prüfung FLEX und EXT (S. 279)	physiologisch
EXT	Prüfung FLEX und EXT (S. 279)	physiologisch
ABD	Prüfung ABD und ADD (S. 281)	physiologisch
ADD	Prüfung ABD und ADD (S. 281)	physiologisch
AROT	Prüfung AROT und IROT (S. 281)	physiologisch
IROT	Prüfung AROT und IROT (S. 281)	physiologisch

Biomechanik der Läsionen

Siehe **Tab. 7.62** und **Tab. 7.63**.

Tab. 7.62 Biomechanik des Krongelenks bei Läsion in FLEX, EXT, ABD und ADD (vgl. **Tab. 2.13**).

Struktur	FLEX	EXT	ABD	ADD
Kronbein (P2) unter dem Fesselbein (P1)	palmar/plantar	dorsal	lateral	medial
evtl. Bruch der Zehen-Fessel-Achse nach	dorsal (steiler Hufwinkel)	palmar/plantar (flacher Hufwinkel)	lateral	medial

Tab. 7.63 Biomechanik des Krongelenks bei Läsion in AROT und IROT (vgl. **Tab. 2.13**).

Struktur	AROT	IROT
lateraler Anteil der Basis phalangea media (P2) unter Fesselbein (P1)	palmar/plantar	dorsal
ROT des Fesselbeins (P1) auf Kronbein (P2)	IROT	AROT
evtl. Verdrehung der Zehen-Fessel-Achse nach	lateral	medial

7.17.2 Mögliche assoziierte Befunde

- Scapula (S. 382)
- Becken (S. 358)
- ISG (S. 363)
- Störung des Incisivum 2

7.17.3 Behandlungskonzept

7.17.3.1 Muskulär

s. Behandlung Fesselgelenk (S. 396)

7.17.3.2 Osteopathisch

- Behandlung Läsion
  - FLEX bzw. EXT (S. 279): indirekt und direkt
  - ABD/ADD (S. 281): indirekt und direkt
  - AROT bzw. IROT (S. 281): indirekt und direkt
- Kompression-Traktion (S. 212) proximodistal

- Lösung der Faszienketten, s. Kap. Faszientechniken (S. 200), Gürtelgefäß (S. 206), Beckendiaphragma (S. 207), Faszienkontinuum (S. 208), Am M. masseter (S. 210)
  - Vorhand: FLPL, FLRL
  - Hinterhand: SDL, SVL, LL

7.17.3.3 Kraniosakral

- Unwinding (S. 217) der Hufkapsel

7.17.3.4 Hausaufgaben für den Pferdebesitzer/Gymnastizierung

- Passgenauigkeit von Reithalfter/Gebiss/Sattel prüfen, evtl. Stellungskorrektur der Hufe
- osteopathischer Befund des Reiters
- kräftiges und langsames Ausstreichen (S. 184) vor dem Reiten/Training (**Tab. 5.1**) von: Karpalgelenksflexoren und -extensoren, Sprunggelenksflexoren und -extensoren
- Handarbeit/Longe mit Kappzaum in Stellung und physiologischer WS-Rotation
- fleißiges Reiten vorwärts-abwärts in Stellung und physiologischer WS-Rotation auf großen Zirkeln und auf unterschiedlichen Bodenbeschaffenheiten
- kein Springen (bis ca. 2 Wochen nach der Behandlung)

7.18 Hufgelenk

7.18.1 Befunde

7.18.1.1 Anamnese

- häufiges Stolpern der Vorhand oder Hinterhand
- (rezidivierende) Lahmheiten
- (rezidivierende) Probleme im Bereich der Hufrolle

7.18.1.2 Adspektion/Ganganalyse

- Hyper-/Atrophie
  - Karpalgelenksflexoren und/oder -extensoren
  - Sprunggelenksflexoren und/oder -extensoren
- Klarheit der Sehnen
- Hufstellung/Achsen von Zehe – Fessel – Röhre
- asymmetrisch abgelaufene Hufe der Vorhand oder Hinterhand
- Stolpern der Vorhand oder Hinterhand

7.18.1.3 Palpation und Stresspunkte

- Hypertonus
  - M. biceps brachii
  - Karpalgelenksflexoren und/oder -extensoren
  - Sprunggelenksflexoren und/oder -extensoren
- Stresspunkte (S. 163): SP 10 – 11, SP 18 (**Tab. 4.2**)

7.18.1.4 Globale Bewegungstests

- Subskapulartechnik (S. 170)
- Vorhanddehnung
  - kranial gestreckt (S. 172)
  - kaudal (S. 173)
- Hinterhanddehnung
  - kranial (S. 176)
  - kaudal (S. 177)

7.18.1.5 Läsionen

Siehe **Tab. 7.64.**

Tab. 7.64 Übersicht Läsionen des Hufgelenks.

Läsion	Funktionsprüfung	Biomechanik
FLEX/Translation palmar/plantar	Prüfung FLEX und EXT (S. 282), Prüfung Translation nach palmar bzw. plantar und dorsal (S. 283)	physiologisch
EXT/Translation dorsal	Prüfung FLEX und EXT (S. 282), Prüfung Translation nach palmar bzw. plantar und dorsal (S. 283)	physiologisch
ABD	Prüfung ABD und ADD (S. 284)	physiologisch
ADD	Prüfung ABD und ADD (S. 284)	physiologisch
AROT	Prüfung AROT und IROT (S. 284)	physiologisch
IROT	Prüfung AROT und IROT (S. 284)	physiologisch

Biomechanik der Läsionen

Siehe **Tab. 7.65**.

Tab. 7.65 Biomechanik des Hufgelenks bei Läsion in FLEX, EXT, Translation, ABD, ADD, AROT und IROT (vgl. **Tab. 2.13**).

Struktur	FLEX/ Translation palmar/ plantar	EXT/ Translation dorsal	ABD	ADD	AROT	IROT
Hufbein (P3) unter dem Kronbein (P2)	palmar/ plantar	dorsal	lateral	medial	AROT	IROT
lateraler Anteil der Basis phalangis medialis des Kronbeins (P2) auf dem Hufbein (P3)	–	–	–	–	dorsal	palmar/ plantar

7.18.2 Mögliche assoziierte Befunde

- Scapula (S. 382)
- Becken (S. 358)
- ISG (S. 363)
- Störung des Incisivum 1

7.18.3 Behandlungskonzept

7.18.3.1 Muskulär

s. Behandlung Fesselgelenk (S. 396)

7.18.3.2 Osteopathisch

- Behandlung Läsion
  - FLEX bzw. EXT (S. 282): indirekt und direkt
  - Translation palmar bzw. plantar/dorsal: indirekt und direkt (S. 283)
  - ABD bzw. ADD (S. 284): indirekt und direkt
  - AROT bzw. IROT (S. 284): indirekt und direkt
- Kompression-Traktion (S. 212) proximodistal
- Lösung der Faszienketten, s. Kap. Faszientechniken (S. 200), Gürtelgefäß (S. 206), Beckendiaphragma (S. 207), Faszienkontinuum (S. 208), Am M. masseter (S. 210)
  - Vorhand: FLPL, FLRL
  - Hinterhand: SDL, SVL, LL

7.18.3.3 Kraniosakral
- Unwinding (S. 217) der Hufkapsel

7.18.3.4 Hausaufgaben für den Pferdebesitzer/Gymnastizierung
s. Krongelenk (S. 400)

7.19 Gleichbeine

7.19.1 Befunde

7.19.1.1 Anamnese
- Kurztrittigkeit
- häufiges Stolpern der Vorhand oder Hinterhand
- (rezidivierende) Lahmheiten
- häufiges Stehen mit „lockerem Knie" = leicht angebeugtem, evtl. etwas zitterndem Karpalgelenk

7.19.1.2 Adspektion/Ganganalyse
- Durchtrittigkeit/Winkelung der Gliedmaßengelenke
- Hyper-/Atrophie der Karpalgelenksflexoren und/oder -extensoren
- Hyper-/Atrophie der Sprunggelenksflexoren und/oder -extensoren
- Klarheit der Sehnen
- Hufstellung/Achsen von Zehe – Fessel – Röhre
- asymmetrisch abgelaufene Hufe der Vorhand oder Hinterhand
- Kurztrittigkeit
- Stolpern der Vorhand oder Hinterhand, Lahmheit

7.19.1.3 Palpation und Stresspunkte
- Hypertonus
  - M. biceps brachii und M. triceps brachii
  - Karpalgelenksflexoren und/oder -extensoren
  - Sprunggelenksflexoren und/oder - extensoren
- schmerzhafte/aufgetriebene Ligg. collateralia des Fesselgelenks
- Stresspunkte (S. 163): SP 10 – 11, SP 18 (**Tab. 4.2**)

7.19.1.4 Globale Bewegungstests

- Subskapulartechnik (S. 170)
- Vorhanddehnung
  - kranial gestreckt (S. 172)
  - kaudal (S. 173)
- Hinterhanddehnung
  - kranial (S. 176)
  - kaudal (S. 177)

7.19.1.5 Läsionen

Siehe **Tab. 7.66**.

Tab. 7.66 Übersicht Läsionen der Gleichbeine.

Läsion	Funktionsprüfung	Biomechanik
Gleichbeine superior	Prüfung superior-inferiores Gleiten (S. 286)	physiologisch
Gleichbeine inferior	Prüfung superior-inferiores Gleiten (S. 286)	physiologisch
Gleichbeine laterodorsal	Prüfung lateromediales Gleiten (S. 285)	physiologisch
Gleichbeine medio-palmar/medioplantar	Prüfung lateromediales Gleiten (S. 285)	physiologisch

Biomechanik der Läsionen

Siehe **Tab. 7.67**.

Tab. 7.67 Biomechanik der Gleichbeine bei Läsion in superior, inferior, lateral und medial (vgl. **Tab. 2.13**).

Struktur	FLEX	EXT	ABD	ADD
Gleichbeine	superior	inferior	laterodorsal	mediopalmar/ medioplantar
evtl. Fesselbein (P1) unter dem Caput MC III/MT III	palmar/plantar	dorsal	lateral	medial

7.19.2 Mögliche assoziierte Befunde

- Scapula (S. 382)
- Becken (S. 358)
- ISG (S. 363)
- Störung des Hengstzahns (häufig: ipsilateral)

7.19.3 Behandlungskonzept

7.19.3.1 Muskulär

s. Behandlung Fesselgelenk (S. 396)

7.19.3.2 Osteopathisch

- Behandlung Läsion
  - superior bzw. inferior (S. 286): indirekt und direkt
  - laterodorsal bzw. mediopalmar (S. 285): indirekt und direkt
- V-Spread (S. 215) medio-lateral entlang der Fesselgelenksachse
- Kompression-Traktion (S. 212) proximo-distal und dorso-palmar
- Lösung der Faszienketten, s. Kap. Faszientechniken (S. 200), Gürtelgefäß (S. 206), Beckendiaphragma (S. 207), Faszienkontinuum (S. 208), Am M. masseter (S. 210)
  - Vorhand: FLPL, FLRL
  - Hinterhand: SDL, SVL, LL

7.19.3.3 Kraniosakral

- Unwinding (S. 217) bzgl. der Gleichbeine
- Unwinding (S. 217) bzgl. des MC/MT III und Phalanx proximalis
- Still-Point (S. 217) bei komplexen Läsionen

7.19.3.4 Hausaufgaben für den Pferdebesitzer/Gymnastizierung

- s. Krongelenk (S. 400)

7.20 Hüftgelenk

7.20.1 Befunde

7.20.1.1 Anamnese

- festgehaltener, steifer Rücken ohne Schwung
- Widersetzlichkeit und Steifigkeit in Wendungen
- schlechter Schub/keine Tragkraft der Hinterhand
- schlechte Seitengänge
- Stolpern der Hinterhand
- Anzackeln Schritt – Trab
- häufige Entlastung immer desselben Beins

7.20.1.2 Adspektion/Ganganalyse

- Prominenz/Absinken eines Tuber coxae im Stand/in der Bewegung
- Hypertrophie/Atrophie/Asymmetrie im Bereich der Rücken-, Kruppen- und Hinterhandmuskulatur
- unharmonischer Übergang des Rückens in die Kruppe
- unterschiedlich abgelaufene Hinterhufe
- Taktunreinheit, Stolpern der Hinterhand
- schlechter Schub/keine Tragkraft der Hinterhand
- Widersetzlichkeit bei der Versammlung, keine Hankenbeugung, kein Untertreten
- Umspringen im Galopp, falsches Angaloppieren, Kreuzgalopp
- schlechte Seitengänge

7.20.1.3 Palpation und Stresspunkte

- lokale Wärme/Kälte um die Tubera coxae
- Verbackungen des Unterhautgewebes der Kruppe
- Hypertonus der Adduktoren und Glutealmuskeln
- Stresspunkte (S. 163): SP 14 – 24 (**Tab. 4.2**)

7.20.1.4 Globale Bewegungstests

- Wirbelsäule:
  - Flexion (S. 168)
  - Extension (S. 168)
  - Biegung (S. 169)
- Hinterhanddehnung
  - kranial (S. 176)
  - kaudal (S. 177)
  - in ABD (S. 178)
  - in ADD (S. 179)
- „Schaukeln“ des Pferdes (S. 180)

7.20.1.5 Läsionen

Siehe **Tab. 7.68**.

Tab. 7.68 Übersicht Läsionen des Hüftgelenks.

Läsion	Funktionsprüfung	Biomechanik
FLEX/ABD/AROT	Prüfung FLEX (S. 288)	physiologisch
EXT/ADD/IROT	Prüfung EXT (S. 289)	physiologisch
ABD/AROT/EXT	Prüfung ABD/AROT (S. 291)	physiologisch: Seitengänge
ADD/IROT/FLEX	Prüfung ADD/IROT (S. 292)	physiologisch: Seitengänge
FLEX/ADD/AROT	Prüfung ADD/IROT (S. 292)	patholgisch: „Kohäsion“

Biomechanik der Läsionen

Siehe **Tab. 7.69** und **Tab. 7.70**.

Tab. 7.69 Biomechanik des Hüftgelenks bei Läsion in FLEX/ABD/AROT und EXT/ADD/IROT (vgl. **Tab. 2.14**).

Struktur	FLEX/ABD/AROT	EXT/ADD/IROT
Trochanter major	ventrokaudal	dorsokranial
Winkel zwischen Tuber coxae – Trochanter major – Condylus lateralis femoris	deutlich verkleinert	deutlich vergrößert
Caput ossis femoris im Acetabulum	„fällt“ aus dem Hüftgelenk heraus	„fällt“ in das Hüftgelenk hinein

Tab. 7.70 Biomechanik des Hüftgelenks bei Läsion in ABD/AROT/EXT, ADD/IROT/FLEX und FLEX/ADD/AROT (vgl. **Tab. 2.14**).

Struktur	ABD/AROT/EXT	ADD/IROT/FLEX	FLEX/ADD/AROT
Trochanter major	dorsolateral	ventromedial	ventromedial
Winkel zwischen Tuber coxae – Trochanter major – Condylus lateralis femoris	gering vergrößert	gering verkleinert	gering verkleinert
Caput ossis femoris im Acetabulum	„fällt“ aus dem Hüftgelenk heraus	„fällt“ in das Hüftgelenk hinein	steckt im Hüftgelenk fest

7.20.2 Mögliche assoziierte Befunde

- Kniegelenk (S. 410) (häufig: kontralateral)
- Schultergelenk (S. 382) (häufig: kontralateral)
- Kiefergelenk (S. 418) (häufig: ipsilateral)
- Diaphragma Kiefergelenk/Zungenbein (S. 449) (!)
- Sternum (S. 368)

7.20.3 Behandlungskonzept

7.20.3.1 Muskulär

Siehe Tab. 7.71.

Tab. 7.71 Muskeltechniken zur Behandlung des Hüftgelenks.

Struktur	Anhakstriche (S. 187)	Streichung (S. 184)	Klopfung (S. 186)	Ausziehen der Faszie (S. 201)	Friktionen (S. 186)	Spindelzell-Technik (S. 187)	SP-Behandlung (S. 188)
Fascia glutea	x	–	–	x	–	–	–
M. iliopsoas	–	–	–	–	–	–	SP 22
M. gluteus medius und supf.	–	x	x	x	–	x	SP 15
M. biceps femoris	–	x	x	x	x	x	SP 16, 17
Mm. semimembranosus und semitendinosus	x	x	x	x	x	x	SP 19, 20
M. tensor fasciae latea	–	x	x	x	–	x	SP 21
Mm. adductores	–	x	x	–	–	x	–
Mm. abdominales	–	x	x	x	–	x	SP 24, 25

- Wirbelsäule (S. 195) und (**Tab. 5.4**)
  - Flexion
  - Extension
  - Biegung
- Bauchanheben (S. 201)
- Hinterhanddehnung (S. 199) und (**Tab. 5.5**)
  - kranial
  - kaudal
  - in ABD
  - in ADD

7.20.3.2 Osteopathisch

- Behandlung Läsion
  - FLEX: indirekt (S. 288) und direkt (S. 289)
  - EXT: indirekt (S. 289) und direkt (S. 288)
  - ABD/AROT: indirekt (S. 291) und direkt (S. 292)
  - ADD/IROT: indirekt (S. 292) und direkt (S. 291)
- Kompression-Traktion (S. 212): Mit der rechten Hand den linken Tuber ischiadicum umgreifen, die linke Hand flächig auf den linken Trochanter major legen. Mit der linken Hand entsprechend der Stellung des Acetabulums achsengerecht eine Kompression ins Hüftgelenk ausüben und warten bis zum Release. Dann geistig die linke Handfläche mit dem Trochanter major vereinen und eine Traktion aus dem Hüftgelenk heraus ausüben bis zum Release.
- Release (S. 216)
  - des Diaphragmas (S. 318)
  - des Beckendiaphragmas (S. 319), s. auch Diaphragmentechniken (S. 207)
- Traktion
  - des TLÜ (S. 214)
  - der gesamten WS (S. 213)
- Lösung der Faszienketten, s. Kap. Faszientechniken (S. 200), Gürtelgefäß (S. 206), Beckendiaphragma (S. 207), Faszienkontinuum (S. 208), Am M. masseter (S. 210)
  - SDL, SVL, SL, FL, LL

7.20.3.3 Kraniosakral

- Dural tube (S. 219); s. a. Kap. Dura mater und Liquor (S. 311)
- Unwinding (S. 217)
  - des Beckens
  - am Trochanter major

7.20.3.4 Hausaufgaben für den Pferdebesitzer/Gymnastizierung

- Passgenauigkeit von Reithalfter/Gebiss/Sattel prüfen, evtl. Stellungskorrektur der Hufe
- osteopathischer Befund des Reiters
- kräftiges und langsames Ausstreichen (S. 184) vor dem Reiten/Training (**Tab. 5.1**) von: M. gluteus, Mm. ischiocrurales
- Bauchanheben (S. 201)
- Handarbeit/Longe mit Kappzaum in Stellung und physiologischer WS-Rotation
- Reiten vorwärts-abwärts in Stellung und physiologischer WS-Rotation auf geraden Strecken und großen Zirkeln
- keine Versammlung
- keine Seitengänge (bis ca. 2 Wochen nach der Behandlung)

7.21 Kniegelenk

7.21.1 Befunde

7.21.1.1 Anamnese

- Stolpern/Wegrutschen der Hinterhand „Bein bleibt hinten stehen“
- häufige Entlastung immer desselben Beins bzw. deutlich häufiges Wechseln der Beine
- deutlich häufigeres oder deutlich selteneres Hinlegen des Pferdes als gewohnt
- festgehaltener, steifer Rücken ohne Schwung mit klemmiger Vorhand
- schlechter Schub/keine Tragkraft der Hinterhand
- schlechte Seitengänge

7.21.1.2 Adspektion/Ganganalyse

- Hypertrophie/Atrophie/Asymmetrie im Bereich der Rücken-, Kruppen- und Hinterhandmuskulatur und der Eigenmuskulatur der Vorhand
- Wegrutschen der Hinterhand/Taktunreinheit
- unterschiedlich abgelaufene Hinterhufe
- schlechter Schub/keine Tragkraft der Hinterhand
- Widersetzlichkeit bei der Versammlung, keine Hankenbeugung, kein Untertreten
- schlechte Seitengänge

7.21.1.3 Palpation und Stresspunkte

- lokale Wärme/Kälte des Gewebes um die Patella
- Verbackungen des Unterhautgewebes um das Kniegelenk
- schmerzhafte/aufgequollene Ligg. collateralia
- Stresspunkte (S. 163): SP 15 – 24 (**Tab. 4.2**)

7.21.1.4 Globale Bewegungstests

- Hinterhanddehnung
  - kranial (S. 176)
  - kaudal (S. 177)

7.21.1.5 Läsionen

Siehe **Tab. 7.72**.

Tab. 7.72 Übersicht Läsionen des Kniegelenks.

Läsion	Funktionsprüfung	Biomechanik
FLEX/ADD/IROT	• Patella: Prüfung Kniescheibengelenk (S. 292), Prüfung Einrasten und Lösen der Kniescheibe (S. 294) • Kniegelenk: Prüfung Kniekehlgelenk (S. 295)	physiologisch: Abfußen
EXT/ABD/AROT	• Patella: Prüfung Kniescheibengelenk (S. 292), Prüfung Einrasten und Lösen der Kniescheibe (S. 294) • Kniegelenk: Prüfung Kniekehlgelenk (S. 295)	physiologisch: Retraktion
Menisken in FLEX/IROT	Prüfung Menisken (S. 297)	physiologisch: Beugung Knie
Menisken in EXT/AROT	Prüfung Menisken (S. 297)	physiologisch: Streckung Knie
Patella inferior	Prüfung Kniescheibengelenk (S. 292), Prüfung Einrasten und Lösen der Kniescheibe (S. 294)	physiologisch: Beugung Knie
Patella superior	Prüfung Kniescheibengelenk (S. 292), Prüfung Einrasten und Lösen der Kniescheibe (S. 294)	physiologisch: Streckung Knie

Biomechanik der Läsionen

Siehe **Tab. 7.73**, **Tab. 7.74** und **Tab. 7.75**.

Tab. 7.73 Biomechanik des Kniegelenks bei Läsion in FLEX/ADD/IROT und EXT/ABD/AROT (vgl. **Tab. 2.15**).

Struktur	FLEX/ADD/IROT	EXT/ABD/AROT
Tibiaplateau gegenüber der Femurkondylen	medioplantar	laterodorsal
Patella	inferior	superior
(Innen-)Meniskus/Menisken	medioplantar	laterodorsal

Tab. 7.74 Biomechanik der Menisken bei Läsion in FLEX/IROT und EXT/AROT der Kniegelenke (vgl. **Tab. 2.15**).

Struktur	Menisken in FLEX/IROT	Menisken in EXT/AROT
Menisken	medioplantar	laterodorsal
evtl. Kniegelenkswinkel im Stand	gering verkleinert	gering vergrößert
Kniegelenksbeweglichkeit	evtl. in EXT eingeschränkt	evtl. in Flex eingeschränkt

Tab. 7.75 Biomechanik der Patella bei Läsion in FLEX und EXT (vgl. **Tab. 2.15**).

Struktur	Patella in FLEX	Patella in EXT
Patella	inferior	superior
evtl. Kniegelenkswinkel im Stand	gering verkleinert	gering vergrößert
Kniegelenksbeweglichkeit	evtl. in EXT eingeschränkt	evtl. in FLEX eingeschränkt

7.21.2 Mögliche assoziierte Befunde

- LWS (S. 343) (insbes. L3!)
- Hüftgelenk (S. 405) (häufig: kontralateral)
- Ellenbogengelenk (S. 387) (häufig: kontralateral)
- Kiefergelenk (S. 418)
- ISG (S. 363)
- Hufrolle ipsilateral
- Störung des Molaren 3 (häufig: ipsilateral)

7.21.3 Behandlungskonzept

7.21.3.1 Muskulär

Siehe **Tab. 7.76**.

Tab. 7.76 Muskeltechniken zur Behandlung des Kniegelenks.

Struktur	Streichung (S. 184)	Klopfung (S. 186)	Ausziehen der Faszie (S. 201)	Knetung (S. 186)	Spindelzell-Technik (S. 187)	SP-Behandlung (S. 188)
M. biceps femoris	x	x	x	–	x	SP 16, 17
Mm. semimembranosus und semitendinosus	x	x	x	x	x	SP 19, 20
M. tensor fasciae latea	x	x	x	–	x	SP 21
M. quadriceps	x	x	x	–	x	–
M. gastrocnemius	x	–	–	x	x	SP 18

- Hinterhanddehnung (S. 199) und (**Tab. 5.5**)
  - kranial
  - kaudal

7.21.3.2 Osteopathisch

- Behandlung Läsion
  - FLEX bzw. EXT (S. 295): indirekt und direkt
  - Meniskus in FLEX bzw. EXT (S. 297): indirekt und direkt
  - Patella in FLEX bzw. EXT (S. 292): indirekt und direkt
- V-Spread (S. 215)
  - mediolateral entlang der Bewegungsachse der Patella
  - mediolateral entlang der Bewegungsachse des Kniegelenks
- Kompression-Traktion (S. 212) proximodistal und dorsoplantar
- Lösung der Faszienketten, s. Kap. Faszientechniken (S. 200), Gürtelgefäß (S. 206), Beckendiaphragma (S. 207), Faszienkontinuum (S. 208), Am M. masseter (S. 210)
  - SDL, SVL, SL, FL, LL

7.21.3.3 Kraniosakral

- Unwinding (S. 217) der Patella/der Tibia
- Still-Point (S. 217) bei komplexen Läsionen

7.21.3.4 Hausaufgaben für den Pferdebesitzer/Gymnastizierung

- Passgenauigkeit von Reithalfter/Gebiss/Sattel prüfen, evtl. Stellungskorrektur der Hufe
- osteopathischer Befund des Reiters
- kräftiges und langsames Ausstreichen (S. 184) vor dem Reiten/Training (**Tab. 5.1**) von: M. gluteus, Mm. ischiocrurales
- Handarbeit/Longe mit Kappzaum in Stellung und physiologischer WS-Rotation
- Reiten vorwärts-abwärts in Stellung und physiologischer WS-Rotation geradeaus und auf großen Zirkeln
- keine Versammlung

7.22 Sprunggelenk

7.22.1 Befunde

7.22.1.1 Anamnese

- Kurztrittigkeit der Hinterhand
- schlechter Schub/keine Tragkraft der Hinterhand
- häufige Entlastung immer desselben Beines bzw. deutlich häufiges Wechseln der Beine
- festgehaltener, steifer Rücken ohne Schwung

7.22.1.2 Adspektion/Ganganalyse

- Hypertrophie/Atrophie/Asymmetrie im Bereich der Rücken-, Kruppen- und Hinterhandmuskulatur
- unterschiedlich abgelaufene Hinterhufe
- Taktunreinheit
- schlechter Schub/keine Tragkraft der Hinterhand
- Widersetzlichkeit bei der Versammlung, keine Hankenbeugung, kein Untertreten

7.22.1.3 Palpation und Stresspunkte

- lokale Wärme/Kälte des Gewebes um den Tarsus
- Verbackungen des Unterhautgewebes um den Tarsus
- schmerzhafte/aufgequollene Ligg. collateralia
- Stresspunkte (S. 163): SP 15 – 23 (**Tab. 4.2**)

7.22.1.4 Globale Bewegungstests

- Hinterhanddehnung
  - kranial (S. 176)
  - kaudal (S. 177)

7.22.1.5 Läsionen

Siehe **Tab. 7.77.**

Tab. 7.77 Übersicht Läsionen des Sprunggelenks.

Läsion	Funktionsprüfung	Biomechanik
FLEX/ABD/AROT	Prüfung FLEX/ABD/AROT (S. 298)	physiologisch: Abfußen
EXT/ADD/IROT	Prüfung EXT/ADD/IROT (S. 299)	physiologisch: Retraktion
FLEX/ADD/IROT	Prüfung FLEX/ABD/AROT (S. 298)	pathologisch
EXT/ABD/AROT	Prüfung EXT/ADD/IROT (S. 299)	pathologisch

Biomechanik der Läsionen

Siehe **Tab. 7.78.**

Tab. 7.78 Biomechanik des Sprunggelenks bei Läsion in FLEX/ABD/AROT, EXT/ADD/IROT, FLEX/ADD/IROT und EXT/ADD/IROT (vgl. **Tab. 2.16**).

Struktur	FLEX/ABD/ AROT	EXT/ADD/ IROT	FLEX/ADD/ IROT	EXT/ABD/ AROT
Talus	plantar	dorsal	plantar	dorsal
distale Tarsusreihe	dorsal	plantar	dorsal	plantar
dorsale Gelenkspalten	geschlossen	geöffnet	geschlossen	geöffnet
Metatarsus III gegenüber der Tibia	lateral	medial	medial	lateral
Calcaneus	medial	lateral	lateral	medial
Sprunggelenkswinkel im Stand	gering verkleinert	gering vergrößert	gering verkleinert	gering vergrößert

7.22.2 Mögliche assoziierte Befunde

- Kiefergelenk (S. 418)
- Karpalgelenk (S. 390)
- ISG (S. 363)
- Hufrolle ipsilateral
- Störung des Prämolaren 2 (häufig: ipsilateral)

7.22.3 Behandlungskonzept

7.22.3.1 Muskulär

Siehe **Tab. 7.79.**

Tab. 7.79 Muskeltechniken zur Behandlung des Sprunggelenks.

Struktur	Streichung (S. 184)	Klopfung (S. 186)	Ausziehen der Faszie (S. 201)	Knetung (S. 186)	Spindelzell-Technik (S. 187)	SP-Behandlung (S. 188)
M. biceps femoris	x	x	x	–	x	SP 16, 17
Mm. semimembranosus und semitendinosus	x	x	x	x	x	SP 19, 20
M. tensor fasciae latae	x	x	x	–	x	SP 21
M. quadriceps	x	x	x	–	x	–
M. gastrocnemius	x	–	–	x	x	SP 18
Tarsalgelenks-flexoren/Zehen-extensoren (dorsal)	x	x	–	x	x	–
Tarsalgelenks-extensoren/ Zehenflexoren	x	x	–	x	x	–

- Hinterhanddehnung (S. 199) und (**Tab. 5.5**)
  - kranial
  - kaudal

7.22.3.2 Osteopathisch

- Behandlung Läsion
  - FLEX/ABD/AROT bzw. FLEX/ADD/IROT: indirekt (S. 298) und direkt (S. 299)
  - EXT/ADD/IROT bzw. EXT/ABD/AROT: indirekt (S. 299) und direkt (S. 298)
- V-Spread (S. 215)
  - mediolateral entlang der Tarsalgelenksachsen
  - dorsopalmar entlang der Tarsalgelenksachsen
- Kompression-Traktion (S. 212) proximodistal und dorsoplantar
- Lösung der Faszienketten, s. Kap. Faszientechniken (S. 200), Gürtelgefäß (S. 206), Beckendiaphragma (S. 207), Faszienkontinuum (S. 208), Am M. masseter (S. 210)
  - SDL, SVL, SL, FL, LL

7.22.3.3 Kraniosakral

- Unwinding (S. 217) der einzelnen Tarsalknochen/des Calcaneus
- Still-Point (S. 217) bei komplexen Läsionen

7.22.3.4 Hausaufgaben für den Pferdebesitzer/Gymnastizierung

- Passgenauigkeit von Reithalfter/Gebiss/Sattel prüfen, evtl. Stellungskorrektur der Hufe
- osteopathischer Befund des Reiters
- kräftiges und langsames Ausstreichen (S. 184) vor dem Reiten/Training (**Tab. 5.1**) von: M. gluteus, Mm. ischiocrurales, M. gastrocnemius
- Handarbeit/Longe mit Kappzaum in Stellung und physiologischer WS-Rotation
- Reiten vorwärts-abwärts in Stellung und physiologischer WS-Rotation geradeaus und auf großen Zirkeln
- keine Versammlung

7.23 Kiefergelenk

7.23.1 Befunde

7.23.1.1 Anamnese

- Kauprobleme, Zähneknirschen
- Gewichtsverlust, Verdauungsstörungen, Kolikneigung
- schlechte Stellung deutlich einseitig/Verwerfen im Genick
- Zügel aus der Hand reißen
- übermäßiges, unruhiges Kauen auf dem Trensengebiss
- Verhaltensauffälligkeiten (z. B. Headshaking)

7.23.1.2 Adspektion/Ganganalyse

- Adspektion des vorderen Gebisses:
  - Th. steht vor dem Pferd und öffnet sanft die Lippen über den vorderen Zahnreihen
  - Adspektion auf Vollständigkeit und Zustand der sichtbaren Zähne (z. B. Zahnfraktur)
  - Adspektion auf Zustand der Maulhöhle (z. B. Futterreste, Zahnfleischtaschen)
  - Adspektion auf gerade Linie der Incisivi (es sollte kein „Smiley“ sichtbar sein)
  - Adspektion auf minimalen Überbiss bei erhobenem Kopf → dieser führt beim Fressen mit tiefer Kopfhaltung zur Passgenauigkeit der Kiefer aufeinander
- Ernährungszustand/Allgemeinzustand
- schlechte Fellstruktur
- „schiefes“, asymmetrisches Gesicht
- asymmetrische Stellung des Atlas
- asymmetrische Stellung der Ohren
- Aufquellung/Verengung/Asymmetrie im Bereich der Ganasche
- Hypertrophie/Asymmetrie der Mm. masseter, frontalis
- Hypertrophie/Atrophie im Bereich der kurzen Genickmuskeln
- unharmonischer Übergang der kurzen Genickmuskeln in die Oberlinie

7.23.1.3 Palpation und Stresspunkte

- Palpation der Backenzähne (S. 300)
- Prüfung der Mahlbewegungen des Unterkiefers (S. 301)
- schmerzhafte, asymmetrische Stellung der Capita mandibulae
- Hypertonus des Mm. masseter, frontalis

- Hypertonus des Nackenbands direkt am Okziput
- Verbackungen des Unterhautgewebes am Genick/den Kaumuskeln
- Hypersensibilität der Ohren/des Genicks (kopfscheu)
- schmerzhafte/aufgequollene Suturen
- Stresspunkte (S. 163): SP 1 – 2 (**Tab. 4.2**)

7.23.1.4 Globale Bewegungstests

- Kleine Halsdehnung (S. 165)

7.23.1.5 Läsionen

Siehe **Tab. 7.80**.

Tab. 7.80 Übersicht Läsionen des Kiefergelenks.

Läsion	Funktionsprüfung	Biomechanik
kaudal beidseitig	Prüfung Kiefergelenkspalt (S. 302), Prüfung Unterkieferstellung (S. 303)	physiologisch: Mahlbewegung
rostral beidseitig	Prüfung Kiefergelenkspalt (S. 302), Prüfung Unterkieferstellung (S. 303)	physiologisch: Mahlbewegung
lateral	Prüfung Mahlbewegungen des Unterkiefers gegenüber Oberkiefer (S. 301)	physiologisch: Mahlbewegung
AROT/IROT	Prüfung Unterkieferstellung (S. 303)	physiologisch: Mahlbewegung

Biomechanik der Läsionen

Siehe **Tab. 7.81**, **Tab. 7.82** und **Tab. 7.83**.

Tab. 7.81 Biomechanik des Kiefergelenks bei Läsion nuchal und rostral beidseitig (vgl. **Tab. 2.20**).

Struktur	nuchal beidseitig	rostral beidseitig
Mandibula	bds. nuchal	bds. rostral
Procc. condylares mandibulae	bds. dorsokaudal an den Disci, klemmen diese ein	bds. ventrokranial der Disci, werden nicht mehr geführt
Ganasche	verengt	vergrößert
Stellungsanomalie	Überbiss	Unterbiss
evtl. Läsion des Os hyoideum	dorsokranial	ventrokaudal

Tab. 7.82 Biomechanik des Kiefergelenks bei Läsion in lateral (vgl. **Tab. 2.20**).

Struktur	**lateral***	
–	**links**	**rechts**
Mandibula	nuchal	rostral
Procc. condylares mandibulae	dorsokaudal am Diskus, klemmt diesen ein	ventrokranial des Diskus, wird nicht mehr geführt
Ganasche	verengt	vergrößert
Stellungsanomalie	evtl. Überbiss	evtl. Unterbiss
evtl. Läsion des Os hyoideum	mittig zwischen den Anguli mandibulae oder lateral rechts	
*Läsion nach nuchal links und/oder Läsion nach rostral rechts		

Tab. 7.83 Biomechanik des Kiefergelenks bei Läsion in AROT bzw. IROT (vgl. **Tab. 2.20**).

Struktur	**AROT**	**IROT**
Caput mandibulae	beidseitig oder einseitig lateral	beidseitig oder einseitig medial
KSR der Mandibula	stark eingeschränkt bzw. steht still	

7.23.2 Mögliche assoziierte Befunde

- Tentorium cerebelli (S. 440)
- SSB (S. 425)
- Zungenbein (S. 422) (häufig: kontralateral der Lateralisierung des Unterkiefers)
- Beckendiaphragma (S. 460) (!)
- Sternum (S. 368)
- Schultergelenk (S. 382) (häufig: kontralateral)
- Becken (S. 358) (häufig: LATFLEX/ROT ipsilateral auf der Seite der Lateralisierung des Unterkiefers)
- Hüftgelenk (S. 405) (häufig: ipsilateral)
- Funktionsstörungen von: Gehör (!), Gleichgewicht (!), Magen, Darm

7.23.3 Behandlungskonzept

7.23.3.1 Muskulär

Siehe **Tab. 7.84.**

Tab. 7.84 Muskeltechniken zur Behandlung des Kiefergelenks.

Struktur	Streichung (S. 184)	Klopfung (S. 186)	Friktion (S. 186)	Knetung (S. 186)	Spindelzell-Technik (S. 187)	SP-Behandlung (S. 188)
Mm. masseter/ frontalis	x	–	x	–	x	–
Mm. obliquus/ rectus capitis	x	–	x	–	x	SP 1
Nackenband	–	–	–	x	–	–
Mm. brachiocephalicus, splenius	x	x	–	x	x	SP 2

- Kleine Halsdehnung (S. 194) und (**Tab. 5.4**)

7.23.3.2 Osteopathisch

- Behandlung Läsion
  - nuchal beidseitig (S. 302): indirekt und direkt
  - rostral beidseitig (S. 302): indirekt und direkt
  - lateral (S. 303): indirekt und direkt
  - AROT/IROT (S. 303): indirekt und direkt
- Kompression-Traktion (S. 212) des Kiefergelenks
- Release (S. 216)
  - des Diaphragmas Tentorium cerebelli (S. 315)
  - des Diaphragmas Atlas-Okziput (S. 315)
  - des Diaphragmas Kiefergelenk/Zungenbein (S. 316)
  - der Thoraxapertur (S. 317)
- Lösung der Faszienketten, s. Kap. Faszientechniken (S. 200), Gürtelgefäß (S. 206), Beckendiaphragma (S. 207), Faszienkontinuum (S. 208), Am M. masseter (S. 210)
  - SDL, SVL, LL, SL

7.23.3.3 Kraniosakral

- Unwinding (S. 217) des Unterkiefers
- Still-Point (S. 217) bei komplexen Läsionen
- CV4 (S. 218) zur Lösung der Suturen

7.23.3.4 Hausaufgaben für den Pferdebesitzer/Gymnastizierung

- Passgenauigkeit von Reithalfter/Gebiss/Sattel prüfen, evtl. Stellungskorrektur der Hufe
- osteopathischer Befund des Reiters
- kräftiges und langsames Ausstreichen (S. 184) vor dem Reiten/Training (**Tab. 5.1**) von: Mm. masseter, frontalis, kurze Genickmuskeln
- Kleine Halsdehnung (S. 165)
- Handarbeit/Longe mit Kappzaum in Stellung
- Reiten vorwärts-abwärts in Stellung und physiologischer WS-Rotation auf großen bis kleinen Zirkeln
- keine Versammlung

7.24 Zungenbein

7.24.1 Befunde

7.24.1.1 Anamnese

- Gleichgewichtsstörungen (z. B. schlechtes Stehen auf 3 Beinen beim Hufschmied)
- häufiges versehentliches Anrempeln (Kopf gegen Futterkrippe, Hüfthöcker gegen Boxentür beim Rein- und Rausführen)
- Konzentrationsstörungen
- schlechte Stellung einseitig/Verwerfen im Genick
- übermäßiges Kauen auf dem Trensengebiss

7.24.1.2 Adspektion/Ganganalyse

- „schiefes", asymmetrisches Gesicht
- Aufquellung/Verengung/Asymmetrie im Bereich der Ganasche
- Aufquellung/Einziehung zwischen den Unterkieferästen
- Einziehung der Suturae internasalis und/oder interfrontalis
- asymmetrische Stellung des Atlas/der Ohren
- Hypertrophie/Asymmetrie der Mm. masseter, frontalis, der kurzen Genickmuskeln
- unharmonischer Übergang der kurzen Genickmuskeln in die Oberlinie

7.24.1.3 Palpation und Stresspunkte

- Hypertonus der hyoidalen Muskulatur und der Mm. masseter, frontalis
- schmerzhafte/aufgequollene Suturen
- Hypertonus des Nackenbands direkt am Okziput
- Hypersensibilität der Ohren/des Genicks (kopfscheu)
- Stresspunkte (S. 163): SP 1 – 2 (**Tab. 4.2**)

7.24.1.4 Globale Bewegungstests

- Kleine Halsdehnung (S. 165)

7.24.1.5 Läsionen

Siehe **Tab. 7.85**.

Tab. 7.85 Übersicht Läsionen des Zungenbeins.

Läsion	Funktionsprüfung	Biomechanik
dorsokranial	Prüfung Handgriff 1 (S. 303)	physiologisch: relative Aufrichtung
ventrokaudal	Prüfung Handgriff 1 (S. 303)	physiologisch: Dehnungshaltung
lateral	Prüfung Handgriff 2 (S. 304)	pathologisch

Biomechanik der Läsionen

Siehe **Tab. 7.86**.

Tab. 7.86 Biomechanik des Zungenbeins bei Läsion in dorsokranial, ventrokaudal und lateral (vgl. **Tab. 2.21**).

Struktur	dorsokranial	ventrokaudal	lateral
Basihyoideum	vermehrt Richtung Mundhöhle	vermehrt Richtung Unterkieferkanten	steht dichter an einem Unterkieferast
Abstand zwischen Thyreohyoideum und Cartilago thyreoidea	verkleinert	vergrößert	–
Raum zwischen den Unterkieferästen	„hohl“	„voll“	–
evtl. Läsion des Kiefergelenks	nuchal beidseitig	rostral beidseitig	rostral einseitig, nuchal einseitig
Suturae internasalis und/oder interfrontalis	evtl. eingezogen	rostral beidseitig	–

7.24.2 Mögliche assoziierte Befunde

- Kiefergelenk (S. 418) (häufig: kontralateral der Lateralisierung des Os hyoideum)
- Sternum (S. 368)
- LWS (S. 343)
- Gleichgewicht/Gehör

7.24.3 Behandlungskonzept

7.24.3.1 Muskulär

s. Behandlung Kiefergelenk (S. 421)

7.24.3.2 Osteopathisch

- Behandlung Läsion
  - dorsokaudal bzw. ventrokranial (S. 303): indirekt und direkt
  - lateral (S. 304): indirekt und direkt
- Release (S. 216)
  - des Diaphragmas Tentorium cerebelli (S. 315)
  - des Diaphragmas Atlas-Okziput (S. 315)
  - des Diaphragmas Kiefergelenk/Zungenbein (S. 316)
  - der Thoraxapertur (S. 317)
- Lösung der Faszienketten, s. Kap. Faszientechniken (S. 200), Gürtelgefäß (S. 206), Beckendiaphragma (S. 207), Faszienkontinuum (S. 208), Am M. masseter (S. 210)
  - SDL, SVL, LL, SL

7.24.3.3 Kraniosakral

- Unwinding (S. 217) des Zungenbeins
- Still-Point (S. 217) bei tiefgreifenden, festsitzenden Läsionen
- CV4 (S. 218) zur Lösung der Suturen

7.24.3.4 Hausaufgaben für den Pferdebesitzer/Gymnastizierung

- Passgenauigkeit von Reithalfter/Gebiss/Sattel prüfen, evtl. Stellungskorrektur der Hufe
- osteopathischer Befund des Reiters
- kräftiges und langsames Ausstreichen (S. 184) vor dem Reiten/Training (**Tab. 5.1**) von: Mm. masseter, frontalis, kurze Genickmuskeln
- Kleine Halsdehnung (S. 165)

- Handarbeit/Longe mit Kappzaum in Stellung
- Reiten vorwärts-abwärts in Stellung und physiologischer WS-Rotation auf großen bis kleinen Zirkeln
- keine Versammlung

7.25 Synchondrosis sphenobasilaris

7.25.1 Befunde

7.25.1.1 Anamnese

- sehr häufig keine spezifische Anamnese des Besitzers, evtl.
  - Koordinations- oder Gleichgewichtsstörungen
  - Zügel aus der Hand reißen, Stellungsschwierigkeiten
  - Kauprobleme, Zähneknirschen, Okklusionsstörungen
  - rezidivierende/chronische Unrittigkeit mit festem Genick und Rücken
  - Verhaltensauffälligkeiten (Headshaking, besonders „kitzlig")
  - Stereotypien (z. B. Koppen, Weben, Stangenwetzen, Zaunlaufen,...)
  - Nasenausfluss, Verengung der Nasengänge, rezidivierende Sinusitis
  - Augenentzündungen, tränende Augen
  - Hormonstörungen (z. B. Auffälligkeiten in der Rosse, Stute nimmt nicht auf, Erektionsstörungen des Hengstes, Morbus Cushing)
  - Fieber
  - sehr wechselhaftes Temperament

7.25.1.2 Adspektion/Ganganalyse

- „schiefes", asymmetrisches Gesicht
- asymmetrische Stellung des Atlas/der Ohren
- Fellveränderungen, Stichelhaare, Scheuerstellen Atlas/Ohren
- Hypertrophie/Atrophie im Bereich der kurzen Genickmuskeln
- Aufquellung/Verengung/Asymmetrie im Bereich der Ganasche
- unharmonischer Übergang der kurzen Genickmuskeln in die Oberlinie
- Beine in AROT oder IROT (Gangbild entsprechend 3- bis 4-spurig, unausbalanciert)
- Sakrumfehlstellung

7.25.1.3 Palpation und Stresspunkte

- Hypersensibilität der Ohren/des Genicks (kopfscheu)
- Hypertonus
  - kurze Genickmuskeln
  - Kaumuskulatur
  - Nackenbanddirekt am Okziput
- Verbackungen des Unterhautgewebes um den Atlas
- Asymmetrie von Okziput/Atlas/Axis
- schmerzhafte/aufgequollene Suturen
- Stresspunkte (S. 163): SP 1 – 2 (**Tab. 4.2**)

7.25.1.4 Globale Bewegungstests

- Kleine Halsdehnung (S. 165)

7.25.1.5 Läsionen

Siehe **Tab. 7.87**.

Tab. 7.87 Übersicht Läsionen des SSB.

Läsion	Funktionsprüfung	Biomechanik
FLEX	Prüfung SSB Handgriff 1 (S. 307) Prüfung SSB Handgriff 2 (S. 308)	physiologisch
EXT		physiologisch
Torsion		pathologisch
Sidebending-ROT		pathologisch
Lateral Strain		pathologisch
Vertical Strain superior		pathologisch
Vertical Strain inferior		pathologisch
Kompression		pathologisch

Biomechanik der Läsionen

Siehe **Tab. 7.88** und **Tab. 7.89**.

Tab. 7.88 Biomechanik der SSB bei Läsion in FLEX, EXT, Torsion und Sidebending-ROT (vgl. **Tab. 2.17**, **Tab. 2.18**).

Struktur	FLEX	EXT	Torsion*	Sidebending-ROT**
Sphenoid	bds. in FLEX	bds. in EXT	• rechts: in EXT • links: in FLEX	• rechts: in FLEX • links: in EXT
Okziput	bds. in FLEX	bds. in EXT	• rechts: in FLEX • links: in EXT	• rechts: in FLEX • links: in EXT
Adspektion/Palpation Schädel				
SSB	nach dorsal geöffnet	nach ventral geöffnet	Neutralnullstellung	nach dorsolateral rechts geöffnet
Sphenoid	–	–	in ROT rechts	in LATFLEX/ROT links
• Keilbeinflügel	beide ventral	beide dorsal	• rechts: dorsal • links: ventral	• rechts: ventrorostral • links: dorsonuchal
• rostrale Gesichtsquadranten	bds. in FLEX	bds. in EXT	• rechts: in EXT • links: in FLEX	• rechts: in FLEX • links: in EXT
Okziput	–	–	in ROT links	in LATFLEX/ROT links
• Crista nuchae	ventral	dorsal	• rechts: ventral • links: dorsal	• rechts: ventronuchal • links: dorsorostral
• nuchale Gesichtsquadranten	bds. in FLEX	bds. in EXT	• rechts: in FLEX • links: in EXT	• rechts: in FLEX • links: in EXT

Tab. 7.88 Fortsetzung.

Struktur	FLEX	EXT	Torsion*	Sidebending-ROT**
periphere Schädelknochen	bds. in AROT	bds. in IROT	• rechts: nuchal in AROT und rostral in IROT • links: nuchal in IROT und rostral in AROT	• rechts: in AROT • links: in IROT
Stirn	bds. breit und flach[1]	bds. schmal und vorgewölbt[3]	• rechts: schmal und vorgewölbt[3] • links: breit und flach[1]	• rechts: breit und flach[1] • links: schmal und vorgewölbt[3]
Augen	bds. hervorstehend[1]	bds. tiefliegend[3]	• rechts: tiefliegend[3] • links: hervortretend[1]	• rechts: hervortretend[1] • links: tiefliegend[3]
Crista nuchae	bds. etwas eingesunken[2]	bds. prominent[4]	• rechts: eingesunken[2] • links: prominent[4]	• rechts: eingesunken[2] • links: prominent[4]
Ohren	bds. abstehend[2]	bds. anliegend[4]	• rechts: abstehend[2] • links: anliegend[4]	• rechts: abstehend[2] • links: anliegend[4]
Unterkiefer	bds. breit und zurückgeschoben → Maulspalte kurz[2]	bds. schmal und vorgeschoben → Maulspalte lang[4]	• rechts: breit und zurückgeschoben → Maulspalte kurz[2] • links: schmal und vorgeschoben → Maulspalte lang[4]	• rechts: breit und zurückgeschoben → Maulspalte kurz[2] • links: schmal und vorgeschoben → Maulspalte lang[4]

Tab. 7.88 Fortsetzung.

Struktur	FLEX	EXT	Torsion*	Sidebending-ROT**
Adspektion/Palpation Gliedmaßen				
Beine evtl.	bds. in AROT[2]	bds. in IROT[4]	• rechts: in AROT[2] • links: in IROT[4]	• rechts: in AROT[2] • links: in IROT[4]
Sakrum evtl.	in FLEX[2]	in EXT[4]	• Torsion links/Wobbel links oder • in LATFLEX rechts/ROT links oder • in LATFLEX/ROT links	• Torsion links/Wobbel links oder • in LATFLEX rechts/ROT links oder • in LATFLEX/ROT links

* Torsion wird benannt nach der Seite, auf der der KBF dorsal steht. Beispiel: Torsion rechts; ** Sidebending-ROT wird benannt nach der konvexen Seite, auf der sich die KBF und Crista nuchae ventral stehend voneinander entfernen; Beispiel: Sidebending-ROT rechts; [1] Sphenoid in FLEX, [2] Okziput in FLEX, [3] Sphenoid in EXT, [4] Okziput in EXT

Tab. 7.89 Biomechanik der SSB in Läsion Lateral Strain, Vertical Strain und Kompression (vgl. Tab. 2.17 und Tab. 2.18).

–	**Lateral Strain***	**Vertical Strain*** superior**	**Vertical Strain*** inferior**	**Kompression********
Sphenoid	FLEX oder EXT**	beidseitig in FLEX	beidseitig in EXT	FLEX oder EXT oder entsprechend einer Läsion ineinander komprimiert
Okziput	FLEX oder EXT**	beidseitig in EXT	beidseitig in FLEX	
Adspektion/Palpation Schädel				
Sphenoid	LATFLEX links mit Translation links	Translation nach dorsal	Translation nach ventral	****
• Corpus	• links	dorsal	ventral	****
• KBF	• rechts: medial • links: lateral	beidseitig ventral	beidseitig dorsal	****
• rostraler Gesichtsquadrant	FLEX oder EXT**	beidseitig in FLEX	beidseitig in EXT	FLEX oder EXT****
Okziput	LATFLEX rechts mit Translation rechts	Translation nach ventral	Translation nach dorsal	****
• Crista nuchae	• rechts: lateral • links: medial	dorsal	ventral	****
• nuchaler Gesichtsquadrant	FLEX oder EXT**	beidseitig in EXT	beidseitig in FLEX	FLEX oder EXT****
periphere Schädelknochen	**	• rostral: AROT • nuchal: IROT	• rostral: IROT • nuchal: AROT	****

Tab. 7.89 Fortsetzung.

–	Lateral Strain*	Vertical Strain*** superior	Vertical Strain*** inferior	Kompression****
Stirn	**	breit und flach[1]	schmal und vorgewölbt[3]	****
Augen	**	hervorstehend[1]	tiefliegend[3]	****
Crista nuchae	**	prominent[4] oder insgesamt nach ventral abgerutscht	etwas eingesunken[2]	****
Ohren	**	anliegend[4]	abstehend[2]	****
Unterkiefer	**	schmal und vorgeschoben → Maulspalte lang[4]	breit und zurückgeschoben → Maulspalte kurz[2]	****
Adspektion/Palpation Gliedmaßen				
Beine evtl.	**	beidseitig in IROT[4]	beidseitig in AROT[2]	****
Sakrum evtl.	in LATFLEX rechts mit ROT rechts/links	in EXT[4]	in FLEX[2]	in Läsion entsprechend Stellung Okziput
L 6 evtl.	–	–	Gleiten nach ventral	Gleiten nach ventral

* wird benannt nach der Seite, zu der der Corpus sphenoidalis lateral verschoben ist; Beispiel: Lateral Strain links; ** entsprechend ihres angeborenen Typus, dabei auf der Frontalebene parallelogrammartig verschoben; ***wird benannt nach der Stellung des Corpus sphenoidalis; **** entsprechend ihres angeborenen Typus; [1] Sphenoid in FLEX, [2] Okziput in FLEX, [3] Sphenoid in EXT, [4] Okziput in EXT

7.25.2 Mögliche assoziierte Befunde

- Suturen (S. 434)
- Hirnnerven (S. 108)
- Kiefergelenk (S. 418)
- C 7 / Th 1 (S. 334)
- Sternum (S. 368) (häufig: entsprechend der Läsion der SSB)
- Sakrum (S. 348) (häufig: gegenläufig der Läsion der SSB bzw. entsprechend der Stellung des Okziputs)
- Gliedmaßenfehlstellungen in AROT/IROT (siehe jeweils das entsprechende Extremitätengelenk)

7.25.3 Behandlungskonzept

BEACHTE

Wichtig vor Beginn der eigentlichen Behandlung der SSB: Release (S. 216) der Thoraxapertur (S. 317).

7.25.3.1 Muskulär

Siehe **Tab. 7.90.**

Tab. 7.90 Muskeltechniken zur Behandlung der Synchondrosis sphenobasilaris.

Struktur	Streichung (S. 184)	Klopfung (S. 186)	Friktionen (S. 186)	Knetung (S. 186)	Spindelzell-Technik (S. 187)	SP-Behandlung (S. 188)
Nackenband	–	–	–	x	–	–
Mm. obliquus/ rectus capitis	x	–	x	–	x	SP 1
Mm. masseter/ frontalis	x	–	x	–	x	–
Mm. brachiocephalicus, splenius	x	x	–	x	x	SP 2

- Kleine Halsdehnung (S. 194) und (**Tab. 5.4**)

7.25.3.2 Osteopathisch

- Behandlung Läsion
  - FLEX (S. 306): indirekt und direkt
    - bei kopfscheuem Pferd Behandlung über das Sakrum: indirekt (S. 242) und direkt (S. 243)
  - EXT (S. 306): indirekt und direkt
    - bei kopfscheuem Pferd Behandlung über das Sakrum: indirekt (S. 243) und direkt (S. 242)
  - Torsion (S. 307): indirekt und direkt
    - bei kopfscheuem Pferd Behandlung über das Sakrum: indirekt und direkt (S. 244)
  - Sidebending-Rotation (S. 307): indirekt und direkt
    - bei kopfscheuem Pferd Behandlung über das Sakrum: indirekt und direkt (S. 244)
  - Lateral strain (S. 307): indirekt und direkt
    - bei kopfscheuem Pferd Behandlung über das Sakrum: indirekt und direkt (S. 243)
  - Vertical strain superior (S. 307): indirekt und direkt
    - bei kopfscheuem Pferd Behandlung über das Sakrum: indirekt (S. 243) und direkt (S. 242)
  - Vertical strain inferior (S. 308): indirekt und direkt
    - bei kopfscheuem Pferd Behandlung über das Sakrum: indirekt (S. 242) und direkt (S. 243)
  - Kompression (S. 307): indirekt und direkt
    - bei kopfscheuem Pferd Behandlung über das Sakrum: entspr. Stellung des Okziputs indirekt und direkt (S. 242)
- Release (S. 216)
  - des Diaphragmas Tentorium cerebelli (S. 315)
  - des Diaphragmas Atlas-Okziput (S. 315)
  - der Thoraxapertur (S. 317)
- Lösung der Faszienketten, s. Kap. Faszientechniken (S. 200), Gürtelgefäß (S. 206), Beckendiaphragma (S. 207), Faszienkontinuum (S. 208), Am M. masseter (S. 210)
  - SDL, SVL, LL, SL

7.25.3.3 Kraniosakral

- Unwinding (S. 217) von Sphenoid und Okziput
- CV4 (S. 218) bei komplexen Läsionen

7.25.3.4 Hausaufgaben für den Pferdebesitzer/Gymnastizierung

- Passgenauigkeit von Reithalfter/Gebiss/Sattel prüfen, evtl. Stellungskorrektur der Hufe
- osteopathischer Befund des Reiters
- kräftiges und langsames Ausstreichen (S. 184) vor dem Reiten/Training (**Tab. 5.1**) von: M. masseter, M. frontalis, kurze Genickmuskeln
- Kleine Halsdehnung (S. 165)
- Handarbeit/Longe mit Kappzaum in Stellung
- Reiten vorwärts-abwärts in Stellung und physiologischer WS-Rotation auf großen bis kleinen Zirkeln
- keine Versammlung

7.26 Suturen und periphere Schädelknochen

7.26.1 Befunde

7.26.1.1 Anamnese

- Verhaltensauffälligkeiten (kopfscheu, lässt sich nicht aufhalftern etc.)
- Stereotypien (z. B. Koppen, Weben, Stangenwetzen, Zaunlaufen etc.)
- Gesichtödem (insbes. bei Blockierung des Os temporale)
- Nasenausfluss, Verengung der Nasengänge (insbes. Os frontale, Os nasale, Os lacrimale)
- Augenentzündungen, tränende Augen (insbes. Os lacrimale, Os zygomaticum)
- Hormonstörungen (z. B. Auffälligkeiten in der Rosse, Stute nimmt nicht auf, Erektionsstörungen des Hengstes, Morbus Cushing)
- Kauprobleme, Zähneknirschen (insbes. Mandibula, Maxilla, Os temporale, Os parietale, Os zygomaticum)
- Unrittigkeit, Anlehnungsschwierigkeiten

7.26.1.2 Adspektion/Ganganalyse

- Gesichtsödem
- „schiefes“, asymmetrisches Gesicht
- asymmetrische Stellung des Atlas/der Ohren

7.26.1.3 Palpation und Stresspunkte

- schmerzhafte/aufgequollene Suturen
- Hypersensibilität der Ohren/des Genicks (kopfscheu)
- Hypertonus des Nackenbands direkt am Okziput
- Hypertonus M. masseter, M. frontalis
- Stresspunkt (S. 163): SP 1 (**Tab. 4.2**)

7.26.1.4 Globale Bewegungstests

- Kleine Halsdehnung (S. 165)

7.26.1.5 Läsionen

Siehe **Tab. 7.91**.

Tab. 7.91 Übersicht Läsionen der Suturen und Schädelknochen.

Läsion	Funktionsprüfung	Biomechanik
Kompression der Sutur	Prüfung Suturen (S. 309)	pathologisch
AROT der peripheren Schädelknochen	Prüfung Suturen (S. 309)	physiologisch: FLEX SSB
IROT der peripheren Schädelknochen	Prüfung Suturen (S. 309)	physiologisch: EXT SSB

Biomechanik der Läsionen

Siehe **Tab. 7.92**.

Tab. 7.92 Biomechanik der Suturen und Schädelknochen bei Läsion in Kompression, AROT und IROT (S. 82).

Struktur	Kompression der Sutur*	AROT der peripheren Schädelknochen	IROT der peripheren Schädelknochen
Gesicht	eingestaucht, kurz und schmal	breit, kurz und flach	schmal, lang und vorgewölbt
evtl. SSB	in Kompression	in FLEX	in EXT
KSR lokal	nein	in AROT	in IROT
Sutur	Kompression	evtl. Kompression	evtl. Kompression

*Die in dieser Sutur miteinander verbundenen peripheren Schädelknochen sind ineinander geschoben in ihrer physiologischen oder in einer unphysiologischen Stellung.

7.26.2 Mögliche assoziierte Befunde

- Kiefergelenk (S. 418)
- SSB (S. 425)
- Hirnnerven (S. 108)
- Sakrum (S. 348)

7.26.3 Behandlungskonzept

7.26.3.1 Muskulär

Siehe **Tab. 7.93.**

Tab. 7.93 Muskeltechniken zur Behandlung der Suturen und peripheren Schädelknochen.

Struktur	**Streichung (S. 184)**	**Klopfung (S. 186)**	**Friktionen (S. 186)**	**Knetung (S. 186)**	**Spindelzell-Technik (S. 187)**	**SP-Behandlung (S. 188)**
Nackenband	–	–	–	x	–	–
Mm. obliquus/ rectus capitis	x	–	x	–	x	SP 1
M. masseter/ frontalis	x	–	x	–	x	–
Mm. brachiocephalicus, splenius	x	x	–	x	x	SP 2

- Kleine Halsdehnung (S. 194) und (**Tab. 5.4**)

7.26.3.2 Osteopathisch

- Behandlung Läsion
  - Kompression der Sutur: indirekt und direkt (S. 309)
  - AROT/ROT der peripheren Schädelknochen: indirekt und direkt (S. 309)
- V-Spread (S. 215) bezüglich der einzelnen Suturen:
- Kompression-Traktion (S. 212) bzw. Temporal- (S. 214), Parietal- (S. 214), Frontal- (S. 215), Occipital-Lift (S. 215)
- Release (S. 216)
  - des Diaphragmas Tentorium cerebelli (S. 315)
  - des Diaphragmas Atlas-Okziput (S. 315)
  - des Diaphragmas Kiefergelenk/Zungenbein (S. 316)
- Lösung der Faszienketten, s. Kap. Faszientechniken (S. 200), Gürtelgefäß (S. 206), Beckendiaphragma (S. 207), Faszienkontinuum (S. 208), Am M. masseter (S. 210)
  - SDL, SVL, LL, SL

7.26.3.3 Kraniosakral

- Unwinding (S. 217) der einzelnen peripheren Schädelknochen
- CV4 (S. 218) bei komplexen Läsionen

7.26.3.4 Hausaufgaben für den Pferdebesitzer/Gymnastizierung

- Passgenauigkeit von Reithalfter/Gebiss/Sattel prüfen, evtl. Stellungskorrektur der Hufe
- osteopathischer Befund des Reiters
- kräftiges und langsames Ausstreichen (S. 184) vor dem Reiten/Training (**Tab. 5.1**) von: M. masseter, M. frontalis, kurze Genickmuskeln
- Kleine Halsdehnung (S. 165)
- Handarbeit/Longe mit Kappzaum in Stellung
- Reiten vorwärts-abwärts in Stellung und physiologischer WS-Rotation auf großen bis kleinen Zirkeln
- keine Versammlung

7.27 Dura mater und Liquor

7.27.1 Befunde

Grundsätzlich können sich Läsionen der Dura mit Fluktuationsstörungen des Liquors im gesamten Körper darstellen.

7.27.1.1 Anamnese

Häufig Symptome entsprechend der Läsionen von:

- Atlas/Okziput (S. 325)
- C 7 / Th 1 (S. 334)
- LWS/Sakrum (S. 348)
- Fieber
- sehr wechselhaftes Temperament
- Koordinations- oder Gleichgewichtsstörungen

7.27.1.2 Adspektion/Ganganalyse

Häufig Symptome entsprechend der Läsionen von:

- Atlas/Okziput (S. 325)
- C 7 / Th 1 (S. 334)
- LWS/Sakrum (S. 348)
- Gesichtsödeme

7.27.1.3 Palpation

Häufig Symptome entsprechend der Läsionen von:

- Atlas/Okziput (S. 325)
- C 7 / Th 1 (S. 335)
- LWS/Sakrum (S. 349)

7.27.1.4 Globale Bewegungstests

Häufig Symptome entsprechend der Läsionen von:

- Atlas/Okziput (S. 326)
- C 7 / Th 1 (S. 335)
- LWS/Sakrum (S. 349)

7.27.1.5 Läsionen

Siehe **Tab. 7.94**.

Tab. 7.94 Übersicht Läsionen von Dura mater und Liquor.

Läsion	Funktionsprüfung	Biomechanik
Restriktion der Dura mater	Dura mater und Liquor (S. 311)	pathologisch
Verbackung der Dura mater	Dura mater und Liquor (S. 311)	pathologisch

Befunde der Läsionen

Siehe **Tab. 7.95**.

Tab. 7.95 Befunde der Läsionen von Dura mater und Liquor.

–	Restriktion der Dura mater*	Verbackung der Dura mater**
KSR	lokaler Stillstand	lokaler Stillstand
Liquor	Fluktuationen	lokaler, später evtl. generalisierter Stillstand des Liquorflusses
weitere Läsionen	evtl. lokal entsprechendes Wirbelsegment	evtl. lokale, später fortgeleitete Läsion eines/mehrerer Wirbelsegmente

* = Störung der geradlinigen und flexiblen Verspannung der Dura mater innerhalb des Wirbelkanals;
** = Verklebung der 2 Schichten des Dura-Schlauchs miteinander und evtl. auch mit dem Periost des benachbarten Wirbelsegments

7.27.2 Mögliche assoziierte Befunde

Entsprechend der Lokalisation der Läsion:
- Atlas/Okziput (S. 328)
- C 7 / Th 1 (S. 336)
- LWS/Sakrum (S. 351)
- Sternum (S. 371)
- vegetatives/peripheres Nervensystem (S. 111)

7.27.3 Behandlungskonzept

7.27.3.1 Muskulär

Entsprechend der Lokalisation der Läsion:
- Atlas/Okziput (S. 329)
- C 7 / Th 1 (S. 337)
- LWS/Sakrum (S. 351)

7.27.3.2 Osteopathisch

- Behandlung Läsion
  - Restriktion der Dura mater (S. 311) (lokal oder über Filum terminale)
  - Verbackung der Dura mater (S. 311) (lokal oder über Filum terminale)
- entsprechend der Lokalisation der Läsion: Release (S. 216)
  - des Diaphragmas Tentorium cerebelli (S. 315)
  - des Diaphragmas Atlas-Okziput (S. 315)
  - des Diaphragmas Kiefergelenk/Zungenbein (S. 316)
  - der Thoraxapertur (S. 317)
  - des Diaphragmas (S. 318)
  - des Beckendiaphragmas (S. 319), s. auch Diaphragmentechniken (S. 207)
- Lösung der Faszienketten, s. Kap. Faszientechniken (S. 200), Gürtelgefäß (S. 206), Beckendiaphragma (S. 207), Faszienkontinuum (S. 208), Am M. masseter (S. 210)
  - SDL, SVL

7.27.3.3 Kraniosakral

- Dural tube (S. 219); s. a. Kap. Dura mater und Liquor (S. 311)
- CV4 (S. 218) bei komplexen Läsionen
- Still-Point (S. 217) bei komplexen Läsionen

7.27.3.4 Hausaufgaben für den Pferdebesitzer/Gymnastizierung

- Passgenauigkeit von Reithalfter/Gebiss/Sattel prüfen, evtl. Stellungskorrektur der Hufe
- osteopathischer Befund des Reiters
- kräftiges und langsames Ausstreichen (S. 184) vor dem Reiten/Training (**Tab. 5.1**) von: M. masseter, M. frontalis, kurze Genickmuskeln, M. trapezius, M. erector spinae, M. gluteus, Mm. ischiocrurales
- Kleine Halsdehnung (S. 165)
- Große Halsdehnung (S. 166)
- Handarbeit/Longe mit Kappzaum in Stellung
- Reiten vorwärts-abwärts in Stellung und physiologischer WS-Rotation auf geraden Strecken und großen Zirkeln
- keine Versammlung

7.28 Falx/Tentorium/Fulkrum

7.28.1 Befunde

7.28.1.1 Anamnese

- Verhaltensauffälligkeiten (kopfscheu, besonders „kitzlig“)
- Stereotypien (z. B. Koppen, Weben, Stangenwetzen, Zaunlaufen,...)
- Gesichtsödeme, angeschwollene Augenlider
- Hormonstörungen (z. B. Auffälligkeiten in der Rosse, Stute nimmt nicht auf, Erektionsstörungen des Hengstes, Morbus Cushing)
- Kauprobleme, Zähneknirschen
- Unrittigkeit, Anlehnungsschwierigkeiten
- schlechte Stellung einseitig/Verwerfen im Genick

7.28.1.2 Adspektion/Ganganalyse

- Gesichtsödem
- „schiefes“, asymmetrisches Gesicht
- asymmetrische Stellung des Atlas/der Ohren

7.28.1.3 Palpation und Stresspunkte

- Kopf fühlt sich an wie eine „harte Kokosnuss“
- schmerzhafte/aufgequollene Suturen
- Hypersensibilität der Ohren/des Genicks (kopfscheu)
- Hypertonus des Nackenbands direkt am Okziput
- Hypertonus Mm. masseter, frontalis
- Stresspunkt (S. 163): SP 1 (**Tab. 4.2**)

7.28.1.4 Globale Bewegungstests

- Kleine Halsdehnung (S. 165)

7.28.1.5 Läsionen

Siehe **Tab. 7.96**.

Tab. 7.96 Übersicht Läsionen von Falx, Tentorium und Fulkrum.

–	Läsion	Funktionsprüfung	Biomechanik
Falx cerebri und cerebelli	Restriktion auf Sagittalebene	Prüfung Falx cerebri und cerebelli (S. 313)	pathologisch
Tentorium cerebelli	Restriktion auf Transversalebene	Prüfung Tentorium cerebelli (S. 314)	pathologisch
Fulkrum	Restriktion bzgl. des physiologischen Kreuzungspunktes von Falx und Tentorium	Prüfung Fulkrum (S. 314)	pathologisch

Biomechanik der Läsionen

Siehe **Tab. 7.97**.

Tab. 7.97 Biomechanik von Restriktionen an Falx, Tentorium und Fulkrum.

Struktur	Falx cerebri und cerebelli	Tentorium cerebelli	Fulkrum
periphere Schädelknochen	AROT verringert	IROT verringert	AROT bzw. IROT verringert[1]
mediane Schädelknochen	FLEX verringert	EXT verringert	FLEX bzw. EXT verringert[1]
SSB/Sakrum	evtl. in EXT	evtl. in FLEX	FLEX bzw. EXT verringert[1]
lokale Suturen	evtl. Kompression	evtl. Kompression	evtl. Kompression

[1] je nach Ebene, auf der die Restriktion vorherrscht

7.28.2 Mögliche assoziierte Befunde

- SSB (S. 425)
- Kiefergelenk (S. 418)
- Sternum (S. 368)
- Sakrum (S. 363)

7.28.3 Behandlungskonzept

7.28.3.1 Muskulär

Siehe **Tab. 7.98**.

Tab. 7.98 Muskeltechniken zur Behandlung von Falx, Tentorium und Fulkrum.

Struktur	Friktionen (S. 186)	Knetung (S. 186)	Spindelzell-Technik (S. 187)	SP-Behandlung (S. 188)
Nackenband	–	x	–	–
Mm. obliquus/rectus capitis	x	–	x	SP 1
M. masseter/frontalis	x	–	x	–

- Kleine Halsdehnung (S. 194) und (**Tab. 5.4**)

7.28.3.2 Osteopathisch

- Behandlung Läsion (bei kopfscheuem Pferd Behandlung über das Filum terminale (S. 242))
  - Falx cerebri und cerebelli (S. 313)
  - Tentorium cerebelli (S. 314)
  - Fulkrum (S. 314)
- Release (S. 216)
  - des Diaphragmas Tentorium cerebelli (S. 315)
  - des Diaphragmas Atlas-Okziput (S. 315)
  - der Thoraxapertur (S. 317)
- Lösung der Faszienketten, s. Kap. Faszientechniken (S. 200), Gürtelgefäß (S. 206), Beckendiaphragma (S. 207), Faszienkontinuum (S. 208), Am M. masseter (S. 210)
  - SDL, SVL

7.28.3.3 Kraniosakral

- Dural tube (S. 219); s. a. Kap. Dura mater und Liquor (S. 311)
- CV4 (S. 218) bei komplexen Läsionen
- Still-Point (S. 217) bei komplexen Läsionen

7.28.3.4 Hausaufgaben für den Pferdebesitzer/Gymnastizierung

- Passgenauigkeit von Reithalfter/Gebiss/Sattel prüfen, evtl. Stellungskorrektur der Hufe
- osteopathischer Befund des Reiters
- kräftiges und langsames Ausstreichen (S. 184) vor dem Reiten/Training (Tab. 5.1) von: M. masseter, M. frontalis, kurze Genickmuskeln
- Kleine Halsdehnung (S. 165)
- Handarbeit/Longe mit Kappzaum in Stellung
- Reiten vorwärts-abwärts in Stellung und physiologischer WS-Rotation auf großen bis kleinen Zirkeln
- keine Versammlung

7.29 Diaphragmen

Im Rahmen der Kraniosakral-Therapie können die Diaphragmen als eigenständige Behandlungseinheit angewandt werden, um zunächst alle „Räume" zu lösen und den Energiefluss durch das gesamte Pferd sicherzustellen, bevor einzelne dann noch bestehende Läsionen gelöst werden.

7.29.1 Tentorium cerebelli

7.29.1.1 Befunde

Anamnese

- Verhaltensauffälligkeiten (z. B. kopfscheu, besonders „kitzlig")
- Stereotypien (z. B. Koppen, Weben, Stangenwetzen, Zaunlaufen,...)
- Gesichtsödeme, angeschwollene Augenlider
- Hormonstörungen (z. B. Auffälligkeiten in der Rosse, Stute nimmt nicht auf, Erektionsstörungen des Hengstes, Morbus Cushing)
- Kauprobleme, Zähneknirschen
- Unrittigkeit, Anlehnungsschwierigkeiten
- schlechte Stellung einseitig/Verwerfen im Genick

Adspektion/Ganganalyse

- „schiefes", asymmetrisches Gesicht
- asymmetrische Stellung des Atlas/der Ohren
- Hypertrophie/Atrophie im Bereich der kurzen Genickmuskeln
- Aufquellung/Verengung/Asymmetrie im Bereich der Ganasche
- unharmonischer Übergang der kurzen Genickmuskeln in die Oberlinie

Palpation und Stresspunkte

- Kopf fühlt sich an wie eine „harte Kokosnuss"
- schmerzhafte/aufgequollene Suturen
- Hypersensibilität der Ohren/des Genicks (kopfscheu)
- Hypertonus des Nackenbands direkt am Okziput
- Verbackungen des Unterhautgewebes
- Stresspunkt (S. 163): SP 1 (**Tab. 4.2**)

Globale Bewegungstests

- Kleine Halsdehnung (S. 165)

Läsionen

Siehe **Tab. 7.99.**

Tab. 7.99 Übersicht Läsionen des Tentorium cerebelli.

Läsion	**Funktionsprüfung**
Verziehung des Diaphragmas Tentorium cerebelli	Prüfung Tentorium cerebelli (S. 314)
Läsionen der beteiligten knöchernen Strukturen	s. Transversal verlaufende Faszien (S. 108), **Tab. 2.24**

7.29.1.2 Mögliche assoziierte Befunde

- alle anderen Diaphragmen
- SSB (S. 425)
- Dura mater (S. 437)
- Sternum (S. 368)
- Sakrum (S. 363)

7.29.1.3 Behandlungskonzept

Muskulär

Siehe **Tab. 7.100.**

Tab. 7.100 Muskeltechniken

Struktur	Streichung (S. 184)	Klopfung (S. 186)	Knetung (S. 186)	Spindelzell-Technik (S. 187)	SP-Behandlung (S. 188)
Nackenband	–	–	x	–	–
Mm. obliquus/ rectus capitis	x	–	–	x	SP 1
M. masseter/ frontalis	x	–	–	x	–
M.brachiocephalicus, splenius	x	x	x	x	SP 2

- Kleine Halsdehnung (S. 194) und (**Tab. 5.4**)

Osteopathisch

- Release (S. 216) des Tentorium cerebelli (S. 314)
- Behandlung Läsion (bei kopfscheuem Pferd Behandlung über das Filum terminale (S. 242))
  - Tentorium cerebelli (S. 314)
  - Os temporale (S. 214)
  - Okziput (S. 215)
- Lösung der Faszienketten, s. Kap. Faszientechniken (S. 200), Gürtelgefäß (S. 206), Beckendiaphragma (S. 207), Faszienkontinuum (S. 208), Am M. masseter (S. 210)
  - SDL, SVL

Kraniosakral

- Dural tube (S. 219); s. a. Kap. Dura mater und Liquor (S. 311)
- Unwinding (S. 217) der beteiligten Schädelknochen (Os occipitale, Os sphenoidale, Os temporale)
- Still-Point (S. 217) bei komplexen Läsionen
- CV4 (S. 218) zur Lösung der Suturen

Hausaufgaben für den Pferdebesitzer/Gymnastizierung

- Passgenauigkeit von Reithalfter/Gebiss/Sattel prüfen, evtl. Stellungskorrektur der Hufe
- osteopathischer Befund des Reiters
- kräftiges und langsames Ausstreichen (S. 184) vor dem Reiten/Training (**Tab. 5.1**) von: M. masseter, M. frontalis, kurze Genickmuskeln
- Kleine Halsdehnung (S. 165)
- Handarbeit/Longe mit Kappzaum in Stellung
- Reiten vorwärts-abwärts in Stellung und physiologischer WS-Rotation auf großen bis kleinen Zirkeln
- keine Versammlung

7.29.2 Atlas/Okziput

7.29.2.1 Befunde

Anamnese

- schlechte Stellung einseitig/beidseitig, Verwerfen im Genick
- Zügel aus der Hand reißen, Verkriechen hinter dem Zügel, über dem Zügel gehen
- extrem tiefe Kopfhaltung in Ruhe/in der Bewegung
- Kauprobleme, Zähneknirschen
- Verdauungsstörungen
- Verhaltensauffälligkeiten (z. B. Headshaking, in der Box Kopf gegen die Wand lehnen, Scheuen bei veränderten Lichtverhältnissen)
- rezidivierende Lahmheiten, Kurztrittigkeit
- Stolpern der Vorhand bei aufgenommenem Zügel („Zügellahmheit")

Adspektion/Ganganalyse

- asymmetrische Stellung des Atlas/der Ohren
- Fellveränderungen, Stichelhaare, Scheuerstellen an Atlas oder Ohren
- Hypertrophie/Atrophie im Bereich der kurzen Genickmuskeln
- Aufquellung/Verengung/Asymmetrie im Bereich der Ganasche
- unharmonischer Übergang der kurzen Genickmuskeln in die Oberlinie
- Missverhältnis zwischen Ober- und Unterlinie des Halses
- beidseitige/einseitige Kurztrittigkeit
- reduzierte/keine/übermäßige Nickbewegung entsprechend des Gangtakts
- Bewegung in Außenstellung/Stellung nur zu einer Seite

Palpation und Stresspunkte

- Hypersensibilität der Ohren/des Genicks (kopfscheu)
- lokale Wärme/Kälte des Gewebes
- Hypertonus der Kaumuskulatur
- Palpationsschmerz an der Insertion des Nackenbands an der Crista nuchae
- Verbackungen des Unterhautgewebes
- Asymmetrie von Okziput/Atlas/Axis
- Stresspunkte (S. 163): SP 1 – 2 (**Tab. 4.2**)

Globale Bewegungstests

- Kleine Halsdehnung (S. 165)

Läsionen

Siehe **Tab. 7.101**.

Tab. 7.101 Übersicht Läsionen des Diaphragmas Atlas/Okziput.

Läsion	Funktionsprüfung
Verziehung des Diaphragmas Atlas/Okziput	Prüfung Atlas/Okziput (S. 315)
Läsionen der beteiligten knöchernen Strukturen	s. Transversal verlaufende Faszien (S. 108), **Tab. 2.24**

7.29.2.2 Mögliche assoziierte Befunde

- alle anderen Diaphragmen
- C 1 (S. 325) > C 3 (S. 330) > C 7 (S. 334) > Sakrum (S. 348)
- Kiefergelenk (S. 418)
- Zungenbein (S. 422)
- SSB (S. 425)
- Augenprobleme, Sehstörungen

7.29.2.3 Behandlungskonzept

Muskulär

Siehe **Tab. 7.102**.

Tab. 7.102 Muskeltechniken zur Behandlung des Diaphragmas Atlas/Okziput.

Struktur	Streichung (S. 184)	Klopfung (S. 186)	Knetung (S. 186)	Spindelzell-Technik (S. 187)	SP-Behandlung (S. 188)
Nackenband	–	–	x	–	–
Mm. obliquus/ rectus capitis	x	–	–	x	SP 1
M. masseter/ temporalis	x	–	–	x	–
M.brachiocephalicus, splenius	x	x	x	x	SP 2

- Kleine Halsdehnung (S. 194) und (**Tab. 5.4**)

Osteopathisch

- Release (S. 216) des Diaphragmas Atlas/Okziput (S. 315)
- Behandlung Läsion Atlas in:
  - FLEX: indirekt (S. 220) und direkt (S. 223)
  - EXT: indirekt (S. 223) und direkt (S. 220)
  - LATFLEX/ROT (S. 224): indirekt und direkt
- Lösung der Faszienketten, s. Kap. Faszientechniken (S. 200), Gürtelgefäß (S. 206), Beckendiaphragma (S. 207), Faszienkontinuum (S. 208), Am M. masseter (S. 210)
  - SDL, SVL, LL, SL

Kraniosakral

- Dural tube (S. 219); s. a. Kap. Dura mater und Liquor (S. 311)
- Unwinding (S. 217) von Atlas und Okziput
- Still-Point (S. 217) bei komplexen Läsionen

Hausaufgaben für den Pferdebesitzer/Gymnastizierung

- Passgenauigkeit von Reithalfter/Gebiss/Sattel prüfen, evtl. Stellungskorrektur der Hufe
- osteopathischer Befund des Reiters

- kräftiges und langsames Ausstreichen (S. 184) vor dem Reiten/Training (**Tab. 5.1**) von: M. masseter, M. frontalis, M. brachiocephalicus, kurze Genickmuskeln
- Kleine Halsdehnung (S. 165)
- Handarbeit/Longe mit Kappzaum in Stellung
- Reiten vorwärts-abwärts in Stellung und physiologischer WS-Rotation auf großen bis kleinen Zirkeln
- keine Versammlung

7.29.3 Hyoidale Aufhängung/Kiefergelenk

7.29.3.1 Befunde

Anamnese

- Kauprobleme, Zähneknirschen
- Gewichtsverlust, Verdauungsstörungen
- Verhaltensauffälligkeiten (kopfscheu)
- Stereotypien (z. B. Koppen, Weben, Stangenwetzen, Zaunlaufen,...)
- Gleichgewichtsstörungen (z. B. schlechtes Stehen auf 3 Beinen beim Hufschmied)
- Konzentrationsstörungen
- häufiges versehentliches Anrempeln (Kopf gegen Futterkrippe, Hüfthöcker gegen Boxentür beim Rein- und Rausführen)
- Unrittigkeit, Anlehnungsschwierigkeiten, Kopfschlagen
- schlechte Stellung einseitig/beidseitig, Verwerfen im Genick
- Zügel aus der Hand reißen

Adspektion/Ganganalyse

- Adspektion des vorderen Gebisses (S. 418)
- Gewichtsverlust
- schlechte Fellstruktur, schlechter Allgemeinzustand
- „schiefes“, asymmetrisches Gesicht
- Aufquellung/Verengung/Asymmetrie im Bereich der Ganasche
- Aufquellung/Einziehung zwischen den Unterkieferästen
- Einziehung der Suturae internasalis und/oder interfrontalis
- asymmetrische Stellung des Atlas/der Ohren
- Hypertrophie/Asymmetrie der Mm. masseter, frontalis
- Hypertrophie/Atrophie im Bereich der kurzen Genickmuskeln
- unharmonischer Übergang der kurzen Genickmuskeln in die Oberlinie

Palpation und Stresspunkte

- Palpation der Backenzähne (S. 300)
- Prüfung der Mahlbewegungen des Unterkiefers (S. 301)
- schmerzhafte/asymmetrische Capita mandibulae
- Hypertonus der hyoidalen Muskulatur
- Hypersensibilität der Ohren/des Genicks (kopfscheu)
- schmerzhafte/aufgequollene Suturen
- Hypertonus der Mm. masseter, frontalis
- Hypertonus des Nackenbands direkt am Okziput
- Verbackungen des Unterhautgewebes um das Kiefergelenk und das Genick
- Stresspunkte (S. 163): SP 1 – 2 (**Tab. 4.2**)

Globale Bewegungstests

- Kleine Halsdehnung (S. 165)

Läsionen

Siehe **Tab. 7.103**.

Tab. 7.103 Übersicht Läsionen der hyoidalen Aufhängung/Kiefergelenk.

Läsion	Funktionsprüfung
Verziehung des Diaphragmas Kiefergelenk/Zungenbein	Prüfung Kiefergelenk/hyoidale Aufhängung (S. 316)
Läsionen der beteiligten knöchernen Strukturen	s. Transversal verlaufende Faszien (S. 108), **Tab. 2.24**

7.29.3.2 Mögliche assoziierte Befunde

- alle anderen Diaphragmen
- SSB (S. 425)
- Sternum (S. 368)
- Schultergelenk (S. 382)
- Hüftgelenk (S. 405)
- LWS (S. 343)
- Funktionsstörungen von: Magen, Darm, Atmung

7.29.3.3 Behandlungskonzept

Muskulär

Siehe **Tab. 7.104**.

Tab. 7.104 Muskeltechniken zur Behandlung der hyoidalen Aufhängung/Kiefergelenk.

Struktur	Streichung (S. 184)	Klopfung (S. 186)	Knetung (S. 186)	Spindelzell-Technik (S. 187)	SP-Behandlung (S. 188)
Nackenband	–	–	x	–	–
Mm. obliquus/ rectus capitis	x	–	–	x	SP 1
M. masseter	x	–	–	x	–
M.brachiocephalicus, splenius	x	x	x	x	SP 2

- Kleine Halsdehnung (S. 194) und (**Tab. 5.4**)

Osteopathisch

- Release (S. 216) des Diaphragmas Kiefergelenk/Zungenbein (S. 316)
- Behandlung Läsion
  - Kiefergelenk/Mandibula (Prüfung Kiefergelenkspalt (S. 302) und Prüfung Unterkieferstellung (S. 303))
  - Zungenbein (S. 303)
- Kompression-Traktion (S. 212) des Kiefergelenks
- Release (S. 216) der Thoraxapertur (S. 317)
- Lösung der Faszienketten, s. Kap. Faszientechniken (S. 200), Gürtelgefäß (S. 206), Beckendiaphragma (S. 207), Faszienkontinuum (S. 208), Am M. masseter (S. 210)
  - SDL, SVL, LL, SL

Kraniosakral

- Dural tube (S. 219); s. a. Kap. Dura mater und Liquor (S. 311)
- Unwinding (S. 217) von Unterkiefer und Zungenbein
- Still-Point (S. 217) bei komplexen Läsionen

Hausaufgaben für den Pferdebesitzer/Gymnastizierung

- Passgenauigkeit von Reithalfter/Gebiss/Sattel prüfen, evtl. Stellungskorrektur der Hufe
- osteopathischer Befund des Reiters
- kräftiges und langsames Ausstreichen (S. 184) vor dem Reiten/Training (**Tab. 5.1**) von: M. masseter, M. frontalis, M. brachiocephalicus, kurze Genickmuskeln
- Kleine Halsdehnung (S. 165)
- Handarbeit/Longe mit Kappzaum in Stellung
- Reiten vorwärts-abwärts in Stellung und physiologischer WS-Rotation auf großen bis kleinen Zirkeln
- keine Versammlung

7.29.4 Thoraxapertur

7.29.4.1 Befunde

Anamnese

- Koordinations- oder Gleichgewichtsstörungen
- schlechte Stellung/Biegung einseitig/beidseitig
- Überbiegen auf der kontralateralen Seite der Blockierung
- Widersetzlichkeit und Steifigkeit in Wendungen
- breitbeiniges Stehen beim Fressen vom Boden
- Zähneknirschen beim Reiten
- Stolpern der Vorhand bei aufgenommenem Zügel
- rezidivierende Lahmheiten, Kurztrittigkeit
- Ödeme im Kopfbereich
- Herzbeschwerden

Adspektion/Ganganalyse

- „Axthieb“ = abgesunkener Übergang des Halses in den Widerrist
- Hypertrophie/Atrophie im Bereich der langen Halsmuskeln und schulterumgebenden Muskulatur
- Missverhältnis zwischen Ober- und Unterlinie des Halses
- Atrophie des M. trapezius mit schlechter Sattellage
- Bewegung in Außenstellung/Stellung nur zu einer Seite
- beidseitige/einseitige Kurztrittigkeit
- Koordinationsstörungen der Vorhand, Stolpern, Greifen
- reduzierte/keine/übermäßige Nickbewegung entsprechend des Gangtakts
- reduzierte Bascule
- Ödeme im Kopfbereich

Palpation und Stresspunkte

- lokale Wärme/Kälte des Gewebes um den Widerrist
- Hypertonus des Nackenbands
- Atrophie/Hypertonus des M. trapezius
- Verbackungen des Unterhautgewebes am Widerrist
- Stresspunkte (S. 163): SP 2 – 6, SP 9, SP 12 (**Tab. 4.2**)

Globale Bewegungstests

- Große Halsdehnung (S. 166)
- Thoraxhebung (S. 167)

Läsionen

Siehe **Tab. 7.105**.

Tab. 7.105 Übersicht Läsionen des Diaphragmas Thoraxapertur.

Läsion	Funktionsprüfung
Verziehung des Diaphragmas Thoraxapertur	Prüfung Thoraxapertur (S. 317)
Läsionen der beteiligten knöchernen Strukturen	s. Transversal verlaufende Faszien (S. 108), **Tab. 2.24**

7.29.4.2 Mögliche assoziierte Befunde

- alle anderen Diaphragmen
- C 1 (S. 325) > C 3 (S. 330) > C 7 (S. 334) > Sakrum (S. 348)
- Sternum (S. 368)
- 1. Rippe (S. 378)
- Kiefergelenk (S. 418)
- Zungenbein (S. 422)
- Scapulafixierung (S. 382) mit möglichen Folgeerscheinungen im gesamten Vorderbein
- Funktionsstörungen von: Herz, lymphatische Stauungen im Kopfbereich

7.29.4.3 Behandlungskonzept

Muskulär

Siehe **Tab. 7.106.**

Tab. 7.106 Muskeltechniken zur Behandlung der Thoraxapertur.

Struktur	**Anhakstriche (S. 187)**	**Streichung (S. 184)**	**Klopfung (S. 186)**	**Friktionen (S. 186)**	**Knetung (S. 186)**	**Spindelzell-Technik (S. 187)**	**SP-Behandlung (S. 188)**
Nackenband	x	–	–	–	x	–	–
M. brachiocephalicus, splenius	–	x	x	–	x	x	SP 2
M. serratus ventralis cervicis	–	x	–	x	–	–	–
M. subclavius	x[1]	–	–	–	–	–	–
Mm. rhomboideus und trapezius	–	x	x	x	–	x	SP 4 – 6
Mm. pectorales	Release[2]						SP 12

[1] am kranialen Rand der Scapula von dorsal nach ventral; [2] Hand flächig zwischen ventrolateralen Brustkorb und Ellenbogen schieben und bis zum Release warten

- Große Halsdehnung (S. 194) und (**Tab. 5.4**)
- Thoraxhebung (S. 195) und (**Tab. 5.4**)
- Subskapulartechnik (S. 197) und (**Tab. 5.5**)
- Vorhanddehnung (S. 197) und (**Tab. 5.5**)
  - kranial gebeugt
  - kaudal
- Bauchanheben (S. 201)

Osteopathisch

- Release (S. 216) der Thoraxapertur (S. 317)
- Behandlung Läsion
  - C 7 / Th 1 FLEX: indirekt (S. 231) und direkt (S. 232)
  - C 7 / Th 1 EXT: indirekt (S. 232) und direkt (S. 231)
  - C 7 / Th 1 LATFLEX/ROT (S. 232): indirekt und direkt

- Lösung der Faszienketten, s. Kap. Faszientechniken (S. 200), Gürtelgefäß (S. 206), Beckendiaphragma (S. 207), Faszienkontinuum (S. 208), Am M. masseter (S. 210)
  - SDL, SVL, LL, SL, FLPL

Kraniosakral

- Dural tube (S. 219); s. a. Kap. Dura mater und Liquor (S. 311)
- Unwinding (S. 217) von C 7 und Th 1
- Still-Point (S. 217) bei komplexen Läsionen

Hausaufgaben für den Pferdebesitzer/Gymnastizierung

- Passgenauigkeit von Reithalfter/Gebiss/Sattel prüfen, evtl. Stellungskorrektur der Hufe
- osteopathischer Befund des Reiters
- kräftiges und langsames Ausstreichen (S. 184) vor dem Reiten/Training (**Tab. 5.1**) von: Mm. brachiocephalicus, trapezius, serratus ventralis thoracis
- Große Halsdehnung (S. 166)
- Bauchanheben (S. 201)
- Handarbeit/Longe mit Kappzaum in Stellung und physiologischer WS-Rotation
- Reiten vorwärts-abwärts in Stellung und physiologischer WS-Rotation auf großen bis kleinen Zirkeln
- keine aktive Aufrichtung
- Stangen- und Cavalettitraining mit großen Abständen

7.29.5 Diaphragma

7.29.5.1 Befunde

Anamnese

- Koordinations- oder Gleichgewichtsstörungen
- Gesichtsödem
- Atemnot, starkes Schwitzen beim Training, Leistungsabfall
- Verdauungsstörungen (Kolik, Durchfall, Aufgasung)
- Sattelzwang, Gurtzwang
- steifer/festgehaltener Rücken
- Unrittigkeit, Anlehnungsschwierigkeiten
- Widersetzlichkeit und Steifigkeit in Wendungen/nach dem Nachgurten
- häufiges Verrutschen des Sattels auf eine Seite
- rezidivierende Lahmheiten Vorhand
- Herz-/Lungenbeschwerden

Adspektion/Ganganalyse

- „Axthieb" = abgesunkener Übergang des Halses in den Widerrist
- Asymmetrie der Mm. pectorales von kranial
- Asymmetrie der Stellung des Thorax/des Sternums zwischen den Vorderbeinen
- Atrophie des M. trapezius mit schlechter Sattellage
- asymmetrische Hypertrophie der Mm. intercostales
- asymmetrische Einziehungen der ICR
- Hypertrophie der Mm. abdominales („Dampfrinne")
- asymmetrisches Ausmaß der Atemexkursionen
- Tachy-, Brady-, Dyspnoe
- Koordinationsstörungen der Vorhand, Stolpern
- Prominenz/Absinken der Procc. spinosi L 1/2
- Widersetzlichkeit bei der Versammlung, keine Hankenbeugung, kein Untertreten
- Umspringen im Galopp, falsches Angaloppieren, Kreuzgalopp
- reduzierte Bascule

Palpation und Stresspunkte

- lokale Wärme/Kälte der ICR und der LWS
- asymmetrischer Hypertonus der Mm. intercostales
- Verbackungen des Unterhautgewebes der ICR
- Stresspunkte (S. 163): SP 2 – 6, SP 9, SP 12 – 15, SP 22 (**Tab. 4.2**)

Globale Bewegungstests

- Thoraxhebung (S. 167)
- Wirbelsäule:
  - Flexion (S. 168)
  - Extension (S. 168)
  - Biegung (S. 169)
- Subskapulartechnik (S. 170)

Läsionen

Siehe Tab. 7.107.

Tab. 7.107 Übersicht Läsionen des Diaphragmas.

Läsion	Funktionsprüfung
Verziehung des Diaphragmas	Prüfung Diaphragma (S. 318)
Läsionen der beteiligten knöchernen Strukturen	s. Transversal verlaufende Faszien (S. 108), Tab. 2.24

7.29.5.2 Mögliche assoziierte Befunde

- alle anderen Diaphragmen
- Sternum (S. 368) (häufig in Exspiration)
- Thorax/letzte Rippen (S. 373) (häufig in Exspiration)
- C 5 (S. 330) – C 7 (S. 334)
- L 3/L 4 (S. 343) (häufig in FLEX)
- Kniegelenk (S. 410)
- Funktionsstörungen von: Herz, Lunge, Magen, Darm, Leber, Bauchspeicheldrüse, Nieren, lymphatische Stauungen in der Mittel- und Hinterhand

BEACHTE

Bei Vorliegen von sehr vielen unterschiedlichen Läsionen im ganzen Körper hat es sich bewährt, aufgrund der umfassenden Wirkung des Zwerchfells nach kranial und kaudal zunächst einen Release des Diaphragmas zu initiieren, hierdurch die direkt beteiligten knöchernen, muskulären und faszialen Strukturen zu korrigieren und dem Körper Gelegenheit zu geben, etwaige assoziierte Läsionen selbständig zu lösen.

7.29.5.3 Behandlungskonzept

Muskulär

Siehe **Tab. 7.108**.

Tab. 7.108 Muskeltechniken zur Behandlung des Diaphragmas.

Struktur	Anhakstriche (S. 187)	Streichung (S. 184)	Klopfung (S. 186)	Friktionen (S. 186)	Knetung (S. 186)	Spindelzell-Technik (S. 187)	SP-Behandlung (S. 188)
Nackenband	x	–	–	–	x	–	–
Mm. intercostales	Interkostaltechnik (S. 185) und (**Tab. 5.1**)						
M. brachiocephalicus, splenius	–	x	x	–	x	x	SP 2
M. serratus ventralis thoracis	–	x	–	x	–	–	SP9
Mm. rhomboideus und trapezius	–	x	x	x	–	x	SP 4 – 6
Mm. pectorales	Release[1]						SP 12
M. erector spinae	–	x	x	x (sanft!)	–	x	SP 13 – 15
M. latissimus dorsi	–	x	x	–	–	x	–
M. iliopsoas	–	–	–	–	–	–	SP 22
[1] Hand flächig zwischen ventrolateralen Brustkorb und Ellenbogen schieben und bis zum Release warten							

- Thoraxhebung (S. 195) und (**Tab. 5.4**)
- Wirbelsäule (S. 195) und (**Tab. 5.4**)
  - Flexion
  - Extension
  - Biegung
- Bauchanheben (S. 201)
- Subskapulartechnik (S. 197) und (**Tab. 5.5**)

Osteopathisch

- Release (S. 216)
  - des Diaphragmas (S. 318)
  - der Thoraxapertur (S. 317)
- Behandlung Läsion
  - Sternum (S. 258) in Inspiration bzw. Exspiration bzw. LATFLEX: indirekt und direkt
  - Thorax in Inspiration bzw. Exspiration (S. 259): indirekt und direkt
  - LWS FLEX: indirekt (S. 239) und direkt (S. 240)
  - LWS EXT: indirekt (S. 240) und direkt (S. 239)
  - LWS LATFLEX/ROT (S. 241): indirekt und direkt
- Traktion des TLÜ (S. 214)
- Lösung der Faszienketten, s. Kap. Faszientechniken (S. 200), Gürtelgefäß (S. 206), Beckendiaphragma (S. 207), Faszienkontinuum (S. 208), Am M. masseter (S. 210)
  - SDL, SVL, LL, SL

Kraniosakral

- Dural tube (S. 219); s. a. Kap. Dura mater und Liquor (S. 311)
- Unwinding (S. 217) des Sternums und der LWS
- Still-Point (S. 217) bei komplexen Läsionen

Hausaufgaben für den Pferdebesitzer/Gymnastizierung

- Passgenauigkeit von Reithalfter/Gebiss/Sattel prüfen, evtl. Stellungskorrektur der Hufe
- osteopathischer Befund des Reiters
- kräftiges und langsames Ausstreichen (S. 184) vor dem Reiten/Training (**Tab. 5.1**) von: M. brachiocephalicus, M. trapezius, Mm. pectorales, Mm. intercostales, M. erector spinae, ischiokrurale Muskeln
- Interkostaltechnik (S. 185) und (**Tab. 5.1**)
- Große Halsdehnung (S. 166)
- Bauchanheben (S. 201)
- Handarbeit/Longe mit Kappzaum in Stellung und physiologischer WS-Rotation
- Reiten vorwärts-abwärts in Stellung und physiologischer WS-Rotation auf gerader Strecke und großen Zirkeln
- keine Versammlung
- Stangen- und Cavalettitraining
- Seitengänge im fleißigen Vorwärts-abwärts

7.29.6 Beckendiaphragma

7.29.6.1 Befunde

Anamnese

- Anlehnungsschwierigkeiten
- festgehaltener, steifer Rücken ohne Schwung
- schlechter Schub/keine Tragkraft der Hinterhand
- schlechte Seitengänge
- Stolpern der Hinterhand
- Anzackeln Schritt – Trab
- häufige Entlastung immer desselben Beins/dauerndes Wechseln des Beins

Adspektion/Ganganalyse

- Auftreibungen der Nierenlager
- Prominenz/Absinken des SCÜ
- Prominenz/Absinken einzelner Procc. spinosi coccygeale
- Hypertrophie/Atrophie/Asymmetrie im Bereich der Rücken- und Hinterhandmuskulatur
- schiefstehender Schweif/Schweifschlagen
- unterschiedlich abgelaufene Hinterhufe
- Taktunreinheit, Stolpern der Hinterhand
- schlechter Schub/keine Tragkraft der Hinterhand
- Widersetzlichkeit bei der Versammlung, keine Hankenbeugung, kein Untertreten
- Umspringen im Galopp, falsches Angaloppieren, Kreuzgalopp
- reduzierte Bascule
- schlechte Seitengänge

Palpation und Stresspunkte

- lokale Wärme/Kälte der Kruppe
- Verbackungen des Unterhautgewebes der Kruppe
- Stresspunkte (S. 163): SP 14 – 15, SP 22 – 23 (**Tab. 4.2**)

Globale Bewegungstests

- Wirbelsäule:
  - Flexion (S. 168)
  - Extension (S. 168)
  - Biegung (S. 169)

Läsionen

Siehe **Tab. 7.109**.

Tab. 7.109 Übersicht Läsionen des Beckendiaphragmas.

Läsion	Funktionsprüfung
Verziehung des Beckendiaphragmas	Prüfung Beckendiaphragma (S. 319)
Läsionen der beteiligten knöchernen Strukturen	s. Transversal verlaufende Faszien (S. 96), **Tab. 2.24**

7.29.6.2 Mögliche assoziierte Befunde

- Sakrum (S. 348) > C 7 (S. 334) > C 1 (S. 325)
- Sternum (S. 368)
- ISG (S. 363)
- Funktionsstörungen von: Nieren, Harnblase, Hoden, Gebärmutter, Eierstöcke, Eileiter, lymphatische Stauungen im kleinen Becken, lymphatische Stauungen in den Hinterbeinen

7.29.6.3 Behandlungskonzept

Muskulär

Siehe **Tab. 7.110**.

- Wirbelsäule (S. 195) und (**Tab. 5.4**)
  - Flexion
  - Extension
  - Biegung

Tab. 7.110 Muskeltechniken zur Behandlung des Beckendiaphragmas.

Struktur	Anhakstriche (S. 187)	Ausziehen der Faszie (S. 201)	Streichung (S. 184)	Klopfung (S. 186)	Friktionen (S. 186)	Spindelzell-Technik (S. 187)	SP-Behandlung (S. 188)
Lig. supraspinale	x	–	–	–	–	–	–
M. erector spinae	–	–	x	x	x (sanft!)	x	SP 13 – 15
M. iliopsoas	–	–	–	–	–	–	SP 22
M. gluteus medius und supf.	–	x	x	x	x	x	SP 15
Mm. adductores	–	–	x	x	x	x	–

Osteopathisch

- Release (S. 216) des Beckendiaphragmas (S. 319), s. auch Diaphragmentechniken (S. 207)
- Behandlung Läsion abgesunkener/angehobener SCÜ (S. 245): indirekt und direkt
- Schweifrübenmobilisierung: Schweifrübe mit einer Hand ganz dicht am Ansatz fest umgreifen und langsam und zart mit der Schweifrübe eine liegende Acht beschreiben, wobei medial der Zug immer nach ventral erfolgt
- Lösung der Faszienketten, s. Kap. Faszientechniken (S. 200), Gürtelgefäß (S. 206), Beckendiaphragma (S. 207), Faszienkontinuum (S. 208), Am M. masseter (S. 210)
  - SDL, SVL, LL, SL, FL

Kraniosakral

- Dural tube (S. 219); s. a. Kap. Dura mater und Liquor (S. 311)
- Unwinding (S. 217) des Beckens, des Sakrums und der kranialen Schwanzwirbel
- Still-Point (S. 217) bei komplexen Läsionen

Hausaufgaben für den Pferdebesitzer/Gymnastizierung

- Passgenauigkeit von Reithalfter/Gebiss/Sattel prüfen, evtl. Stellungskorrektur der Hufe
- osteopathischer Befund des Reiters
- kräftiges und langsames Ausstreichen (S. 184) vor dem Reiten/Training (**Tab. 5.1**) von: M. erector spinae, Kruppe, ischiokrurale Muskeln
- Bauchanheben (S. 201)
- Handarbeit/Longe mit Kappzaum in Stellung und physiologischer WS-Rotation
- Reiten vorwärts-abwärts in Stellung und physiologischer WS-Rotation auf gerader Strecke und großen Zirkeln
- keine Versammlung
- keine Seitengänge (bis ca. 2 Wochen nach der Behandlung)
- Stangen- und Cavalettitraining (kleine bis mittlere Höhe)

7.30 Organe

7.30.1 Lunge

7.30.1.1 Befunde

Anamnese

- Atemnot, Sauerstoffmangel, Leistungsabfall, starkes Schwitzen beim Training
- Husten, Verschleimung, Atemgeräusche
- Herzrhythmusstörungen
- Gurt- und Sattelzwang

Adspektion/Ganganalyse

- eingezogene ICR
- Hypertrophie der Interkostalmuskulatur
- Hypertrophie der Mm. abdominales („Dampfrinne")
- Tachy-, Brady-, Dyspnoe
- asymmetrische Atemexkursionen im Seitenvergleich
- Gesichtsödeme, gestaute Drosselrinne

Palpation und Stresspunktdiagnostik

- Hypertonus der Interkostalmuskulatur
- Stresspunkte (S. 163): SP 9, SP 12, SP 14, SP 22, SP 24 – 25 (**Tab. 4.2**)

Globale Bewegungstests

- Thoraxhebung (S. 167)
- Wirbelsäule:
  - Flexion (S. 168)
  - Extension (S. 168)
  - Biegung (S. 169)

Spezifische Funktionsprüfungen

- Zählen der Atemfrequenz
  - in Ruhe: physiologisch ca. 8 Atemzüge/Minute
  - anschließend: Belastung = Longieren ca. 10 Minuten in Trab und Galopp
  - anschließend: Zählen der Atemfrequenz direkt nach der Belastung
  - anschließend: Zählen der Atemfrequenz nach 5 Minuten/10 Minuten nach der Belastung

Die vorherige Ruhe-Atemfrequenz sollte spätestens 10 Minuten nach der Belastung wieder erreicht sein.

- Lauschen in die Lunge (S. 181)
- Auskultation durch Tierarzt

7.30.1.2 Mögliche assoziierte Befunde

- Thorax (S. 373)
- Sternum (S. 368)
- BWS (S. 343)
- Diaphragma (S. 455)
- Herz (S. 466)

7.30.1.3 Behandlungskonzept

Muskulär

Siehe **Tab. 7.111**.

Tab. 7.111 Muskeltechniken zur Behandlung der Lunge.

Struktur	Anhakstriche (S. 187)	Streichung (S. 184)	Klopfung (S. 186)	Friktionen (S. 186)	Knetung (S. 186)	Spindelzell-Technik (S. 187)	SP-Behandlung (S. 188)
Mm. intercostales	Interkostaltechnik (S. 185) und (**Tab. 5.1**)						
M. brachiocephalicus, splenius	–	x	x	–	x	x	SP 2
M. serratus ventralis thoracis	–	x	–	x	–	–	SP9
Mm. rhomboideus und trapezius	–	x	x	x	–	x	SP 4 – 6
Mm. pectorales	Release[1]						SP 12
M. erector spinae	–	x	x	x (sanft!)	–	x	SP 13 – 15
M. latissimus dorsi	–	x	x	–	–	x	–

[1] Hand flächig zwischen ventrolateralen Brustkorb und Ellenbogen schieben und bis zum Release warten

- Thoraxhebung (S. 195) und (**Tab. 5.4**)
- Wirbelsäule (S. 195) und (**Tab. 5.4**)
  - Flexion
  - Extension
  - Biegung
- auf der Seite der Restriktion: Vorhanddehnung kranial gebeugt (S. 197) und (**Tab. 5.5**)
- auf der kontralateralen Seite der Restriktion: Vorhanddehnung kaudal (S. 197) und (**Tab. 5.5**)

Osteopathisch
- Myofaszial Release (S. 200) der Lunge
- Release (S. 216)
  - des Diaphragmas (S. 318)
  - der Thoraxapertur (S. 317)
- Lösung der Faszienketten, s. Kap. Faszientechniken (S. 200), Gürtelgefäß (S. 206), Beckendiaphragma (S. 207), Faszienkontinuum (S. 208), Am M. masseter (S. 210)
  - LL, SL, FL

Kraniosakral
- Unwinding (S. 217) des Organs Lunge
- Still-Point (S. 217) bei tiefgreifender Läsion

Hausaufgaben für den Pferdebesitzer/Gymnastizierung
- Passgenauigkeit von Reithalfter/Gebiss/Sattel prüfen, evtl. Stellungskorrektur der Hufe
- osteopathischer Befund des Reiters
- kräftiges und langsames Ausstreichen (S. 184) vor dem Reiten/Training (**Tab. 5.1**) von: M. brachiocephalicus, M. trapezius, Mm. pectorales, Mm. intercostales, M. erector spinae
- Interkostaltechnik (S. 185) und (**Tab. 5.1**)
- Große Halsdehnung (S. 166)
- Bauchanheben (S. 201)
- Handarbeit/Longe mit Kappzaum in Stellung und physiologischer WS-Rotation
- Reiten vorwärts-abwärts in Stellung und physiologischer WS-Rotation auf großen bis kleinen Zirkeln
- keine Versammlung
- Stangen- und Cavalettitraining (kleine bis große Höhe)
- Seitengänge im fleißigen Vorwärts-abwärts

7.30.2 Herz

7.30.2.1 Befunde

Anamnese

- Leistungsschwäche, Kollapsneigung
- Sauerstoffmangel, Atemnot
- Tachy-, Bradykardie, Herzrhythmusstörungen
- Gurt- und Sattelzwang

Adspektion/Ganganalyse

- Stauungssymptome: angelaufene Beine, gestaute Drosselrinne, geschwollene Augenlider, Lungenödem, Aszites usw.
- abstehendes linkes Olecranon (Bein in IROT)

Palpation und Stresspunkte

- Hypertonus der Interkostalmuskulatur
- Hyper-/Hypotonus der Rückenmuskeln
- Stresspunkte (S. 163): SP 9, SP 12, SP 24 – 25 (**Tab. 4.2**)

Globale Bewegungstests

- Thoraxhebung (S. 167)
- Wirbelsäule:
  - Flexion (S. 168)
  - Extension (S. 168)
  - Biegung (S. 169)

Spezifische Funktionsprüfungen

- palpatorische Ermittlung der Herzfrequenz:
  - Hand flächig an den Brustkorb legen in Höhe des Olecranons links
  - physiologischer Ruhepuls: 28 – 40 Schläge/Minute
- Lauschen in das Herz (S. 181)
- Auskultation, EKG, Belastungs-EKG, Echokardiografie durch Tierarzt/Kardiologe

7.30.2.2 Mögliche assoziierte Befunde

- Thorax (S. 373)
- 1. Rippe (S. 378)
- Sternum (S. 368)
- BWS (S. 343)
- Diaphragma (S. 455)
- ödematöse Stauungen in Kopf und/oder Gliedmaßen
- Lunge (S. 463)

7.30.2.3 Behandlungskonzept

Muskulär

Siehe **Tab. 7.112**.

Tab. 7.112 Muskeltechniken zur Behandlung des Herzens.

Struktur	Technik	SP-Behandlung (S. 188)
Mm. intercostales	Interkostaltechnik (S. 185) und (**Tab. 5.1**)	–
M. serratus ventralis thoracis	Streichung	SP 9
Mm. pectorales	Release[1]	SP 12

[1] Hand flächig zwischen ventrolateralen Brustkorb und Ellenbogen schieben und bis zum Release warten

- Thoraxhebung (S. 195) und (**Tab. 5.4**)
- Wirbelsäule (S. 195) und (**Tab. 5.4**)
  - Flexion
  - Extension
  - Biegung
- links: Vorhanddehnung kranial gebeugt (S. 197) und (**Tab. 5.5**)
- rechts: Vorhanddehnung kaudal (S. 197) und (**Tab. 5.5**)

Osteopathisch

- Myofaszial Release (S. 200) des Organs Herz
- Release (S. 216)
  - des Diaphragmas (S. 318)
  - der Thoraxapertur (S. 317)
  - Lösung der Faszienketten, s. Kap. Faszientechniken (S. 200), Gürtelgefäß (S. 206), Beckendiaphragma (S. 207), Faszienkontinuum (S. 208), Am M. masseter (S. 210)
    - LL, SL, FLRL links

Kraniosakral

- Unwinding (S. 217) des Organs Herz
- Still-Point (S. 217) bei tiefgreifender Läsion

Hausaufgaben für den Pferdebesitzer/Gymnastizierung

- Passgenauigkeit von Reithalfter/Gebiss/Sattel prüfen, evtl. Stellungskorrektur der Hufe
- osteopathischer Befund des Reiters
- kräftiges und langsames Ausstreichen (S. 184) vor dem Reiten/Training (**Tab. 5.1**) von: Mm. brachiocephalicus, trapezius, pectorales, intercostales
- Interkostaltechnik (S. 185) und (**Tab. 5.1**)
- Große Halsdehnung (S. 166)
- Bauchanheben (S. 201)
- Handarbeit/Longe mit Kappzaum in Stellung und physiologischer WS-Rotation
- Reiten vorwärts-abwärts in Stellung und physiologischer WS-Rotation auf großen bis kleinen Zirkeln
- keine Versammlung
- Stangen- und Cavalettitraining (kleine bis große Höhe)
- Seitengänge im fleißigen Vorwärts-abwärts

BEACHTE

Belastung nur nach Absprache mit dem Tierarzt!

7.30.3 Magen

7.30.3.1 Befunde

Anamnese

- Gewichtsverlust, Appetitlosigkeit
- Kolik, Durchfall, Kotwasser, Fehlgärungen mit Aufgasung
- Müdigkeit, Konzentrationsmangel, Leistungsabfall
- Apathie und/oder Aggression
- Infektanfälligkeit, Allergien
- Gurt- und Sattelzwang

Adspektion/Ganganalyse

- stumpfes Fell, schlechter Fellwechsel, schütteres Langhaar
- schlechter Ernährungszustand
- abgesunkener Widerrist

Palpation und Stresspunkte

- Hypertonus der Interkostalmuskulatur
- Hyper-/Hypotonus der Rückenmuskeln
- Stresspunkte (S. 163): SP 9, SP 12, SP 12 – 13 (**Tab. 4.2**)

Globale Bewegungstests

- Thoraxhebung (S. 167)
- Wirbelsäule:
  - Flexion (S. 168)
  - Extension (S. 168)
  - Biegung (S. 169)

Spezifische Funktionsprüfungen

- Lauschen in den Magen (S. 181)
- Gastroskopie durch Tierarzt

7.30.3.2 Mögliche assoziierte Befunde

- Atlas/Okziput (S. 325)
- C 7 / Th 1 (S. 334)
- Thorax (S. 373)
- Sternum (S. 368)
- Diaphragma (S. 455)
- links: Scapulafixierung (S. 382) mit möglichen Folgeerscheinungen im gesamten Vorderbein

7.30.3.3 Behandlungskonzept

Muskulär

Siehe **Tab. 7.113**.

Tab. 7.113 Muskeltechniken zur Behandlung des Magens.

Struktur	Technik	SP-Behandlung (S. 188)
Mm. intercostales	Interkostaltechnik (S. 185) und (**Tab. 5.1**)	–
M. serratus ventralis thoracis	Streichung	SP 9
Mm. pectorales	Release[1]	SP 12
[1] Hand flächig zwischen ventrolateralen Brustkorb und Ellenbogen schieben und bis zum Release warten		

- Thoraxhebung (S. 195) und (**Tab. 5.4**)
- Wirbelsäule (S. 195) und (**Tab. 5.4**)
  - Flexion
  - Extension
  - Biegung
- links: Vorhanddehnung kranial gebeugt (S. 197) und (**Tab. 5.5**)
- rechts: Vorhanddehnung kaudal (S. 197) und (**Tab. 5.5**)

Osteopathisch

- Myofaszial Release (S. 200) des Magens
- Release (S. 216) des Diaphragmas (S. 318)
- Lösung der Faszienketten, s. Kap. Faszientechniken (S. 200), Gürtelgefäß (S. 206), Beckendiaphragma (S. 207), Faszienkontinuum (S. 208), Am M. masseter (S. 210)
  - LL, SL, FLRL links

Kraniosakral

- Unwinding (S. 217) des Magens
- Still-Point (S. 217) bei tiefgreifender Läsion

Hausaufgaben für den Pferdebesitzer/Gymnastizierung

- Passgenauigkeit von Reithalfter/Gebis/Sattel prüfen, evtl. Stellungskorrektur der Hufe
- osteopathischer Befund des Reiters
- kräftiges und langsames Ausstreichen (S. 184) vor dem Reiten/Training (**Tab. 5.1**) von: Mm. brachiocephalicus, trapezius, pectorales, intercostales
- Interkostaltechnik (S. 185) und (**Tab. 5.1**)
- Große Halsdehnung (S. 166)
- Bauchanheben (S. 201)
- Handarbeit/Longe mit Kappzaum in Stellung und physiologischer WS-Rotation
- Reiten vorwärts-abwärts in Stellung und physiologischer WS-Rotation auf großen bis kleinen Zirkeln
- keine Versammlung
- Stangen- und Cavalettitraining (kleine bis große Höhe)
- Seitengänge im fleißigen Vorwärts-abwärts

7.30.4 Darm

7.30.4.1 Befunde

Anamnese

- Gewichtsverlust
- Kolik, Durchfall, Kotwasser, Fehlgärungen mit Aufgasung
- Müdigkeit, Konzentrationsmangel, Leistungsabfall
- Apathie und/oder Aggression
- Infektanfälligkeit, Allergien
- Widersetzlichkeit auf treibende Hilfen
- Gurt- und Sattelzwang

Adspektion/Ganganalyse

- stumpfes Fell, schlechter Fellwechsel, schütteres Langhaar
- steifer TLÜ/gesamte WS
- klammer Gang
- kein Schub aus der Hinterhand

Palpation und Stresspunkte

- Hypertonus der Interkostalmuskulatur
- Hypo- oder Hypertonus der Abdominalmuskeln
- Stresspunkte (S. 163): SP 9, SP 14 – 15 SP 22 (**Tab. 4.2**)

Globale Bewegungstests

- Wirbelsäule:
  - Flexion (S. 168)
  - Extension (S. 168)
  - Biegung (S. 169)
- Hinterhanddehnung
  - kranial (S. 176)
  - kaudal (S. 177)

Spezifische Funktionsprüfungen

- Lauschen in den Darm (S. 181)
- Endoskopie und rektale Untersuchung durch den Tierarzt

7.30.4.2 Mögliche assoziierte Befunde

- Th 5 – L 6 (S. 343)
- Scapulafixierung (S. 382) mit möglichen Folgeerscheinungen im gesamten Vorderbein
- Hüftgelenk (S. 405)
- Sakrum (S. 348)
- ISG (S. 363)
- Diaphragma (S. 455)

7.30.4.3 Behandlungskonzept

Muskulär

Siehe **Tab. 7.114.**

Tab. 7.114 Muskeltechniken zur Behandlung des Darms.

Struktur	Streichung (S. 184)	Klopfung (S. 186)	Friktionen (S. 186)	Spindelzell-Technik (S. 187)	SP-Behandlung (S. 188)
Mm. intercostales	Interkostaltechnik (S. 185) und (**Tab. 5.1**)				
M. serratus ventralis thoracis	x	–	x	–	SP 9
M. erector spinae	x	x	x (sanft!)	x	SP 13 – 15
M. latissimus dorsi	x	x	–	x	–
M. iliopsoas	–	–	–	–	SP 22

- Wirbelsäule (S. 195) und (**Tab. 5.4**)
  - Flexion
  - Extension
  - Biegung
- Hinterhanddehnung (S. 199) und (**Tab. 5.5**)
  - kranial
  - kaudal
- Bauchanheben (S. 201)

Osteopathisch
- Myofaszial Release (S. 200) des Darmes
- Release (S. 216)
  - des Diaphragmas (S. 318)
  - des Beckendiaphragmas (S. 319), s. auch Diaphragmentechniken (S. 207)
- Lösung der Faszienketten, s. Kap. Faszientechniken (S. 200), Gürtelgefäß (S. 206), Beckendiaphragma (S. 207), Faszienkontinuum (S. 208), Am M. masseter (S. 210)
  - LL, SL, FL

Kraniosakral
- Unwinding (S. 217) des betroffenen Darmabschnitts
- Still-Point (S. 217) bei komplexer Läsion

Hausaufgaben für den Pferdebesitzer/Gymnastizierung
- Passgenauigkeit von Reithalfter/Gebiss/Sattel prüfen, evtl. Stellungskorrektur der Hufe
- osteopathischer Befund des Reiters
- kräftiges und langsames Ausstreichen (S. 184) vor dem Reiten/Training (**Tab. 5.1**) von: Mm. intercostales, Mm. pectorales, M. trapezius, M. erector spinae
- Interkostaltechnik (S. 185) und (**Tab. 5.1**)
- Bauchanheben (S. 201)
- Handarbeit/Longe mit Kappzaum in Stellung und physiologischer WS-Rotation
- Reiten vorwärts-abwärts in Stellung und physiologischer WS-Rotation auf geraden Strecken und großen Zirkeln
- keine Versammlung
- Stangen- und Cavalettitraining (kleine bis halbe Höhe)
- Seitengänge im fleißigen Vorwärts-abwärts

7.30.5 Leber

7.30.5.1 Befunde

Anamnese
- Infektanfälligkeit
- Hämatome, schlechte Blutgerinnung
- Fettstühle, Kotwasser, Fehlgärungen mit Aufgasung
- Gewichtsverlust

- Müdigkeit, Konzentrationsmangel, Leistungsabfall
- Desorientiertheit
- Allergien
- Neigung zu Sehnenschäden

Adspektion/Ganganalyse
- stumpfes Fell, schlechter Fellwechsel, schütteres Langhaar
- Ikterus, gelbe Skleren
- Stauungssymptome: gestaute Drosselrinne, geschwollene Augenlider, Aszites usw.

Palpation und Stresspunkte
- Hypertonus der Interkostalmuskulatur
- Hyper-/Hypotonus der Rückenmuskeln
- Stresspunkte (S. 163): SP 9, SP 12, SP 24 – 25 (**Tab. 4.2**)

Globale Bewegungstests
- Thoraxhebung (S. 167)
- Wirbelsäule:
  - Flexion (S. 168)
  - Extension (S. 168)
  - Biegung (S. 169)

Spezifische Funktionsprüfungen
- Lauschen in die Leber (S. 181)
- Leberwerte im Blutlabor

7.30.5.2 Mögliche assoziierte Befunde
- Scapulafixierung (S. 382) (häufig: rechts) mit möglichen Folgeerscheinungen im gesamten Vorderbein
- Sternum (S. 368)
- Thorax (S. 373)
- BWS (S. 343)
- Diaphragma (S. 455)
- ödematöse Stauungen in den Gliedmaßen
- Herz (S. 466)

7.30.5.3 Behandlungskonzept

Muskulär

Siehe **Tab. 7.115**.

Tab. 7.115 Muskeltechniken zur Behandlung der Leber.

Struktur	Technik	SP-Behandlung (S. 188)
Mm. intercostales	Interkostaltechnik (S. 185) und (**Tab. 5.1**)	–
M. serratus ventralis thoracis	Streichung	SP 9
Mm. pectorales	Release[1]	SP 12
[1] Hand flächig zwischen ventrolateralen Brustkorb und Ellenbogen schieben und bis zum Release warten		

- Thoraxhebung (S. 195) und (**Tab. 5.4**)
- Wirbelsäule (S. 195) und (**Tab. 5.4**)
  - Flexion
  - Extension
  - Biegung
- je nach betroffener Seite: rechts/links: Vorhanddehnung kranial gebeugt (S. 197) und (**Tab. 5.5**)
- kontralaterale Seite: Vorhanddehnung kaudal (S. 197) und (**Tab. 5.5**)

Osteopathisch

- Myofaszial Release (S. 200) der Lunge
- Release (S. 216) des Diaphragmas (S. 318)
- Lösung der Faszienketten, s. Kap. Faszientechniken (S. 200), Gürtelgefäß (S. 206), Beckendiaphragma (S. 207), Faszienkontinuum (S. 208), Am M. masseter (S. 210)
  - LL, SL

Kraniosakral

- Unwinding (S. 217) des Organs Leber
- Still-Point (S. 217) bei tiefgreifender Läsion

Hausaufgaben für den Pferdebesitzer/Gymnastizierung
- Passgenauigkeit von Reithalfter/Gebiss/Sattel prüfen, evtl. Stellungskorrektur der Hufe
- osteopathischer Befund des Reiters
- kräftiges und langsames Ausstreichen (S. 184) vor dem Reiten/Training (**Tab. 5.1**) von: M. trapezius, Mm. pectorales, Mm. intercostales, M. erector spinae
- Interkostaltechnik (S. 185) und (**Tab. 5.1**)
- Bauchanheben (S. 201)
- Handarbeit/Longe mit Kappzaum in Stellung und physiologischer WS-Rotation
- Reiten vorwärts-abwärts in Stellung und physiologischer WS-Rotation auf großen bis kleinen Zirkeln
- keine Versammlung
- Stangen- und Cavalettitraining (kleine bis große Höhe)
- Seitengänge im fleißigen Vorwärts-abwärts

7.30.6 Milz

7.30.6.1 Befunde

Anamnese
- Müdigkeit, Konzentrationsmangel, Leistungsabfall
- Infektanfälligkeit
- schlechte Linksbiegung
- Gurt- und Sattelzwang

Adspektion/Ganganalyse
- blasse Schleimhäute
- schlechte Linksbiegung
- meistens völlig unauffällig

Palpation und Stresspunkte
- Hypertonus der Interkostalmuskulatur
- Hyper-/Hypotonus der Rückenmuskeln
- Stresspunkte (S. 163): SP 24 – 25 (**Tab. 4.2**)

Globale Bewegungstests

- Thoraxhebung (S. 167)
- Wirbelsäule:
  - Flexion (S. 168)
  - Extension (S. 168)
  - Biegung (S. 169)

Spezifische Funktionsprüfungen

- Lauschen in die Milz (S. 181)

7.30.6.2 Mögliche assoziierte Befunde

- Th 11 – L 6 (S. 343)

7.30.6.3 Behandlungskonzept

Muskulär

Siehe **Tab. 7.116.**

Tab. 7.116 Muskeltechniken zur Behandlung der Milz.

Struktur	Streichung (S. 184)	Klopfung (S. 186)	Friktionen (S. 186)	Spindelzell-Technik (S. 187)	SP-Behandlung (S. 188)
Mm. intercostales	Interkostaltechnik (S. 185) und (**Tab. 5.1**)				
M. serratus ventralis thoracis	x	–	x	–	SP 9
M. erector spinae	x	x	x (sanft!)	x	SP 13 – 15
M. latissimus dorsi	x	x	–	x	–

- Thoraxhebung (S. 195) und (**Tab. 5.4**)
- Wirbelsäule (S. 195) und (**Tab. 5.4**)
  - Flexion
  - Extension
  - Biegung

Osteopathisch

- Myofaszial Release (S. 200) der Milz
- Release (S. 216) des Diaphragmas (S. 318)
- Lösung der Faszienketten, s. Kap. Faszientechniken (S. 200), Gürtelgefäß (S. 206), Beckendiaphragma (S. 207), Faszienkontinuum (S. 208), Am M. masseter (S. 210)
  - LL, SL

Kraniosakral

- Unwinding (S. 217) des Organs Milz
- Still-Point (S. 217) bei tiefgreifender Läsion

Hausaufgaben für den Pferdebesitzer/Gymnastizierung

- Passgenauigkeit von Reithalfter/Gebiss/Sattel prüfen, evtl. Stellungskorrektur der Hufe
- osteopathischer Befund des Reiters
- kräftiges und langsames Ausstreichen (S. 184) vor dem Reiten/Training (**Tab. 5.1**) von: M. trapezius, Mm. pectorales, Mm. intercostales, M. erector spinae
- Interkostaltechnik (S. 185) und (**Tab. 5.1**)
- Bauchanheben (S. 201)
- Handarbeit/Longe mit Kappzaum in Stellung und physiologischer WS-Rotation
- Reiten vorwärts-abwärts in Stellung und physiologischer WS-Rotation auf großen bis kleinen Zirkeln
- keine Versammlung
- Stangen- und Cavalettitraining (kleine bis große Höhe)
- Seitengänge im fleißigen Vorwärts-abwärts

7.30.7 Bauchspeicheldrüse

7.30.7.1 Befunde

Anamnese

- Gewichtsverlust bzw. habituell untypische Schwerfutterigkeit
- Kolik, Durchfall, Kotwasser, Fehlgärungen mit Aufgasung
- Müdigkeit, Konzentrationsmangel, Leistungsabfall
- Infektanfälligkeit, Verletzungsanfälligkeit
- Allergien (insbesondere Futtermittel-Allergien aufgrund schlechter Kohlenhydratverwertung)
- schlechte Rechtsbiegung

Adspektion/Ganganalyse

- evtl. sehr mager/knochig
- stumpfes Fell, schlechter Fellwechsel, schütteres Langhaar
- schlechte Rechtsbiegung

Palpation und Stresspunkte

- Hypertonus der Interkostalmuskulatur
- Hyper-/Hypotonus der Rückenmuskeln
- Stresspunkte (S. 163): SP 24 – 25 (**Tab. 4.2**)

Globale Bewegungstests

- Thoraxhebung (S. 167)
- Wirbelsäule:
  - Flexion (S. 168)
  - Extension (S. 168)
  - Biegung (S. 169)

Spezifische Funktionsprüfungen

- Lauschen in die Bauchspeicheldrüse (S. 181)
- Bauchspeicheldrüsenwerte im Blutlabor

7.30.7.2 Mögliche assoziierte Befunde

- Th 11 – L 6 (S. 343)

7.30.7.3 Behandlungskonzept

Muskulär

Siehe **Tab. 7.117.**

Tab. 7.117 Muskeltechniken zur Behandlung der Bauchspeicheldrüse.

Struktur	Streichung (S. 184)	Klopfung (S. 186)	Friktionen (S. 186)	Spindelzell-Technik (S. 187)	SP-Behandlung (S. 188)
Mm. intercostales	Interkostaltechnik (S. 185) und (**Tab. 5.1**)				
M. erector spinae	x	x	x (sanft!)	x	SP 13 – 15
M. latissimus dorsi rechts	x	x	–	x	–
M. iliopsoas	–	–	–	–	SP 22

- Thoraxhebung (S. 195) und (**Tab. 5.4**)
- Wirbelsäule (S. 195) und (**Tab. 5.4**)
  - Flexion
  - Extension
  - Biegung

Osteopathisch

- Myofaszial Release (S. 200) der Bauchspeicheldrüse
- Release (S. 216) des Diaphragmas (S. 318)
- Lösung der Faszienketten, s. Kap. Faszientechniken (S. 200), Gürtelgefäß (S. 206), Beckendiaphragma (S. 207), Faszienkontinuum (S. 208), Am M. masseter (S. 210)
  - LL, SL

Kraniosakral

- Unwinding (S. 217) des Organs Bauchspeicheldrüse
- Still-Point (S. 217) bei tiefgreifender Läsion

Hausaufgaben für den Pferdebesitzer/Gymnastizierung

- Passgenauigkeit von Reithalfter/Gebiss/Sattel prüfen, evtl. Stellungskorrektur der Hufe
- osteopathischer Befund des Reiters
- kräftiges und langsames Ausstreichen (S. 184) vor dem Reiten/Training (**Tab. 5.1**) von: M. trapezius, Mm. pectorales, Mm. intercostales, M. erector spinae
- Interkostaltechnik (S. 185) und (**Tab. 5.1**)
- Bauchanheben (S. 201)
- Handarbeit/Longe mit Kappzaum in Stellung und physiologischer WS-Rotation
- Reiten vorwärts-abwärts in Stellung und physiologischer WS-Rotation auf großen bis kleinen Zirkeln
- keine Versammlung
- Stangen- und Cavalettitraining (kleine bis große Höhe)
- Seitengänge im fleißigen Vorwärts-abwärts

7.30.8 Nieren

7.30.8.1 Befunde

Anamnese

- Gewichtsverlust/Gewichtszunahme, Aufschwemmung
- Müdigkeit, Konzentrationsmangel, Leistungsabfall
- Desorientiertheit
- verändertes Schwitzverhalten
- Anurie/Polyurie/Dysurie
- blutiger/stinkender/gefärbter Urin
- Pferd stinkt nach Urin
- fester, schwungloser Rücken

Adspektion/Ganganalyse

- allgemein aufgeschwemmtes Erscheinungsbild
- Stauungssymptome, angelaufene Beine, geschwollene Augenlider, Lungenödem
- Aufquellung/aufgestellte Haare im Nierenbereich
- stumpfes Fell, schlechter Fellwechsel, schütteres Langhaar
- klammer Gang, feste LWS

Palpation und Stresspunkte

- Hyper-/Hypotonus der Rückenmuskeln
- Stresspunkte (S. 163): SP 14 – 15, SP 22, SP 24 – 25 (**Tab. 4.2**)

Globale Bewegungstests

- Wirbelsäule:
  - Flexion (S. 168)
  - Extension (S. 168)
  - Biegung (S. 169)
- Hinterhanddehnung
  - kranial (S. 176)
  - kaudal (S. 177)

Spezifische Funktionsprüfungen

- Lauschen in die Nieren (S. 181)
- Nierenwerte im Blutlabor

7.30.8.2 Mögliche assoziierte Befunde

- TLÜ (S. 343)
- Sakrum (S. 348)
- ISG (S. 363)
- Becken (S. 358)
- ödematöse Stauungen in Kopf und/oder Gliedmaßen

7.30.8.3 Behandlungskonzept

Muskulär

Siehe **Tab. 7.118.**

Tab. 7.118 Muskeltechniken zur Behandlung der Nieren.

Struktur	Streichung (S. 184)	Klopfung (S. 186)	Friktionen (S. 186)	Spindelzell-Technik (S. 187)	SP-Behandlung (S. 188)
M. erector spinae	x	x	x (sanft!)	x	SP 13 – 15
M. latissimus dorsi (rechts)	x	x	–	x	–
M. iliopsoas	–	–	–	–	SP 22

- Wirbelsäule (S. 195) und (**Tab. 5.4**)
  - Flexion
  - Extension
  - Biegung
- Hinterhanddehnung (S. 199) und (**Tab. 5.5**)
  - kranial
  - kaudal

Osteopathisch

- Myofaszial Release (S. 200) der Nieren
- Release (S. 216)
  - des Diaphragmas (S. 318)
  - des Beckendiaphragmas (S. 319), s. auch Diaphragmentechniken (S. 207)
- Lösung der Faszienketten, s. Kap. Faszientechniken (S. 200), Gürtelgefäß (S. 206), Beckendiaphragma (S. 207), Faszienkontinuum (S. 208), Am M. masseter (S. 210)
  - SDL, LL, SL

Kraniosakral

- Unwinding (S. 217) der Organe Nieren
- Still-Point (S. 217) bei tiefgreifender Läsion

Hausaufgaben für den Pferdebesitzer/Gymnastizierung

- Passgenauigkeit von Reithalfter/Gebiss/Sattel prüfen, evtl. Stellungskorrektur der Hufe
- osteopathischer Befund des Reiters
- kräftiges und langsames Ausstreichen (S. 184) vor dem Reiten/Training (**Tab. 5.1**) von: Mm. intercostales, M. latissimus dorsi, M. erector spinae, Mm. glutei
- Interkostaltechnik (S. 185) und (**Tab. 5.1**)
- Bauchanheben (S. 201)
- Handarbeit/Longe mit Kappzaum in Stellung und physiologischer WS-Rotation
- Reiten vorwärts-abwärts in Stellung und physiologischer WS-Rotation auf geraden Strecken und großen Zirkeln
- keine Versammlung
- Stangen- und Cavalettitraining (kleine bis große Höhe)
- Seitengänge im fleißigen Vorwärts-abwärts

7.30.9 Harnblase

7.30.9.1 Befunde

Anamnese

- Dysurie/Anurie/Polyurie
- blutiger/stinkender/gefärbter Urin
- klammer Gang

Adspektion/Ganganalyse

- klammer, schwungloser Gang
- therapieresistente Lahmheiten der Hinterhand

Palpation und Stresspunkte

- Hyper-/Hypotonus der Rückenmuskeln
- Stresspunkte (S. 163): SP 14 – 15, SP 22 (**Tab. 4.2**)

Globale Bewegungstests

- Wirbelsäule:
  - Flexion (S. 168)
  - Extension (S. 168)
  - Biegung (S. 169)
- Hinterhanddehnung kaudal (S. 177)

Spezifische Funktionsprüfungen

- Lauschen in die Harnblase (S. 181)
- Nierewerte im Blutlabor

7.30.9.2 Mögliche assoziierte Befunde

- TLÜ (S. 343)
- Becken (S. 358)
- Sakrum (S. 348)
- ISG (S. 363)

7.30.9.3 Behandlungskonzept

Muskulär

Siehe Tab. 7.119.

Tab. 7.119 Muskeltechniken zur Behandlung der Harnblase.

Struktur	Streichung (S. 184)	Klopfung (S. 186)	Friktionen (S. 186)	Ausziehen der Faszie (S. 201)	Spindelzell-Technik (S. 187)	SP-Behandlung (S. 188)
M. erector spinae	x	x	x (sanft!)	–	X	SP 13 – 15
M. iliopsoas	–	–	–	–	–	SP 22
M. gluteus medius und supf.	x	x	–	x	X	SP 15
Mm. adductores	x	x	x	–	X	–

- Wirbelsäule (S. 195) und (**Tab. 5.4**)
  - Flexion
  - Extension
  - Biegung
- Bauchanheben (S. 201)
- Hinterhanddehnung (S. 199) und (**Tab. 5.5**)
  - kaudal

Osteopathisch
- Myofaszial Release (S. 200) der Harnblase
- Release (S. 216)
  - des Diaphragmas (S. 318)
  - des Beckendiaphragmas (S. 319), s. auch Diaphragmentechniken (S. 207)
- Lösung der Faszienketten, s. Kap. Faszientechniken (S. 200), Gürtelgefäß (S. 206), Beckendiaphragma (S. 207), Faszienkontinuum (S. 208), Am M. masseter (S. 210)
  - SDL, SVL, LL, SL

Kraniosakral
- Unwinding (S. 217) des Organs Harnblase
- Still-Point (S. 217) bei tiefgreifender Läsion

Hausaufgaben für den Pferdebesitzer/Gymnastizierung
- Passgenauigkeit von Reithalfter/Gebiss/Sattel prüfen, evtl. Stellungskorrektur der Hufe
- osteopathischer Befund des Reiters
- kräftiges und langsames Ausstreichen (S. 184) vor dem Reiten/Training (**Tab. 5.1**) von: M. erector spinae, Mm. glutei, Mm. adductores
- Bauchanheben (S. 201)
- Handarbeit/Longe mit Kappzaum in Stellung und physiologischer WS-Rotation
- Reiten vorwärts-abwärts in Stellung und physiologischer WS-Rotation auf geraden Strecken und großen Zirkeln
- keine Versammlung
- Stangentraining mit großen Abständen
- Seitengänge im fleißigen Vorwärts-abwärts

7.30.10 Gebärmutter/Eierstöcke/Eileiter/Euter

7.30.10.1 Befunde

Anamnese

- Hormonschwankungen → Verhaltensänderungen („Zickigkeit", Hypersensibilität)
- Auffälligkeiten in der Rosse/Dauerrosse/ausbleibende Rosse
- Stute nimmt nicht auf/Verfohlen

Adspektion/Ganganalyse

- Ödeme in der Hinterhand und/oder im kleinen Becken
- Ödeme um das Euter herum
- klammer Gang
- therapieresistente Lahmheiten der Hinterhand

Palpation und Stresspunkte

- Hyper-/Hypotonus der Rückenmuskeln
- Stresspunkte (S. 163): SP 14 – 15, SP 22, SP 24 – 25 (**Tab. 4.2**)

Globale Bewegungstests

- Wirbelsäule:
  - Flexion (S. 168)
  - Extension (S. 168)
  - Biegung (S. 169)
- Hinterhanddehnung
  - kranial (S. 176)
  - kaudal (S. 177)

Spezifische Funktionsprüfungen

- Lauschen in die Gebärmutter/Eierstöcke/Eileiter (S. 181)
- Hormonstatus im Blutlabor

7.30.10.2 Mögliche assoziierte Befunde

- TLÜ (S. 343)
- Becken (S. 358)
- Sakrum (S. 348)
- ISG (S. 363)

7.30.10.3 Behandlungskonzept

Muskulär

Siehe **Tab. 7.120**.

Tab. 7.120 Muskeltechniken zur Behandlung von Gebärmutter, Eileitern und Eierstöcken.

Struktur	Streichung (S. 184)	Klopfung (S. 186)	Friktionen (S. 186)	Ausziehen der Faszie (S. 201)	Spindelzell-Technik (S. 187)	SP-Behandlung (S. 188)
M. erector spinae	x	x	x (sanft!)	–	x	SP 13 – 15
M. iliopsoas	–	–	–	–	–	SP 22
M. gluteus medius und supf.	x	x	–	x	x	SP 15
Mm. adductores	x	x	x	–	x	–

- Wirbelsäule (S. 195) und (**Tab. 5.4**)
  - Flexion
  - Extension
  - Biegung
- Bauchanheben (S. 201)
- Hinterhanddehnung (S. 199) und (**Tab. 5.5**)
  - kranial
  - kaudal

Osteopathisch

- Myofaszial Release (S. 200) der Gebärmutter/Eierstöcke/Eileiter
- Release (S. 216)
  - des Diaphragmas (S. 318)
  - des Beckendiaphragmas (S. 319), s. auch Diaphragmentechniken (S. 207)
- Lösung der Faszienketten, s. Kap. Faszientechniken (S. 200), Gürtelgefäß (S. 206), Beckendiaphragma (S. 207), Faszienkontinuum (S. 208), Am M. masseter (S. 210)
  - SDL, SVL, LL, SL

Kraniosakral

- Unwinding (S. 217) der Organe Gebärmutter/Eierstock/Eileiter
- Still-Point (S. 217) bei tiefgreifender Läsion

Sonstige Behandlungsmaßnahmen

- Manuelle Lymphdrainage des kleinen Beckens (!)

Hausaufgaben für den Pferdebesitzer/Gymnastizierung

- Passgenauigkeit von Reithalfter/Gebiss/Sattel prüfen, evtl. Stellungskorrektur der Hufe
- osteopathischer Befund des Reiters
- kräftiges und langsames Ausstreichen (S. 184) vor dem Reiten/Training (**Tab. 5.1**) von: Mm. intercostales, M. latissimus dorsi, M. erector spinae, Mm. glutei
- Bauchanheben (S. 201)
- Handarbeit/Longe mit Kappzaum in Stellung und physiologischer WS-Rotation
- Reiten vorwärts-abwärts in Stellung und physiologischer WS-Rotation auf geraden Strecken und großen Zirkeln
- keine Versammlung
- Stangentraining mit großen Abständen
- Seitengänge im fleißigen Vorwärts-abwärts

7.30.11 Hoden/Kastrationsnarbe

7.30.11.1 Befunde

Anamnese

- festgehaltener, schwungloser Rücken
- Erektionsstörungen
- Unfruchtbarkeit
- Miktionsstörungen (Prostatahypertrophie)

Adspektion/Ganganalyse

- Ödeme in der Hinterhand
- klammer Gang
- therapieresistente Lahmheiten

Palpation und Stresspunkte

- kalte/knotige Kastrationsnarbe
- Hyper-/Hypotonus der Rückenmuskeln
- Stresspunkte (S. 163): SP 14 – 15, SP 22, SP 24 – 25 (**Tab. 4.2**)

Globale Bewegungstests

- Wirbelsäule:
  - Flexion (S. 168)
  - Extension (S. 168)
  - Biegung (S. 169)
- Hinterhanddehnung
  - kranial (S. 176)
  - kaudal (S. 177)

Spezifische Funktionsprüfungen

- Lauschen in die Hoden (S. 181)
- Lauschen in die Kastrationsnarbe (S. 181)
- Hormonstatus im Blutlabor

7.30.11.2 Mögliche assoziierte Befunde

- TLÜ/LSÜ (S. 343)
- Becken (S. 358)
- Sakrum (S. 348)

7.30.11.3 Behandlungskonzept

Muskulär

Siehe **Tab. 7.121**.

Tab. 7.121 Muskeltechniken zur Behandlung des Hodens/der Kastrationsnarbe.

Struktur	Streichung (S. 184)	Klopfung (S. 186)	Friktionen (S. 186)	Ausziehen der Faszie (S. 201)	Spindelzell-Technik (S. 187)	SP-Behandlung (S. 188)
M. erector spinae	x	x	x (sanft!)	–	x	SP 13 – 15
M. Iliopsoas	–	–	–	–	–	SP 22
M. gluteus medius und supf.	x	x	x	x	x	SP 15
M. latissimus dorsi	x	x	–	–	x	–

- Wirbelsäule (S. 195) und (**Tab. 5.4**)
  - Flexion
  - Extension
  - Biegung
- Hinterhanddehnung (S. 199) und (**Tab. 5.5**)
  - kranial
  - kaudal
- Bauchanheben (S. 201)

Osteopathisch

- Myofaszial Release (S. 200)
  - der Hoden
  - der Kastrationsnarbe
- Release (S. 216)
  - des Diaphragmas (S. 318)
  - des Beckendiaphragmas (S. 319), s. auch Diaphragmentechniken (S. 207)
- Lösung der Faszienketten, s. Kap. Faszientechniken (S. 200), Gürtelgefäß (S. 206), Beckendiaphragma (S. 207), Faszienkontinuum (S. 208), Am M. masseter (S. 210)
  - SDL, SVL, LL, SL

Kraniosakral

- Unwinding (S. 217)
  - der Hoden
  - der Kastrationsnarbe
- Still-Point (S. 217) bei tiefgreifender Läsion

Sonstige Behandlungsmaßnahmen

- Manuelle Lymphdrainage der Kastrationsnarbe (!)

Hausaufgaben für den Pferdebesitzer/Gymnastizierung

- Passgenauigkeit von Reithalfter/Gebiss/Sattel prüfen, evtl. Stellungskorrektur der Hufe
- osteopathischer Befund des Reiters
- kräftiges und langsames Ausstreichen (S. 184) vor dem Reiten/Training (**Tab. 5.1**) von: Mm. intercostales, M. latissimus dorsi, M. erector spinae, Mm. glutei
- Bauchanheben (S. 201)
- Handarbeit/Longe mit Kappzaum in Stellung und physiologischer WS-Rotation
- Reiten vorwärts-abwärts in Stellung und physiologischer WS-Rotation auf geraden Strecken und großen Zirkeln
- keine Versammlung
- Stangentraining mit großen Abständen
- Seitengänge im fleißigen Vorwärts-abwärts

Teil 4
Leitsymptome, Indikationen und Kontraindikationen

8 Leitsymptome

8.1 Einführung

In diesem Kapitel werden häufig auftretende Leitsymptome aufgeführt, wie sie der Pferdebesitzer oder Reiter an seinem Pferd feststellt und/oder in der Anamnese vorbringt.

Jedem Leitsymptom sind die verschiedenen Läsionen und möglichen Ursachen zugeordnet, die diesem Leitsymptom zugrunde liegen können.

Dem Thema dieser Checkliste entsprechend wird auf mögliche muskuläre, osteopathische und organische Ursachen eingegangen. Wichtig ist jedoch auch darauf hinzuweisen, dass neben diesen körperbezogenen Ursachen auch energetische Störungen erhebliche gesundheitliche Probleme hervorrufen können. In derartigen Erkrankungsfällen bedarf die manuelle Behandlung einer begleitenden Therapie mit z. B. Akupunktur, Meridianmassage, Homöopathie, Phytotherapie, Ausleitungs- und Entgiftungstherapie oder auch begleitender schulmedizinischer Behandlung, um langfristig zur Genesung des Pferdes zu führen. Diesbezüglich sei auf die entsprechende Fachliteratur verwiesen.

8.2 Rittigkeitsprobleme

8.2.1 Eingeschränkte Stellung/Verwerfen im Genick

(Bsp.: Stellung links eingeschränkt)

8.2.1.1 Mögliche muskuläre Ursachen

- segmentale Nervenkompression aufgrund etwaiger Wirbelläsionen (**Tab. 11.10**) mit nachfolgender Hypotonie/Atrophie des entsprechenden Myotoms
- einseitiger (hier: rechtsseitiger) Hypertonus/Kontraktur von:
  - Muskeln/Faszien von Kopf und Hals (**Tab. 11.1**, **Tab. 11.8**): M. obliquus capitis cranialis, M. splenius capitis, M. masseter (links!), M. digastricus, Lig. nuchae an der okzipitalen Insertion, Fascia capitis und cervicalis
- einseitige (hier: linksseitige) Hypertrophie mit Raumforderung von:
  - M. parotidoauricularis

8.2.1.2 Mögliche osteopathische Ursachen

- Okziput (S. 325) in Ipsirotation (hier: ROT links)
- Atlas (S. 325) in Kontrarotation (hier: ROT rechts)
- Atlas (S. 325) translatiert nach ipsilateral (hier: Translation links)
- Axis (S. 325) in Ipsirotation (hier: ROT links)
- Tentorium cerebelli (S. 443) in Restriktion kontralateral (hier: rechts)
- SSB (S. 425)/Dura mater (S. 437)
- Mandibula (S. 418) ipsilateral (hier: lateral links)
- Zungenbein (S. 422) ipsilateral (hier: lateral links)
- C 3/C 4 (S. 330) in Ipsirotation (LATFLEX rechts/ROT links)
- C 7 / Th 1 (S. 334) in Ipsirotation (LATFLEX rechts/ROT links)
- Sakrum (S. 348)/Becken (S. 358):
  - in LATFLEX/ROT kontralateral (LATFLEX rechts/ROT links)
  - in Torsion kontralateral (hier: Torsion rechts)
  - in Wobbel kontralateral (hier: Wobbel rechts)
- Thoraxapertur (S. 452) in Restriktion kontralateral (hier: nach rechts)
- Diaphragma (S. 455) in Restriktion kontralateral (hier: nach rechts)

8.2.1.3 Mögliche organische Ursachen

- Parotitis kontralateral (hier: rechts), wenn der Schmerz der Hautspannung über der Parotis im Vordergrund steht
- Parotitis ipsilateral (hier: links), wenn die Raumforderung der Parotis im Vordergrund steht
- Zahnhaken im Oberkiefer bukkal/im Unterkiefer oral kontralateral (hier: jeweils rechts)
- Magen (S. 468)

8.2.2 Eingeschränkte Biegung der Wirbelsäule

(Bsp.: Biegung links eingeschränkt)

8.2.2.1 Mögliche muskuläre Ursachen

- segmentale Nervenkompression aufgrund etwaiger Wirbelläsionen (**Tab. 11.10**) mit nachfolgender Hypotonie/Atrophie des entsprechenden Myotoms
- einseitiger (hier: rechtsseitiger) Hypertonus/Kontraktur von:
  - Muskeln/Faszien von Kopf und Hals (**Tab. 11.2**, **Tab. 11.8**): M. masseter (links!), M. brachiocephalicus, Lig. nuchae, Fascia cervicalis
  - Muskeln/Faszien des Rumpfes und der Vorhand (**Tab. 11.2**, **Tab. 11.3**): Mm. serratus ventralis cervicis und thoracis, M. trapezius, M. rhomboideus, M. latissimus dorsi, M. erector spinae, Mm. intercostales, M. obliquus internus und externus abdominis, Fascia thoracolumbalis
  - Muskeln/Faszien der Hinterhand (**Tab. 11.7**): M. gluteus superficialis, Fascia glutea
- einseitiger (hier: linksseitiger) Hypotonus der oben angegebenen Muskeln

8.2.2.2 Mögliche osteopathische Ursachen

- SSB (S. 425)/Dura mater (S. 437)
- Axis (S. 325) in Ipsirotation (hier: ROT links)
- Wirbel (S. 330)/Widerrist (S. 339)/CTÜ (S. 334)/TLÜ/LSÜ (S. 343)/SCÜ (S. 353) in LATFLEX/ROT ipsilateral bei eingeschränkter Biegung in Bewegung (hier: LATFLEX rechts/ROT rechts)
- Wirbel (S. 330)/Widerrist (S. 339)/CTÜ (S. 334)/TLÜ/LSÜ (S. 343)/SCÜ (S. 353) in LATFLEX/ROT kontralateral bei eingeschränkter Biegung im Stand (hier: LATFLEX rechts/ROT links)

- Sakrum (S. 348)/Becken (S. 358):
  - in LATFLEX/ROT ipsilateral bei eingeschränkter Biegung in Bewegung (hier: LATFLEX rechts/ROT rechts)
  - in LATFLEX/ROT kontralateral bei eingeschränkter Biegung im Stand (hier: LATFLEX rechts/ROT links)
  - in Torsion ipsilateral bei eingeschränkter Biegung in Bewegung (hier: Torsion bzw. Wobbel links)
  - in Torsion kontralateral bei eingeschränkter Biegung im Stand (hier: Torsion bzw. Wobbel rechts)
- ISG-Läsion (S. 363) entsprechend der Stellung von Sakrum und Becken zueinander
- Sternum (S. 368) in LATFLEX kontralateral (hier: LATFLEX rechts)
- Rippe:
  - in Inspiration ipsilateral (hier: Thorax (S. 373) links)
  - in Exspiration kontralateral (hier: Thorax (S. 373) rechts)
- Scapulafixierung (S. 382) kontralateral (hier: Scapula rechts)
- Thoraxapertur (S. 452) in Restriktion kontralateral (hier: nach rechts)
- Diaphragma (S. 455) in Restriktion kontralateral (hier: nach rechts)

8.2.2.3 Mögliche organische Ursachen

- Zahnhaken im Oberkiefer bukkal/im Unterkiefer oral kontralateral (hier: jeweils rechts)
- reduzierte Biegung links:
  - Lunge (S. 463)
  - Magen (S. 468)
  - Leber (S. 473) (Lobus hepatis sinister)
  - Milz (S. 476)
  - Darm (S. 471) (Jejunum, Colon descendens, Colon ascendens)
  - Niere (S. 481) links
  - Gebärmutter, Eierstöcke, Eileiter (S. 486)
  - Hoden (S. 488)
- reduzierte Biegung rechts:
  - Lunge (S. 463)
  - Leber (S. 473) (Lobus hepatis dexter und Lobus quadratus)
  - Bauchspeicheldrüse (S. 478)
  - Darm (S. 471) (Duodenum, Caecum, Colon ascendens)
  - Niere (S. 481) rechts
  - Gebärmutter, Eierstöcke, Eileiter (S. 486)
  - Hoden (S. 488)

8.2.3 Eingeschränkte Dehnungshaltung/Verkriechen hinter dem Zügel

8.2.3.1 Mögliche muskuläre Ursachen

- segmentale Nervenkompression aufgrund etwaiger Wirbelläsionen (**Tab. 11.10**) mit nachfolgender Hypotonie/Atrophie des entsprechenden Myotoms
- beidseitiger Hypertonus/Kontraktur von:
  - Muskeln/Faszien von Kopf und Hals (**Tab. 11.1**, **Tab. 11.9**): M. omohyoideus, M. sternomandibularis, Lig. nuchae, Fascia cervicalis
  - Muskeln/Faszien des Rumpfes und der Vorhand (**Tab. 11.2**, **Tab. 11.3**, **Tab. 11.6**): M. trapezius, M. rhomboideus, M. subclavius, M. latissimus dorsi, M. erector spinae, Lig. supraspinale, Fascia thoracolumbalis
  - Muskeln/Faszien der Hinterhand (**Tab. 11.7**): M. gluteus superficialis, M. semimembranosus, M. semitendinosus, M. biceps femoris, Fascia glutea
- beidseitiger Hypotonus von:
  - Muskeln des Halses (**Tab. 11.2**): M. splenius, M. serratus ventralis cervicis
  - Muskeln des Rumpfes (**Tab. 11.3**): M. serratus ventralis thoracis, Mm. abdominis, Mm. intercostales

8.2.3.2 Mögliche osteopathische Ursachen

- Okziput (S. 325) in FLEX
- Atlas (S. 325) in FLEX
- Mandibula (S. 418) nuchal
- Zungenbein (S. 422) dorsokranial
- SSB (S. 425)/Dura mater (S. 437)
- C 7 (S. 334) in EXT und/oder nach ventral abgerutscht
- Thoraxapertur (S. 452) in Restriktion
- Diaphragma (S. 455) in Restriktion
- Wirbel/TLÜ/LSÜ (S. 343) in EXT
- angehobener SCÜ (S. 353)
- Sakrum (S. 348) in EXT
- Becken (S. 358) in EXT
- ISG-Läsion (S. 363) entsprechend der Stellung von Sakrum und Becken zueinander
- Sternum (S. 368) in Inspiration
- Scapulafixierung (S. 382) in EXT
- Hüft- (S. 405), Knie- (S. 410), Sprung- (S. 414), Zehengelenke (Fessel- (S. 394), Kron- (S. 397), Hufgelenk (S. 400)) in EXT

8.2.3.3 Mögliche organische Ursachen

- Überbiss
  - mit überstehender Vorderkante der Incisivi des Oberkiefers
  - mit überstehender Hinterkante der Incisivi des Unterkiefers
- Darm (S. 471)
- Nieren (S. 481)
- Gebärmutter/Eierstöcke/Eileiter (S. 486)
- Hoden (S. 488)

8.2.4 Eingeschränkte relative Aufrichtung/über dem Zügel/ Abstützen auf dem Zügel

8.2.4.1 Mögliche muskuläre Ursachen

- segmentale Nervenkompression aufgrund etwaiger Wirbelläsionen (**Tab. 11.10**) mit nachfolgender Hypotonie/Atrophie des entsprechenden Myotoms
- beidseitiger Hypertonus/Kontraktur von:
  - Muskeln/Faszien des Halses (**Tab. 11.2**): M. brachiocephalicus, M. splenius, M. serratus ventralis cervicis, Fascia cervicalis, Lig. nuchae
  - Muskeln/Faszien des Rumpfes und der Vorhand (**Tab. 11.2**, **Tab. 11.3**, **Tab. 11.6**): M. serratus ventralis thoracis, M. trapezius, M. rhomboideus, M. subclavius, M. latissimus dorsi, M. erector spinae, Fascia thoracolumbalis
  - Muskeln/Faszien des Hinterhand (**Tab. 11.7**): M. gluteus medius, M. semimembranosus, M. semitendinosus, M. biceps femoris, M. gastrocnemius, Fascia glutea
- beidseitiger Hypotonus von:
  - Muskeln/Faszien des Halses (**Tab. 11.2**): M. splenius, M. serratus ventralis cervicis/para
  - Muskeln/Faszien des Rumpfes (**Tab. 11.3**): M. serratus ventralis thoracis, Mm. abdominis, Mm. intercostales, M. erector spinae

8.2.4.2 Mögliche osteopathische Ursachen

- Okziput (S. 325) in EXT
- Atlas (S. 325) in EXT
- Mandibula (S. 418) rostral
- Zungenbein (S. 422) ventrokaudal
- SSB (S. 425)/Dura mater (S. 437)
- C 7 (S. 334) nach ventral abgerutscht
- Thoraxapertur (S. 452) in Restriktion

- Diaphragma (S. 455) in Restriktion
- Wirbel/CTÜ/TLÜ/LSÜ (S. 343) in EXT
- angehobener SCÜ (S. 353)
- Sakrum (S. 348) in EXT
- Becken (S. 358) in EXT
- ISG-Läsion (S. 363) entsprechend der Stellung von Sakrum und Becken zueinander
- Sternum (S. 368) in Exspiration
- Scapulafixierung (S. 382) in EXT
- Hüft- (S. 405), Knie- (S. 410), Sprung- (S. 414), Zehengelenke (Fessel- (S. 394), Kron- (S. 397), Hufgelenk (S. 400)) in EXT

8.2.4.3 Mögliche organische Ursachen

- Unterbiss
  - mit überstehender Hinterkante der Incisivi des Oberkiefers
  - mit überstehender Vorderkante der Incisivi des Unterkiefers
- Darm (S. 471)
- Nieren (S. 481)
- Harnblase (S. 483)
- Gebärmutter/Eierstöcke/Eileiter (S. 486)
- Hoden (S. 488)

8.2.5 Zungenfehler

s. Eingeschränkte Stellung/Verwerfen im Genick (S. 495)

8.2.6 Schiefstehender Schweif/Schweifschlagen

8.2.6.1 Mögliche muskuläre Ursachen

- segmentale Nervenkompression aufgrund etwaiger Wirbelläsionen (**Tab. 11.10**) mit nachfolgender Hypotonie/Atrophie des entsprechenden Myotoms
- einseitiger Hypertonus/Kontraktur von:
  - Muskeln/Faszien von Kopf und Hals (**Tab. 11.1**, **Tab. 11.2**, **Tab. 11.8**): M. masseter, M. digastricus, M. obliquus capitis cranialis, M. splenius capitis
  - Muskeln/Faszien des Beckens und der Hinterhand (**Tab. 11.3**, **Tab. 11.7**): Mm. gluteus medius und superficialis, Mm. sacrocaudales, Mm. adductores, Lig. accessorium ossis femoris, Fasciae thoracolumbalis und glutea

8.2.6.2 Mögliche osteopathische Ursachen

- Sakrum (S. 348) in Torsion, Wobbel, LATFLEX/ROT kontralateral oder ipsilateral
- Schwanzwirbel (S. 353) in LATFLEX/ROT kontralateral oder ipsilateral
- ISG-Läsion (S. 363) entsprechend der Stellung von Sakrum und Becken zueinander
- Beckendiaphragma (S. 460) in Restriktion
- Diaphragma (S. 455) in Restriktion
- A/O (Obere Halswirbelsäule (S. 325), Atlas/Okziput (S. 446))
- Kiefergelenk/Zähne (S. 418)
- Zungenbein (S. 422)
- Dura mater (S. 437)

8.2.6.3 Mögliche organische Ursachen

- Nieren (S. 481)
- Harnblase (S. 483)
- Gebärmutter/Eierstöcke/Eileiter (S. 486)
- Hoden (S. 488)

8.2.7 Verrutschen des Sattels/schlechte Sattellage

8.2.7.1 Mögliche muskuläre Ursachen

- segmentale Nervenkompression aufgrund etwaiger Wirbelläsionen (**Tab. 11.10**) mit nachfolgender Hypotonie/Atrophie des entsprechenden Myotoms
- einseitige Hypertrophie mit kontralateraler Atrophie von:
  - Muskeln des Rumpfes und der Vorhand (**Tab. 11.3**, **Tab. 11.6**): M. serratus ventralis thoracis (!), M. trapezius pars thoracica, M. rhomboideus thoracis

8.2.7.2 Mögliche osteopathische Ursachen

- Wirbel Th 2 – Th 10 (S. 339) in Blockrotation
- Sternum (S. 368) in LATFLEX (LATFLEX rechts: Sattelseite rechts steht ventral)
- Rippen (S. 373) in Inspirationsläsion (Sattelseite steht dorsal)
- Rippen (S. 373) in Exspiration (Sattelseite steht ventral)
- Scapula (S. 382) dorsal in ABD/EXT (Sattelseite steht dorsal)
- Scapula (S. 382) ventral in ADD/Flex (Sattelseite steht ventral)
- Thoraxapertur (S. 452) in Restriktion
- Diaphragma (S. 455) in Restriktion

8.2.7.3 Mögliche organische Ursachen

- Magen (S. 468)
- Leber (S. 473)

8.3 Gangstörungen/Lahmheiten

8.3.1 Vorhand: reduzierter Raumgriff/Taktstörung/ Stolpern/Greifen

- resultiert aus:
  - Spielbein schwingt nicht weit genug nach kranial aus
  - Standbein bleibt nicht lange genug kaudal stehen
  - Wirbel/CTÜ verhindern die jeweilige Vorhandaktion

8.3.1.1 Mögliche muskuläre Ursachen

- segmentale Nervenkompression aufgrund etwaiger Wirbelläsionen (**Tab. 11.10**) mit nachfolgender Hypotonie/Atrophie des entsprechenden Myotoms
- auf der Seite des reduzierten Raumgriffs = Spielbein: Hypertonus/Kontraktur von:
  - Muskeln des Rumpfes (**Tab. 11.3**): M. pectoralis profundus, M. serratus ventralis cervicis, Mm. abdominis, Mm. intercostales
  - Muskeln der Vorhand (**Tab. 11.6**): M. latissimus dorsi, M. trapezius pars cervicis, M. rhomboideus cervicis, M. deltoideus, M. triceps brachii, Mm. extensor digitorum communis und lateralis, M. externus carpi radialis
- auf der **Gegenseite** des reduzierten Raumgriffs = Standbein: Hypertonus/ Kontraktur von:
  - Muskeln des Halses und Rumpfes (**Tab. 11.2** und **Tab. 11.3**): M. brachiocephalicus, M. pectoralis supf., M. serratus ventralis thoracis, Mm. scaleni, M. erector spinae
  - Muskeln der Vorhand (**Tab. 11.6**): M. trapezius pars thoracica, M. rhomboideus thoracis, M. deltoideus, M. supraspinatus, M. biceps brachii, M. brachialis, Mm. flexor digitorum supf. und prof., M. extensor carpi ulnaris

8.3.1.2 Mögliche osteopathische Ursachen

- auf der Seite des reduzierten Raumgriffs = Spielbein:
  - Wirbel (insbesondere C5 – Th10: Untere Halswirbelsäule (S. 330), CTÜ (S. 334), Widerrist (S. 339)) in FLEX oder in LATFLEX/ROT ipsilateral
  - Scapula (S. 382) in EXT
  - Schultergelenk (S. 382) in FLEX
  - Ellenbogengelenk (S. 387) in EXT
  - Karpalgelenk (S. 390) in FLEX
  - Zehengelenke (Fessel- (S. 394), Kron- (S. 397), Hufgelenk (S. 400)) in EXT
  - Gleichbeine (S. 403) inferior
- auf der **Gegenseite** des reduzierten Raumgriffs = Standbein:
  - Wirbel (insbesondere C5 – Th10: Untere Halswirbelsäule (S. 330), CTÜ (S. 334), Widerrist (S. 339)) in EXT oder in LATFLEX/ROT kontralateral
  - Scapula (S. 382) in FLEX
  - Schultergelenk (S. 382) in EXT
  - Ellenbogengelenk (S. 387) in FLEX
  - Karpalgelenk (S. 390) in FLEX
  - Zehengelenke (Fessel- (S. 394), Kron- (S. 397), Hufgelenk (S. 400)) in FLEX
  - Gleichbeine (S. 403) superior
- Stolpern:
  - Zungenbein (S. 422) (!)
  - CTÜ (S. 334)
  - 1. Rippe (S. 378)
  - Sternum (S. 368)
  - A/O (Obere Halswirbelsäule (S. 325), Atlas/Okziput (S. 446))
  - Kiefergelenk/Zähne (S. 418)
  - SSB (S. 425)/Dura mater (S. 437)

8.3.1.3 Mögliche organische Ursachen

- Lunge (S. 463)
- Herz (S. 466)
- Magen (S. 468)
- Bauchspeicheldrüse (S. 478)
- Leber (S. 473)

8.3.2 Hinterhand: reduzierter Schub/reduzierte Tragkraft/ Wegknicken

- resultiert aus:
  - Hinterhandgelenke lassen sich nicht beugen/strecken
  - Instabilität des Kniegelenks/Hinterhandmuskeln zu schwach
  - WS trägt sich nicht/wölbt sich nicht auf

8.3.2.1 Mögliche muskuläre Ursachen

- segmentale Nervenkompression aufgrund etwaiger Wirbelläsionen (**Tab. 11.10**) mit nachfolgender Hypotonie/Atrophie des entsprechenden Myotoms
- Hypertonus/Kontraktur von:
  - Muskeln/Faszien des Rumpfes (**Tab. 11.2**): Ligg. nuchae und supraspinale, Fasciae thoracolumbalis und glutea, M. erector spinae
- Hypotonus von:
  - Muskeln des Rumpfes (**Tab. 11.2**, **Tab. 11.3**): M. erector spinae, Lig. accessorium ossis femoris
  - Muskeln der Hinterhand (**Tab. 11.7**): M. quadriceps femoris (!), M. gluteus medius, M. biceps femoris, M. semitendinosus, M. gastrocnemius, Mm. flexor digitorum supf. und prof.

8.3.2.2 Mögliche osteopathische Ursachen

- Zungenbein (S. 422)
- Mandibula (S. 418) rostral
- Wirbel (S. 343)/Sakrum (S. 348)/Becken (S. 358)/Hüftgelenk (S. 405) in EXT/LSG (S. 343) (→ reduzierte Tragkraft)
- Wirbel (S. 343)/Sakrum (S. 348)/Becken (S. 358)/Hüftgelenk (S. 405) in FLEX (→ reduzierter Schub)
- Beckendiaphragma (S. 460) in Restriktion
- Diaphragma (S. 455) in Restriktion
- L3 (S. 343) > Femoropatellarsyndrom (= Festhaken der Patella unter der Bewegung)
- Kniegelenk (S. 410) in EXT
- Sprunggelenk (S. 414) in EXT
- Zehengelenke (Fessel- (S. 394), Kron- (S. 397), Hufgelenk (S. 400)) in EXT

8.3.2.3 Mögliche organische Ursachen

- Darm (S. 471)
- Nieren (S. 481)
- Harnblase (S. 483)
- Gebärmutter/Eierstöcke/Eileiter (S. 486)
- Hoden (S. 488)

8.3.3 Reduzierte Hankenbeugung mit reduziertem Untertreten

- resultiert aus:
  - Hinterhandgelenke lassen sich nicht beugen
  - exzentrische Aktivität der Hinterhandstrecker ist reduziert
  - WS trägt sich nicht/wölbt sich nicht auf

8.3.3.1 Mögliche muskuläre Ursachen

- segmentale Nervenkompression aufgrund etwaiger Wirbelläsionen (**Tab. 11.10**) mit nachfolgender Hypotonie/Atrophie des entsprechenden Myotoms
- auf der Seite des reduzierten Untertretens = Spielbein: Hypertonus/Kontraktur:
  - Muskeln/Faszien des Rumpfes (**Tab. 11.2**): M. erector spinae, Ligg. nuchae und supraspinale, Fascia thoracolumbalis
  - Muskeln/Faszien der Hinterhand (**Tab. 11.7**): M. gluteus medius, M. semitendinosus, M. semimembranosus, M. biceps femoris, M. gastrocnemius, Mm. extensor digitorum longus und lateralis, Fascia glutea
- auf der **Gegenseite** des reduzierten Untertretens = Standbein: Hypertonus/Kontraktur:
  - Muskeln des Rumpfes (**Tab. 11.3**): Mm. abdominis, M. intercostales
  - Muskeln der Hinterhand (**Tab. 11.7**): Lig. accessorium ossis femoris, M. gluteus supf., M. sartorius, M. tensor fasciae latae, M. biceps femoris, Mm. flexor digitorum supf. und prof.
- auf der Gegenseite des reduzierten Untertretens = Standbein: Hypotonus:
  - Muskeln des Rumpfes (**Tab. 11.2**): M. erector spinae
  - Muskeln der Hinterhand (**Tab. 11.7**): M. quadriceps femoris (!), M. gluteus medius

8.3.3.2 Mögliche osteopathische Ursachen

- Wirbel/A/O (S. 325)/CTÜ (S. 334)/TLÜ (S. 343)/SCÜ (S. 353) in EXT
- LSG (S. 343) in FLEX
- Zungenbein (S. 422) ventrokaudal
- Mandibula (S. 418) rostral
- auf der Seite des reduzierten Untertretens = Spielbein:
  - Becken (S. 358)/Sakrum (S. 348) in EXT
  - Hüftgelenk (S. 405) in EXT
  - Kniegelenk (S. 410) in EXT
  - Sprunggelenk (S. 414) in EXT
  - Zehengelenke (Fessel- (S. 394), Kron- (S. 397), Hufgelenk (S. 400)) in EXT
  - Gleichbeine (S. 403) inferior
- auf der **Gegenseite** des reduzierten Untertretens = Standbein:
  - Becken (S. 358)/Sakrum (S. 348) in FLEX
  - Hüftgelenk (S. 405) in FLEX
  - Kniegelenk (S. 410) in FLEX
  - Sprunggelenk (S. 414) in FLEX
  - Zehengelenke (Fessel- (S. 394), Kron- (S. 397), Hufgelenk (S. 400)) in FLEX
  - Gleichbeine (S. 403) superior

8.3.3.3 Mögliche organische Ursachen

- Darm (S. 471)
- Nieren (S. 481)
- Harnblase (S. 483)
- Gebärmutter/Eierstöcke/Eileiter (S. 486)
- Hoden (S. 488)

8.3.4 Lateralisierung des Taktes (= Pass)

- resultiert aus:
  - zu frühes Abfußen/Protraktion der Vorhand
  - zu späte Protraktion der Hinterhand
  - Wirbel/A/O/CTÜ/TLÜ/LSÜ/SCÜ in LATFLEX/ROT ipsilateral

8.3.4.1 Mögliche muskuläre Ursachen

- segmentale Nervenkompression aufgrund etwaiger Wirbelläsionen (**Tab. 11.10**) mit nachfolgender Hypotonie/Atrophie des entsprechenden Myotoms
- zu frühes Abfußen/Protraktion der Vorhand: Hypertonus/Kontraktur:
  - Muskeln des Halses und Rumpfes (**Tab. 11.2**, **Tab. 11.3**): M. brachiocephalicus, Mm. scaleni, M. pectoralis superficialis, M. erector spinae, M. serratus ventralis thoracis
  - Muskeln der Vorhand (**Tab. 11.6**): M. trapezius pars thoracis, M. rhomboideus thoracis, M. deltoideus, M. supraspinatus, M. biceps brachii, M. brachialis, Mm. flexor digitorum supf. und prof., M. extensor carpi ulnaris
- zu späte Protraktion der Hinterhand: Hypertonus/Kontraktur:
  - Muskeln des Rumpfes und Beckens (**Tab. 11.2** und **Tab. 11.3**): M. erector spinae, M. iliopsoas
  - Muskeln der Hinterhand (**Tab. 11.7**): M. gluteus medius, M. semitendinosus, M. semimembranosus, M. biceps femoris, M. gastrocnemius, Mm. flexor digitorum supf. und prof.

8.3.4.2 Mögliche osteopathische Ursachen

- Wirbel/A/O (S. 325)/CTÜ/TLÜ/LSÜ/SCÜ (S. 353) in EXT oder in LATFLEX/ROT ipsilateral
- Scapula (S. 382) in FLEX
- Schultergelenk (S. 382) in EXT
- Ellenbogengelenk (S. 387) in FLEX
- Karpalgelenk (S. 390) in FLEX
- Zehengelenke (Fessel- (S. 394), Kron- (S. 397), Hufgelenk (S. 400)) der Vorhand in FLEX
- Gleichbeine (S. 403) der Vorhand superior
- Hüftgelenk (S. 405) in EXT
- Kniegelenk (S. 410) in FLEX
- Sprunggelenk (S. 414) in EXT
- Zehengelenke (Fessel- (S. 394), Kron- (S. 397), Hufgelenk (S. 400)) der Hinterhand in EXT
- Gleichbeine (S. 403) der Hinterhand inferior
- Dura mater (S. 437)
- Zungenbein (S. 422)
- Kiefergelenk/Zähne (S. 418)
- Diaphragma (S. 455) in Restriktion

8.3.4.3 Mögliche organische Ursachen

- Lateralisierung links:
  - Lunge (S. 463)
  - Magen (S. 468)
  - Leber (S. 473) (Lobus hepatis sinister)
  - Milz (S. 476)
  - Darm (S. 471) (Jejunum, Colon descendens, Colon ascendens)
  - Niere (S. 481) links
  - Harnblase (S. 483)
  - Gebärmutter, Eierstöcke, Eileiter (S. 486)
  - Hoden (S. 488)
- Lateralisierung rechts:
  - Lunge (S. 463)
  - Leber (S. 473) (Lobus hepatis dexter und Lobus quadratus)
  - Bauchspeicheldrüse (S. 478)
  - Darm (S. 471) (Duodenum, Caecum, Colon ascendens)
  - Niere (S. 481) rechts
  - Harnblase (S. 483)
  - Gebärmutter, Eierstöcke, Eileiter (S. 486)
  - Hoden (S. 488)

8.3.5 Falsches Angaloppieren/Kreuzgalopp/Außengalopp

- resultiert aus:
  - WS in Kontrarotationen blockiert
  - Becken im Verhältnis zum Sakrum in ROT kontralateral
  - einseitige Scapulafixierung
  - einseitige Hüftgelenksläsion
  - Koordinationsprobleme

8.3.5.1 Mögliche muskuläre Ursachen

- segmentale Nervenkompression aufgrund etwaiger Wirbelläsionen (**Tab. 11.10**) mit nachfolgender Hypotonie/Atrophie des entsprechenden Myotoms
- ein- oder beidseitiger Hypertonus/Kontraktur von:
  - Muskeln des Halses und Rumpfes (**Tab. 11.2**, **Tab. 11.3**): M. pectoralis prof. (!), M. brachiocephalicus, M. serratus ventralis thoracis, M. erector spinae, Ligg. nuchae und supraspinale, Fascia thoracolumbalis

  - Muskeln der Vorhand (**Tab. 11.6**): M. latissimus dorsi, M. trapezius, M. rhomboideus, Mm. supra- und infraspinatus, M. triceps brachii
  - Muskeln/Faszien der Hinterhand (**Tab. 11.7**): Mm. gluteus medius und supf., M. tensor fasciae latae, M. quadriceps femoris, M. semimembranosus, M. semitendinosus, M. biceps femoris, M. gastrocnemius, Fascia glutea

8.3.5.2 Mögliche osteopathische Ursachen

- Zungenbein (S. 422)
- Kiefergelenk/Zähne (S. 418)
- Wirbel (S. 330) (insbesondere C 3/C 4)/Sakrum (S. 348)/Becken (S. 358) in Kontrarotationen
- ISG-Läsion (S. 363) entsprechend der Stellung von Sakrum und Becken zueinander
- Scapulafixierung (S. 382)
- Hüftgelenk (S. 405) in EXT
- Kniegelenk (S. 410) in EXT
- Thoraxapertur (S. 452) in Restriktion
- Beckendiaphragma (S. 460) in Restriktion
- Diaphragma (S. 455) in Restriktion

8.3.5.3 Mögliche organische Ursachen

- Nieren (S. 481)
- Darm (S. 471)
- Magen (S. 468)
- Gebärmutter/Eierstöcke/Eileiter (S. 486)
- Hoden (S. 488)

8.3.6 Kurze/asymmetrische/taktunreine Seitengänge

- resultiert aus:
  - WS/Sakrum/Becken in Kontrarotationen blockiert
  - reduzierte ABD/ADD der Vorhand (häufig: einseitig)
  - reduzierte ABD/ADD der Hinterhand (häufig: einseitig)
  - Koordinationsprobleme
  - unzureichende Stützaktivität der thorakalen Muskelschlinge der jeweils vermehrt belasteten Vorhand

8.3.6.1 Mögliche muskuläre Ursachen

- segmentale Nervenkompression aufgrund etwaiger Wirbelläsionen (**Tab. 11.10**) mit nachfolgender Hypotonie/Atrophie des entsprechenden Myotoms
- reduziertes Untertreten = ADD des Spielbeins der Vorhand:
  - Hypertonus/Kontraktur der ipsilateralen Abduktoren:
    - Muskeln der Vorhand (**Tab. 11.6**): M. trapezius, M. rhomboideus, M. infraspinatus, M. deltoideus
  - Hypotonus der ipsilateralen Adduktoren:
    - Muskeln des Rumpfes (**Tab. 11.3**): Mm. pectorales, M. subscapularis
    - Muskeln der Vorhand (**Tab. 11.6**): M. subclavius, M. serratus ventralis thoracis
- reduzierter Schub in die ABD des Standbeins der Vorhand:
  - Hypertonus/Kontraktur der ipsilateralen Adduktoren
    - Muskeln des Rumpfes (**Tab. 11.3**): Mm. pectorales, M. subscapularis
    - Muskeln der Vorhand (**Tab. 11.6**): M. subclavius, M. serratus ventralis thoracis
  - Hypotonus der ipsilateralen Abduktoren:
    - Muskeln der Vorhand (**Tab. 11.6**): M. trapezius, M. rhomboideus, M. infraspinatus, M. deltoideus
- reduziertes Untertreten = ADD des Spielbeins der Hinterhand:
  - Hypertonus/Kontraktur der ipsilateralen Abduktoren:
    - Muskeln der Hinterhand (**Tab. 11.7**): Mm. gluteus medius und supf., M. tensor fasciae latae, M. vastus lateralis des M. quadriceps femoris, M. semitendinosus, M. biceps femoris
  - Hypotonus der ipsilateralen Adduktoren:
    - Muskeln der Hinterhand (**Tab. 11.7**): Mm. adductores, M. semimembranosus
- reduzierter Schub in die ABD des Standbeins der Hinterhand:
  - Hypertonus/Kontraktur der ipsilateralen Adduktoren:
    - Muskeln der Hinterhand (**Tab. 11.7**): Mm. adductores, M. semimembranosus
  - Hypotonus der ipsilateralen Abduktoren:
    - Muskeln der Hinterhand (**Tab. 11.7**): Mm. gluteus medius und supf., M. tensor fasciae latae, M. vastus lateralis des M. quadriceps femoris, M. semitendinosus, M. biceps femoris
- muskuläre Wirbelfixierungen:
  - Muskeln/Faszien des Rumpfes (**Tab. 11.3**): M. erector spinae, M. rectus abdominis, Lig. supraspinale, Fasciae thoracolumbalis und glutealis

- Koordinationsprobleme:
  - Muskeln/Faszien des Halses und der Vorhand (**Tab. 11.2**, **Tab. 11.6**): M. brachiocephalicus, M. latissimus dorsi, Lig. nuchae und supraspinatus
  - Muskeln/Faszien des Rumpfes (**Tab. 11.3**): M. erector spinae, M. rectus abdominis, Lig. supraspinale, Fasciae thoracolumbalis und glutealis, Lig. supraspinatus

8.3.6.2 Mögliche osteopathische Ursachen

- reduzierte ADD des Spielbeins der Vorhand:
  - Scapula (S. 382) dorsal in ABD
  - Schultergelenk (S. 382) in ABD/IROT
- reduzierte ABD des Standbeins der Vorhand:
  - Scapula (S. 382) ventral in ADD
  - Schultergelenk (S. 382) in ADD/AROT
- reduzierte ADD des Spielbeins der Hinterhand:
  - Becken (S. 358) in LATFLEX/ROT ipsilateral, Torsion/Wobbel kontralateral
  - Hüftgelenk (S. 405) in ABD/AROT/EXT
  - Hüftgelenk (S. 405) in FLEX/ADD/AROT (Kohäsion)
- reduzierte ABD des Standbeins der Hinterhand:
  - Becken (S. 358) in LATFLEX/ROT kontralateral, Torsion/Wobbel ipsilateral
  - Hüftgelenk (S. 405) in ADD/IROT/FLEX
  - Hüftgelenk (S. 405) in FLEX/ADD/AROT (Kohäsion)
  - Beckendiaphragmen (S. 460) in Restriktion
- Koordinationsprobleme:
  - Zungenbein (S. 422) (!)
  - Kiefergelenk/Zähne (S. 418)
  - SSB (S. 425)/Dura mater (S. 437)
  - Thoraxapertur (S. 452) in Restriktion
  - Diaphragma (S. 455)
  - Wirbel/CTÜ (S. 334)/TLÜ/LSÜ/Sakrum (S. 348) in Kontrarotationen
  - ISG (S. 363)

8.3.6.3 Mögliche organische Ursachen

- Darm (S. 471)
- Magen (S. 468)
- Nieren (S. 481)
- Gebärmutter/Eierstöcke/Eileiter (S. 486)
- Hoden (S. 488)

8.3.7 Schlechtes Taxieren vor dem Sprung

- resultiert aus:
  - reduzierte Versammlungsfähigkeit und Sprungkraft der Hinterhand
  - Koordinationsprobleme

8.3.7.1 Mögliche muskuläre Ursachen

- segmentale Nervenkompression aufgrund etwaiger Wirbelläsionen (**Tab. 11.10**) mit nachfolgender Hypotonie/Atrophie des entsprechenden Myotoms
- reduzierte Versammlungsfähigkeit und Sprungkraft der Hinterhand:
  - Hypotonus von:
    - Muskeln des Rumpfes (**Tab. 11.3**): M. erector spinae, Mm. abdominis
    - Muskeln der Hinterhand (**Tab. 11.7**): M. gluteus medius, M. quadriceps femoris, M. biceps femoris, M. semitendinosus, M. gastrocnemius
  - Hypertonus/Kontraktur von:
    - Faszien des Halses und Rumpfes (**Tab. 11.2**): Ligg. nuchae und supraspinale, Fasciae thoracolumbalis und glutea
- Koordinationsprobleme
  - Muskeln/Faszien des Halses und der Vorhand (**Tab. 11.2**, **Tab. 11.6**): M. brachiocephalicus, M. latissimus dorsi, Lig. nuchae
  - Muskeln/Faszien des Rumpfes (**Tab. 11.3**): M. erector spinae, M. rectus abdominis, Lig. supraspinale, Fasciae thoracolumbalis und glutea

8.3.7.2 Mögliche osteopathische Ursachen

- reduzierte Versammlungsfähigkeit:
  - Wirbel/A/O (S. 325)/CTÜ (S. 334)/TLÜ/LSÜ (S. 343)/SCÜ (S. 353) in EXT
  - Becken (S. 358)/Sakrum (S. 348) in EXT
  - Hüftgelenk (S. 405) in EXT
  - Kniegelenk (S. 410) in EXT
  - Sprunggelenk (S. 414) in EXT
  - Zehengelenke (Fessel- (S. 394), Kron- (S. 397), Hufgelenk (S. 400)) in EXT
- Koordinationsprobleme:
  - Zungenbein (S. 422) ventrokaudal
  - Mandibula (S. 418) rostral
  - Suturen der Orbita (S. 434)
  - SSB (S. 425)/Dura mater (S. 437)
  - ISG (S. 363)
  - Thoraxapertur (S. 452) in Restriktion
  - Diaphragma (S. 455) in Restriktion

8.3.7.3 Mögliche organische Ursachen

- Darm (S. 471)
- Magen (S. 468)
- Nieren (S. 481)
- Harnblase (S. 483)
- Gebärmutter/Eierstöcke/Eilciter (S. 486)
- Hoden (S. 488)

8.3.8 Vorhandfehler über dem Sprung

= „Hängenlassen" der Vorhand

8.3.8.1 Mögliche muskuläre Ursache

- segmentale Nervenkompression aufgrund etwaiger Wirbelläsionen (**Tab. 11.10**) mit nachfolgender Hypotonie/Atrophie des entsprechenden Myotoms
- Hypertonus/Kontraktur von:
  - Muskeln/Faszien des Rumpfes (**Tab. 11.3**): M. pectoralis prof., M. rectus abdominis, Ligg. nuchae und supraspinale, Fasciae thoracolumbalis und glutea
  - Muskeln der Vorhand (**Tab. 11.6**): M. latissimus dorsi, M. triceps brachii, M. trapezius pars thoracis, M. rhomboideus thoracis
- Hypotonus von:
  - Muskeln des Rumpfes (**Tab. 11.3**): M. erector spinae, Mm. abdominis, M. serratus ventralis thoracis
  - Muskeln der Vorhand (**Tab. 11.6**): M. brachiocephalicus, M. biceps brachii, M. brachialis

8.3.8.2 Mögliche osteopathische Ursachen

- Wirbel/A/O (S. 325)/CTÜ (S. 334)/TLÜ/LSÜ (S. 343)/SCÜ (S. 353) in EXT
- Scapula (S. 382) in FLEX
- Schultergelenk (S. 382) in EXT
- Ellenbogengelenk (S. 387) in EXT
- Karpalgelenk (S. 390) in EXT

8.3.8.3 Mögliche organische Ursachen

s. schlechtes Taxieren vor dem Sprung (S. 513)

8.3.9 Hinterhandfehler über dem Sprung

= „Hängenlassen" der Hinterhand

8.3.9.1 Mögliche muskuläre Ursache

- segmentale Nervenkompression aufgrund etwaiger Wirbelläsionen (**Tab. 11.10**) mit nachfolgender Hypotonie/Atrophie des entsprechenden Myotoms
- Hypertonus von:
  - Muskeln/Faszien des Rumpfes (**Tab. 11.3**): M. erector spinae, Ligg. nuchae und supraspinale, Fasciae thoracolumbalis und glutea
  - Muskeln der Hinterhand (**Tab. 11.7**): M. gluteus med., M. quadriceps femoris, M. gastrocnemius
- Hypotonus von:
  - Muskeln des Rumpfes (**Tab. 11.2** und **Tab. 11.3**): M. erector spinae, Mm. abdomines, M. iliopsoas
  - Muskeln der Hinterhand (**Tab. 11.7**): M. gluteus supf., M. tensor fasciae latae, M. biceps femoris, Mm. semitendinosus u. semimembranosus

8.3.9.2 Mögliche osteopathische Ursachen

- Wirbel/A/O (S. 325)/CTÜ (S. 334)/TLÜ/LSÜ (S. 343)/SCÜ (S. 353) in EXT
- Becken (S. 358)/Sakrum (S. 348) in EXT
- Hüftgelenk (S. 405) in EXT
- Kniegelenk (S. 410) in EXT
- Sprunggelenk (S. 414) in EXT
- Zehengelenke (Fessel- (S. 394), Kron- (S. 397), Hufgelenk (S. 400)) in EXT

8.3.9.3 Mögliche organische Ursachen

s. schlechtes Taxieren vor dem Sprung (S. 513)

8.3.10 Sehnenprobleme

8.3.10.1 Mögliche muskuläre Ursachen

- segmentale Nervenkompression aufgrund etwaiger Wirbelläsionen (**Tab. 11.10**) mit nachfolgender Hypotonie/Atrophie des entsprechenden Myotoms
- Hypertonus/Kontraktur von:
  - Muskeln der Rumpfes (**Tab. 11.3**): Mm. pectorales, M. serratus ventralis thoracis, M. subclavius
  - Muskeln des Halses und der Vorhand (**Tab. 11.1**, **Tab. 11.6**): M. brachiocephalicus, M. latissimus dorsi, M. triceps brachii, Zehenflexoren und -extensoren der Vorhand
  - Muskeln der Hinterhand (**Tab. 11.7**): M. tensor fasciae latae, M. biceps femoris, M. gastrocnemius, Zehenflexoren und -extensoren der Hinterhand

8.3.10.2 Mögliche osteopathische Ursachen

- Zehengelenke (Fessel- (S. 394), Kron- (S. 397), Hufgelenk (S. 400)) (unabhängig von Läsionsrichtung mit deutlicher Bewegungseinschränkung)
- Gleichbeine (S. 403) (unabhängig von Läsionsrichtung mit deutlicher Bewegungseinschränkung)
- CTÜ (S. 334)
- Scapulafixierung (S. 382)
- ISG (S. 363)
- Hüftgelenk (S. 405)

8.3.10.3 Mögliche organische Ursachen

- Leber (S. 473)

8.4 Verhaltensauffälligkeiten

8.4.1 Koordinationsstörungen

- können sich z. B. zeigen als:
  - Pferd kann beim Hufegeben nicht auf 3 Beinen stehen
  - Pferd bleibt wiederholt an der Boxentüre/am Futtertrog hängen
  - Pferd kann nicht auf 2 Spuren geradeaus laufen
  - schlechte Seitengänge
  - schlechtes Taxieren

8.4.1.1 Mögliche muskuläre Ursachen

- segmentale Nervenkompression aufgrund etwaiger Wirbelläsionen (**Tab. 11.10**) mit nachfolgender Hypotonie/Atrophie des entsprechenden Myotoms
- Hypertonus/Kontraktur von:
  - Muskeln/Faszien des Halses und des Rumpfes (**Tab. 11.2**, **Tab. 11.3**): M. brachiocephalicus, Mm. pectorales, M. rectus abdominis, M. erector spinae, Ligg. nuchae und supraspinale
  - Muskeln der Vorhand (**Tab. 11.6**): M. latissimus dorsi
  - Muskeln der Hinterhand (**Tab. 11.7**): Mm. gluteus medius und supf., Fasciae thoracolumbalis und glutea

8.4.1.2 Mögliche osteopathische Ursachen

- Zungenbein (S. 422) (!)
- SSB (S. 425)/Dura mater (S. 437)
- Kiefergelenk/Zähne (S. 418)
- Tentorium cerebelli (S. 443) in Restriktion
- A/O in Restriktion (Obere Halswirbelsäule (S. 325), Atlas/Okziput (S. 446))
- Thoraxapertur (S. 452) in Restriktion
- Diaphragma (S. 455)
- Beckendiaphragma (S. 460) in Restriktion
- ISG (S. 363)
- Sternum (S. 368)

8.4.1.3 Mögliche organische Ursachen

- Leber (S. 473)
- Bauchspeicheldrüse (S. 478)
- Magen (S. 468)
- Schilddrüse/Nebenniere

8.4.2 Sattel-/Gurtzwang

8.4.2.1 Mögliche muskuläre Ursachen

- segmentale Nervenkompression aufgrund etwaiger Wirbelläsionen (**Tab. 11.10**) mit nachfolgender Hypotonie/Atrophie des entsprechenden Myotoms
- Hypertonus/Kontraktur von:
  - Muskeln des Rumpfes (**Tab. 11.3**): M. serratus ventralis thoracis (!), M. pectoralis profundus, Mm. intercostales, Mm. abdomines
  - Muskeln der Vorhand (**Tab. 11.6**): M. trapezius pars thoracica, M. rhomboideus thoracis

8.4.2.2 Mögliche osteopathische Ursachen

- Thoraxapertur (S. 452) in Restriktion
- Diaphragma (S. 455) in Restriktion
- C 7 / Th 1 (S. 334) (häufig: in EXT oder LATFLEX/ROT kontralateral)
- Th 2 – Th 10 (S. 339) (häufig: in EXT oder LATFLEX/ROT kontralateral)
- Sternum (S. 368) (häufig: ventrokranial in Inspiration)
- Thorax (S. 373) (häufig: eine Trageripppe in Inspiration)
- 1. Rippe (S. 378)

8.4.2.3 Mögliche organische Ursachen

- Magen (S. 468)
- Lunge (S. 463)
- Leber (S. 473)

8.4.3 Allgemeine Berührungsempfindlichkeit

8.4.3.1 Mögliche muskuläre Ursachen

- Übersäuerung des Gewebes/der Muskulatur (S. 581)
- allgemeiner Hypertonus der Muskeln
- generalisierte Restriktionen der Faszien

8.4.3.2 Mögliche osteopathische Ursachen

- SSB (S. 425) (> Hormonstörungen)/Dura mater (S. 437)
- Zungenbein (S. 422)
- Kiefergelenk/Zähne (S. 418)
- Tentorium cerebelli (S. 443) in Restriktion
- A/O in Restriktion (Obere Halswirbelsäule (S. 325), Atlas/Okziput (S. 446))
- Diaphragma Kiefergelenk/Zungenbein (S. 449) in Restriktion
- Thoraxapertur (S. 452) in Restriktion
- Diaphragma (S. 455) in Restriktion
- Beckendiaphragma (S. 460) in Restriktion

8.4.3.3 Mögliche organische Ursachen

- Gebärmutter/Eierstöcke/Eileiter (S. 486)
- Hoden (S. 488)
- Bauchspeicheldrüse (S. 478)
- Darm (S. 471)
- Leber (S. 473)
- Schilddrüse/Nebennieren

8.4.4 Stereotypien (Weben, Koppen, Stangenwetzen, Zaunlaufen u. Ä.)

8.4.4.1 Mögliche muskuläre Ursachen

- Übersäuerung des Gewebes/der Muskulatur (S. 581)
- allgemeiner Hypertonus der Muskeln
- generalisierte Restriktionen der Faszien

8.4.4.2 Mögliche osteopathische Ursachen

- SSB (S. 425)/Dura mater (S. 437)
- Suturen (S. 434) in Kompression (selten: in Traktion)
- Zungenbein (S. 422)
- Kiefergelenk/Zähne (S. 418)
- Tentorium cerebelli (S. 443) in Restriktion
- A/O in Restriktion (Obere Halswirbelsäule (S. 325), Atlas/Okziput (S. 446))
- Diaphragma Kiefergelenk/Zungenbein (S. 449) in Restriktion
- Thoraxapertur (S. 452) in Restriktion
- Diaphragma (S. 455) in Restriktion
- Beckendiaphragma (S. 460) in Restriktion

8.4.4.3 Mögliche organische Ursachen

- Gebärmutter/Eierstöcke/Eileiter (S. 486)
- Hoden (S. 488)
- Bauchspeicheldrüse (S. 478)
- Darm (S. 471)

8.4.4.4 Mögliche sonstige Ursachen

- Stress, Überforderung
- Unterforderung, Langeweile
- Unsicherheit, Ängstlichkeit
- Konflikt mit dem Reiter/Pfleger

8.4.5 Headshaking

8.4.5.1 Mögliche muskuläre Ursachen

- segmentale Nervenkompression aufgrund etwaiger Wirbelläsionen (**Tab. 11.10**) mit nachfolgender Hypotonie/Atrophie des entsprechenden Myotoms
- Hypertonus/Kontraktur von:
  - Muskeln der oberen HWS und des Kiefers (**Tab. 11.1**, **Tab. 11.8**): M. obliquus capitis cranialis, M. splenius capitis, M. masseter
  - Übersäuerung des Gewebes/der Muskulatur (S. 581)
  - allgemeiner Hypertonus der Muskeln
  - generalisierte Restriktionen der Faszien

8.4.5.2 Mögliche osteopathische Ursachen

- Suturen (S. 434) in Kompression (→ Reizung des N. trigeminus → Überempfindlichkeit gegen Wind, Berührung, Licht u. a.)
- SSB (S. 425)/Dura mater (S. 437)
- Zungenbein (S. 422)
- Kiefergelenk/Zähne (S. 418)
- C2 (S. 325)
- Tentorium cerebelli (S. 443) in Restriktion
- A/O in Restriktion (Obere Halswirbelsäule (S. 325), Atlas/Okziput (S. 446))
- Diaphragma Kiefergelenk/Zungenbein (S. 449) in Restriktion
- Thoraxapertur (S. 452) in Restriktion
- Diaphragma (S. 455) in Restriktion
- Beckendiaphragma (S. 460) in Restriktion
- Wirbel- (S. 343)/Sakrum- (S. 348)/ISG-Läsionen (S. 363)

8.4.5.3 Mögliche organische Ursachen

- Stirn-, Kiefer-, Nasennebenhöhle
- Magen (S. 468)
- Leber (S. 473)
- Schilddrüse/Nebenniere

8.4.5.4 Mögliche sonstige Ursachen

- Allergie (z. B. gegen Pollen, Staub, Futtermittel)
- Milben/Parasiten auf der Haut oder im Ohr
- Stress, Überforderung
- Unterforderung, Langeweile
- Unsicherheit, Ängstlichkeit
- Konflikt mit dem Reiter/Pfleger, unausbalancierter Reiter

8.4.6 Schreckhaftigkeit, Ängstlichkeit, Scheuen vor „Gespenstern"

8.4.6.1 Mögliche muskuläre Ursachen

- segmentale Nervenkompression aufgrund etwaiger Wirbelläsionen (**Tab. 11.10**) mit nachfolgender Hypotonie/Atrophie des entsprechenden Myotoms
- Hypertonus/Kontraktur von:
  - Muskeln der oberen HWS und des Kiefers (**Tab. 11.1**, **Tab. 11.8**): M. obliquus capitis cranialis, M. splenius capitis, M. masseter
  - Übersäuerung des Gewebes/der Muskulatur (S. 581)
  - allgemeiner Hypertonus der Muskeln
  - generalisierte Restriktionen der Faszien

8.4.6.2 Mögliche osteopathische Ursachen

- Foramen jugulare/Os temporale (S. 434)/A/O (S. 325) → Kompression des N. vagus mit Sympathikotonus (!)
- Suturen (S. 434) in Kompression (selten: in Traktion)
- Orbita (S. 434) (häufig: in IROT)
- SSB (S. 425)
- Kiefergelenk/Zähne (S. 418)
- Tentorium cerebelli (S. 443) in Restriktion
- A/O in Restriktion (Obere Halswirbelsäule (S. 325), Atlas/Okziput (S. 446))
- Diaphragma Kiefergelenk/Zungenbein (S. 449) in Restriktion

8.4.6.3 Mögliche organische Ursachen

- Augen
- Magen (S. 468)
- Schilddrüse/Nebenniere

8.5 Viszerale Leitsymptome

8.5.1 Kolik

8.5.1.1 Mögliche muskuläre Ursachen

- segmentale Nervenkompression aufgrund etwaiger Wirbelläsionen (**Tab. 11.10**) mit nachfolgender Hypotonie/Atrophie des entsprechenden Myotoms
- Hypertonus/Kontraktur von:
  - Muskeln der Rumpfes (**Tab. 11.3**): Diaphragma (!), Mm. abdomines, Mm. pectorales, Mm. intercostales, M. erector spinae

8.5.1.2 Mögliche osteopathische Ursachen

- Zähne/Kiefergelenk (S. 418) (!)
- Diaphragma (S. 455) in Restriktion
- Thorax (S. 373) (Rippenläsion mit eingeschränkter/ausbleibender Atemexkursion)
- Sternum (S. 368) (Läsion mit eingeschränkter/ausbleibender Atemexkursion)
- Th 2 (S. 339) bis Th 18 (S. 343) (entsprechend der Brustbein-/Brustkorbläsionen)
- Foramen jugulare/Os temporale (S. 434)/A/O (S. 325) → Kompression des N. vagus mit Sympathikotonus
- Sakrum (S. 348)/Becken (S. 358) → Kompression des N. pudendus aus nS 2 – nS 4
- Stresskolik: SSB (S. 425)

8.5.1.3 Mögliche organische Ursachen

- Magen (S. 468) (z. B. auch aufgrund subklinischer Futtermittelunverträglichkeiten)
- Darm (S. 471)
- Leber (S. 473)
- Bauchspeicheldrüse (S. 478)

8.5.2 Diarrhoe/Verdauungsunregelmäßigkeiten

s. Kolik (S. 521)

8.5.3 Schlechte Futterverwertung/Schwerfutterigkeit

8.5.3.1 Mögliche muskuläre Ursachen

- segmentale Nervenkompression aufgrund etwaiger Wirbelläsionen (**Tab. 11.10**) mit nachfolgender Hypotonie/Atrophie des entsprechenden Myotoms
- Hypertonus/Kontraktur von:
  - Muskeln der Rumpfes (**Tab. 11.3**): Diaphragma (!), Mm. abdomines, Mm. pectorales, Mm. intercostales, M. erector spinae

8.5.3.2 Mögliche osteopathische Ursachen

- Zähne/Kiefergelenk (S. 418) (!)
- SSB (S. 425)
- Diaphragma (S. 455) in Restriktion
- Thorax (S. 373) (Rippenläsion mit eingeschränkter/ausbleibender Atemexkursion, insbesondere Th 17/18: Bauchspeicheldrüse)
- Foramen jugulare/Os temporale (S. 434)/A/O (S. 325) → Kompression des N. vagus mit Sympathikotonus

8.5.3.3 Mögliche organische Ursachen

- Bauchspeicheldrüse (S. 478) (!)
- Magen (S. 468) (z. B. auch aufgrund subklinischer Futtermittelunverträglichkeiten)
- Darm (S. 471)
- Leber (S. 473)

8.5.4 Husten/Atembeschwerden

8.5.4.1 Mögliche muskuläre Ursachen

- segmentale Nervenkompression aufgrund etwaiger Wirbelläsionen (**Tab. 11.10**) mit nachfolgender Hypotonie/Atrophie des entsprechenden Myotoms
- Hypertonus/Kontraktur von:
  - Muskeln der Rumpfes (**Tab. 11.3**): Diaphragma (!), Mm. abdomines, Mm. pectorales, Mm. intercostales, M. erector spinae

8.5.4.2 Mögliche osteopathische Ursachen

- SSB (S. 425)
- Foramen jugulare/Os temporale (S. 434)/A/O (S. 325) → Kompression des N. vagus
- Thoraxapertur (S. 452) in Restriktion (→ Nervenkompression des N. laryngeus recurrens → Kehlkopfpfeifen)
- Thorax (S. 373) (Rippenläsion mit eingeschränkter/ausbleibender Atemexkursion)
- Sternum (S. 368) (Läsion mit eingeschränkter/ausbleibender Atemexkursion)
- Th 2 (S. 339) bis Th 18 (S. 343) (entsprechend der Brustbein-/Brustkorbläsionen)

8.5.4.3 Mögliche organische Ursachen

- Lunge (S. 463)
- Darmverziehungen (S. 471)
- Herz (S. 466)
- Nieren (S. 481)
- Leber (S. 473)
- Magen (S. 468)
- Bauchspeicheldrüse (S. 478)

8.5.5 Leistungsabfall

s. Husten (S. 522)

8.5.6 Infektanfälligkeit

8.5.6.1 Mögliche muskuläre Ursachen

- Übersäuerung des Gewebes/der Muskulatur (S. 581)
- allgemeiner Hypertonus der Muskeln
- generalisierte Restriktionen der Faszien

8.5.6.2 Mögliche osteopathische Ursachen

- SSB (S. 425)/Dura mater (S. 437)
- Zungenbein (S. 422)
- Kiefergelenk/Zähne (S. 418)
- Tentorium cerebelli (S. 443) in Restriktion
- A/O in Restriktion (Obere Halswirbelsäule (S. 325), Atlas/Okziput (S. 446))
- Diaphragma Kiefergelenk/Zungenbein (S. 449) in Restriktion

- Thoraxapertur (S. 452) in Restriktion
- Diaphragma (S. 455) in Restriktion
- Beckendiaphragma (S. 460) in Restriktion

8.5.6.3 Mögliche organische Ursachen

- Nieren (S. 481)
- Leber (S. 473)
- Magen (S. 468)
- Darm (S. 471)
- Bauchspeicheldrüse (S. 478)

8.5.7 Allergien

s. Infektanfälligkeit (S. 523)

8.5.8 Hautprobleme

8.5.8.1 Mögliche muskuläre Ursachen

- Übersäuerung des Gewebes/der Muskulatur (S. 581)
- allgemeiner Hypertonus der Muskeln
- generalisierte Restriktionen der Faszien

8.5.8.2 Mögliche osteopathische Ursachen

- SSB (S. 425)/Dura mater (S. 437)
- Tentorium cerebelli (S. 443) in Restriktion
- A/O in Restriktion (Obere Halswirbelsäule (S. 325), Atlas/Okziput (S. 446))
- Diaphragma Kiefergelenk/Zungenbein (S. 449) in Restriktion
- Thoraxapertur (S. 452) in Restriktion
- Diaphragma (S. 455) in Restriktion
- Beckendiaphragma (S. 460) in Restriktion

8.5.8.3 Mögliche organische Ursachen

- Nieren (S. 481)
- Lunge (S. 463)
- Magen (S. 468)
- Leber (S. 473)

8.5.9 Schlechte Fellqualität

s. Hautprobleme

8.5.10 Übermäßiges/reduziertes Schwitzen bzw. Nachschwitzen

8.5.10.1 Mögliche muskuläre Ursachen

- Übersäuerung des Gewebes/der Muskulatur (S. 581)
- allgemeiner Hyper- oder Hypotonus der Muskeln
- generalisierte Restriktionen der Faszien

8.5.10.2 Mögliche osteopathische Ursachen

- SSB (S. 425)/Dura mater (S. 437)
- Tentorium cerebelli (S. 443) in Restriktion
- A/O in Restriktion (Obere Halswirbelsäule (S. 325), Atlas/Okziput (S. 446))
- Diaphragma Kiefergelenk/Zungenbein (S. 449) in Restriktion
- Thoraxapertur (S. 452) in Restriktion
- Diaphragma (S. 455) in Restriktion
- Beckendiaphragma (S. 460) in Restriktion
- Foramen jugulare/Os temporale (S. 434)/A/O (S. 325) → Kompression des N. vagus mit Sympathikotonus
- Th 2 (S. 339) bis L 6 (S. 343) → Nervenkompressionen entlang des Truncus sympathicus

8.5.10.3 Mögliche organische Ursachen

- Nieren (S. 481)
- Lunge (S. 463)
- Herz (S. 466)

8.5.11 Miktionsstörungen

= Inkontinenz oder Harnverhalt

8.5.11.1 Mögliche muskuläre Ursachen

- segmentale Nervenkompression aufgrund etwaiger Wirbelläsionen (**Tab. 11.10**) mit nachfolgender Hypotonie/Atrophie des entsprechenden Myotoms
- Hypotonus/Hypertonus des Beckenbodens (**Tab. 11.2**):
  - Diaphragma pelvis, Diaphragma anale (Mm. spincter ani externus und internus, M. retrococcygeus), Diaphragma urogenitale (M. bulbospongiosus; bei Stute: Mm. constrictor vestibuli und vulvae), Ligg. des Beckens, Lig. urogenitale

8.5.11.2 Mögliche osteopathische Ursachen

- Sakrum (S. 348) in Torsion, Wobbel, LATFLEX/ROT kontralateral oder ipsilateral
- Schwanzwirbel (S. 353) in LATFLEX/ROT kontralateral oder ipsilateral
- ISG-Läsion (S. 363) entsprechend der Stellung von Sakrum und Becken zueinander
- Beckendiaphragma (S. 460) in Restriktion
- Diaphragma (S. 455) in Restriktion
- Dura mater (S. 437)

8.5.11.3 Mögliche organische Ursachen

- Nieren (S. 481)
- Harnblase (S. 483)
- Gebärmutter/Eierstöcke/Eileiter (S. 486)
- Hoden (S. 488)

8.5.12 Polyurie/Anurie

8.5.12.1 Mögliche muskuläre Ursachen

- Hypotonus/Hypertonus des Beckenbodens (**Tab. 11.2**):
  - Diaphragma pelvis, Diaphragma anale (Mm. spincter ani externus und internus, M. retrococcygeus), Diaphragma urogenitale (M. bulbospongiosus; bei Stute: Mm. constrictor vestibuli und vulvae), Ligg. des Beckens, Lig. urogenitale

8.5.12.2 Mögliche osteopathische Ursachen

- SSB (S. 425) (!)
- Tentorium cerebelli (S. 443) in Restriktion
- Sakrum (S. 348) ohne KSR (unabhängig von der Läsionsrichtung)
- ISG-Läsion (S. 363) entsprechend der Stellung von Sakrum und Becken zueinander
- Beckendiaphragma (S. 460) in Restriktion
- Sakrum (S. 348)/Becken (S. 358) → Kompression des N. pudendus aus nS 2 – nS 4
- Foramen jugulare/Os temporale (S. 434)/A/O (S. 325) → Kompression des N. vagus mit Sympathikotonus
- Sternum (S. 368) (häufig: in Exspiration)
- Diaphragma (S. 455) in Restriktion
- Dura mater (S. 437)

8.5.12.3 Mögliche organische Ursachen

- Nieren (S. 481)
- Harnblase (S. 483)
- Gebärmutter/Eierstöcke/Eileiter (S. 486)
- Hoden (S. 488)
- Schilddrüse/Nebennieren

8.5.13 Auffälligkeiten der Rosse

8.5.13.1 Mögliche muskuläre Ursachen

- segmentale Nervenkompression aufgrund etwaiger Wirbelläsionen (**Tab. 11.10**) mit nachfolgender Hypotonie/Atrophie des entsprechenden Myotoms
- Hypertonus/Kontraktur von:
  - Muskeln des Rumpfes (**Tab. 11.3**): Mm. abdomines
  - Muskeln/Ligg. des Beckens (**Tab. 11.2**): Mm. sacrocaudales, Ligg. des Beckens, Lig. inguinale

8.5.13.2 Mögliche osteopathische Ursachen

- SSB (S. 425) (!)
- Sakrum (S. 348)/Becken (S. 358) ohne KSR (unabhängig von der Läsionsrichtung)
- Tentorium cerebelli (S. 443) in Restriktion
- Beckendiaphragma (S. 460) in Restriktion
- Sakrum (S. 348)/Becken (S. 358) → Kompression des N. pudendus aus nS 2 – nS 4
- Foramen jugulare/Os temporale (S. 434)/A/O (S. 325) → Kompression des N. vagus mit Sympathikotonus
- Sternum (S. 368) (häufig: in Exspiration)
- Diaphragma (S. 455) in Restriktion

8.5.13.3 Mögliche organische Ursachen

- Gebärmutter/Eierstöcke/Eileiter (S. 486)
- Schilddrüse/Nebennieren

8.5.14 Vaginalausfluss

s. Miktionsstörungen (S. 525)

8.5.15 Stute nimmt nicht auf/hat verfohlt

s. Auffälligkeit der Rosse (S. 527)

8.5.16 Erektionsstörungen/Unfruchtbarkeit des Hengstes

8.5.16.1 Mögliche muskuläre Ursachen

- segmentale Nervenkompression aufgrund etwaiger Wirbelläsionen (**Tab. 11.10**) mit nachfolgender Hypotonie/Atrophie des entsprechenden Myotoms
- Hypertonus/Kontraktur von:
  - Muskeln des Rumpfes (**Tab. 11.3**): Mm. abdomines
  - Muskeln/Ligg. des Beckens (**Tab. 11.2**): Mm. sacrocaudales, Ligg. des Beckens, Lig. inguinale

8.5.16.2 Mögliche osteopathische Ursachen

- SSB (S. 425) (!)
- Sakrum (S. 348)/Becken (S. 358) ohne KSR (unabhängig von der Läsionsrichtung)
- Tentorium cerebelli (S. 443) in Restriktion
- Beckendiaphragma (S. 460) in Restriktion
- Sakrum (S. 348)/Becken (S. 358) → Kompression des N. pudendus aus nS 2 – nS 4
- Foramen jugulare/Os temporale (S. 434)/A/O (S. 325) → Kompression des N. vagus mit Sympathikotonus
- Sternum (S. 368) (häufig: in Exspiration)
- Diaphragma (S. 455) in Restriktion

8.5.16.3 Mögliche organische Ursachen

- Hoden (S. 488)
- Schilddrüse/Nebennieren

8.5.17 „Angelaufene Beine“

8.5.17.1 Mögliche muskuläre Ursachen

- segmentale Nervenkompression aufgrund etwaiger Wirbelläsionen (**Tab. 11.10**) mit nachfolgender Hypotonie/Atrophie des entsprechenden Myotoms
- Hypertonus/Kontraktur von:
  - Muskeln des Rumpfes (**Tab. 11.3**): Diaphragma (!), Mm. abdomines, Mm. intercostales, M. subclavius
  - Muskeln/Faszien der Hinterhand (**Tab. 11.7**): Mm. adductores, Ligg. des Beckens, Lig. inguinale

8.5.17.2 Mögliche osteopathische Ursachen

- Foramen jugulare/Os temporale (S. 434)/A/O (S. 325) → Kompression des N. vagus mit Sympathikotonus (!)
- Zehengelenke (Fessel- (S. 394), Kron- (S. 397), Hufgelenk (S. 400)) (unabhängig von Läsionsrichtung mit deutlich eingeschränkter Huf- und Fesselgelenkspumpe)
- Gleichbeine (S. 403) (unabhängig von Läsionsrichtung mit deutlich eingeschränkter Huf- und Fesselgelenkspumpe)
- Thorax (S. 373)/1. Rippe (S. 378) (Rippenläsion mit eingeschränkter/ausbleibender Atemexkursion)
- Sternum (S. 368) (Läsion mit eingeschränkter/ausbleibender Atemexkursion)
- Th 2 (S. 339) bis Th 18 (S. 343) (entsprechend der Brustbein-/Brustkorbläsion)
- Diaphragma (S. 455) in Restriktion
- Thoraxapertur (S. 452) in Restriktion (bei angelaufenen Vorderbeinen)
- Beckendiaphragma (S. 460) in Restriktion (bei angelaufenen Hinterbeinen)

8.5.17.3 Mögliche organische Ursachen

- Nieren (S. 481)
- Herz (S. 466)
- Gebärmutter/Eierstöcke/Eileiter (S. 486)

9 Indikationen

9.1 Allgemeine Indikationen

- Eine osteopathische Behandlung ist allgemein indiziert:
  - als Gesundheitsprophylaxe ohne spezielle Symptomatik (regelmäßig alle 6 Monate) (begleitend ist eine entsprechende osteopathische Betreuung des Reiters sinnvoll)
  - zur Beurteilung des körperlichen Zustands vor Ausbildungsbeginn des jungen Pferdes
  - zur Beurteilung des körperlichen Zustands vor Wiederaufnahme des Trainings nach längerer Rekonvaleszenz
  - als Erweiterung des diagnostischen Spektrums im Rahmen einer tierärztlichen Ankaufsuntersuchung
  - nach einem Sturz/Unfall begleitend zur tierärztlichen Versorgung

9.2 Spezielle Indikationen

- Probleme der Rittigkeit:
  - reduzierte Stellung/Biegung beidseitig/einseitig
  - Verwerfen im Genick
  - über/hinter dem Zügel
  - Zungenfehler/kein Abkauen
  - Kopfschlagen/Headshaking
  - Rückenschmerzen/fester Rücken
  - schiefer/schlagender Schweif
  - Schenkelungehorsam
  - Gang-/Taktstörungen/Kreuzgalopp
  - Lahmheiten
  - Sattel-/Halfterzwang
  - Konzentrationsprobleme
  - Gleichgewichts-/Koordinationsprobleme
  - Leistungsabfall/Konditionsprobleme
- Zahn-/Kauprobleme/Kiefergelenksprobleme
- Lymphstauungen/Ödeme
- Stoffwechselstörungen
- Hormonstörungen
- schlechtes Aufnehmen der Stute/Verfohlen
- Erektionsstörung/Impotenz des Hengstes
- Allergien
- Organfunktionsstörungen (z. B. Leber, Blase, Lunge, Eierstöcke)
- Verhaltensauffälligkeiten/„Untugenden"

10 Kontraindikationen

BEACHTE
Im Zweifel ist stets der Tierarzt zu Rate zu ziehen.

10.1 Absolute Kontraindikationen

- Fraktur
- Kapsel-/Bänderriss mit Gelenksinstabilität
- frischer Muskelfaserriss
- frische Blutung
- ankylosierte Kissing spines/Spat
- Tumore
- akute, fieberhafte Infektionen

10.2 Relative Kontraindikationen

- Trächtigkeit
- spinale Ataxie

10.3 Spezifische Kontraindikationen für CV4

- frische Kopfverletzung
- Hirntumoren
- Gefäßveränderungen im Gehirn (z. B. Arteriosklerose, Aneurysma)

10.4 Spezifische Kontraindikationen für Sakrumtechniken

Trächtigkeit in den ersten 3 Monaten und ab dem 8. Monat.

Teil 5
Anhang

11 Muskeln, Funktionen, Innervation

Siehe Tab. 11.1, Tab. 11.2, Tab. 11.3, Tab. 11.4, Tab. 11.5, Tab. 11.6, Tab. 11.7, Tab. 11.8, Tab. 11.9 und Tab. 11.10.

Tab. 11.1 Wichtige Muskeln Genick und HWS.

Muskel	Ursprung	Ansatz	Funktion	Innervation	Besonderheiten
M. rectus capitis dorsalis	Proc. spinosus axis (major) u. Arcus dorsalis atlantis (minor)	Crista nuchae occipitalis	• EXT im Genick • Kopfheber	R. dorsalis des nC 1	• Hypertrophie bei unphysiologischem Training
M. rectus capitis ventralis	Arcus ventralis atlantis	Pars basilaris/ ventralis ossis occipitalis	• FLEX im Atlantookzipitalgelenk	Rr. ventrales des nC 1	• nicht palpierbar
M. obliquus capitis cranialis	Ala atlantis	Crista nuchae occipitalis u. Proc.paracondylaris, Proc. mastoideus ossis temporalis	• EXT u. geringe ROT im Atlantooccipitalgelenk	R. dorsalis des nC 1	• verschließt das Spatium atlantooccipitale
M. obliquus capitis caudalis	Proc. spinosus axis	Ala atlantis	• ROT im Atlantoaxialgelenk	R. dorsalis des nC 2	–
Mm. multifidii cervicis	Procc. articulares C 3 – C 7	Procc. spinosi C 2 – C 6	• EXT und LATFLEX HWS	Rami dorsales der Segmente	–
M. semispinalis capitis	Procc. articulares C 3 – C 7 u. Procc. transversi Th 1 – Th 7	Crista nuchae occipitalis (Protuberantia occipitalis externa)	• P.f. kaudal: EXT, Stellung u. Biegung von Genick u. HWS • P.f. kranial: Elevation CTÜ	Rr. dorsales der Segmente	• liegt der Lamina nuchae direkt superfizial auf

Tab. 11.1 Fortsetzung.

Muskel	Ursprung	Ansatz	Funktion	Innervation	Besonderheiten
M. longissimus capitis u. atlantis	Procc. transversi C 6 – Th 2	Proc. mastoideus (capitis), Ala atlantis (atlantis)	• EXT u. Elevation von Kopf u. HWS • Stellung u. LATFLEX in Genick u. HWS • ROT im Atlantoaxialgelenk	Rr. dorsales der Segmente	–
M. longus capitis u. colli, pars cervicis	Procc. transversi C 2 – C 5 (capitis), Procc. transversi C 3 – C 7 (colli, pars cervicis)	Tuberculum musculare des Okziput (capitis), Procc. transversi C 6/C 7, Crista ventralis vertebrae C 2 – C 7, Tuberculum ventrale atlantis (colli, pars cervicis)	• FLEX u. LATFLEX in Genick u. HWS	Rr. ventrales der Segmente	• nicht palpierbar
M. splenius	Procc. spinosi Th 3 – Th 5, Lig. nuchae, Fascia thoracolumbalis	Crista nuchae occipitalis, Proc. mastoideus (capitis), Procc. transversi C 3 – C 5 (cervicis)	• Elevation, Stellung, Biegung von Kopf u. HWS • EXT im Genick	Rr. dorsales der Segmente, R. dorsalis aus N. accessorius (XI. Hirnnerv)	• wichtig für Ausbalancieren des Gleichgewichts • **der** Oberhalsmuskel bei physiologischer Gymnastizierung
M. parotidoauricularis	Fascia capitis um die Parotis herum	am Ohrgrund	• Niederzieher der Ohrmuschel • Anlegen der Ohren	R. colli aus N. intermediofacialis (VII. Hirnnerv)	• Hypertrophie/Hypertonus des Muskels → Reizung des N. intermediofacialis, Kompression der Parotis, Reduzierung der Ganschenfreiheit

Tab. 11.2 Wichtige Muskeln CTÜ/BWS/LWS/Sakrum/Schweif.

Muskel	Ursprung	Ansatz	Funktion	Innervation	Besonderheiten
M. longus colli, pars thoracis	Crista ventralis vertebrae Th 1 – Th 6	Procc. transversi C 6 – C 7	Stabilisation und FLEX des CTÜ	Rami ventrales der Segmente	–
Mm. scaleni medii und ventrales	Margo cranialis costae 1	Procc. transversi C 4 – C 6 (Scalenus ventralis), Proc. transversus C 7 (Scalenus medius)	• Elevation u. LATFLEX des CTÜ • Verspannung der Thoraxapertur • hebt 1. Rippe in Inspiration	Rr. ventrales der Segmente	• zwischen Scalenus med. u. vent. treten Fasern des Plexus brachialis durch • nicht palpierbar
M. serratus ventralis cervicis	Procc. transversi C 4 – C 7	Cartilago scapulae von medial, Facies serrata	• P.f. Scapula: Elevation der HWS • EXT Scapula	Rr. ventromediales der Segmente	• verhindert eine zu große FLEX der Scapula bei Landung nach dem Sprung
M sternohyoideus, M. sternothyreoideus, M. omohyoideus	Manubrium sterni, Fascia subscapularis	Cartilago thyreoidea, Proc. lingualis hyoideus	• zieht Zunge, Os hyoideum u. Cartilago thyreoidea Richtung Manubrium sterni	R. ventromedialis nC 1	• zwischen Os hyoideum u. Sternum/Humerus • bei Ermüdung der Rumpfträger (s. **Tab. 11.4**) oder Tragerschöpfung kann das Pferd über Pressen der Zunge gegen den Gaumen (> Kopf p.f.) den Brustkorb anheben >> unphysiologischer Unterhals

Tab. 11.2 Fortsetzung.

Muskel	Ursprung	Ansatz	Funktion	Innervation	Besonderheiten
M. brachiocephalicus setzt sich zusammen aus: M. omotransversarius, M. cleidomastoideus, M. cleidobrachialis	s. **Tab. 11.6**	–	–	–	–
Mm. multifidii thoracis u. lumborum	Procc. articulares craniales u. caudales von Th 1 bis zum Sakrum	Procc. spinosi der jeweils kranialen Wirbel	• Fixierung u. ROT der einzelnen Wirbelsegmente	Rr. dorsales der Segmente	• Faserverlauf kraniodorsal (Procc. spinosi) nach kaudoventral (Procc. articulares); hierdurch gegenläufige Verspannung zum M. longissimus (kaudodorsal > kranioventral)
M. spinalis cervicis u. thoracis	Procc. spinosi Th 12 – L 6, Sehnenspiegel des M. longissimus	Procc. spinosi C 3 – C 7 (cervicis) u. Th 1 – Th 6 (thoracis)	• Stabilisation der zervikalen u. thorakalen WS • EXT u. LATFLEX HWS	Rr. dorsales der Segmente	• medialer Anteil des M. erector spinae

Tab. 11.2 Fortsetzung.

Muskel	Ursprung	Ansatz	Funktion	Innervation	Besonderheiten
M. longissimus cervicis, thoracis u. lumborum	Ala ossis ilii, Procc. spinosi Sakrum – Th 1, Procc. transversi C 4 – C 7, Tuberculae costae 1 – 18 (Faserverlauf kaudodorsal > kranioventral)		• Stabilisation u. EXT der gesamten WS, ROT der einzelnen WS-Segmente	Rr. dorsales der Segmente	• intermedialer Anteil des M. erector spinae • flexible Verspannung der WS mit gegenläufigem Faserverlauf der Mm. multifidii thoracis u. lumborum
M. iliocostalis cervicis, thoracis u. lumborum	Procc. transversi L 1 – L 5, Margo cranialis costae 1 – 15	Proc. transversus C 7, Margo caudalis costae 1 – 15	• Stabilisation, EXT und LATFLEX der WS • Hilfsexspirator	Rr. dorsales der Segmente	• lateraler Anteil des M. erector spinae
Mm. intertransversarii	Procc. transversi u. articulares der zervikalen bis coccygealen Wirbel		• Fixierung u. LATFLEX der entsprechenden Wirbelsegmente	Rr. dorsales der zervikalen u. coccygealen Segmente	–
Mm. interspinales	zwischen den Procc. spinosi der Zervikal-, Thorakal- u. Lumbalwirbel		• Stabilisierung der einzelnen Wirbelsegmente	–	• beim Pferd nicht mehr als Muskel, sondern als Ligg. interspinalia ausgebildet

Tab. 11.2 Fortsetzung.

Muskel	Ursprung	Ansatz	Funktion	Innervation	Besonderheiten
M. iliopsoas	Margo caudalis costae 17 u. 18, Procc. transversi lumbalis u. sacralis	Trochanter minor ossis femoris, Tuberculum m. psoas minor des Os ilium	• Stabilisation der LWS und des LSG • P.f. Gliedmaße: EXT der LWS • P.m. Gliedmaße: FLEX des Beckens u. des Hüftgelenks	Rr. ventrales der Segmente, Plexus lumbalis (nL 2 – nL 6)	• stabilisiert das LSG in Neutralposition als Voraussetzung für eine physiologische Hankenbeugung ab dem Hüftgelenk nach distal • strahlt in die Lendenpfeiler des Diaphragmas ein
M. quadratus lumborum	ventral an den Procc. transversi der LWS, 18. Rippe	Crista iliaca, Procc. transversi L 1 – L 6, jeweils kaudal	• Stabilisation u. leichte FLEX LWS • LATFLEX LWS	Rr. ventrales der Segmente, Plexus lumbalis (nL 2 – nL 6)	–
Mm. sacrococcygeales (sacrocaudales)	Facies ventrales u. procc. transversi vertebraerum coccygeum, Sakrum lateral u. dorsal	dorsal u. ventral jeweils medial u. lateral an Cg1 – Cg5	• Niederzieher des Schweifes • Schweifbewegungen in alle Richtungen	Rr. dorsales der Segmente	• bei Hypertrophie zeigt sich eine fleischige Auftreibung mittig auf der Kruppe
Beckendiaphragma: Diaphragma pelvis, Diaphragma anale u. Diaphragma urogenitale	Lig. sacrotuberale latum, kraniale Vertebrae coccygeae	Vertebrae coccygeae, Fascia coccygis, Anus, Rektum, Vagina, Penis	• Miktion u. Defäkation • Öffnen u. Schließen von Anus, Urethra u. Vagina • Erektion • Schweifbewegungen	Rr. ventrales sacralis, Nn. rectales caudales aus nS 4/nS 5, Nn. perinealis prof. aus N. pudendus (nS 2 – nS 4)	• Diaphragma-Beckendiaphragma-Synergismus: Bei der Einatmung „senken“ sich beide Diaphragmen nach kaudal, bei der Ausatmung „heben“ sich beide Diaphragmen nach kranial.

Tab. 11.2 Fortsetzung.

Muskel	Ursprung	Ansatz	Funktion	Innervation	Besonderheiten
Lig. nuchae aus Funiculus nuchae u. Lamina nuchae	Crista nuchae occipitalis	Procc. spinosi Th 3/ Th 5	• Halten des Kopfes ohne muskuläre Anstrengung	–	• Aktivierung durch Dehnungshaltung u. aktives Untertreten der Hinterhand: essentiell für frei schwingende u. sich selbst tragende WS
Lig. supraspinale	verbindet alle Procc. spinosi vom Widerrist bis zur Schweifrübe miteinander		• mit Funiculus nuchae Verspannung der gesamten WS vom Okziput bis zum letzten Schwanzwirbel	–	• siehe Lig. nuchae
Lig. sacrotuberale latum	Pars lateralis ossis sacri, Procc. transversi Cg1 – 3	Incisura ischiadica major, Spina ischiadica, Tuber ischiadicum	• gewichtssparender u. flexibler Ansatz/ Ursprung für Muskeln der Hinterhand	–	• wird gespannt durch ROT. des Beckens → Reizung des N. ischiadicus möglich durch Läsion in ROT

Tab. 11.3 Wichtige Muskeln Rumpf/Rumpfträger.

Muskel	Ursprung	Ansatz	Funktion	Innervation	Besonderheiten
M. serratus ventralis thoracis*	Rippen 1 – 9 (Tragerippen)	Facies serrata u. Cartilago scapulae von medial	• **der** Rumpfträger (von dorsal) • P.f. Vorhand: Hilfsinspirator	N. thoracicus longus (nC 8 – nTh 1)	• „Wachsen" aus dem Widerrist heraus für relative Aufrichtung
Mm. pectorales superficiales u. profundus*	Sternum, Rippen 1 – 9	Tuberculum majus u. minus humeri, Fascia antebrachii	• Rumpfträger (von ventral), • ADD Schultergelenk • P.f. Vorhand: Vorziehen des Rumpfes über das Standbein	Nn. pectorales craniales und caudales	• sind bei allen Vorhandbewegungen beteiligt • verhindern das Einknicken des Schultergelenks bei der Landung nach dem Sprung
M. subclavius*	Sternum u. Cartilago costae 1 – 4	strahlt in M. supraspinatus u. Fascia brachii ein	• Rumpfträger (von ventral) • Fixierung Schultergelenk	N. subclavius (aus nC 6 – nC 8)	–
M. rectus abdominis	Sternum, Cartilago costae 4 – 9	Tendo praepubicus, Lig. accessorium ossis femoris	• Aufwölben der WS • Bauchpresse (Miktion, Defäkation, Geburt, Hilfsexspiration) • kontraktionsfähiger Tragegurt mit Anpassungsfähigkeit an Volumen u. Gewicht der Bauchorgane	Rr. ventrales der Segmente, Nn. iliohypogastricus und ilioinguinalis	• Koordination von Rumpf- u. Hinterhandbewegungen → führt beim physiologischen Spannungszustand des Muskels u. des Lig. accessorium zum taktmäßigen Ausatmen des Pferdes im Galopp
M. transversus abdominis	Cartilago costae 7 – 18, Procc. transversi L 1 – L 6, Fascia thoracolumbalis	Linea alba	• siehe M. rectus abdominis	Rr. ventrales der Segmente, Nn. iliohypogastricus und ilioinguinalis	–

Tab. 11.3 Fortsetzung.

Muskel	Ursprung	Ansatz	Funktion	Innervation	Besonderheiten
M. obliquus externus abdominis	Margo lateralis costae 6 – 18, Fascia thoracolumbalis, Tuber coxae	Linea alba, Lig. inguinale, Tendo praepubicus, Verlaufsrichtung: kaudoventral	• beidseitig: siehe M. rectus abdominis • einseitig: Rumpf-ROT (mit kontralateralem M. obliquus internus) Rumpf-LATFLEX (mit ipsilateralem M. obliquus internus)	Rr. ventrales der Segmente, Nn. iliohypogastricus und ilioinguinalis	• der Muskel wird von den ventralen Ästen der nTh 16 – nL 4 etwa entlang der Rippenkniebögen bis zum Tuber coxae durchbohrt
M. obliquus internus abdominis	Tuber coxae, Lig. inguinale	Linea alba, Cartilago costae 12 – 18, Rippe 18, Verlaufsrichtung: kranioventral	• beidseitig: siehe M. rectus abdominis • einseitig: Rumpf-ROT (mit kontralateralem M. obliquus externus) Rumpf-LATFLEX (mit ipsilateralem M. obliquus externus)	Rr. ventrales der Segmente, Nn. iliohypogastricus und ilioinguinalis	• arbeitet jeweils mit dem kontralateralen M. obl. ext. abd. zusammen bzgl. ROT des Rumpfes

* Rumpfträger (thorakale Muskelschlinge). Die 4 Bauchmuskeln sind jeweils an ihrem Ursprung mit einem/mehreren Knochen, an ihrem Ansatz mit einer bindegewebigen Struktur verbunden. Dies gewährleistet eine maximale Flexibilität bzgl. der unterschiedlichen Volumenverhältnisse des Bauchraums. Die Verläufe der 4 Bauchmuskeln sind jeweils um 45° zueinander versetzt, sodass die Bauchdecke in alle Richtungen stabil und gleichzeitig flexibel ist.

Tab. 11.4 Hautmuskeln und Fascia thoracolumbalis.

Muskel	Verlauf	Funktion	Innervation	Besonderheiten
M. cutaneus faciei	Muskelplatte auf dem M. masseter	• Retraktion des Mundwinkels • Spannen und Bewegen der Gesichtshaut	N. facialis	• liegt in der Fascia capitis superficialis
M. cutaneus colli	Muskelplatte vom Manubrium sterni über den Sulcus jugularis	• Spannen und Bewegung der Halshaut • Insektenabwehr	Ramus colli des N. facialis	• zieht teilweise in die Fascia colli supf. und den M. sternocleidomastoideus
M. cutaneus trunci	Muskelplatte im schrägen Verlauf vom Widerrist zur Kniefalte	• Spannen und Bewegen der Rumpfhaut • Insektenabwehr	N. thoracis lateralis	• entspringt der Fascia trunci superficialis (<Fascia thoracolumbalis)
M. cutaneus omobrachialis	Muskelplatte von der Scapula zum Olecranon	• Spannen und Bewegen der Schulterhaut • Insektenabwehr	N. thoracis lateralis	–
Fascia thoracolumbalis	**Strukturelle Ursprünge und Ansätze:** • Procc. spinosi thoracis, lumbalis, sacri • Lig. supraspinale • Tuber sacrale u. coxae • Crista iliaca	**Faszie als Ursprung bzw. Ansatz für die Muskeln:** • M. splenius • M. cutaneus trunci • Mm. serratus dorsalis cranialis u. caudalis • M. obliquus externus abdominis • M. transversus abdominis • M. latissimus dorsi	**Fasziale Verbindungen:** • Fascia glutea • Fascia trunci prof. u. supf. – Fascia cervicalis supf. • Lig. dorsoscapulare (spaltet sich in Höhe des Th 2 – Th 5 ab; A.: Facies serrata dorsal des Ansatzes des M. serratus ventralis) • SDL, FL, FLRL	

Tab. 11.5 Wichtige Muskeln Atmung.

Muskel	Ursprung	Ansatz	Funktion	Innervation	Besonderheiten
Diaphragma (Inspir.)	Centrum tendineum	Sternum, Genu costae 9 – 15, Rippe 18, L 1 – L 4	• **der** Inspirationsmuskel	N. phrenicus (nC 5 – nC 7)	• Druck- u. Saugwirkung auf Vena cava caudalis u. Ductus thoracicus • Massage der Verdauungsorgane
Mm. intercostales ext. (Inspir.)	Margo caudalis costae cranialis zur Margo cranialis costae caudalis Verlauf kaudoventral		• Inspiration	Nn. intercostales (Rr ventrales u. Rr. mediales nTh 1 – nTh 18)	–
M. serratus ventralis cervicis und thoracis (Inspir.)	s. **Tab. 11.2** cerv., s. **Tab. 11.3** thor.	–	–	–	–
M. serratus dorsalis cranialis (Inspir.)	Lig. supraspinale, Fascia thoracolumbalis	Margo cranialis costae 5 – 11	• Inspiration (zieht die Rippen nach kranial u. lateral)	Nn. intercostales (Rr. ventrales u. Rr. mediales nTh 5 – nTh 11)	–
Mm. scaleni (Inspir.)	s. **Tab. 11.2**	–	–	–	–
Mm intercostales int. (Exspir.)	Margo caudalis costae cranialis zur Margo cranialis costae; Verlauf kranioventral		• Exspiration	Nn. intercostales (Rr ventrales u. Rr. mediales nTh 1 – nTh 18)	–

Tab. 11.5 Fortsetzung.

Muskel	Ursprung	Ansatz	Funktion	Innervation	Besonderheiten
M. serratus dorsalis caudalis (Exspir.)	Fascia thoracolumbalis	Margo caudalis costae 11 – 18	• Exspiration (zieht die Rippen nach kaudal und medial)	Nn. intercostales (Rr. ventrales u. Rr. mediales nTh 5 – nTh 11)	–
Mm. abdomines (Exspir.)	s. **Tab. 11.3**	–	–	–	–
Beckendiaphragma: Diaphragma pelvis, Diaphragma anale u. Diaphragma urogenitale (Exspir.)	s. **Tab. 11.2**	–	–	–	–

Tab. 11.6 Wichtige Muskeln Vorhand.

Muskel	Ursprung	Ansatz	Funktion	Innervation	Besonderheiten
Mm. pectorales	s. **Tab. 11.3**	–	–	–	–
M. trapezius Pars cervicis	Funiculcus nuchae u. Lig. supraspinale von C 2 – Th 7	Spina scapulae (von kranial her)	• EXT u. Elevation Scapula → Retraktion und ABD der Vorhand	R. dorsalis aus N. accessorius (XI. Hirnnerv)	• ist bei allen Vorhandbewegungen beteiligt, je nach Ausgangsstellung der Vorhand
M. trapezius Pars thoracis	Lig. supraspinale von Th 3 – Th 10	dorsales $^{1}/_{3}$ der Spina scapulae	• FLEX u. Elevation Scapula → Protraktion und ABD der Vorhand • Polster der Sattellage	R. dorsalis aus N. accessorius (XI. Hirnnerv)	• neigt am ehesten zu Atrophie bei unpassendem Sattel • ist bei allen Vorhandbewegungen beteiligt, je nach Ausgangsstellung der Vorhand
M. rhomboideus cervicis	Funiculus nuchae von C 2 – Th 1	Cartilago scapulae	• EXT u. Elevation Scapula → Retraktion und ABD der Vorhand • P.f. Vorhand: Elevation HWS	N. dorsalis scapulae, Rr. dorsales der Segmente	• vermittelt die physiologische Nickbewegung im Takt der Vorhandbewegung • bildet den „falschen Knick“ bei unphysiologischer Gymnastizierung • ist bei allen Vorhandbewegungen beteiligt, je nach Ausgangsstellung der Vorhand

Tab. 11.6 Fortsetzung.

Muskel	Ursprung	Ansatz	Funktion	Innervation	Besonderheiten
M. rhomboideus thoracis	Procc. spinosi Th 2 – Th 3	Cartilago scapulae	• FLEX u. Elevation Scapula → Protraktion und ABD der Vorhand • P.f. Vorhand, EXT u. Elevation HWS	N. dorsalis scapulae, Rr. dorsales der Segmente	• ist bei allen Vorhandbewegungen beteiligt, je nach Ausgangsstellung der Vorhand
M. brachiocephalicus	Crista humeri, Fascia brachii	Proc. mastoideus, Procc. transversi C 2 – C 4	• EXT Schultergelenk • P.f. Hals u. Kopf: **der** Protraktor der Vorhand • P.f. Vorhand: Niederzieher u. Fixator von Kopf u. HWS	R. ventralis aus Hirnnerv XI, Rr. ventromediales der Segmente N. axillaris (für M. cleidobrachialis)	• Koppelung von Halsstellung mit Vorhandaktion: • langer tiefer Hals → Vorhand-Aktion flach u. raumgreifend • aufgerichteter Hals → Vorhand-Aktion hoch u. kurz • **der** Unterhals bei unphysiologischer Gymnastizierung
M. latissimus dorsi	Lig. supraspinale kaudal des Th 3, Fascia thoracolumbalis	Humerus von kaudomedial; z. T. in den M. teres major u. M. tensor fasciae antebrachii hinein	• FLEX Schultergelenk → **der** Retraktor der Vorhand • P.f. Vorhand: Vorzieher u. EXT des Rumpfes	N. thoracodorsalis aus nC 8, Nn. pectorales caudales	• wichtiger Muskel bei Zugpferden, um die Aufkrümmung der WS zu verhindern • wichtig für gute Sattellage (auf diesem Muskel sitzt der Reiter)

Tab. 11.6 Fortsetzung.

Muskel	Ursprung	Ansatz	Funktion	Innervation	Besonderheiten
Mm. teres major u. minor	Margo caudalis scapulae (distale Hälfte: M. teres minor)	Tuberositas teres major humeri, proximal der Tuberositas deltoideus humeri (M. teres minor)	• FLEX Schultergelenk	N. axillaris (nC 7/nC 8)	–
M. subscapularis	Fossa subscapularis scapulae	Tuberculum minus humeri	• ADD des Schultergelenks • mediale Fixation des Schultergelenks	N. subscapularis (nC 6/nC 7) N. axillaris (nC 7/nC 8)	–
M. deltoideus	Margo caudalis spinae scapulae	Tuberositas deltoidea humeri	• FLEX des Schultergelenks • ABD des Schultergelenks	N. axillaris (nC 7/nC 8)	–
M. supraspinatus	Fossa supraspinata, kranial an der Spina scapulae	Tuberculum majus u. minus humeri	• Fixation u. EXT des Schultergelenks	N. suprascapularis (nC 6 – nC 8)	• häufig Hypertrophie bei Springpferden mit evtl. vorständiger Vorhand

Tab. 11.6 Fortsetzung.

Muskel	Ursprung	Ansatz	Funktion	Innervation	Besonderheiten
M. infraspinatus	Fossa infraspinata, kaudal an der Spina scapulae	mit 2 Sehnen proximal und distal am Tuberculum majus humeri	• laterale Stabilisation des Schultergelenks • EXT, FLEX des Schultergelenks (je nach Ausgangsstellung)	N. suprascapularis (nC 6 – nC 8)	–
M. biceps brachii	Tuberculum supraglenoidale scapulae	Tuberositas radii, strahlt über Lacertus fibrosus in den M. externus carpi radialis (prox. am MCIII)	• EXT des Schultergelenks • FLEX des Ellenbogengelenks	N. musculocutaneus (nC 6 – nC 8)	• dorsaler Anteil des passiven Stehapparats: verhindert über Lacertus fibrosus im Standbein die FLEX von Schulter- und Karpalgelenk
M. brachialis	Collum humeri kaudodistal	Radius proxomedial	• FLEX des Ellenbogengelenks	N. musculocutaneus (nC 6 – nC 8), N. radialis (nC 7 – nTh 1)	• Muskelverlauf schlingt sich kranial durch die Ellenbogenbeuge
M. triceps brachii	Margo caudalis scapulae (Caput longum), Facies lateralis humeri (Caput laterale), Facies medialis humeri (Caput mediale)	Tuber olecrani ulnae	• EXT des Ellenbogengelenks • FLEX des Schultergelenks (Caput longum)	N. radialis (nC 7 – nTh 1)	• wichtiger Muskel zur Stabilisierung der „Stützsäule Vorhand“

Tab. 11.6 Fortsetzung.

Muskel	Ursprung	Ansatz	Funktion	Innervation	Besonderheiten
M. tensor fasciae antebrachii	Margo caudalis scapulae, Fascia m. latissimus dorsi	Olecranon, Fascia antebrachii	• EXT des Ellenbogengelenks • Spannung der Unterarmfaszie	N. radialis (nC 7 – nTh 1)	• gut palpierbarer Strang entlang des M. triceps brachii caput longum
M. extensor carpi radialis	Crista supracondylaris lateralis humeri	proximodorsal am Metacarpus III	• EXT des Karpalgelenks • FLEX des Ellenbogengelenks	N. radialis (nC 7 – nTh 1)	• gehört über Lacertus fibrosus/Biceps brachii zum dorsalen Anteil des passiven Stehapparats
M. extensor carpi ulnaris	Epicondylus lateralis humeri	Os carpi accessorium, Basis ossis metacarpale IV	• FLEX des Karpalgelenks	N. radialis (nC 7 – nTh 1)	–
M. extensor digitorum communis	Epicondylus lateralis humeri	Proc. extensorius P1, Facies dorsalis P2 u. P3	• EXT von Karpus, Fessel-, Kron- und Hufgelenk	N. radialis (nC 7 – nTh 1)	–
M. extensor digitorum lateralis	Facies proximolateralis radii u. ulnae	Facies proximodorsalis P1	• EXT von Karpus und Fesselgelenk	N. radialis (nC 7 – nTh 1)	–
M. flexor carpi radialis	Epicondylus medialis humeri	Basis ossis metacarpale II	• FLEX des Karpalgelenks	N. medianus (nC 7 – nTh 2)	–
M. flexor carpi ulnaris	Epicondylus medialis humeri	Os carpi accessorium	• FLEX des Karpalgelenks	N. ulnaris (nC 8 – nTh 1)	–

Tab. 11.6 Fortsetzung.

Muskel	Ursprung	Ansatz	Funktion	Innervation	Besonderheiten
Mm. flexor digitorum superficialis u. profundus	Epicondylus medialis humeri (supf. und prof.), Olecranon (med.) (prof.)	Extremitas distalis P1 u. proximalis P2 (supf.), Tuberositas flexoria P3 (prof.)	• FLEX von Karpus, Fessel- und Krongelenk (supf.) • zusätzlich FLEX des Hufgelenks (prof.)	Nn. ulnaris (supf. u. prof.) (nC 8 – nTh 2), N. medianus (prof.) (nC 7 – nTh 2)	• palmarer Anteil des passiven Stehapparats: verhindert im Standbein und beim Auffußen die Hyperflexion der Zehengelenke • erhält Unterstützungsband vom Radius (supf.) und vom Karpus (prof.)
M. interosseus medius	Facies proximopalmare metacarpale III	Ossa sesamoideae proximalis lateralis u. medialis	• Fesselträger • Verhinderung der Hyperextension des Fesselgelenks	R. profundus aus N. ulnaris (nC 8 – nTh 1)	• strahlt mit einigen Sehnenanteilen in den M. extensor digitorum communis ein

Tab. 11.7 Wichtige Muskeln Hinterhand.

Muskel	Ursprung	Ansatz	Funktion	Innervation	Besonderheiten
M. gluteus superficialis	aus Fascia glutea (Tuber coxae)	Trochanter tertius ossis femoris, Fascia lata über M. tensor fasciae latae	• FLEX des Hüftgelenks • ABD des Hüftgelenks	N. gluteus caudalis (nL 6 – nS 2)	• wenn der M. glut. supf. verspannt ist, kann der M. glut. med. nur reduziert aufmuskeln
M. gluteus medius	M. longissimus lumborum, Sakrum, Ligg. sacroiliacum u. sacrotuberale latum	Trochanter major ossis femoris	• EXT des Hüftgelenks • ABD des Hüftgelenks	N. gluteus cranialis (nL 6 – nS 2)	• mit M. longissimus: Heber der Vorhand beim Angaloppieren • über M. longissimus: rhythmische Verknüpfung der Rücken- u. Kruppenaktivität
M. tensor fasciae latae	Tuber coxae	Patella über Fascia lata, Margo cranialis tibiae, Trochanter tertius femoris	• im Hangbein: FLEX des Hüftgelenks und EXT Kniegelenk • im Standbein: EXT des Kniegelenks u. Spannung der Fascia latae	N. gluteus cranialis (nL 6 – nS 2)	• Wenn der M. tensor fasciae latae verspannt ist, kann der M. quadriceps femoris nur reduziert aufmuskeln.
M. quadriceps femoris	Corpus ossis ilii (Rectus femoris), Os femoris proximolateral, – dorsal, – medial (Vastus lateralis, intermedius, medialis)	Patella, Tuberositas tibiae über Lig. patellae intermedium	• im Hangbein: FLEX des Hüftgelenks (Rectus femoris) • im Hang- u. Standbein: EXT u. Stabilisation des Kniegelenks	N. femoralis (nL 3 – nL 6)	• in der Hankenbeugung/Versammlung **der** Kniescheibenhalter (exzentrisch) • als Kniescheibenhalter beteiligt am passivem Stehapparat

Tab. 11.7 Fortsetzung.

Muskel	Ursprung	Ansatz	Funktion	Innervation	Besonderheiten
M. biceps femoris	Tuber ischiadicum (caput breve), S 3 – S 5, Fascia coccygis, Lig. sacrotuberale latum (caput longum)	Patella, Ligg. patellae lateralis u. intermedialis, Margo cranialis tibiae, Tuber calcanei lateral über Tractus calcaneus	• EXT u. ABD des Hüftgelenks • im Hangbein: FLEX des Kniegelenks • im Stützbein: EXT von Hüft-, Knie- u. Sprunggelenk	N. gluteus caudalis (nL 6 – nS 2), N. tibialis (aus N. ischiadicus nL 5 – nS 2)	• lateraler Anteil der „Hose“
M. semitendinosus	Tuber ischiadicum ventral, Vertebrae L 6 – Cg2, Fascia coccygis, Lig. sacrotuberale latum	Margo cranialis tibiae, medial am Tuber calcanei	• EXT des Hüftgelenks • im Hangbein: FLEX des Kniegelenks • im Stützbein: EXT des Knie- u. Sprunggelenks	N. gluteus caudalis (nL 6 – nS 2), N. tibialis (aus N. ischiadicus nL 5 – nS 2)	–
M. semimembranosus	Tuber ischiadicum ventromedial, Vertebrae Cg1 u. 2, Lig. sacrotuberale latum	Condylus medialis ossis femoris u. tibiae	• im Hangbein: EXT, ADD, IROT des Hüftgelenks, FLEX des Kniegelenks • im Stützbein: EXT von Hüft- u. Kniegelenks	N. gluteus caudalis (nL 6 – nS 2), N. tibialis (aus N. ischiadicus nL 5 – nS 2)	–

Tab. 11.7 Fortsetzung.

Muskel	Ursprung	Ansatz	Funktion	Innervation	Besonderheiten
Mm. sartorius, gracilis, pectineus, adductor magnus u. brevis	Os pubis, Symphyse	Femur medial, Lig. collaterale mediale genu	• ADD des Hüftgelenks • FLEX von Hüft- u. Kniegelenk • Stabilisation des Standbeins	N. femoralis, N. saphenus (nL 3 – nL 6)	• M. gracilis: medialer Anteil der „Hose“
Mm. gemelli, obturatorius externus u. internus	Ossa ischii u. pubis, Foramen obturatorium	Fossa trochanterica ossis femoris	• ROT des Hüftgelenks	Rr. musculares des N. rotatorius (aus N. ischiadicus nL 5 – nS 2), N. obturatorius (nL 4 – nL 6)	–
M. fibularis tertius (Tendo femorotarseus)	Condylus lateralis ossis femoris	Calcaneus, Metatarsus III	• FLEX des Sprunggelenks	N. peroneus (aus N. ischiadicus nL 5 – nS 2)	• dorsaler Anteil des passiven Stehapparats: verhindert im Standbein die FLEX des Kniegelenks • sehr prominente Sehne proximal in der Sprunggelenksbeuge
M. gastrocnemius	Condylus lateralis u. medialis ossis femoris	Tuber calcanei über Tractus calcanei	• FLEX des Kniegelenks • EXT des Sprunggelenks	N. tibialis (aus N. ischiadicus nL 5 – nS 2)	–

Tab. 11.7 Fortsetzung.

Muskel	Ursprung	Ansatz	Funktion	Innervation	Besonderheiten
M. tibialis cranialis	Margo proximocranialis tibiae, Caput fibulae	Basis ossis metatarsale II – IV	• FLEX des Sprunggelenks	N. peroneus (aus N. ischiadicus nL 5 – nS 2)	• sehr prominente Sehne distal in der Sprunggelenksbeuge („Spat-Sehne“)
M. extensor digitorum longus	Condylus lateralis ossis femoris	Proc. extensorius P3	• FLEX des Sprunggelenks • EXT der Zehengelenke • Unterstützung der KnieEXT im Standbein	N. peroneus (aus N. ischiadicus nL 5 – nS 2)	• die Unterstützungssehnen des M. interosseus medius strahlen ein
M. extensor digitorum lateralis	Fibula, Lig. collaterale lateralis genu	Tendo M. extensor digitorum longus	• FLEX des Sprunggelenks • EXT der Zehengelenke	N. peroneus (aus N. ischiadicus nL 5 – nS 2)	–
M. flexor digitorum superficialis	Fossa supracondylaris lateralis ossis femoris	Tuberositas flexoria P1 u. P2	• EXT des Sprunggelenks • FLEX des Fessel- u. Krongelenks	N. tibialis (aus N. ischiadicus nL 5 – nS 2)	• plantarer Anteil des passiven Stehapparats: verhindert im Standbein die FLEX des Sprunggelenks
M. flexor digitorum profundus	Condylus lateralis tibiae, Fibula	Tuberositas flexoria P3	• EXT des Sprunggelenks • FLEX der Zehengelenke	N. tibialis (aus N. ischiadicus nL 5 – nS 2)	siehe Flex. dig. supf.

Tab. 11.7 Fortsetzung.

Muskel	Ursprung	Ansatz	Funktion	Innervation	Besonderheiten
M. interosseus medius	Metatarsus III, Calcaneus	Ossa sesamoideae proximalis lateralis u. medialis	• Fesselträger	N. tibialis (aus N. ischiadicus nL 5 – nS 2)	• strahlt mit einigen Sehnenanteilen in den M. extensor digitorum longus ein
Lig. accessorium ossis femoris des M. rectus abdominis	Sternum, Cartilago costae 4 – 9	Fovea capitis ossis femoris	• Koordination von Rumpf- u. Hinterhandbewegungen: Aufwölben der WS durch Bauchmuskelaktivität mit FLEX in ISG u. Hüftgelenk	N. pectineus	• führt beim physiologischen Spannungszustand des Lig. zum taktmäßigen Ausatmen des Pferdes im Galopp
Lig. inguinale	Tuber coxae über Fascia iliaca in die Beckensehne des M. obliquus externus abdominis	Tendo praepubicus	• Ansatz für M. obliquus externus abdominis	–	–
M. iliopsoas	s. **Tab. 11.2**	–	–	–	–
Fascia thoracolumbalis	s. **Tab. 11.4**	–	–	–	–
Lig. sacrotuberale latum	s. **Tab. 11.2**	–	–	–	–

Tab. 11.8 Wichtige Muskeln Kiefergelenk.

Muskel	Ursprung	Ansatz	Funktion	Innervation	Besonderheiten
M. masseter	Crista facialis, Arcus zygomaticus	kaudolateral am Angulus mandibulae vom TMG bis zur Incisura vasorum facialium (= Durchtritt des Ausführungsgangs der Parotis)	• Mundschließer	N. massetericus (aus dem N. mandibularis = 3. Anteil des V. Hirnnervs)	• M. masseter u. kontralateraler M. pterygoidei verschieben die Mandibula nach kontralateral • N. facialis verläuft superior über den Masseter
M. buccinator	Proc. coronoideus mandibulae	Mundwinkel	• muskulöse Grundlage der Wange • schiebt den Speisebrei von den Wangentaschen auf die Mahlfläche der Zähne	Rr. buccolabiales dorsales u. ventrales (aus dem VII. Hirnnerv)	• verläuft teilweise profund des M. masseter
M. temporalis	Fossa temporalis parietalis, Arcus zygomaticus (medial)	Proc. coronoideus mandibulae	• Mundschließer	Nn. temporales proff. (aus dem N. mandibularis = 3. Anteil des V. Hirnnervs)	–

Tab. 11.8 Fortsetzung.

Muskel	Ursprung	Ansatz	Funktion	Innervation	Besonderheiten
M. digastricus	Proc. paracondylaris occipitalis	Margo ventralis mandibulae	• Mundöffner • Levator des Os hyoideum während des Schluckens	R. digastricus caudalis (aus dem VII. Hirnnerv), R. digastricus rostralis (aus dem N. mandibularis = 3. Anteil des V. Hirnnervs)	• der Ductus parotideus führt entlang des M. digastricus
Mm. pterygoideus medialis u. lateralis	Proc. pterygoideus ossis sphenoidales	Fossa pterygoidea medialis u. Proc. condylaris mandibulae	• seitliche und rostrale Mahlbewegung der Mandibula • Mundschließer	Nn. pterygoidei (aus dem N. mandibularis = 3. Anteil des V. Hirnnervs)	• M. pterygoidei u. kontralateraler M. masseter verschieben die Mandibula nach ipsilateral
M. sternomandibularis (Syn.: M. sternocephalicus)	Manubrium sterni	kaudal am Ramus mandibularis	• Mundöffner • Fixierung der Mandibula u. des Pharynx beim Schlucken • FLEX und LATFLEX Genick und HWS	R. ventralis aus dem N. accessorius (XI. Hirnnerv)	• die Sehne des Muskels wir durchkreuzt vom Ductus parotideus

Tab. 11.9 Wichtige Muskeln Zungenbein.

Muskel	Ursprung	Ansatz	Funktion	Innervation	Besonderheiten
M. geniohyoideus	Symphysis mandibulae	Proc. lingualis hyoideus	• muskuläre Grundlage des Mundbodens • zieht Os hyoideum u. Zunge nach rostral	Ansa cervicalis (XII. Hirnnerv u. nC 1)	• zwischen Os hyoideum u. Mandibula
M. mylohyoideus	Linea mylohyoideus mandibularis	Proc. lingualis hyoideus, Basihyoideum	• hebt den Mundboden • drückt die Zunge gegen den Gaumen • „Diaphragma" des Unterkiefers	N. mylohyoideus (aus dem N. mandibularis = 3. Anteil des V. Hirnnervs)	• zwischen Os hyoideum u. Mandibula
M. thyreohyoideus	Cartilago thyreoidea	Thyreohyoideum	• führt Thyreohyoideum u. Cartilago thyreoidea zusammen	Ansa cervicalis (XII. Hirnnerv u. nC 1)	• zwischen Os hyoideum u. Larynx
M. hyoepiglotticus	Basihyoideum	rostral an der Cartilago epiglottica	• zieht die Epiglottis nach rostroventral	N. hypoglossus (VII. Hirnnerv)	• zwischen Os hyoidern u. Larynx
M. occipitohyoideus	Proc. paracondylaris occipitalis	kaudal am Stylohyoideum	• senkt die Zungenbasis u. den Larynx	N. intermediofacialis (VII. Hirnnerv)	• zwischen Os hyoideum u. Okziput

Tab. 11.9 Fortsetzung.

Muskel	**Ursprung**	**Ansatz**	**Funktion**	**Innervation**	**Besonderheiten**
M. stylohyoideus	kaudal am Stylohyoideum	Thyreohyoideum	• zieht Hyoid u. Larynx nach nuchal	N. intermediofacialis (VII. Hirnnerv)	• zwischen verschiedenen Teilen des Os hyoideum
M. ceratohyoideus	rostral am Thyreohyoideum	kaudal am Ceratohyoideum u. proximal am Stylohyoideum	• hebt das Thyreohyoideum an u. zieht damit den Larynx nach rostrodorsal	N. glossopharyngeus (IX. Hirnnerv)	• zwischen verschiedenen Teilen des Os hyoidenum
M. hyoideus transversus	Ceratohyoideum rechts/links	Ceratohyoideum links/rechts	• hebt die Zungenwurzel	N. glossopharyngeus (IX. Hirnnerv)	• zwischen verschiedenen Teilen des Os hyoideum
Mm. sternohyoideus/ sternothyreoideus/ omohyoideus	s. **Tab. 11.2**	–	–	–	–

Tab. 11.10 Somatisches Nervensystem. **Beachte**: Pferdespezifische individuelle Verschiebungen der Wirbelsegmente sind möglich!

Nerv	Myotom segmental	Dermatom segmental	Myotom aus dem Plexus	Dermatom aus dem Plexus
nC 1	• M. splenius capitis • M. semispinalis capitis • M. rectus capitis dorsalis major u. minor • M. obliquus capitis cranialis • M. longissimus capitis • M. intertransversarius • M. rectus capitis ventralis • Mm. geniohyoideus u. thyreohyoideus	–	–	–
nC 2	• M. longissimus atlantis • M. longus capitis • M. intertransversarius • M. obliquus capitis caudalis • M. multifidus cervicis • M. rhomboideus	• Genick u. Nacken (R. dorsomedialis/N. occipitalis major) • Kopf u. Hals (R. ventrolateralis/ N. transversus colli) • äußere Ohrmuschel (N. auricularis magnus)	–	–
nC 3	• M. longissimus cervicis • M. longus capitis u. colli • M. semispinalis capitis • M. multifidus cervicis • M. splenius cervicis • M. intertransversarius • M. spinalis cervicis • M. rhomboideus • M. omotransversarius	• ventraler u. lateraler Hals	–	–

Tab. 11.10 Fortsetzung.

Nerv	Myotom segmental	Dermatom segmental	Myotom aus dem Plexus	Dermatom aus dem Plexus
nC 4	• M. splenius cervicis • M. longissimus cervicis • M. longus capitis u. colli • M. spinalis cervicis • M. semispinalis capitis • M. omotransversarius • M. iliocostalis cervicis • M. multifidus cervicis • M. intertransversarius • M. trapezius • M. rhomboideus • Mm. scaleni • M. serratus ventralis cervicis	• ventraler u. lateraler Hals	–	–
nC 5	• Diaphragma (N. phrenicus) • M. splenius cervicis • M. longissimus cervicis • M. longus capitis u. colli • M. intertransversarius • M. iliocostalis cervicis • M. spinalis cervicis • M. semispinalis capitis • M. multifidus cervicis • Mm. scaleni • M. rhomboideus • M. omotransversarius • M. serratus ventralis cervicis	• ventraler u. lateraler Hals	–	–

Tab. 11.10 Fortsetzung.

Nerv	Myotom segmental	Dermatom segmental	Myotom aus dem Plexus	Dermatom aus dem Plexus
nC 6	• Diaphragma (N. phrenicus) • M. longissimus cervicis • M. longus colli • M. intertransversarius • M. iliocostalis cervicis • M. spinalis cervicis • M. semispinalis capitis • M. multifidus cervicis • Mm. scaleni • M. rhomboideus • M. serratus ventralis cervicis	• ventraler u. lateraler Hals • vordere Brust • Schultergelenk (N. supraclavicularis)	• Nn. pectorales: Mm. pectorales, M. subclavius, M. subclavius • N. suprascapularis: Mm. supra- u. infraspinatus • Nn. subscapulares: M. subscapularis • N. axillaris: M. subscapularis, Mm. teres major u. minor, M. deltoideus • N. musculocutaneus: M. biceps brachii u. M. brachialis	• N. axillaris: Schulter u. Unterarm dorsal bis Karpus • N. musculocutaneus: Unterarm medial bis Fesselgelenk

Tab. 11.10 Fortsetzung.

Nerv	Myotom segmental	Dermatom segmental	Myotom aus dem Plexus	Dermatom aus dem Plexus
nC 7	• Diaphragma (N. phrenicus) • M. iliocostalis cervicis • M. longissimus cervicis • M. longus colli • M. spinalis cervicis • M. semispinalis capitis • M. multifidus cervicis • M. intertransversarius • M. rhomboideus • M. serratus ventralis cervicis	• ventraler u. lateraler Hals	• Nn. pectorales: Mm. pectorales, M. subclavius, M. subclavius • N. thoracicus longus: M. serratus ventralis thoracis • N. suprascapularis: Mm. supra- u. infraspinatus • Nn. subscapulares: M. subscapularis • N. axillaris: M. subscapularis, Mm. teres major u. minor, M. deltoideus • N. musculocutaneus: M. biceps brachii, M. brachialis • N. radialis: M. triceps brachii, M. tensor fasciae antebrachii, Mm. extensor dig. com. u. lat., Mm. extensor carpi ulnaris u. radialis • N. medianus: M. flexor carpi radialis, M. flexor dig. prof.	• N. axillaris: Schulter u. Unterarm dorsal bis Karpus • N. musculocutaneus: Unterarm medial bis Fesselgelenk • N. radialis: Schulter u. Unterarm lateral bis Karpus • N. medianus: Röhre mediopalmar bis Kronrand, sämtliche Zehenstrukturen

Tab. 11.10 Fortsetzung.

Nerv	Myotom segmental	Dermatom segmental	Myotom aus dem Plexus	Dermatom aus dem Plexus
nC 8	• M. iliocostalis cervicis • M. iliocostalis thoracis • M. longissimus cervicis • M. longus colli • M. spinalis cervicis • M. semispinalis capitis • M. multifidus cervicis • M. intertransversarius • M. rhomboideus • M. serratus ventralis cervicis	• ventraler u. lateraler Hals	• Nn. pectorales: Mm. pectorales, M. subclavius, M. subclavius • N. thoracicus longus: M. serratus ventralis thoracis • N. thoracodorsalis: M. latissimus dorsi • N. suprascapularis: Mm. supra- u. infraspinatus • N. axillaris: M. subscapularis, Mm. teres major u. minor, M. deltoideus • N. musculocutaneus: M. biceps brachii, M. brachialis • N. radialis: M. triceps brachii, M. tensor fasciae antebrachii, Mm. extensor dig. com. u. lat., Mm. extensor carpi ulnaris u. radialis • N. medianus: M. flexor carpi radialis, M. flexor dig. prof. • N. ulnaris: M. interosseus medius, M. flexor carpi ulnaris, M. flexor dig. supf.	• N. axillaris: Schulter u. Unterarm dorsal bis Karpus • N. musculocutaneus: Unterarm medial bis Fesselgelenk • N. radialis: Schulter u. Unterarm lateral bis Karpus • N. medianus: Röhre mediopalmar bis Kronrand, sämtliche Zehenstrukturen • N. ulnaris: Unterarm palmar u. lateral bis Fesselgelenk

Tab. 11.10 Fortsetzung.

Nerv	Myotom segmental	Dermatom segmental	Myotom aus dem Plexus	Dermatom aus dem Plexus
nTh 1	• M. iliocostalis cervicis • M. iliocostalis thoracis • M. longissimus thoracis • M. longus colli • M. spinalis thoracis • M. semispinalis capitis • M. multifidus thoracis • M. rhomboideus • Mm. intercostales	• dorsale, laterale u. ventrale Brustwand	• Nn. pectorales: Mm. pectorales, M. subclavius, M. subclavius • N. radialis: M. triceps brachii, M. tensor fasciae antebrachii, Mm. extensor dig. com. u. lat., Mm. extensor carpi ulnaris u. radialis • N. medianus: M. flexor carpi radialis, M. flexor dig. prof. • N. ulnaris: M. interosseus medius, M. flexor carpi ulnaris, M. flexor dig. supf.	• N. radialis: Schulter u. Unterarm lateral bis Karpus • N. medianus: Röhre mediopalmar bis Kronrand, sämtliche Zehenstrukturen • N. ulnaris: Unterarm palmar u. lateral bis Fesselgelenk
nTh 2	• M. iliocostalis thoracis • M. longissimus thoracis • M. longus colli • M. spinalis thoracis • M. semispinalis capitis • M. multifidus thoracis • M. rhomboideus • Mm. intercostales	• dorsale, laterale u. ventrale Brustwand	• Nn. pectorales: Mm. pectorales, M. subclavius, M. subclavius • N. medianus: M. flexor carpi radialis, M. flexor dig. prof. • N. ulnaris: M. interosseus medius, M. flexor carpi ulnaris, M. flexor dig. supf.	• N. medianus: Röhre mediopalmar bis Kronrand, sämtliche Zehenstrukturen • N. ulnaris: Unterarm palmar u. lateral bis Fesselgelenk

Tab. 11.10 Fortsetzung.

Nerv	Myotom segmental	Dermatom segmental	Myotom aus dem Plexus	Dermatom aus dem Plexus
nTh 3	• M. splenius cervicis • M. iliocostalis thoracis • M. longissimus thoracis • M. longus colli • M. spinalis thoracis • M. semispinalis capitis • M. multifidus thoracis • M. rhomboideus • Mm. intercostales	• dorsale, laterale u. ventrale Brustwand	–	–
nTh 4	• M. splenius cervicis • M. iliocostalis thoracis • M. longissimus thoracis • M. longus colli • M. spinalis thoracis • M. semispinalis capitis • M. multifidus thoracis • M. rhomboideus • Mm. intercostales • Mm. abdominales	• dorsale, laterale u. ventrale Brustwand	–	–
nTh 5	• M. splenius cervicis • M. iliocostalis thoracis • M. longissimus thoracis • M. longus colli • M. spinalis thoracis • M. semispinalis capitis • M. multifidus thoracis	• dorsale, laterale u. ventrale Brustwand	–	–

Tab. 11.10 Fortsetzung.

Nerv	Myotom segmental	Dermatom segmental	Myotom aus dem Plexus	Dermatom aus dem Plexus
weiter nTh 5	• M. rhomboideus • Mm. intercostales • Mm. abdominales			
nTh 6	• M. iliocostalis thoracis • M. longissimus thoracis • M. longus colli • M. spinalis thoracis • M. semispinalis capitis • M. multifidus thoracis • M. rhomboideus • Mm. intercostales • Mm. abdominales	• dorsale, laterale u. ventrale Brustwand	–	–
nTh 7	• M. iliocostalis thoracis • M. longissimus thoracis • M. semispinalis capitis • M. multifidus thoracis • M. rhomboideus • Mm. intercostales • Mm. abdominales	• dorsale, laterale u. ventrale Brustwand	–	–
nTh 8	• M. iliocostalis thoracis • M. longissimus thoracis • M. multifidus thoracis • M. rhomboideus • Mm. intercostales • Mm. abdominales	• dorsale, laterale u. ventrale Brustwand	–	–

Tab. 11.10 Fortsetzung.

Nerv	Myotom segmental	Dermatom segmental	Myotom aus dem Plexus	Dermatom aus dem Plexus
nTh 9	• M. iliocostalis thoracis • M. longissimus thoracis • M. multifidus thoracis • Mm. intercostales • Mm. abdominales	• dorsale, laterale u. ventrale Brustwand	–	–
nTh 10	• M. iliocostalis thoracis • M. longissimus thoracis • M. multifidus thoracis • Mm. intercostales • Mm. abdominales	• dorsale, laterale u. ventrale Brustwand	–	–
nTh 11	• M. iliocostalis thoracis • M. longissimus thoracis • M. multifidus thoracis • Mm. intercostales • Mm. abdominales	• dorsale, laterale u. ventrale Brust- u. Bauchwand	–	–
nTh 12	• M. iliocostalis thoracis • M. longissimus thoracis • M. multifidus thoracis • Mm. intercostales • Mm. abdominales	• dorsale, laterale u. ventrale Brust- u. Bauchwand	–	–

Tab. 11.10 Fortsetzung.

Nerv	Myotom segmental	Dermatom segmental	Myotom aus dem Plexus	Dermatom aus dem Plexus
nTh 13	• M. iliocostalis thoracis • M. longissimus thoracis • M. multifidus thoracis • M. spinalis thoracis • Mm. intercostales • Mm. abdominales	• dorsale, laterale u. ventrale Brust- u. Bauchwand	–	–
nTh 14	• M. iliocostalis thoracis • M. longissimus thoracis • M. multifidus thoracis • M. spinalis thoracis • Mm. intercostales • Mm. abdominales	• dorsale, laterale u. ventrale Brust- u. Bauchwand	–	–
nTh 15	• M. iliocostalis thoracis • M. longissimus thoracis • M. spinalis thoracis • M. multifidus thoracis • Mm. intercostales • Mm. abdominales	• dorsale, laterale u. ventrale Brust- u. Bauchwand	–	–
nTh 16	• M. longissimus thoracis • M. spinalis thoracis • M. multifidus thoracis • Mm. intercostales • Mm. abdominales • M. iliopsoas	• dorsale, laterale u. ventrale Brust- u. Bauchwand	–	–

Tab. 11.10 Fortsetzung.

Nerv	Myotom segmental	Dermatom segmental	Myotom aus dem Plexus	Dermatom aus dem Plexus
nTh 17	• M. longissimus thoracis • M. spinalis thoracis • M. multifidus thoracis • Mm. intercostales • Mm. abdominales • M. iliopsoas	• dorsale, laterale u. ventrale Brust- u. Bauchwand bis zum Euter/Präputium	–	–
nTh 18	• M. longissimus thoracis • M. multifidus thoracis • M. spinalis thoracis • M. quadratus lumborum • Mm. intercostales • Mm. abdominales • M. iliopsoas	• dorsale, laterale u. ventrale Brust- u. Bauchwand bis zum Euter/Präputium	–	–
nL 1	• M. iliocostalis thoracis • M. longissimus lumborum • M. spinalis thoracis • M. multifidus lumborum • Mm. abdomines • M. quadratus lumborum • M. iliopsoas	• ventrolaterale Bauchwand • Lende • kranialer Anteil von Kruppe u. Hinterhand	• Myotom aus Spinalnerv: N. iliohypogastricus: kaudale Anteile der Mm. abdominales	• Dermatom aus Spinalnerv: N. iliohypogastricus: ventrale Bauchwand, Euter/Präputium, Flanke bis zur Kniescheibe

Tab. 11.10 Fortsetzung.

Nerv	Myotom segmental	Dermatom segmental	Myotom aus dem Plexus	Dermatom aus dem Plexus
nL 2	• M. iliocostalis thoracis • M. longissimus lumborum • M. spinalis thoracis • M. multifidus lumborum • Mm. abdomines • M. iliopsoas • M. quadratus lumborum	• ventrolaterale Bauchwand • Lende • kranialer Anteil von Kruppe u. Hinterhand	• N. genitofemoralis: M. obliquus internus abdominis, M. cremaster	• N. genitofemoralis: Oberschenkel medial, Euter/Präputium/Skrotum
nL 3	• M. iliocostalis thoracis • M. longissimus lumborum • M. spinalis thoracis • M. multifidus lumborum • Mm. abdomines • M. iliopsoas • M. quadratus lumborum	• ventrolaterale Bauchwand • Lende • kranialer Anteil von Kruppe u. Hinterhand	• N. genitofemoralis: M. obliquus internus abdominis, M. cremaster • N. cutaneus femoris lateralis: M. iliopsoas, M. quadratus lumborum • N. femoralis: M. quadriceps femoris, M. sartorius, M. pectineus, M. adductor longus	• N. genitofemoralis: Oberschenkel medial, Euter/Präputium/Skrotum • N. cutaneus femoris lateralis: Kniescheibe, Kniegelenk • N. femoralis: Oberschenkel medial bis zum Fesselgelenk

Tab. 11.10 Fortsetzung.

Nerv	Myotom segmental	Dermatom segmental	Myotom aus dem Plexus	Dermatom aus dem Plexus
nL 4	• M. iliocostalis thoracis • M. longissimus lumborum • M. spinalis thoracis • M. multifidus lumborum • Mm. abdomines • M. iliopsoas • M. quadratus lumborum	• ventrolaterale Bauchwand • Lende • kranialer Anteil von Kruppe u. Hinterhand	• N. genitofemoralis: M. obliquus internus abdominis, M. cremaster • N. cutaneus femoris lateralis: M. iliopsoas, M. quadratus lumborum • N. femoralis: M. quadriceps femoris, M. sartorius, M. pectineus, M. adductor longus • N. obturatorius: M. gracilis, M. pectineus, Mm. adductor longus/ brevis/magnus, M. obturatorius externus	• N. genitofemoralis: Oberschenkel medial, Euter/Präputium/Skrotum • N. cutaneus femoris lateralis: Kniescheibe, Kniegelenk • N. femoralis: Oberschenkel medial bis zum Fesselgelenk
nL 5	• M. iliocostalis thoracis • M. longissimus lumborum • M. spinalis thoracis • M. multifidus lumborum • Mm. abdomines • M. iliopsoas • M. quadratus lumborum	• ventrolaterale Bauchwand • Lende • kranialer Anteil von Kruppe u. Hinterhand	• N. femoralis: M. quadriceps femoris, M. sartorius, M. pectineus, M. adductor longus • N. obturatorius: M. gracilis, M. pectineus, Mm. adductor longus/ brevis/magnus, M. obturatorius externus • N. ischiadicus: Hüftrotatoren	• N. femoralis: Oberschenkel medial bis zum Fesselgelenk • N. ischiadicus: Knie u. Unterschenkel lateral → N. peroneus: Unterschenkel lateral bis Kronrand, sämtliche Zehenstrukturen → N. tibialis: Unterschenkel plantar bis zum Kronrand

Tab. 11.10 Fortsetzung.

Nerv	Myotom segmental	Dermatom segmental	Myotom aus dem Plexus	Dermatom aus dem Plexus
weiter nL5			→ N. peroneus: M. tibialis cranialis, Mm. extensor dig. long. u. lat., Tendo femoropatellaris → N. tibialis: M. semimembranosus, M. semitendinosus, M. biceps femoris, M. gastrocnemius, Mm. flexor dig. supf u. prof., M. interosseus medius	
nL6	• M. iliocostalis thoracis • M. longissimus lumborum • M. spinalis thoracis • M. multifidus lumborum • Mm. abdomines • M. iliopsoas • M. quadratus lumborum	• ventrolaterale Bauchwand • Lende • kranialer Anteil von Kruppe u. Hinterhand	• N. femoralis: M. quadriceps femoris, M. sartorius, M. pectineus, M. adductor longus • N. obturatorius: M. gracilis, M. pectineus, M. adductor longus/brevis/magnus, M. obturatorius externus • Nn. gluteus: Mm. gluteus supf. u. prof., M. tensor fasciae latae, M. semimembranosus, M. semitendinosus, M. biceps femoris	• N. femoralis: Oberschenkel medial bis zum Fesselgelenk • N. ischiadicus: Knie u. Unterschenkel lateral → N. peroneus: Unterschenkel lateral bis Kronrand, sämtliche Zehenstrukturen → N. tibialis: Unterschenkel plantar bis zum Kronrand

Tab. 11.10 Fortsetzung.

Nerv	Myotom segmental	Dermatom segmental	Myotom aus dem Plexus	Dermatom aus dem Plexus
weiter nL 6			• N. ischiadicus: Hüftrotatoren → N. peroneus: M. tibialis cranialis, Mm. extensor dig. long. u. lat., Tendo femoropatellaris → N. tibialis: M. semimembranosus, M. semitendinosus, M. biceps femoris, M. gastrocnemius, Mm. flexor dig. supf u. prof., M. interosseous medius	

Tab. 11.10 Fortsetzung.

Nerv	Myotom segmental	Dermatom segmental	Myotom aus dem Plexus	Dermatom aus dem Plexus
nS 1	• M. longissimus lumborum • M. multifidus lumborum	• kaudaler Anteil von Kruppe u. Hinterhand	• Nn. gluteus: Mm. gluteus supf. u. prof., M. tensor fasciae latae, M. semimembranosus, M. semitendinosus, biceps femoris • N. ischiadicus: Hüftrotatoren → N. peroneus: M. tibialis cranialis, Mm. extensor dig. long. u. lat., Tendo femoropatellaris → N. tibialis: M. semimembranosus, M. semitendinosus, M. biceps femoris, M. gastrocnemius, Mm. flexor dig. supf u. prof., M. interosseus medius	• N. cutaneus femoris caudalis: Kruppe • N. ischiadicus: Knie u. Unterschenkel lateral → N. peroneus: Unterschenkel lateral bis Kronrand, sämtliche Zehenstrukturen → N. tibialis: Unterschenkel plantar bis zum Kronrand
nS 2	• M. longissimus lumborum	• kaudaler Anteil von Kruppe u. Hinterhand	• Nn. glutei: Mm. gluteus supf. u. prof., M. tensor fasciae latae, M. semimembranosus, M. semitendinosus, M. biceps femoris	• N. cutaneus femoris caudalis: Kruppe • N. ischiadicus: Knie u. Unterschenkel lateral

Tab. 11.10 Fortsetzung.

Nerv	Myotom segmental	Dermatom segmental	Myotom aus dem Plexus	Dermatom aus dem Plexus
weiter nS 2			• Nn. pudendus u. rectus caudales: Beckenboden • N. ischiadicus: Hüftrotatoren → N. peroneus: M. tibialis cranialis, Mm. extensor dig. long. u. lat., Tendo femoropatellaris → N. tibialis: M. semimembranosus, M. semitendinosus, M. biceps femoris, M. gastrocnemius, Mm. flexor dig. supf u. prof., M. interosseus medius	→ N. peroneus: Unterschenkel lateral bis Kronrand, sämtliche Zehenstrukturen → N. tibialis: Unterschenkel plantar bis zum Kronrand • N. pudendus u. Nn. rectus caudales: After, Euter/Schamlippen/Präputium/Skrotum
nS 3 – nS 5	• M. longissimus lumborum • Mm. sacrococcygeus dorsalis u. ventralis	• kaudaler Anteil von Kruppe u. Hinterhand	• Nn. pudendus u. rectus caudales: Beckenboden	• N. pudendus u. Nn. rectus caudales: After, Euter/Schamlippen/Präputium/Skrotum
nCg1– nCg5	• M. intertransversarius • Mm. sacrococcygeus dorsalis u. ventralis	• Schweifrübe	–	–

12 Ausleitung und Entgiftung

Zur Entgiftung und Ausleitung werden angeregt:
- der Stoffwechsel von Leber und Nieren,
- die Mobilisierung der Lymphe aus dem Interstitium,
- die Ausscheidung über Niere, Darm, Haut und Lunge

12.1 Indikationen

- nach längerdauernder und/oder massiver medikamentöser Behandlung
- Stoffwechselstörungen
- Schwerfutterigkeit (Futter „kommt im Pferd nicht an")
- übermäßige Berührungsempfindlichkeit
- Hormonstörungen
- Allergien/Futtermittelunverträglichkeiten
- Hauterkrankungen/Ekzem

Die Mittel sollten im Sinne einer Kur über einen Zeitraum von 6 Wochen angewendet werden. Wenn keine entsprechende Indikation vorliegt, kann auch im Frühjahr und Herbst (jeweils begleitend zum Fellwechsel) eine Kur durchgeführt werden.

12.2 Ausleitungskur der Fa. Phoenix

Siehe **Tab. 12.1**.

Tab. 12.1 Ausleitungskur.

Dauer der Anwendung	Präparat	Dosierung
1 Woche	Phoenix Silybum spag. (Leber)	1 × tägl. 20 Tropfen
1 Woche	Phoenix Solidago spag. (Niere)	1 × tägl. 20 Tropfen
1 Woche	Phoenix Urtica-Arsenicum spag. (Haut)	1 × tägl. 20 Tropfen
durchgehend	Phoenix Thuja-Lachesis spag. (Lymphe)	1 × tägl. 20 Tropfen

12.2.1 Anwendungsempfehlung

- morgens: die Tropfenmenge des Wochenmittels auf einem Stückchen trockenem Brot verabreichen;
- abends: die Tropfenmenge von Phoenix Thuja-Lachesis spag. auf einem Stückchen trockenem Brot verabreichen.

Optimal kann die Entgiftung und Ausleitung stattfinden, wenn begleitend dazu regelmäßig ca. alle 3 Tage eine Manuelle Lymphdrainage durch einen equinen Lymphtherapeuten durchgeführt wird in Form der zentralen Vorbehandlung.

13 Literaturverzeichnis

[1] Bäcker B, Salomon W. Kraniosakrale Therapie bei Pferden, 1. Aufl. Stuttgart: Sonntag Verlag, 2003
[2] Branderup B. Akademische Reitkunst. Schwarzenbek: Cadmos, 2008
[3] Branderup B, Kern E. Barockes Reiten nach F. R. de la Gueriniere. Schwarzenbek: Cadmos, 2008
[4] Budras K, Röck S. Atlas der Anatomie des Pferdes. 6. Aufl. Hannover: Schlütersche, 2009
[5] Bürger U. Vollendete Reitkunst. Berlin: Parey Verlag, 1959
[6] Bürger U, Zietzschmann O. Der Reiter formt das Pferd. Tätigkeit und Entwicklung der Muskeln des Pferdes. 2. Aufl. Warendorf: FN-Verlag, 2004
[7] Cornille JL. Science of Motion. In-hand-therapy-Online-Kurse
[8] Dauborn S. Lehrbuch für Tierheilpraktiker, 3. Aufl. Stuttgart: Sonntag Verlag, 2009
[9] Denoix JM, Pailloux JP. Physiotherapie und Massage bei Pferden. Bewegungstherapie nach den Gesetzen der Biomechanik. Stuttgart: Verlag Eugen Ulmer, 2000
[10] Diehl M. Die Pferde sind nicht das Problem. Stuttgart: Spiritbooks, 2014
[11] Diehl M. Biotensegrity. Stuttgart: Spiritbooks, 2016
[12] Elbrønd VS, Schultz RM. Myofascia – the unexplored tissue. Walnut CA: Knowledge Enterprises, 2015
[13] Evrard P. Kraniosakrale Pferdeosteopathie für Tierärzte. 1. Aufl. Stuttgart: Sonntag Verlag, 2004
[14] Evrard P. Lehrbuch der Strukturellen Osteopathie beim Pferd. 1. Aufl. Stuttgart: Enke Verlag in MVS Medizinverlage, 2004
[15] Giniaux D. Osteopathie beim Pferd. 1. Aufl. Stuttgart: Enke Verlag, 2002
[16] Goody PC. Anatomie des Pferdes. 1. Aufl. Stuttgart: Verlag Eugen Ulmer, 2004
[17] Karl P, Laurioux A, Slawik C, Toffi J, Flegel I. Irrwege der modernen Dressur. Die Suche nach der klassischen Alternative. Schwarzenbek: Cadmos, 2006
[18] König HE, Liebich HG. Anatomie der Haussäugetiere. 5. Aufl. Stuttgart: Schattauer, 2012
[19] Kosak F. Zähne aus ganzheitlicher Sicht. Zeitschrift für Ganzheitliche Tiermedizin 2009; 23: 21 – 23
[20] Langen B, Schule Wien B. Osteopathie für Pferde. 2. Aufl. Stuttgart: Sonntag Verlag, 2008
[21] Myers T. Anatomy Trains: Fascial Tensegrity. DVD 2011
[22] Myers T. Anatomy Trains: The myofascial meridians. DVD 2011
[23] Olivera N. Gedanken über die Reitkunst. Hildesheim: Olms, 1999
[24] Olivera N. Klassische Grundsätze der Kunst, Pferde auszubilden. Hildesheim Olms, 1999
[25] Peinen K et al. Releationship between the forces acting on the horse's back and the movements of rider and horse while walking on a treadmill. Equine vet. J. 2009; 41/3: 285 – 291
[26] Ranner W. Das „Rückenproblem“ beim Pferd [Dissertation]. München: Universität München, 1997

[27] Rautenfeld D von, Fedele C. Manuelle Lymphdrainage beim Pferd. 1. Aufl. Hannover: Schlütersche, 2005
[28] Richter T. Manuelle Therapie der Pferdewirbelsäule. 1. Aufl. Stuttgart: Sonntag Verlag, 2006
[29] Roesti A. Kontrollierte Akupunktur und alternative Heilmethoden. Gießen, A.M.I-Verlag, 1997
[30] Rooney JR. Biomechanics of lameness in horses. Baltimore: The Williams & Wilkins Company; 1969
[31] Rooney JR. Die Lahmheiten des Pferdes. Friedberg: L.B. Ahnert, 1979
[32] Salomon FV, Geyer H, Gille U. Anatomie für die Tiermedizin. 3. Aufl. Stuttgart: Enke Verlag in MVS Medizinverlage Stuttgart, 2015
[33] Salomon W. Die energetische Behandlung des Pferdes. 3. Aufl. Stuttgart: Sonntag Verlag in MVS Medizinverlage Stuttgart, 2014
[34] Salomon B und W. Pferdeosteopathie. 3. Aufl. Stuttgart: Sonntag, 2014
[35] Steinbrecht G. Das Gymnasium des Pferdes. 3. Aufl. Schwarzen: Cadmos, 2004
[36] Stodulka R. Medizinische Reitlehre. 1. Aufl. Stuttgart: Parey, 2006
[37] Stodulka R. Vom Reiten zur Reitkunst. 1. Aufl. Parey, 2008
[38] Swift S. Reiten aus der Körpermitte Band II. 2. Aufl. Cham: Müller Rüschlikon Verlag, 2004
[39] Teslau C. Streßpunktmassage nach Jack Meagher. 2. Aufl. Cham: Müller Rüschlikon Verlag, 2006
[40] Thoresen A. S. Holistische Konzepte in der Tiermedizin. Stuttgart: Sonntag Verlag in MVS Medizinverlag, 2006
[41] Upledger J. E. Auf den Inneren Arzt hören: Eine Einführung in die CranioSacrale Therapie. München: Irisiana, 2000
[42] Welter-Böller B, Welter M. Faszientherapie und Faszientraining. Overath: Eigenverlag, 2015
[43] Widdra K. Reitkunst Xenophon. Schondorf: Wu-Wei Verlag, 2006
[44] Wyche S. The Horse's Muscles in Motion. Ramsbury: Crowood Press, 2008
[45] Wyche S. Understanding the Horses Back. Ramsbury: Crowood Press, 2008

Sachverzeichnis

Symptome

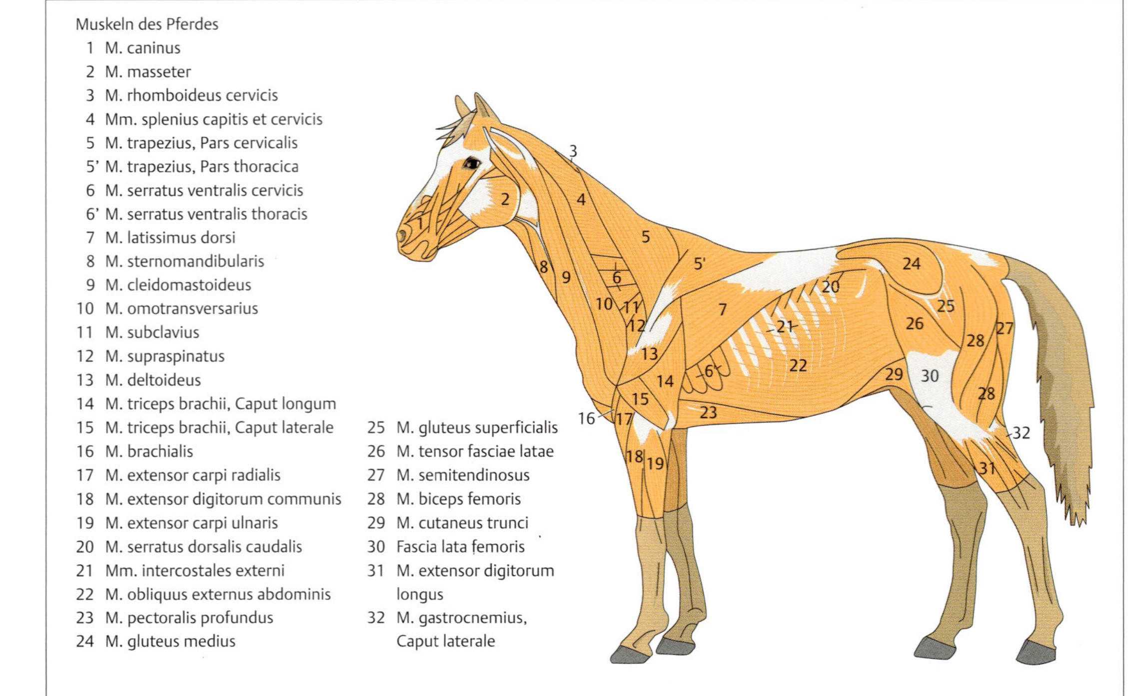

Muskeln des Pferdes

1 M. caninus
2 M. masseter
3 M. rhomboideus cervicis
4 Mm. splenius capitis et cervicis
5 M. trapezius, Pars cervicalis
5' M. trapezius, Pars thoracica
6 M. serratus ventralis cervicis
6' M. serratus ventralis thoracis
7 M. latissimus dorsi
8 M. sternomandibularis
9 M. cleidomastoideus
10 M. omotransversarius
11 M. subclavius
12 M. supraspinatus
13 M. deltoideus
14 M. triceps brachii, Caput longum
15 M. triceps brachii, Caput laterale
16 M. brachialis
17 M. extensor carpi radialis
18 M. extensor digitorum communis
19 M. extensor carpi ulnaris
20 M. serratus dorsalis caudalis
21 Mm. intercostales externi
22 M. obliquus externus abdominis
23 M. pectoralis profundus
24 M. gluteus medius
25 M. gluteus superficialis
26 M. tensor fasciae latae
27 M. semitendinosus
28 M. biceps femoris
29 M. cutaneus trunci
30 Fascia lata femoris
31 M. extensor digitorum longus
32 M. gastrocnemius, Caput laterale